彩图1

彩图2

彩图3

彩图4

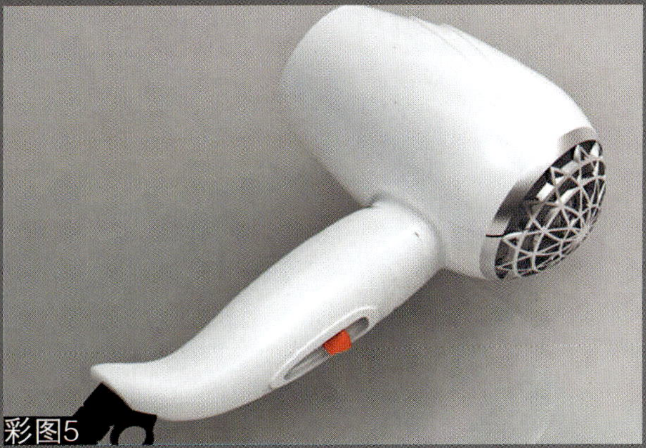
彩图5

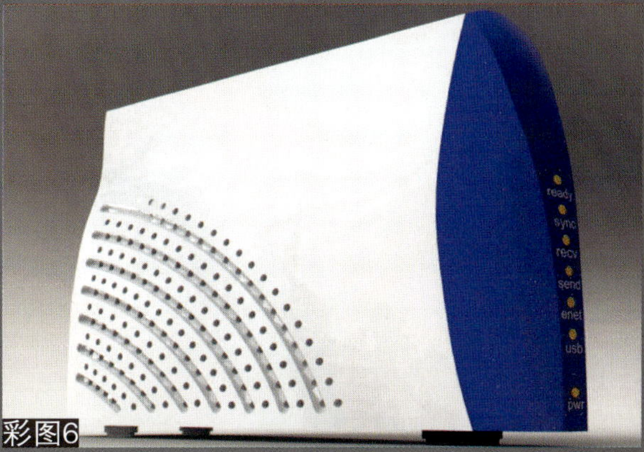

彩图6

彩图7

彩图8

彩图9

彩图10

彩图11

彩图10

彩图13

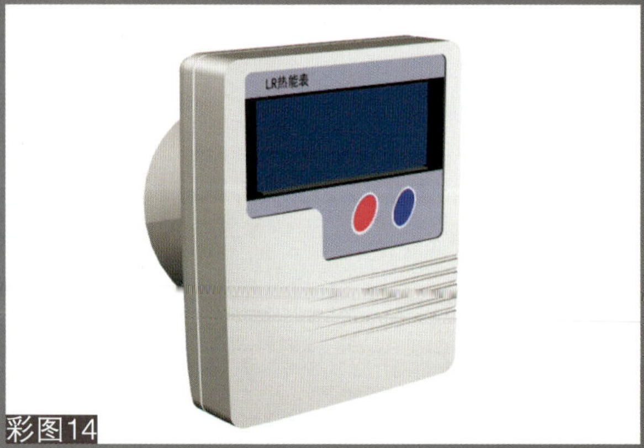

彩图14

彩图15

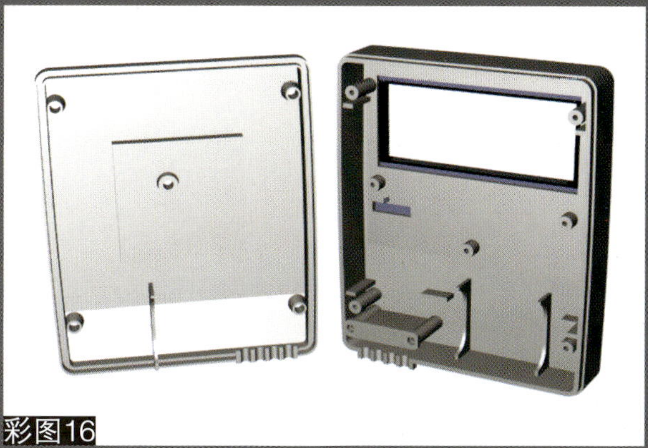
彩图16

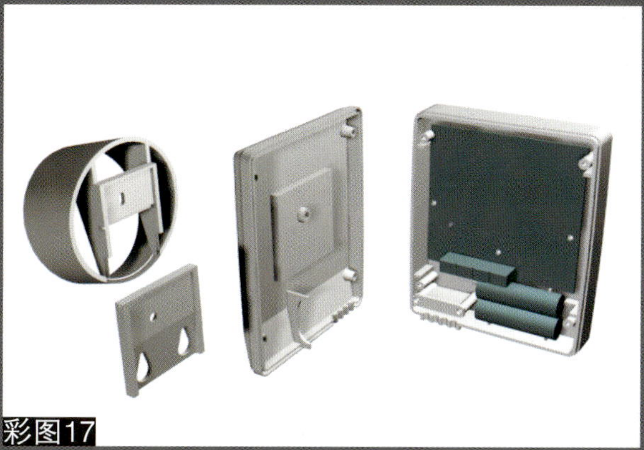
彩图17

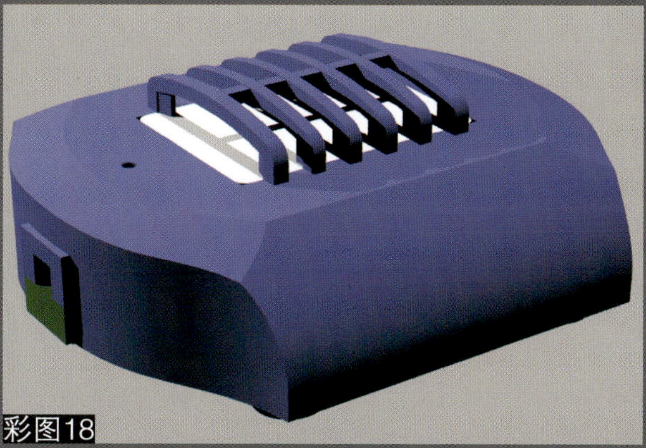
彩图18

彩图19

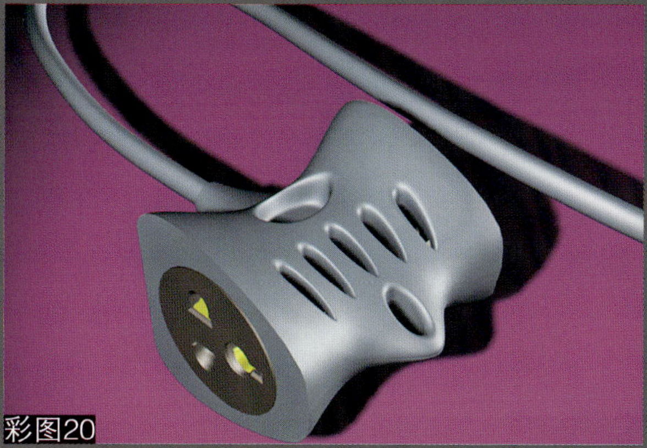
彩图20

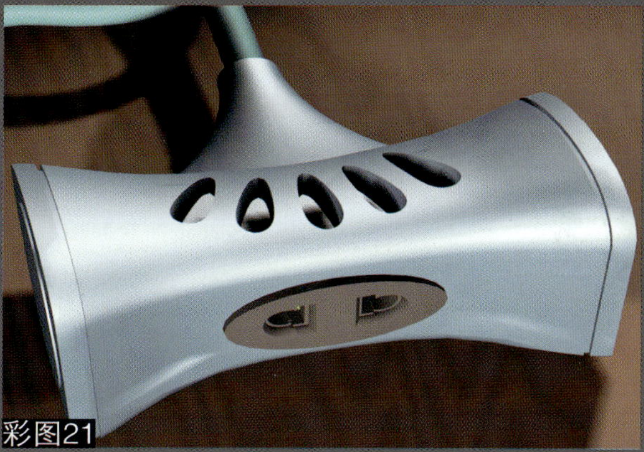
彩图21

彩图22

彩图23

彩图24

彩图25

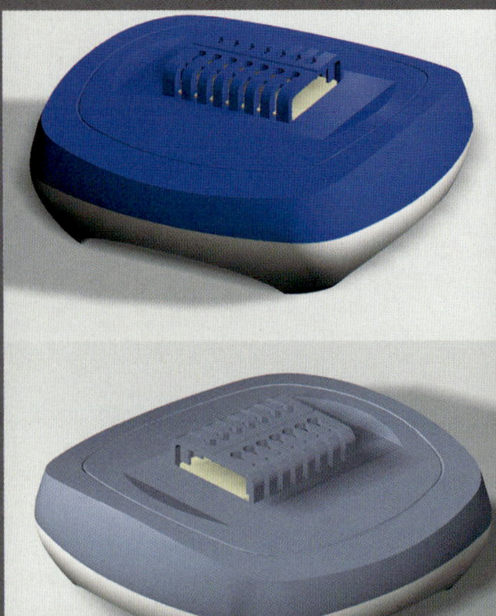
彩图26

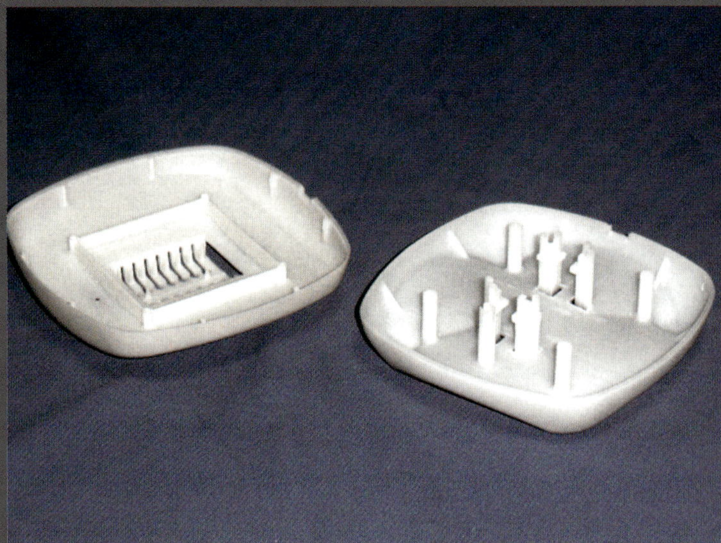
彩图27

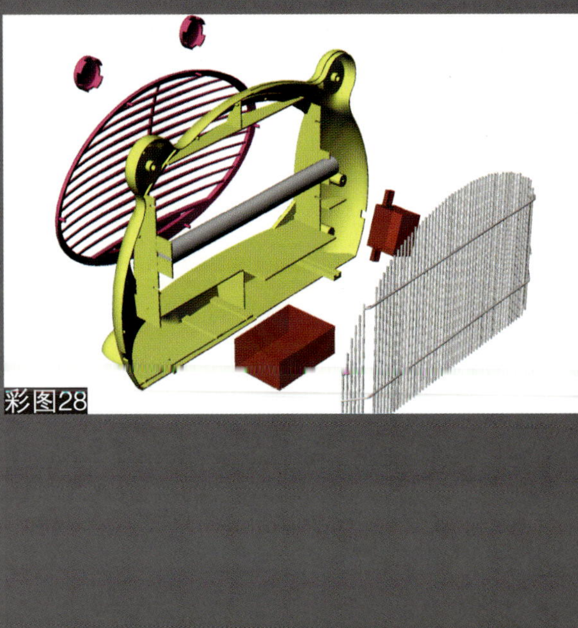
彩图28

彩图29

高等学校工业设计专业规划教材

从 Rhino 到产品设计

盛建平　邓　凯　编著

中国轻工业出版社

图书在版编目（CIP）数据

从 Rhino 到产品设计/盛建平，邓凯编著．—北京：中国轻工业出版社，2017.8

高等学校工业设计专业规划教材

ISBN 978-7-5019-6871-8

Ⅰ．从…　Ⅱ．①盛…②邓…　Ⅲ．工业产品-计算机辅助设计-应用软件，Rhino-高等学校-教材　Ⅳ．TB472-39

中国版本图书馆 CIP 数据核字（2009）第 025027 号

责任编辑：林　媛　　责任终审：孟寿萱　　封面设计：锋尚设计
责任校对：李　靖　　责任监印：张　可

出版发行：中国轻工业出版社（北京东长安街 6 号，邮编：100740）
印　　刷：三河市万龙印装有限公司
经　　销：各地新华书店
版　　次：2017年8月第1版第6次印刷
开　　本：787×1092　1/16　印张：13.25
字　　数：318 千字　　插页：2
书　　号：ISBN 978-7-5019-6871-8　定价：28.00 元
邮购电话：010-65241695　传真：65128352
发行电话：010-85119835　85119793　传真：85113293
网　　址：http://www.chlip.com.cn
Email：club@chlip.com.cn

171040J1C106ZBW

序

三维设计软件 Rhino 与设计师

★ Rhino 简介

Rhino 是由美国 Robert McNeel & Assoc 公司推出的一套专业的三维建模软件，它是以 NURBS（Non-Uniform Rational B-splines 非均匀有理数 B-样条线）数学模型为基础开发而成的。NURBS 作为一种优秀的建模方式，它是在 3D 建模的内部空间用曲线和曲面来表现建模物体的轮廓和外形的。采用这种算法，Rhino 不仅能够创建出表面光滑、生动逼真的造型，而且它还具有高度的准确性，适合创建具有复杂曲面的物体。例如在汽车、家电产品或生物体等的造型构建上，Rhino 都具有快而准的优势。

除了能方便、快捷地生成产品的三维造型外，Rhino 还具有很强的兼容性，它可以很好地与 UG、Pro/E、CATIA、Solidworks、3Ds MAX 等其他三维软件结合使用。它提供了许多强大、准确、几乎涵盖了所有常见的工业格式的数据接口（如：IGES、STEP、DWG、DXF、3DS、STL 等），以支持 Rhino 文件可以完好准确地导入到其他软件。这使得用 Rhino 构建的三维模型可以直接用于加工制造。

Rhino 在渲染方面也有所突破，从 Rhino2.0 版本之后，出现了 Flamingo 渲染引擎，并且作为插件内置于 Rhino 中。在 Rhino4.0 中，Rhino 已经很好地与一功能强大的 vray 渲染引擎实现集成。

★ Rhino 与设计师

随着电脑的普及以及 CAD（计算机辅助设计）的发展，越来越多的设计师已经从传统的手工绘图设计转向计算机辅助设计，也让更多原本没有绘画功底的人参与到设计中来。那么对这种既能很好的表现设计师的设计思想，又能让设计师不过分分心于操作技巧的软件的需求也凸现出来。而 Rhino 的面世恰好充实了这一市场，使使用者有了更多的选择。因为 Rhino 界面相对简单明了，学习和使用起来都比较容易，它可以建立出自由的 3D 造型，设计师可以借助该软件精确地构建出所能想象到的大部分模型。Rhino 的另一个特点就是小巧，小巧不仅仅是对软件的所占内存而言，更重要的是它对硬件系统和软件平台要求对大众用户极有亲和力！在一般的 PC 机上或笔记本电脑上，Rhino 都能很好地运行使用。而且相对其他 3D 建模软件而言，Rhino 的零售价格只是它们的几十分之一，这无疑给更多的人参与到设计领域提供了很好的机会。

鉴于 Rhino 的这些特点和优势，从最初设计思想的快速自由表现，到对设计产品的准确而且方便的建模，再到对设计产品的真实渲染，乃至依据产品模型的直接输出加工，它均可以让设计师从最初的设计思想的体现到最后严格精确的产品模型输出加工都在同一个软件内实现，这样大大缩短了设计周期，并且因此避免了在不同的软件之间进行数据转换可能导致的数据丢失，提高了加工产品的精确度，当然也大大减少了设计费用。

对设计师而言，选择 Rhino 进行设计和建模既可以多一种设计手段，又丰富了造型的塑造方式，将会使人有一种耳目一新的感觉。本书将立足于设计师的立场对 Rhino 作一些实用性的介绍。

前　言

随着计算机科学、互联网技术的超常规发展，近 20 年来产品设计的手段发生了重大的变化：长期以手工制图——用平面投影图表达三维实体的方式受到了多方面的挑战，计算机硬件的飞速进步使运算和显示速度不再成为软件开发的瓶颈，还反过来支持各种新的软件的技术进步，使一系列的三维模型可以与设计师的思维同步表现出来，成为设计师得心应手的最佳帮手，同时，快速成型（RP）技术和 CAM、CNC 技术的同步发展使软件应用得正确与否可以在第一时间获得验证，大大缩短了新产品开发的周期和成本。从某种意义上说，对软件应用一无所知的设计人员可能不再会被认为是一名合格的设计师，至少不是一名技术全面的设计师。

有一种观点认为：一个好的创意并不依赖于用何种技术手段来表现，这实际上是忽略了“制造成型”这一关键环节：随着软件版本的提高，软件对建模的表现力势必越来越强，数据的调控和精度越来越高，以前不能表达出的造型因此可以轻而易举地获得高质量的数字文件，关注一下市场上的新产品，许多时尚款式可能就是最新版本的软件中某种功能应用的结果。由此可知：掌握软件不能仅仅理解为是学习一门纯技术，而是在学习一门同时参与造型新创造的手段。

Rhino 长期以来被认为是做产品设计初期方案较好的软件之一，因此目前出版的关于 Rhino 的诸多书籍中也以建立“实心的产品外观模型”为主要阐述内容。事实上 Rhino 除了确有很好的纯造型能力外，用于进行产品的结构设计也是相当不错的选择，本书用 Rhino 作为基本工具设计了十个新产品，并由 Rhino 建模文件导出用于开模，最终制造出这些产品，笔者试图以此说明 Rhino 更多样化的应用渠道。

本书通过十个具体的产品设计过程还试图传达这样一个概念：如果用 Rhino 来完成产品从造型到结构的全部技术开发工作，建模的步骤和方式与做“纯造型”是不同的：如果依“纯造型”所进行的顺序建模可能会给后续结构的深化带来一系列的麻烦甚至导致建模失败。

尽管与一些大型三维设计软件相比，Rhino 还有诸多不足，但由于其对硬件配置和系统的要求不高，功能上特别适合开发具有艺术化美感的产品，高精度的数据又符合工程和 CAM 要求，因此用来进行日用新产品、小家电或电子产品的设计与开发一般都能满足要求，投资少、见效快，对于向往创业的未来年轻设计爱好者具有很强的诱惑力，确实是一个值得推荐学习的优秀三维建模软件之一。

本书既有对 Rhino 软件的入门知识介绍，又有全面的新产品开发流程的实例，希望本书能对有志于工业设计、产品设计或与设计相关的专业学生有所帮助。

本书主要阐述Rhino在设计中的应用，对于Rhino在辅助制造方面的应用（例如刀路设计等）读者可以参考其他相关技术资料。

本教材编写得到上海大学教材建设项目资助。

限于作者水平，书中难免会有错误及不妥之处，恳请广大读者批评指正。

作者　于上海大学

2009.2

目　录

第 1 篇　基础篇 (1)
1.1　Rhino 的界面构成及功能浏览 (2)
1.2　Rhino 的通用功能 (6)
1.2.1　网格的意义及捕捉功能 (6)
1.2.2　物体上的特殊点捕捉功能 (7)
1.2.3　常用功能 (10)
1.2.4　其他常用功能 (52)

第 2 篇　造型篇 (71)
2.1　造型基本元素概要 (72)
2.2　Rhino 中点的性质和类别 (72)
2.3　Rhino 中线的性质和类别 (76)
2.4　Rhino 中面的性质和类别 (78)
2.5　Rhino 中实体的性质和类别 (84)
2.6　造型建模实例 (84)
2.6.1　iPodMP3 建模 (84)
2.6.2　祺祺数码相机建模 (97)
2.6.3　吹风机建模 (110)
2.6.4　路由器建模 (127)
2.6.5　显示器建模 (144)

第 3 篇　结构篇 (163)
3.1　按摩健身型收音机设计 (164)
3.2　液体电蚊香器设计 (165)
3.3　热能表设计 (170)
3.4　普及型片剂电驱蚊器设计 (174)
3.5　摔不烂的电源转换器设计 (179)
3.6　直插式片剂驱蚊器设计 (181)
3.7　电动车蓄电池及控制面板设计 (185)
3.8　流线型片剂拖线式驱蚊器设计 (188)
3.9　卡通型荧光管灭蚊器设计 (192)
3.10　直插式液体电驱蚊器设计 (196)

第1篇

基础篇

本篇内容

1.1 Rhino的界面构成及功能浏览

1.2 Rhino的通用功能

1.1 Rhino 的界面构成及功能浏览

首先安装 Rhino 软件，完成后会在 Windows 桌面生成一个 Rhino 图标。双击桌面上的该图标即可启动 Rhino。Rhino 的界面属于典型的 Windows 应用程序界面类型，它由标题栏、菜单栏、命令行、工具栏、工具箱、视图区和状态栏组成，如图 1–1 所示。

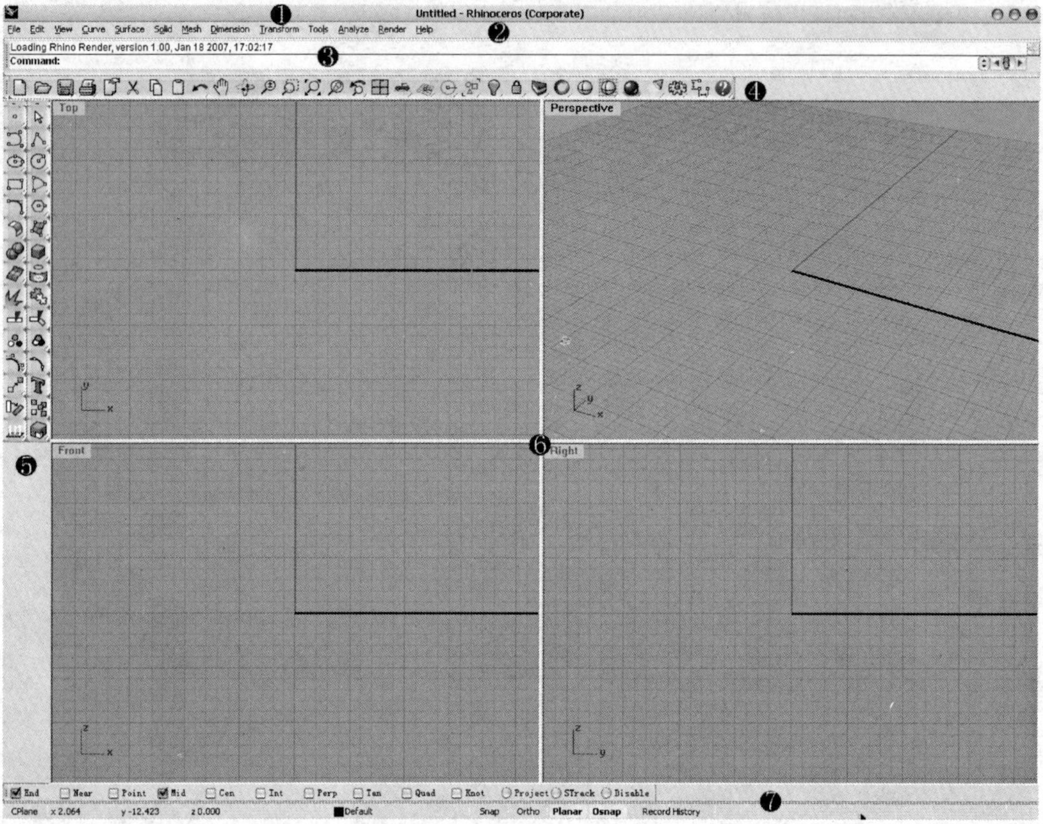

图 1–1

下面对 Rhino 界面的 7 个组成部分作简单的介绍，更详细的应用会在设计举例中具体阐述。

（1）标题栏

标题栏（图 1–2）位于窗口界面的最上端，其左上角显示该建模文件的名称，右上角依次为最小化、最大化和关闭窗口。

图 1–2　标题栏

（2）菜单栏

菜单栏几乎包含了 Rhino 里的所有功能命令，它以下拉菜单的方式提供 Rhino 的命令。它的使用方法同大多数 Windows 的应用软件一样，只需用鼠标左键单击下拉出菜单并选中所需要指令再次单击即可，如图 1–3 所示。

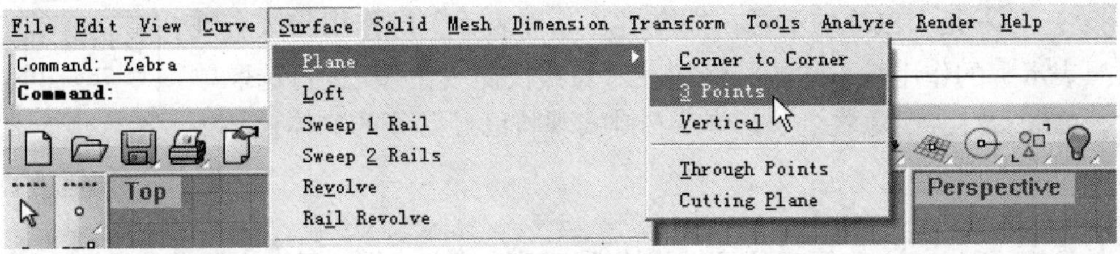

图 1–3　菜单栏

（3）命令行

命令行包括历史命令行和当前命令行。

历史命令行中显示 Rhino 中从建模开始到当前已完成的所有命令，通过单击右侧的 ，使用者可通过该栏方便地查看以前执行过的所有命令，也可按 F2 键在弹出的历史命令对话框中查看，如图 1–4 所示。

图 1–4　历史命令行

当前命令行向使用者提供一个从键盘输入所需命令的平台，输入时直接用键盘键入命令，一般输入命令时会有一些提供的命令供选择，如输入命令的头一个字母即出现以该字母开头的所有命令供点选，如图 1–5 所示。修改键入命令按 Backspace 键，完成输入后按回车即执行该命令。键入 U 键回车可以撤销上次执行的命令。也可以单击工具箱的图标，会在命令栏中同步出现相应的命令，如图 1–6 所示。

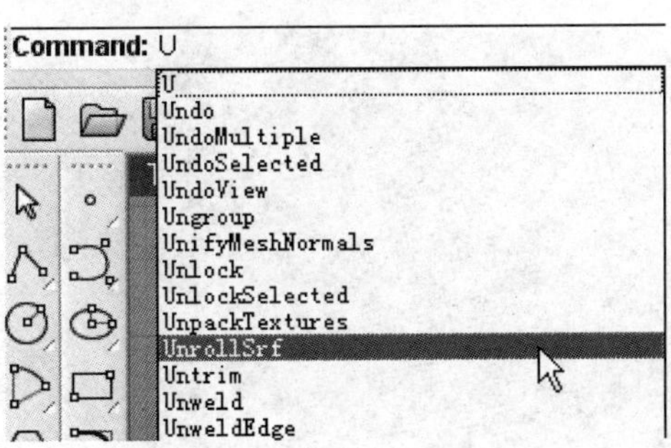

图 1–5　当前命令行图

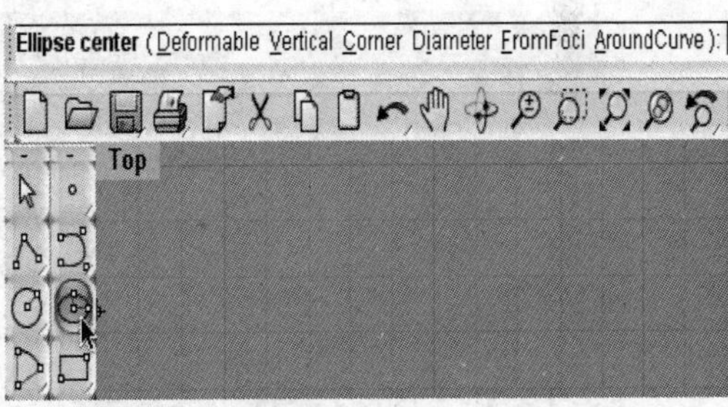

图 1–6　选择工具后的当前命令行

（4）工具栏

工具栏（图 1–7）中包含了一些常用命令的快捷按钮，包括文件的打开存储、视图窗口的移动缩放、建模物体的选择隐藏以及建模物体的渲染，等等。它们不直接参与建造模型，但却对建模有很好的辅助作用。

图 1–7　工具栏

在对每个快捷按钮进行选取时，用鼠标单击左键和右键都会产生不同的指令。是个鼠标的示意，按左键（涂黑表示）的作用与按右键（涂黑表示）的作用是不同的。例如在对隐藏快捷按钮进行选取单击时，单击左键实现隐藏指令，单击右键实现将已经隐藏的物体显示指令，如图 1–8 所示。

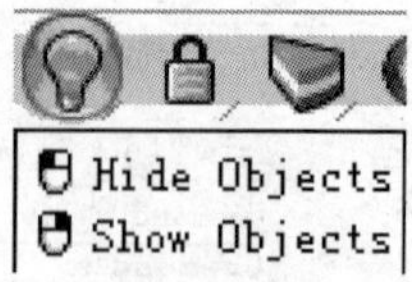

图 1–8　鼠标左右键指令提示

（5）工具箱

工具箱（图 1–9）中展现的是一些构造模型的基本建模工具，有些按钮右下角有一个白色的小三角，说明该按钮下面有扩展工具列，用鼠标左键按住这个按钮停留一段时间或按右键，就会出现这个按钮下面的子命令按钮栏。在子命令按钮栏的标题栏处按住鼠标左键拖移或单击右键，该子命令按钮栏会浮出，如图 1–10 所示。

图 1–9　工具箱

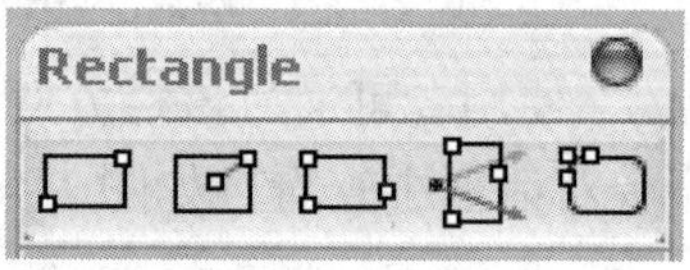

图 1–10　浮出的扩展工具列

（6）视图区

系统默认的视图区显示 Top（俯视图）、Front（正视图）、Right（右视图）、Perspective（透视图）四个视区。

将鼠标放至某个视图区并单击，该视图区即被激活，激活后的视图区标题栏颜色由灰变亮。如图 1–11 即为 Front 视图被激活。双击某视图区左上角的蓝色（这里为银白色）标题栏可以实现对该视图区窗口的最大化，再次双击蓝色标题栏可以恢复该视图区窗口。

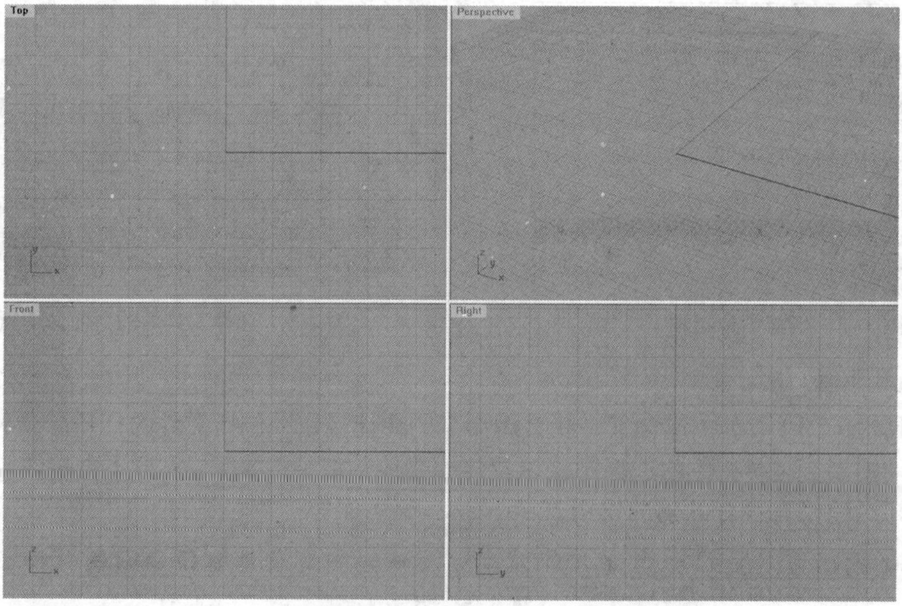

图 1–11　视图区

对 Top（俯视图）、Front（正视图）、Right（右视图）等平面视图区在空间中的位置，可以通过图 1–12 帮助理解。图 1–13 为视图区设置工具按钮。

对各个窗口的缩放、移动和旋转操作除了可以用鼠标直接点击工具栏上的快捷图标外，还可以通过鼠标和 Shift、Ctrl 键完成。

缩放（）：鼠标滚轮（滚动）、Ctrl 键+鼠标右键（上下移动鼠标）；

移动（）：Shift+鼠标右键（任意方向移动鼠标）、鼠标右键（不适合 Perspective 视图）；

旋转（）：鼠标右键（只适合 Perspective 视图）。

可以对视图区的显示视图进行切换，有三种方法可供选择：

① 通过菜单栏上的 View/SetView；

② 在视图的左上角显示有视图名称的题标上右击并在弹出的菜单中选择 SetView；

③ 单击工具栏上的 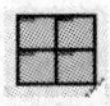，在其弹出的子命令按钮栏里选取所想要的视图模式。

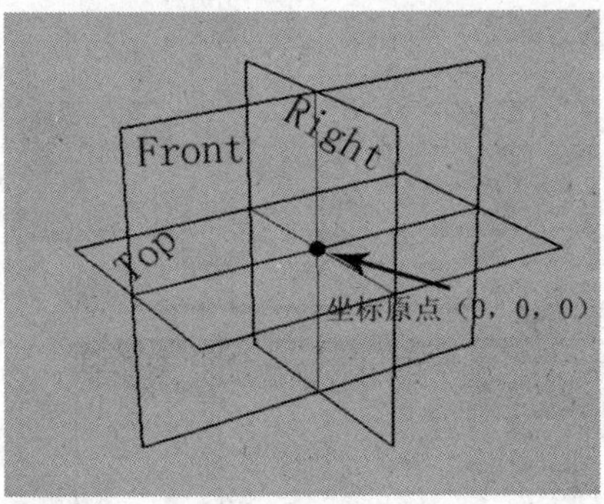

图 1–12　各视图区在空间中的位置

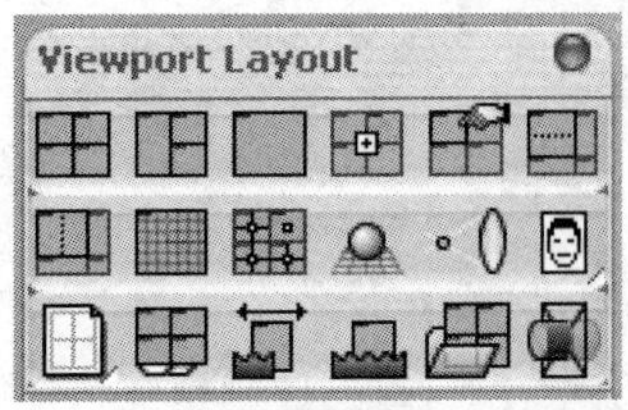

图 1–13　视图区设置工具按钮

（7）状态栏

图 1–14　状态栏

在状态栏中的①②③④各自表示的意义为（图 1–14）：

①：显示当前视图区坐标系中鼠标指针位置的坐标值。

②：显示图层的设置状态，它包括图层名称以及用于区分不同层的颜色，单击该图标可以选择不同的图层作为当前工作图层（图层的建立方法将在具体建模时介绍）。

③：建模辅助工具：其中 Snap、Ortho、Planar、Record History 分别为控制空间中网格（1.2.1 节介绍）的捕捉、直角操作、平面模式的操作和控制记录构建历史的设置。而 Osnap 工具可以控制④的启用或关闭，操作方法为单击该图标即可。

④：一个极为常用的建模辅助工具，其中的捕捉工具在工具栏中 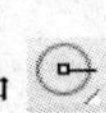 按钮下的子按钮中能够找出一一对应的按钮图标。这些捕捉工具的意义分别为：

End：末端捕捉、Near：曲线上最近点捕捉、Point：点捕捉、Mid：中点捕捉、Cen：中心捕捉、Int：交点捕捉、Perp：垂直点捕捉、Tan：切线捕捉、Quad：1/4 象限点捕捉、Knot：钮节点捕捉、Project：投影、STrack：跟踪、Disable：暂时取消所有捕捉。

上述每一功能将会在后续章节中详解。

1.2 Rhino 的通用功能

1.2.1 网格的意义及捕捉功能

Rhino 的每个视图区里都有默认的网格。在网格上有一条红色和一条绿色的轴分别代表作图平面的两个坐标轴。每一网格用细灰色表示，又用一条粗灰色来表达 10 格，这样做的目的是可以帮助使用者在作图时更好地定位，让使用者更好地观察物体的位置和大小比例。

按 F7 可以隐藏和显示网格，网格是可以自定义的，即每个网格代表的单位大小可以通过设置改变。设置方法是选择 Tools/Options 或单击工具栏上的快捷按钮调出 Rhino Options 面板，在 Units 内进行设置，如图 1–15 所示。

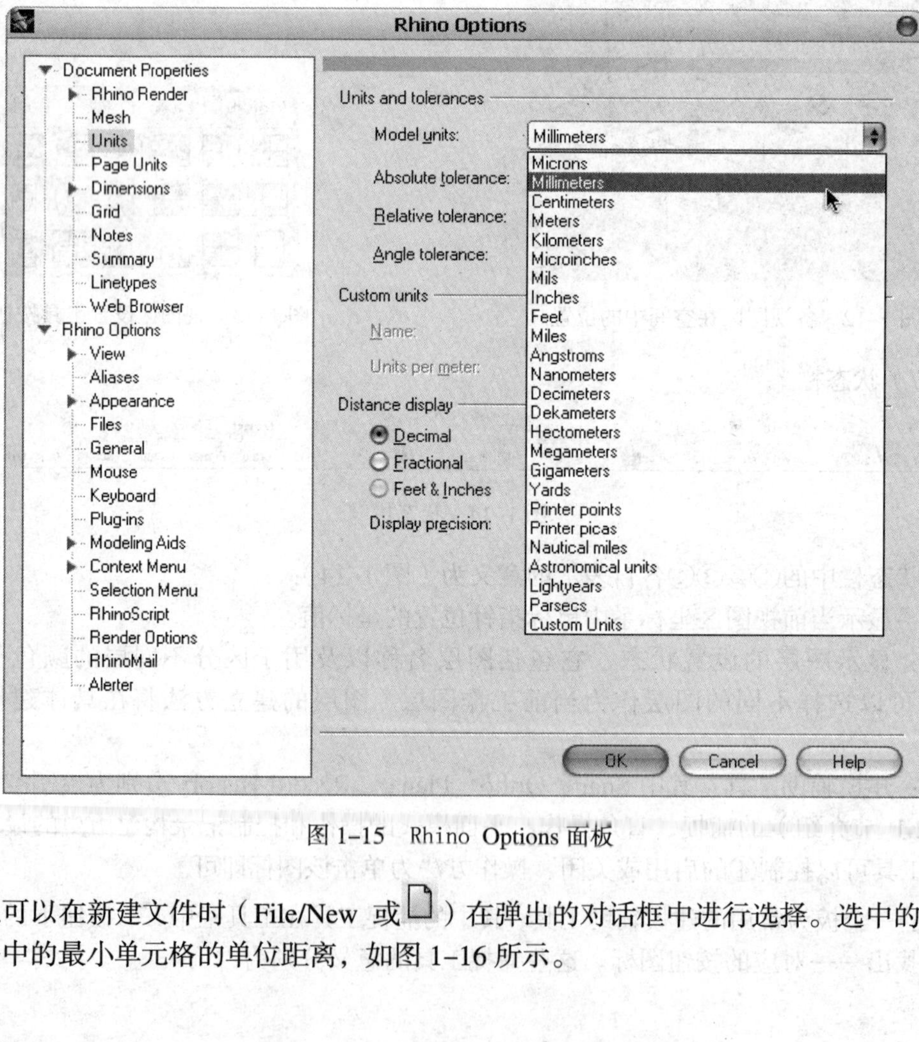

图 1–15 Rhino Options 面板

也可以在新建文件时（File/New 或）在弹出的对话框中进行选择。选中的单位即为网格中的最小单元格的单位距离，如图 1–16 所示。

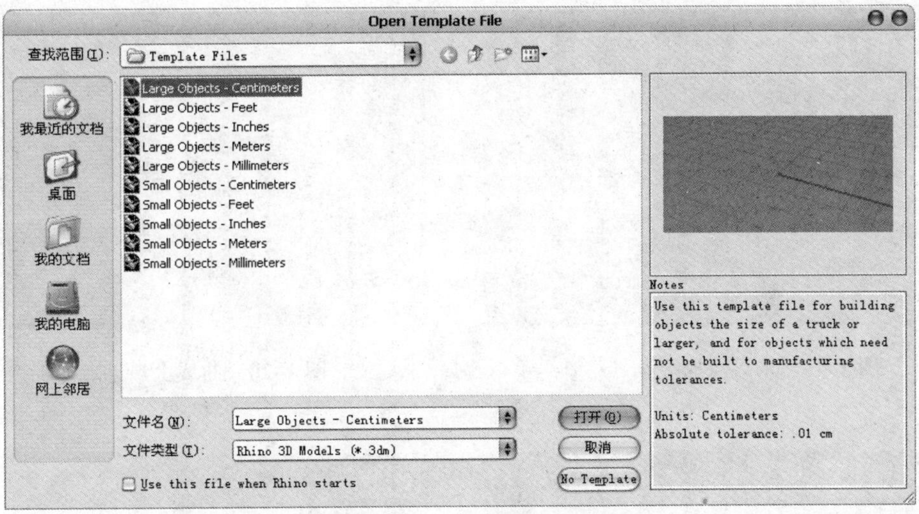

图 1-16 新建文件对话框

网格对物体的定位等有很重要的作用，状态栏里的“Snap”命令能实现对网格的捕捉图 1-17。只要单击“Snap”图标或按 F9，就可以激活这一功能（图 1-18）。

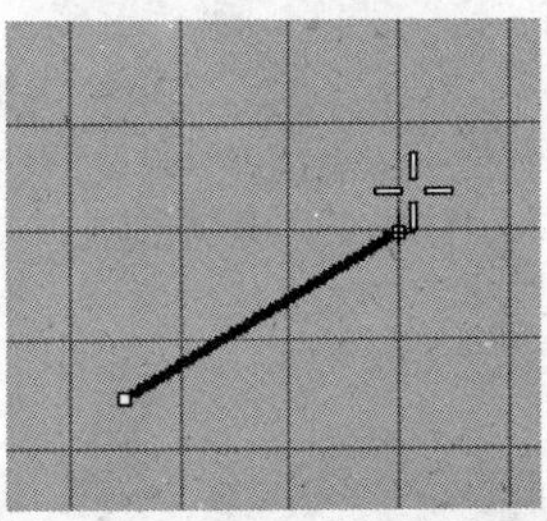

图 1-17 网格捕捉

关闭状态 开启（激活）状态

图 1-18 激活网格捕捉功能

1.2.2 物体上的特殊点捕捉功能

Rhino 有很强大的辅助捕捉功能，在这方面与 AutoCAD 很相似，尤其是在 Rhino4.0 里新增加“Strack”（跟踪）捕捉功能后，让作图者可以更加轻易地捕捉到所需要的特殊点。

特殊点捕捉功能命令可以在状态栏或工具栏按钮  的子按钮里方便地找到。实现捕捉的具体步骤为：

① 勾选需要的特殊点类型捕捉功能按钮；

② 移动鼠标光标到要捕捉的点附近；

③ 在鼠标标记吸附到要锁定的点上时，按住鼠标左键。

- 端点捕捉：捕捉曲线的端点（图 1–19）。
- 最近点捕捉：捕捉到曲线上与当前鼠标光标距离最近的点（图 1–20）。
- 点捕捉：捕捉点物体、控制点、编辑点或网格顶点（关于控制点等后续有详解），见图 1–21。
- 中点捕捉：捕捉曲线或曲面边缘的中点（图 1–22）。

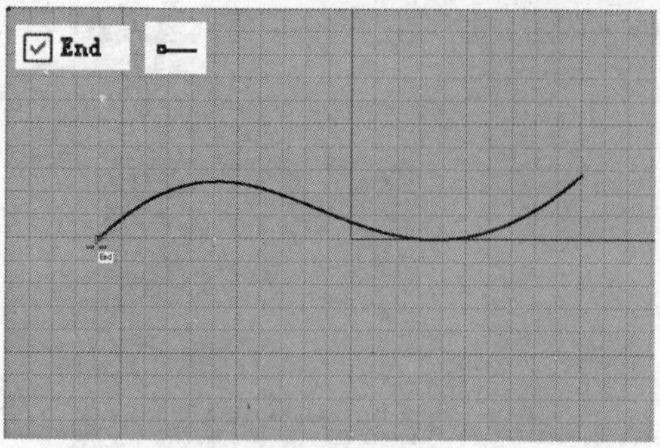

图 1–19　末端点捕捉

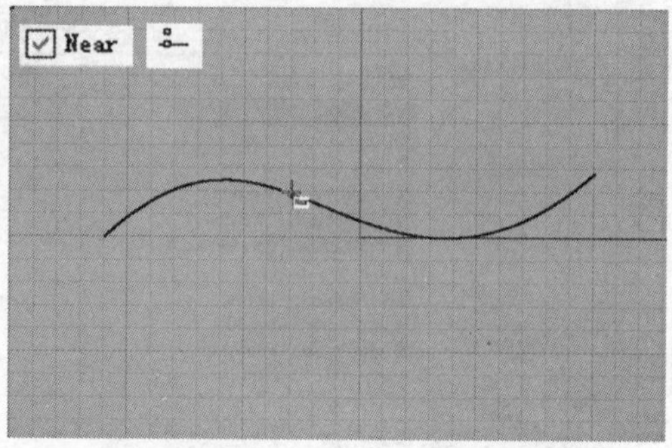

图 1–20　曲线上最近点捕捉

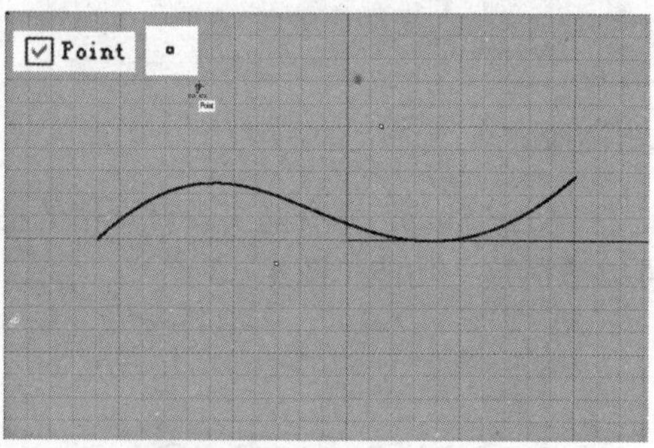

图 1–21　点捕捉图

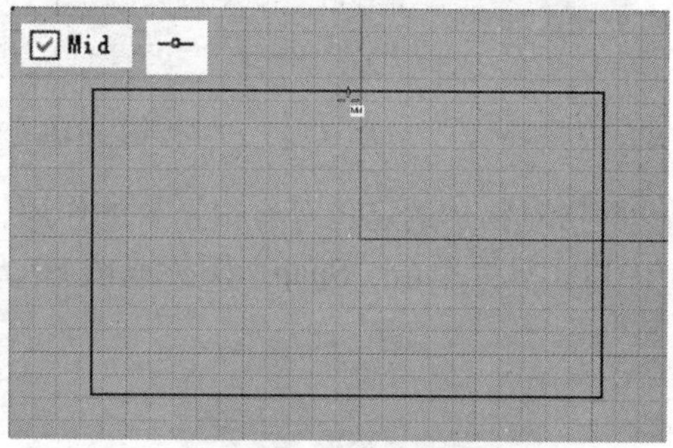

图 1–22　中点捕捉

- 圆心捕捉：捕捉圆和圆弧的圆心点以及封闭的多重直线的中心点（图 1–23）。

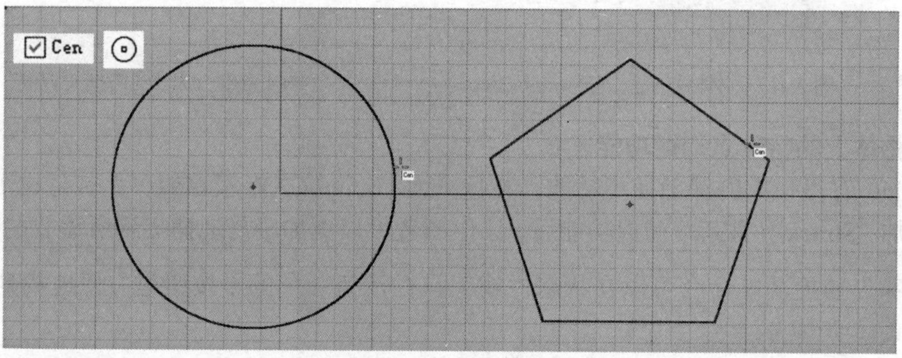

图 1–23　圆心捕捉

- 交叉点捕捉：捕捉两条曲线、两个边缘及曲面结构线的交点（图 1–24）。
- 垂直点捕捉：捕捉曲线上某处切线能同该处与当前光标连线垂直的点（图 1–25）。
- 切点捕捉：可以捕捉到曲线的相切切点（图 1–26）。
- 1/4 点捕捉：可以捕捉到一条曲线在目前的工作平面 *X* 或 *Y* 坐标最大值或最小值的点（图 1–27）。
- 钮节点捕捉：可以捕捉曲线或曲面边缘上的节点（图 1–28）。

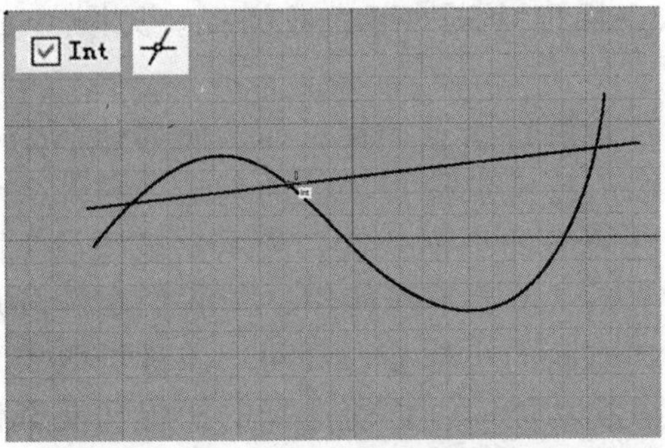

图 1–24　交叉点捕捉

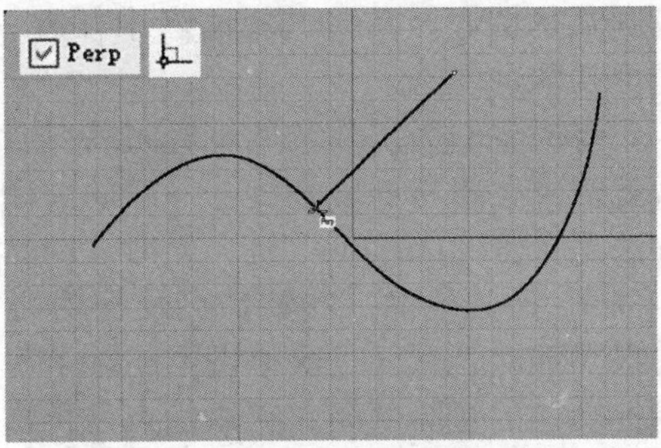

图 1–25　垂直点捕捉

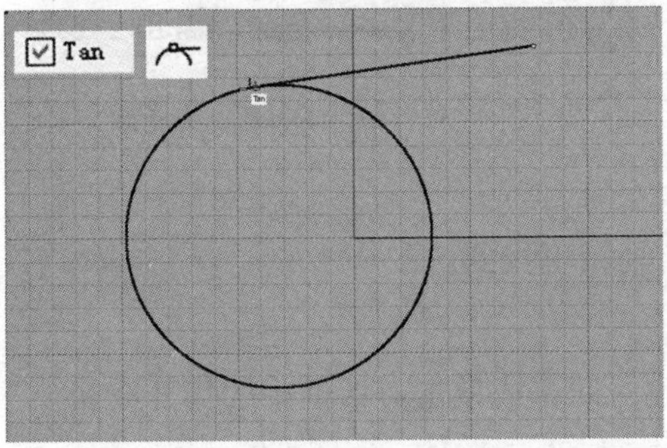

图 1–26　切点捕捉

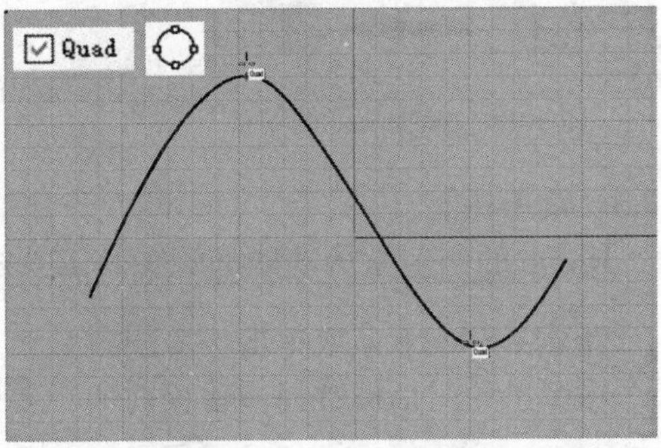

图 1–27　1/4 象限点捕捉

- Strack 跟踪功能的应用：Strack 功能与其他一些特殊点捕捉功能一起使用。在使用时只需将鼠标光标移至某些特殊点处并停留一小段时间，光标会变成白色，表示 Strack 跟踪功能已启动，此时再移动鼠标就会看到与特殊点有关联的水平和垂直方向上的两条白线，该功能跟踪到了这两条曲线的交点作为要捕捉的新的特殊点。Strack 跟踪功能能帮助捕捉到更多的“特殊点”，见图 1–29 所示。

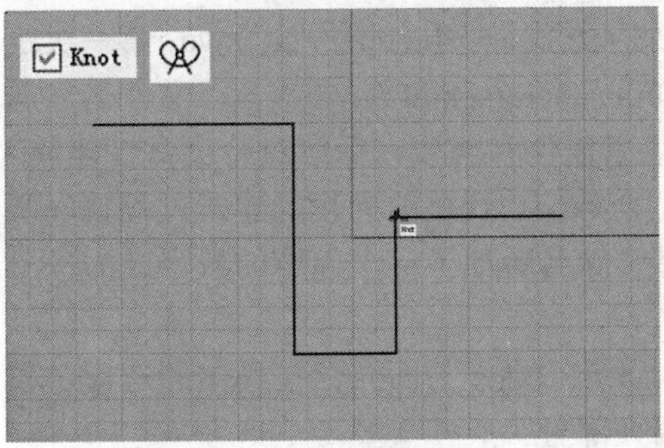

图 1–28　钮节点捕捉

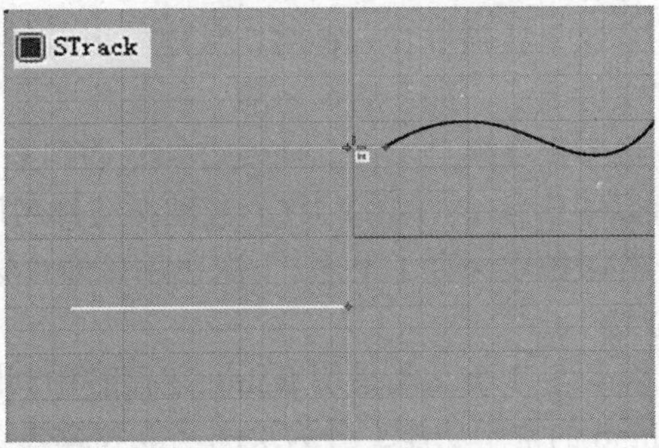

图 1–29　Strack 跟踪功能

在作图时一般可能要同时开启几个特殊点捕捉功能来帮助我们选择不同的特殊点，但有时开启过多的特殊点捕捉功能可能会干扰我们真正要捕捉的点，因此要适当开启必要的点捕捉功能并及时关闭某些暂时不用的点捕捉功能。有时一个特殊点可以由不同的特殊点捕捉功能完成，例如一个特殊点既是一段直线的中点又是一段圆弧的圆心，此时选择两者中任意一特殊点捕捉功能均可完成捕捉。见图 1–30 捕捉功能的勾选。

有时我们需要作的图不经过特殊点，此时开启特殊点捕捉反而会阻碍作图，那么就需要关闭特殊点捕捉，一般的关闭就是取消特殊点捕捉功能的勾选。另外一个方法是单击“Disable”键，此时“Disable”键前面的小框变蓝，表示它被激活（图 1–31），而其他的一些特殊点捕捉功能键都变灰，表示不能使用，当我们重新开启捕捉功能时，只要再次单击“Disable”键让其前面的小框变白即可，该键可以实现捕捉功能的暂时关闭，它的优点是再次开启捕捉功能时，之前选择的捕捉功能都保持着而不必重新选择。

图 1–30　捕捉功能的勾选

图 1–31　激活 Disable 功能键

1.2.3　常用功能

Rhino 的一般常用功能都能在其工具栏和工具箱里找到。

新建：File/New 或单击  图标

在弹出的对话框选择一建模时所想要的单位，回车或单击对话框中的打开按钮。

打开：File/Open 或单击  图标

在弹出的对话框中选择所想要打开的文件：找到硬盘中旧文件所在的地址，回车或单击对话框中的打开按钮。

保存：File/Save 或单击  图标

在弹出的对话框中输入你要命令的文件名，选择想要保存的文件格式（在保存类型旁边的下拉式对话框里选择保存文件类型），为该文件指定保存地址，回车或单击对话框中的保存按钮。

这里特别推荐一种对产品建模很有帮助的保存方式——Incremental Save，第一次定义好文件名后，如果后续每隔一段建模工作进行 File/ Incremental Save 就会以文件名加递增的数字保存模型文件。建模时如果遇到重要的场景需保存或要在后续进行尝试性建模时，可以用该命令。保存时它会自动在文件名后加一个数字，到目前为止的建模过程就以文件形式被独立保存了下来。下次再用该命令保存时文件名后加了一个递增的数字成为一个新的文件。

以上三个功能是用 Rhino 建模时用到的最基本的功能，下面介绍在具体的建模过程中 Rhino 的常用功能，分为绘图功能和编辑功能两大部分：

常用的绘图功能

作者认为，要掌握好 Rhino 软件的应用，一开始就应该从架构实体的最基本元素着手，Rhino 软件最基本的几何元素是：点、线、面和体。

☻ 点 ——→ 线 ——→ 面 ——→ 体 ☻

★ 点的绘制

Point： ；命令：Point；菜单：Curve/Point Object/Single Point。

用以上指令作一个点需要的步骤：

指定要建立点物体的位置

例 1

```
Command: _Point
Location of point object: -5,2（输入-5,2
后按 Enter 键）
```

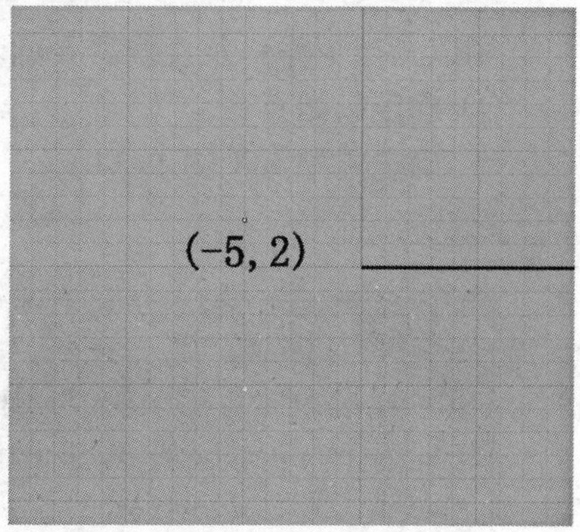

图 1-32　点的绘制

说明

绘制点时输入的坐标值为当前工作视图的坐标值。也可以不输入坐标直接用鼠标在视图内某一位置单击作一点，该点的坐标即为鼠标单击位置处的坐标值（图 1-32）。

Multiple Points： ；命令：Points；菜单：Curve/Point Object/ Multiple Points。

用以上指令作多重点需要的步骤：

① 连续指定数个要建立点物体的位置（图 1-33）。

② 按 Enter 键结束指令（按 Esc 键逃出该指令）。

例 2

```
Command: _Points
Location of point object: 0,0 （输入0,0后按
Enter键）
Location of point object: 5,10 （输入5,10
后按Enter键）
Location of point object: （鼠标在视图内某
一位置单击）
Location of point object: （鼠标在视图内某
一位置单击）
```

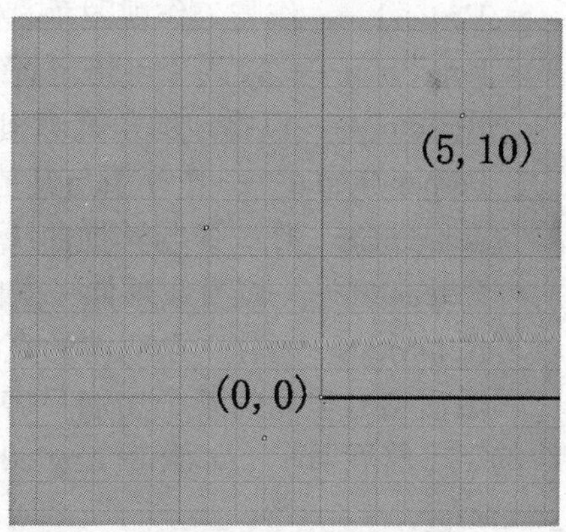

图 1-33　多个点的绘制

⇩

☻ 点 ——→ 线 ——→ 面 ——→ 体 ☻

★ **直线的绘制**

Line： ；命令：Line；菜单：Curve/Line/Single Line。

用以上指令作一条直线需要的步骤：

① 确定起始点；

② 确定末端点（图 1–34）。

例 3

```
Command: _Line
Start of line ( Normal  Angled  Vertical
FourPoint  Bisector  Perpendicular
Tangent  Extension BothSides ): -10,5（确定
的起始点坐标值）
End of line ( BothSides ): 15,-10（确定的末
端点坐标值）
```

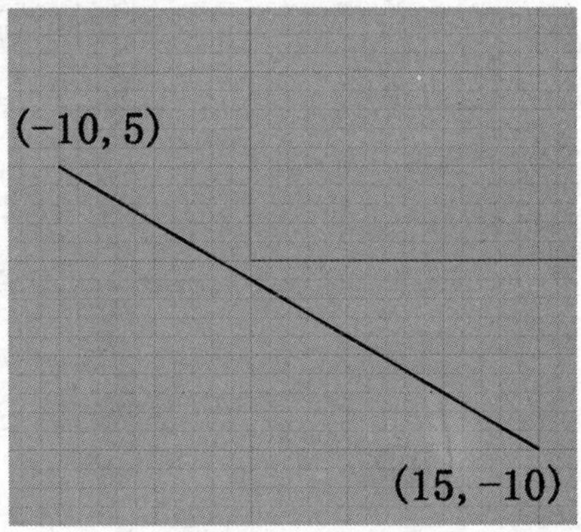

图 1–34 直线绘制

说明

命令栏上的提示“Start of line”或“End of line”后面有个括号，括号里的内容对作图都有不同的辅助作用或有不同的作图功能。

“Start of line”后面括号里的内容（在直线图标的子按钮里有与这些命令一一对应的图标），对应的含义分别为：

Normal——作沿曲面法线方向上的直线

Angled——作一条与基准线呈指定角度的直线

Vertical——作与工作视图垂直的直线

FourPoint——以两个点指定直线的方向，再以两个点画出直线

Bisector——以指定的角度画出一条角度等分线

Perpendicular——作一条与其他曲线垂直的直线

Tangent——作一条与其他曲线相切的直线

Extension——以直线延伸一条曲线

BothSides——作一条双向的直线（图 1–35）

激活括号里面的某个功能只需鼠标直接单击括号里的该选项或输入该选项中有下划线的字母然后回车（如激活 Angled 只需输入 A 然后回车）。

例 4

以选中括号里的“Vertical”为例：

```
Command: _Line
Start of line ( Normal  Angled
Vertical  FourPoint  Bisector
Perpendicular  Tangent
Extension  BothSides ): v  （键
入v键后按Enter键，激活Vertical）
Start of line: -5,10  （指定直
线起始点坐标）
End of line ( BothSides ): b  （键
入b键后按Enter键）
End of line:  （鼠标在视图里任
一位置单击）
```

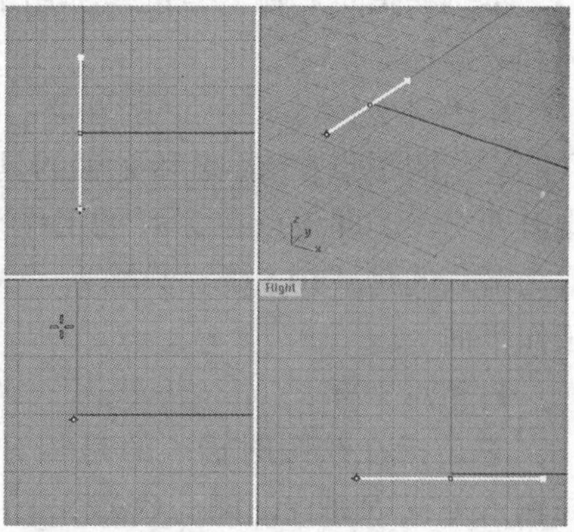

图 1-35　垂直于工作平面的双向直线绘制

★ **多重线的绘制**

Polyline: ；命令：Polyline；菜单：Curve/Polyline/Polyline。

用以上指令作多重直线的步骤：

① 指定第一条线段的起点；

② 以指定点的形式作出下几条线段（图 1-36）；

③ 按 Enter 键结束指令。

> **知识小解：**
> Line 与 Polyline 的区别：
> Line 每次完成一条直线绘制，Polyline 每次能作多条直线直至命令结束。

例 5

```
Command: _Polyline

Start of polyline: -20,0（起始点的坐标）

Next point of polyline ( Mode=Line
Helpers=No  Undo ): R20,0（第二点坐标）

Next point of polyline. Press Enter when
done ( Mode=Line  Helpers=No  Length
Undo ): R15<45（第三点坐标）

Next point of polyline. Press Enter when
done ( Close  Mode=Line  Helpers=No
Length  Undo ): c（闭合直线）
```

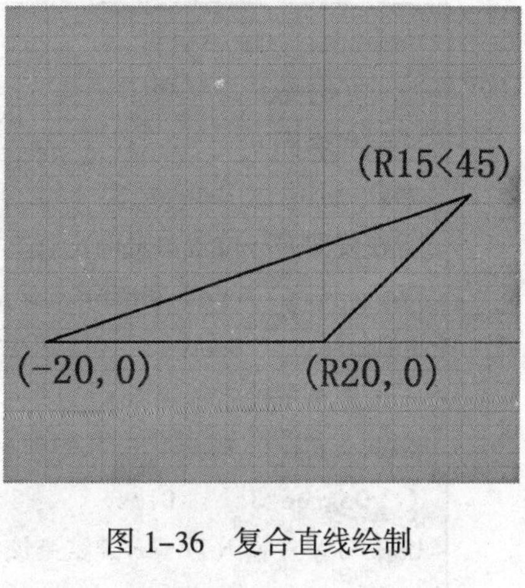

图 1-36　复合直线绘制

说明

本例在指定和输入点的坐标用了 3 种不同的坐标类型，它们分别是绝对坐标、相对坐标和极坐标。

♦ 绝对坐标

它指明了点在 *X*、*Y* 和 *Z* 轴的具体位置，它的输入形式是“_,_,_”。如果输入“_,_”，则表明 Z=0，即该点在 Z=0 的工作平面上。例如在 Top 视图中输入坐标“10,5”，可以理解为输入的是“10,5,0”，只输入了 *X* 和 *Y* 的坐标，*Z* 的坐标将自动默认为 0，即该点落在工作平面上。

♦ 相对坐标

它是指在绘图时输入的是相对于前一个点的坐标值，输入方法是在输入的坐标前面输入@或 *R* 或 *r*，如“@0,5,20”，同样若输入的相对坐标落在工作平面上只需输入“*r*_,_”。

♦ 极坐标

极坐标的输入形式是“@极长<角度”或“*R* 半径<角度”或“*r* 半径<角度”。如“@30<90”表示输入的极坐标为长度 30，角度为 90 度。极坐标中角度以 *X* 坐标的正方向为零度值逆时针为正起始方向，可以输入正负角。

★ 曲线的绘制

Curve: ；命令：Curve；菜单：Curve/Free-Form/Control Points。

用以上指令作控制点绘制曲线的步骤：

① 指定曲线的起点；

② 指定下几个点；

③ 按 Enter 键结束指令（图 1–37）。

例 6

```
Command: _Curve
Start of curve ( Degree=3 ): -20,10
（起点坐标）
Next point ( Degree=3  Undo ): （鼠标在视图内一位置单击确定第二点）
Next point. Press Enter when done
( Degree=3  Undo ): （鼠标在视图内一位置单击确定第三点）
Next point. Press Enter when done
(  Degree=3    Close    Sharp=No
Undo ): （输入 Enter 键结束该指令）
```

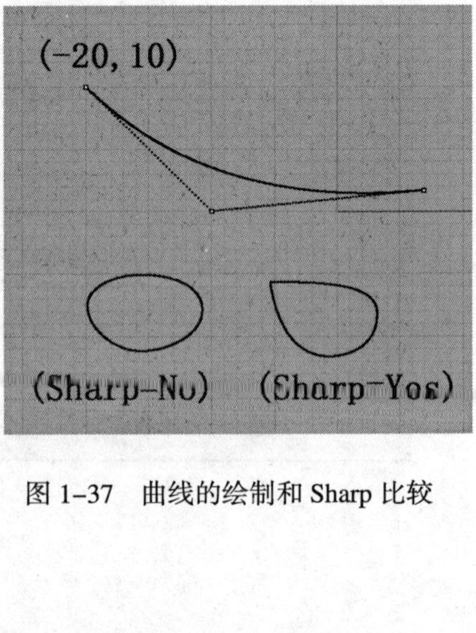

图 1–37　曲线的绘制和 Sharp 比较

说明

括号里的“Degree=3”是指将要绘制曲线的阶数，关于阶数的意义在下一节探讨。“Undo”选项可供使用者撤销该指令内的前一步操作，例如在绘制曲线时要修改上一步确定的点，可以通过输入 u 键按回车即可撤销上一步所确定的点。

当确定 3 个点后命令栏上会出现 Close（闭合）和 Sharp = No（不尖锐的）选项。选择 Close 选项（也即前面提到的输入 c 回车或直接鼠标单击该选项将其激活），曲线将以圆滑的方式自动闭合。选择 Sharp = No 选项，该选项将变为 Sharp = Yes，再次自动闭合曲线，闭合节点处将出现折交（图 1–38）。

InterpCrv: ；命令：InterpCrv；菜单：Curve/Free-Form/Interpolate Points。

用以上指令作内插点曲线的步骤与作控制点曲线的步骤相同，这里不再重复，只是对 Curve 和 InterpCrv 作一下简单的比较。

Curve 是通过确定曲线控制点来绘制曲线的，而 InterpCrv 是通过确定曲线编辑点来绘制曲线的，也就是在绘制曲线时鼠标所确定的点就是曲线要经过的位置。

Curve 命令中多出 Knots（控制点）、StartTangent（起始点切向连续）两个选项。当确定一个点后，命令栏中的 StartTangent 选项变成 EndTangent（末端切向连续）选项。选择这两个选项可以帮助绘制出与原曲线在交点处保持二者切向连续的曲线（图 1–39）。

知识小解：

凡曲线经过控制点的称为插值；凡曲线受到控制点的权重影响但不经过这些点的称为拟合。

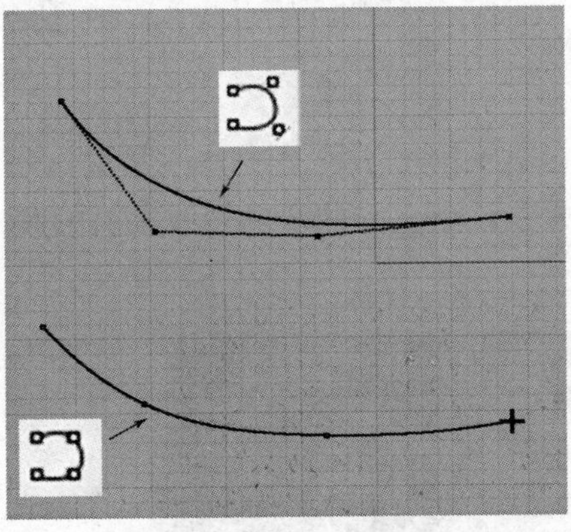

图 1–38　曲线的绘制和比较

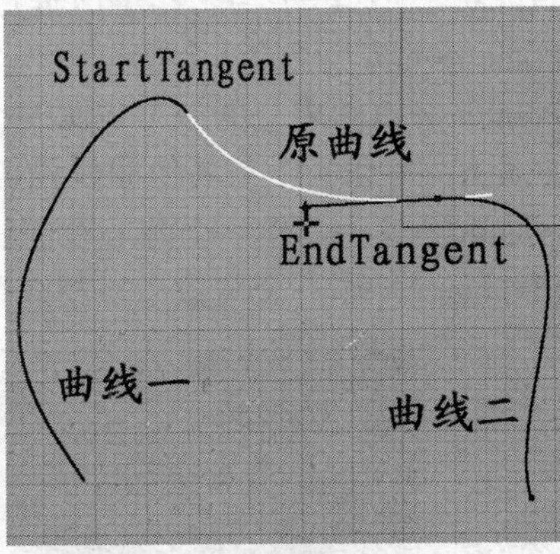

图 1–39　StartTangent 和 EndTangent 的用法

★ **圆的绘制**

Circle： ；命令：Cirlcle；菜单：Curve/Circle/Center/Radius。

用以上指令作一个圆的步骤为：

① 指定圆心（图 1–40）；

② 指定半径或直径（当 Diameter 被激活时）。

例 7

```
Command: _Circle
Center of circle ( Deformable
Vertical  2Point  3Point  Tangent
AroundCurve  FitPoints ): -10,0（指定圆心）
Radius <9.11> ( Diameter ): 20（指定半径）
```

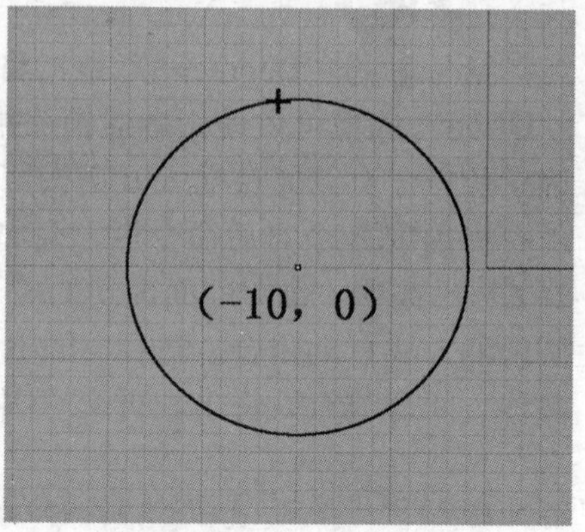

图 1–40　Circle 的绘制

说明

注意到 Radius 后面角括号中的数，它是系统默认的半径（或最近一次作圆时设置的半径）。若在作圆时不指定半径直接回车，系统会自动生成一个以括号中的数值为半径的圆。当激活命令栏中的 Diameter 后，输入的数即为该圆的直径。当然也可以不输入半径或直径的值，直接用鼠标在视窗内分别确定二点，系统将该二点的距离作为半径画出圆。

对 Center of circle 后面括号中各选项（在圆图标的子按钮里有和这些命令一一对应的图标），它们对应的含义分别为：

Deformable——作一个可变形圆（由一条完整连续的曲线构成，调整它的控制点不会破坏连续性）

Vertical——作一个与工作平面垂直的圆

2Point——以直径的两个端点画一个圆

3Point——以圆周上的三个点画一个圆

Tangent——作一个与其他曲线相切的圆（图 1–41）

AroundCurve——作一个圆心在曲线的某点上并在该点上与曲线的切线垂直的圆

FitPoints——作一个与数个点相匹配的圆

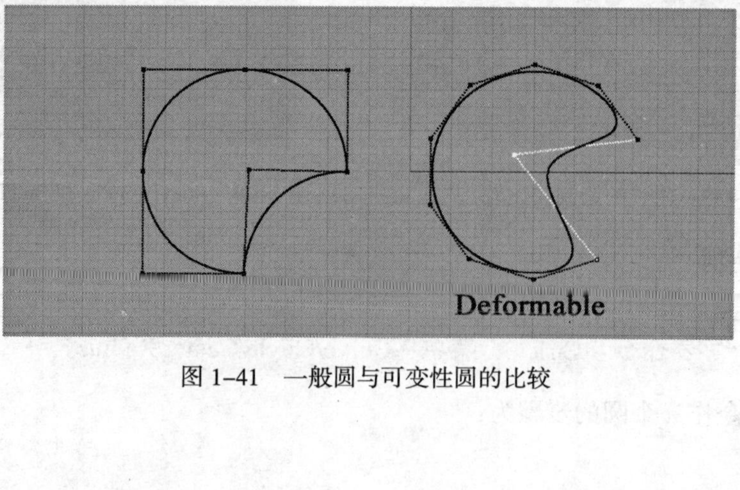

图 1–41　一般圆与可变性圆的比较

例 8

```
Command: _Circle
Center of circle ( Deformable  Vertical
2Point  3Point  Tangent   AroundCurve
FitPoints ): a（激活AroundCurve）
Select curve:（鼠标单击曲线，选中曲线）
Center of circle:（指定圆心）
Radius <17.09> ( Diameter ): 20（圆半径）
```

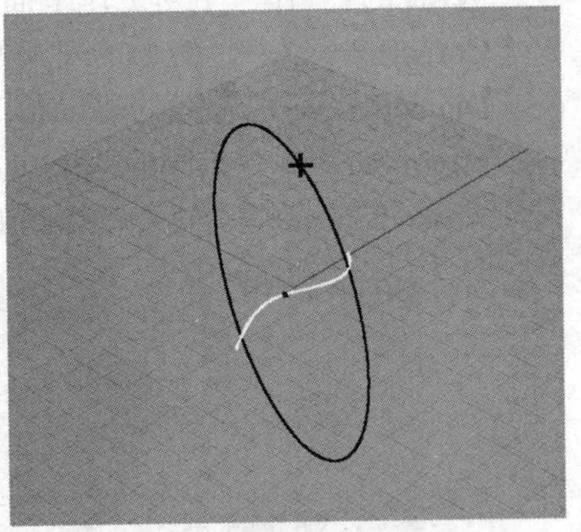

图 1–42　AroundCurve 的绘制

★ **椭圆的绘制**

Ellipse：；命令：Ellipse；菜单：Curve/Ellipse/From center。

用以上指令作一个椭圆的步骤为（图 1–42）：

① 指定椭圆中心点；

② 指定第一个轴的端点；

③ 指定第二个轴的端点。

例 9

```
Command: _Ellipse
Ellipse center ( Deformable  Vertical
Corner  Diameter  FromFoci  AroundCurve ):
-10,0（椭圆中心点）
End of first axis ( Corner ): 10,0（第一个
轴端点）
End of second axis: -10,10（第二个轴端点）
```

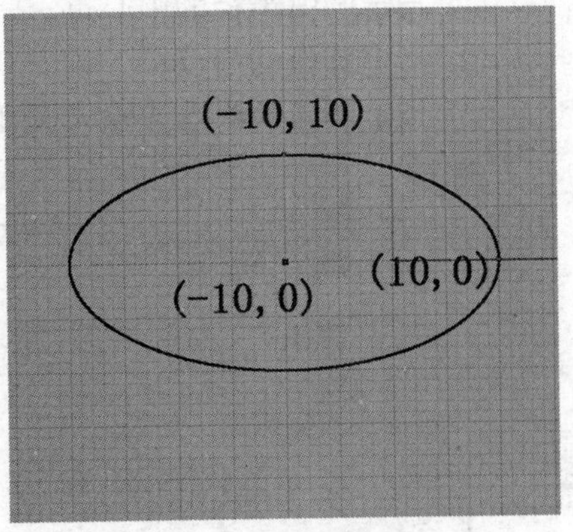

图 1–43　椭圆的绘制

说明

若在第二步中激活括号里的 Corner 选项，则直接输入椭圆的一个角的坐标可以完成操作。如作图 1–43 中的椭圆，在激活 Corner 选项后输入椭圆的角的坐标（10，10）即可，当然也可以输入其他 3 个角的坐标：（–30，10）、（–30，–10）或（10，–10）。

对 Ellipse center 后面括号中各选项（在椭圆图标的子按钮里有和这些命令一一对应的图标），它们对应的含义分别为：

Deformable——作一个可变形椭圆
Vertical——作一个与工作平面垂直的椭圆
Corner——以一个矩形的对角画出一个椭圆
Diameter——以轴线的端点画一个椭圆（图 1–44 左）
FromFoci——以椭圆的两个焦点及通过点画出一个椭圆（图 1–44 右）
AroundCurve——作一个中心在曲线上并与该曲线垂直的椭圆

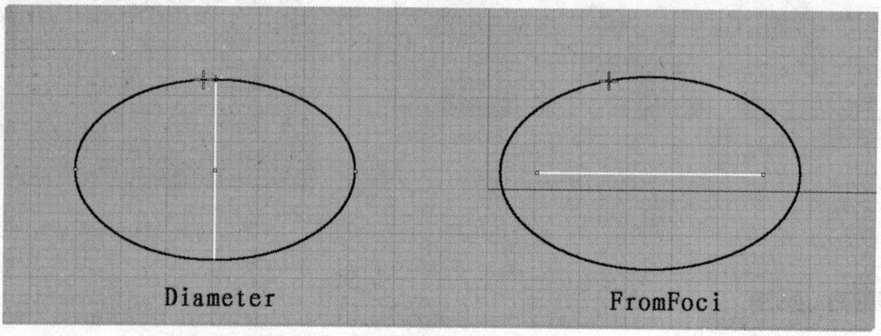

图 1–44　椭圆的绘制

★ **圆弧的绘制**

Arc：；命令：Arc；菜单：Curve/Arc/Center,Start,Angle。

用以上指令绘制一个圆弧的步骤为（图 1–45）：
① 指定圆弧半径的中心点；
② 指定圆弧的起点；
③ 指定圆弧的终点或输入圆弧的角度。

例 10

```
Command:  _Arc
Center of arc ( Deformable  StartPoint
Tangent  Extension ):  -10,-10（圆弧半
径中心点坐标）
Start of arc ( Tilted ):  0,10（圆弧起
点）
End point or angle: （指定圆弧终点或输
入圆弧的角度，按 Enter 键结束指令）
```

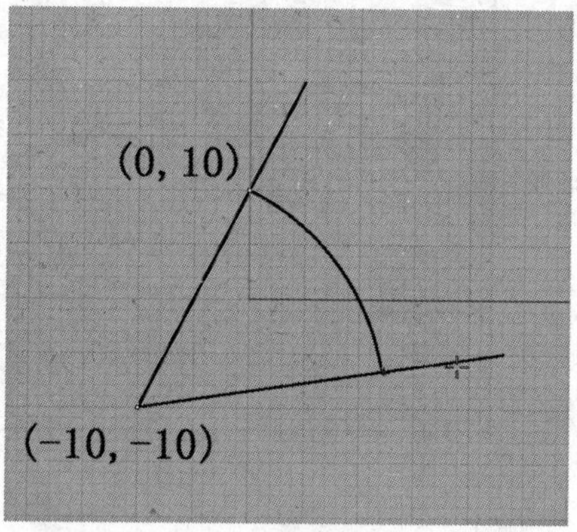

图 1–45　圆弧的绘制

说明

若第二步中激活 Tilted 选项，可作一条不与工作平面平行的圆弧，绘制时指定一个不在工作平面上的点为圆弧的起始点。

对 Center of arc 后面括号中各选项，它们的含义分别为：

Deformable——作一可变形圆弧

StartPoint——由圆弧的起点、终点及圆弧的通过点建立圆弧
Tangent——以指定的半径画出与两条曲线相切的圆弧
Extension——以圆弧延伸曲线

★ **矩形的绘制**

Rectangle: ；命令：Rectangle；菜单：Curve/ Rectangle/Corner To Corner。

通过以上指令作一个矩形的步骤为（图 1-46）：

① 指定第一个角点；

② 指定对角点或输入长度。

例 11

```
Command:  _Rectangle
First corner of rectangle ( 3Point
Vertical  Center  Rounded ): -15,-10(第
一个点的坐标)
Other corner or length ( Rounded ):  30
（一条边的长度，这里也可输入对角点坐标）
Width.  Press  Enter  to  use  length
( Rounded ):  20（另一条边的长度）
```

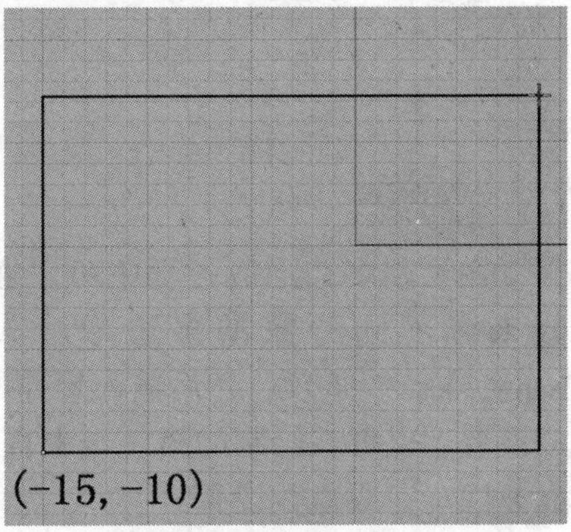

图 1-46　矩形的绘制

说明

命令行中括号中 Rounded 选项是绘制圆角矩形，圆角半径在激活该选项后根据提示进行输入。

对于 First corner of rectangle 后面括号中各选项（在矩形图标的子按钮里有和这些命令一一对应的图标），它们的含义分别为：

3Point——以两个相邻的角和对边上的一点画出矩形
Vertical——画一个与工作平面垂直的矩形
Center——从中心点出发画出矩形
Rounded——确定要画一个带圆角的矩形

★ **正多边形的绘制**

Polygon: ；命令：Polygon；菜单：Curve/Polygon/Center,Radius。

通过以上指令作一个多边形的步骤为（图 1-47）：

① 指定多边形的中心点；

② 指定多边形的一个角点。

例 12

```
Command:  _Polygon
Center of inscribed polygon
( NumSides=5  Circumscribed  Edge
Star  Vertical  AroundCurve):0,0(多边形中心坐标)
Corner of polygon (NumSides=5):10,10
(多边形一个角点的坐标)
```

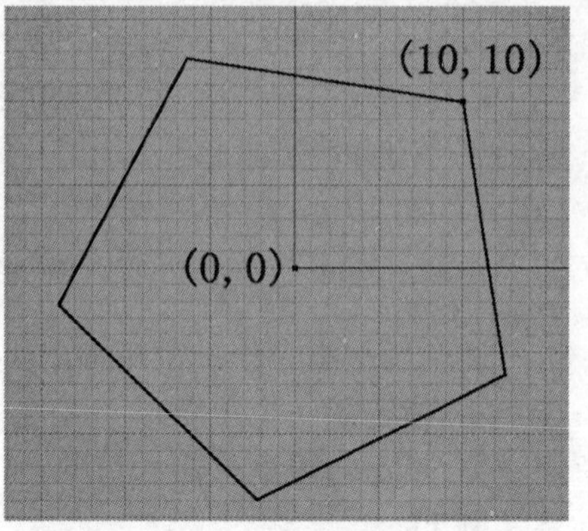

图 1–47　多边形的绘制

说明

在绘制多边形的过程中可以通过设置多边形边数来画不同边数的多边形。设置时只需激活 NumSides=? 选项，然后输入想要的边数回车即可完成设置。也可在绘制的第一步中直接键入边数回车，如 8 回车完成边数设置。

对 Center of inscribed polygon 后面括号中各选项（在多边形图标的子按钮里有和这些命令一一对应的图标），它们的含义分别为：

Circumscribed——作一个外切多边形（图 1–48）

Edge——以按边长的方式建立多边形

Star——建立星形的多边形（图 1–48）

Vertical——作一个与工作平面垂直的多边形

AroundCurve——作一个中心在曲线上并与该曲线垂直的多边形

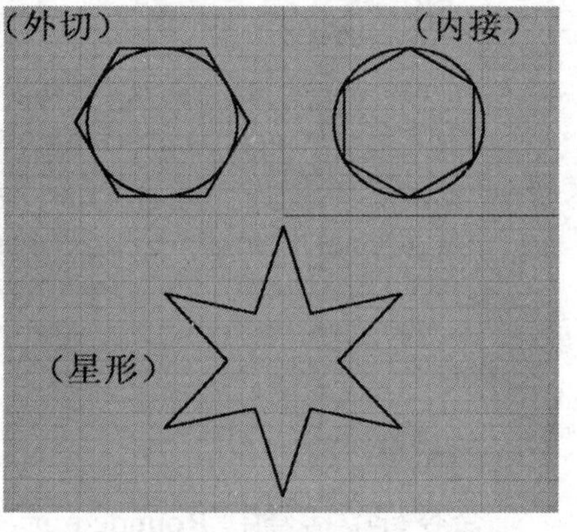

图 1–48　内接与外切多边形

⇩

☻ 点 ⟶ 线 ⟶ 面 ⟶ 体 ☻

★ 从角点生成曲面

SrfPt：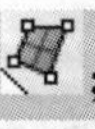；命令：SrfPt；菜单：Surface/Corner Points。

通过以上指令生成一个曲面的步骤为（图 1–49）：

① 指定第一个角点；

② 指定第二个角点；

③ 指定第三个角点；

④ 指定第四个角点（此步回车生成三角形）。

例 13

```
Command:  _SrfPt
First corner of surface:  -20,10
Second corner of surface:  -20,-10
Third corner of surface:  0,0,10
Fourth corner of surface:（Enter 结束指令）
```

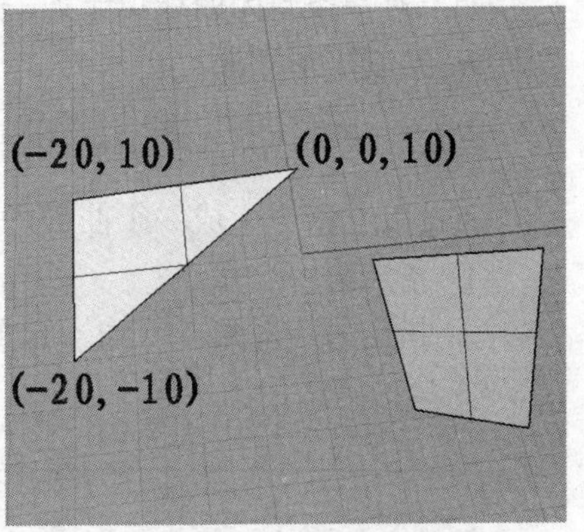

图 1-49　3 个或 4 个角点生成曲面

★ **从边线生成曲面**

EdgeSrf： ；命令：EdgeSrf；菜单：Surface/Edge Curves。

通过以上指令生成一个曲面的步骤为：

① 指定第一条边线；

② 指定第二条边线；

③ 指定第三条边线（此步回车可完成指令）；

④ 指定第四条边线（此步回车可完成指令）。

> **知识小解：**
> 作图步骤与从角点生成曲面相似，从角点生成曲面是指定 3～4 个角点，从边线生成曲面是指定 2～4 个边线。

★ **平面曲线生成曲面**

PlanarSrf： ；命令：PlanarSrf；菜单：Surface/Planar Curves。

通过以上指令生成一个曲面的步骤为（图 1-50）：

指定位于同一平面上的由一条或多条曲线构成的封闭曲线，回车完成操作。

例 14

```
Command:  _PlanarSrf
Select planar curves to build surface:（选择位于同一平面上的曲线）
Select planar curves to build surface. Press Enter when done:
（Enter 键结束指令）
```

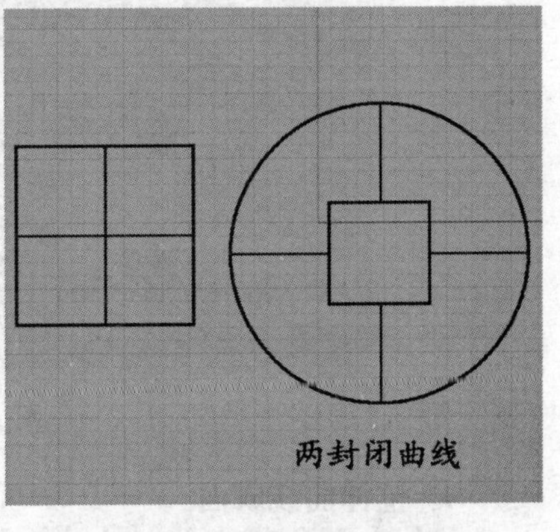

图 1-50　平面曲线生成曲面

说明

如果有一条封闭曲线位于另一条封闭曲线的内部，则会在两曲线间生成曲面。

★ **绘制矩形平面**

Plane： 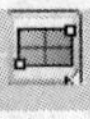；命令：Plane；菜单：Surface/Plane/Corner to Corner。

通过以上指令生成一个曲面的步骤为（图 1–51）：

① 指定第一个角点；

② 指定另一对角点或输入长度。

例 15

```
Command: _Plane
First corner of plane ( 3Point
Vertical  Center  Deformable ): 0,0
（第一个角点坐标）
Other corner or length: 20,10（第二
个角点坐标）
```

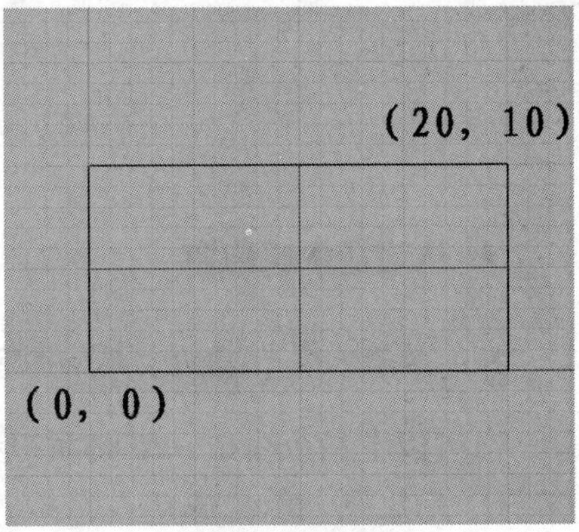

图 1–51　绘制矩形平面

说明

对 First corner of plane 后面括号中各选项，它们的含义与矩形曲线的绘制大致相同。图 1–52 对它们以及该图标的子按钮命令的绘图功能作了一下比较。读者不妨对每一个选项的功能作一些作图尝试来体会其用法。

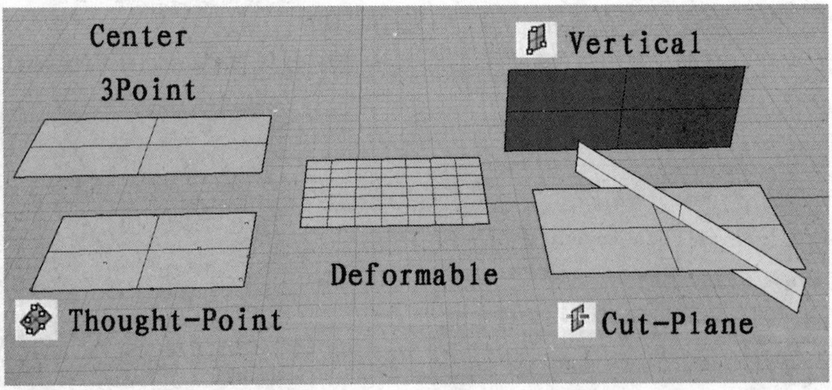

图 1–52　几种矩形平面的比较

★ **拉伸曲线成面**

ExtrudeCrv： ；命令：ExtrudeCrv；菜单：Surface/ ExtrudeCrv/Straight。

通过以上指令生成一个曲面的步骤为（图 1–53）：

① 选取一条曲线；

② 指定该曲线拉伸的距离。

例 16

Select curves to Extrude：
Select curves to Extrude. Press Enter when done：（选取要拉伸的曲线）
Extrusion distance <8>（Direction BothSides=Yes Cap=No DeleteInput=No）：_Cap=_No
Extrusion distance <8>（Direction BothSides=Yes Cap=No DeleteInput=No）：10（指定拉伸的距离，按 Enter 键结束指令）

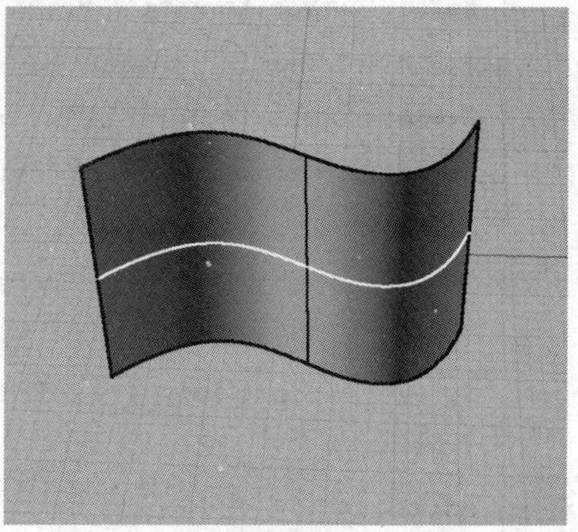

图 1–53　拉伸曲面成面

对 First corner of plane 后面括号中各选项，它们的含义分别为：

Direction——为曲线的拉伸方向进行自定义指定

BothSides——对曲线进行双向拉伸（Yes 为双向拉伸，No 为单向拉伸）

Cap——对曲线拉伸成的面加盖（只针对封闭曲线，Yes 为加盖，No 为不加盖）

DeleteInput——拉伸完成后删除原始拉伸曲线（Yes 为删除，No 为不删除）

图标的子按钮栏里的图标的绘图功能（图 1–54）：

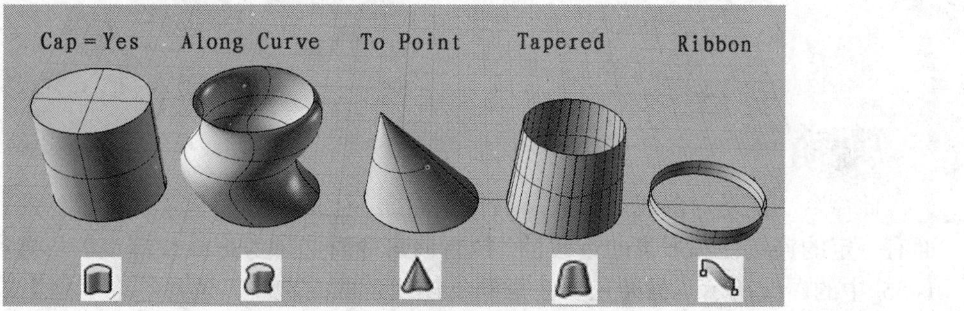

图 1–54　通过多种方式拉伸曲线成面

★ **放样曲线成面**

Loft： ；命令：Loft；菜单：Surface/ Loft。

通过以上指令生成一个曲面的步骤为（图 1–55）：

① 依次选取曲面要通过的放样线；

② 设置放样属性。

例 17

```
Command: _Loft
Select curves to loft ( Point ): (选择放样曲线，括号后的Point表示也可以选点放样)
Select curves to loft ( Point ):
Select curves to loft. Press Enter when done ( Point ):
Select curves to loft. Press Enter when done ( Point ):
Select curves to loft. Press Enter when done ( Point ):
Adjust curve seams ( Flip Automatic Natural ): (调整曲线的接缝形式，括号后有供选择的接缝形式分别为反转的、自动的和原本的，按 Enter 将以默认形式接缝并弹出图 1-56 的对话框，设置对话框后单击 OK 键结束指令)
```

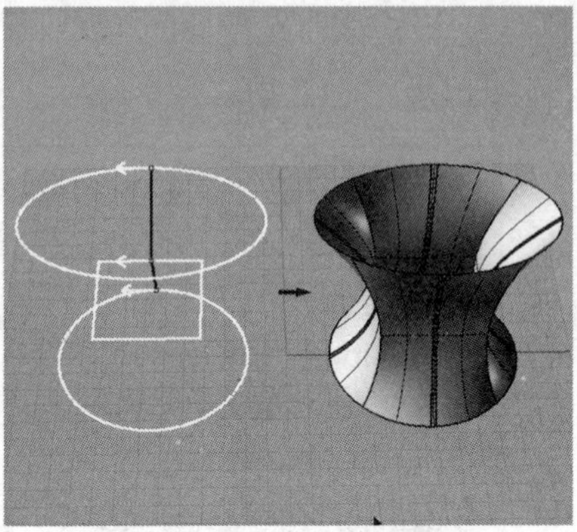

图 1-55 放样曲线成面

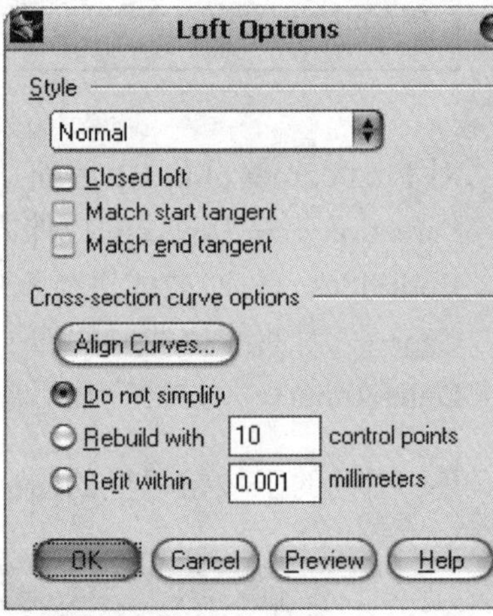

图 1-56 放样选项对话框

说明

此命令功能是对曲线进行放样后得到曲面，生成的曲面包含这些放样曲线，并保持曲面有一定的连续性和形态的过渡性。执行该命令时必须考虑线接缝点的位置和方向，如图 1-55 中的白线所示。另外还要注意到放样线选取的顺序，选择顺序不同生成的曲面形状也不相同。

Loft 对话框中的 Style（样式）中包括 Normal（标准的）、Loose（松弛的）、Tight（紧密的）、Straight sections（平直区段）、Developable（可展开的）、Uniform（均匀的）。它们的效果如图 1-57 所示。

其中 Normal、Tight 和 Uniform 选项生成的曲面形态表面上看起来比较相似，但生成曲面的算法并不相同。Normal 在曲面和曲线的连接和转折关系上采取比较折衷的办法，Tight 项的曲面紧密和曲线相匹配，Uniform 建立的曲面控制点对曲面有相同的影响力。

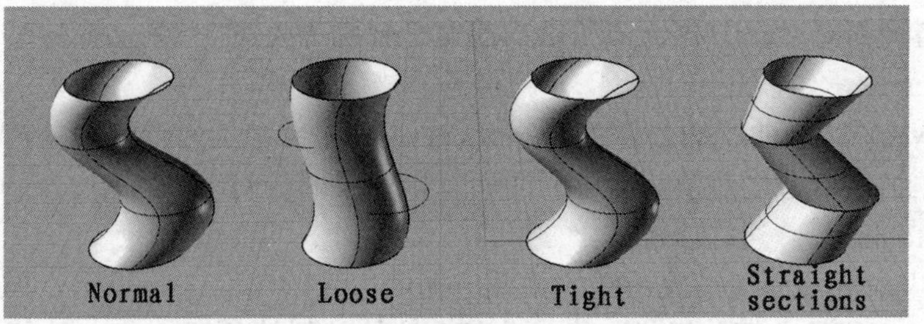

图 1–57 Loft 对话框中几种 Style 的比较

如果勾选 Loft 对话框中的 Closed loft 参数选项则曲面在通过最后一条放样曲线后会再回到第一条放样曲线，从而构成一个封闭的曲面。这个选项必须要有三条或以上的断面曲线才可以使用。

Loft 对话框中 Cross-section curve 参数下的几个选项的意思分别为（图 1–56）：

Do not simplify——保持原断面曲线不变

Rebuild with__control points——以指定的控制点数重建（关于线的重建将在后文中介绍）放样曲线

Refit within__millimeters——以设置的公差修改断面曲线

★ **网格曲线构面**

NetworkSrf：；命令：NetworkSrf；菜单：Surface/ Curve Network。

通过以上指令生成一个曲面的步骤为（图 1–58、图 1–59）：

① 依次选取构成“网格”的曲线；

② 设置网格生成曲面的属性。

说明

网格曲线构面与从边线生成曲面选取曲线的步骤大致相同，选取边线的条数都不能多于四条，不同之处在于网格曲线构面还可以选取边线内部的结构曲线并且能够调整生成曲面与周边曲面在连接处的连续性（选取的边线是指该周边曲面的边缘）。

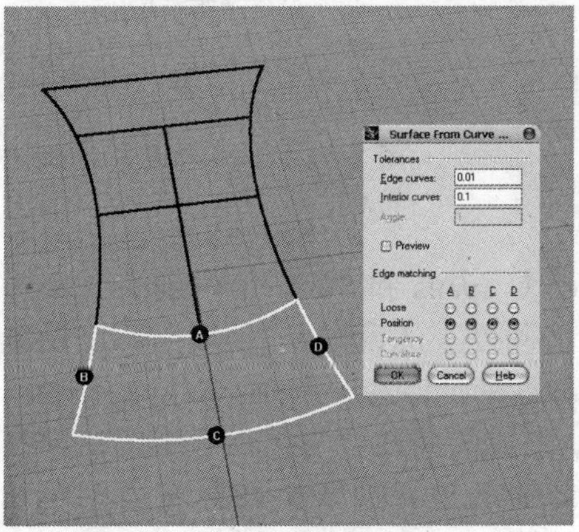

图 1–58 网格曲线构面 1

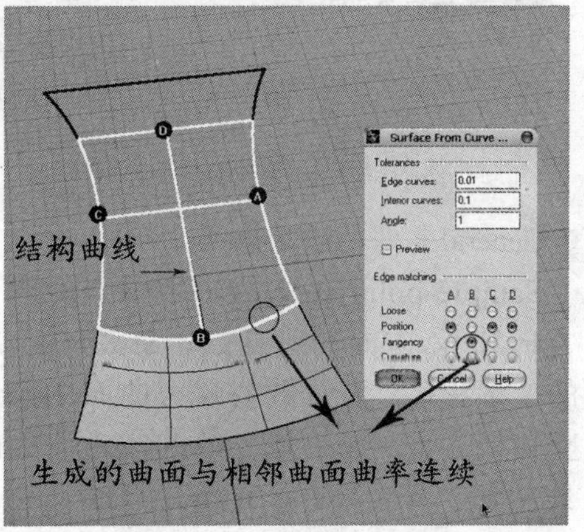

图 1–59 网格曲线构面 2

对于网格构面对话框中各选项和参数的意义分别为（图 1–58、图 1–59）:

Tolerances——公差：

Edge curves：边缘曲线的公差；Interior curves：内部结构曲线的公差；Preview：勾选此选项可以在结束指令之前预览生成的曲面，以便及时进行参数调整。

Edge Matching——边缘匹配：

Loose：生成的曲面通过较松散的关系与提供边缘的曲面进行匹配（匹配精度低）；

Position：生成的曲面与提供边缘的曲面在连接处保持位置（G0）连续。

Tangency：生成的曲面与提供边缘的曲面在连接处保持切向（G1）连续。

Curvature：生成的曲面与提供边缘的曲面在连接处保持曲率（G2）连续。

★ 经过曲线形成嵌面

Patch：；命令：Patch；菜单：Surface/ Patch。

通过以上指令生成一个曲面的步骤为（图 1–60）：

① 依次选取嵌面要逼近的点物体、曲线或曲面边缘；

② 设置生成嵌面的属性。

说明

Patch 生成曲面对话框中各选项和参数的含义分别为（图 1–61）:

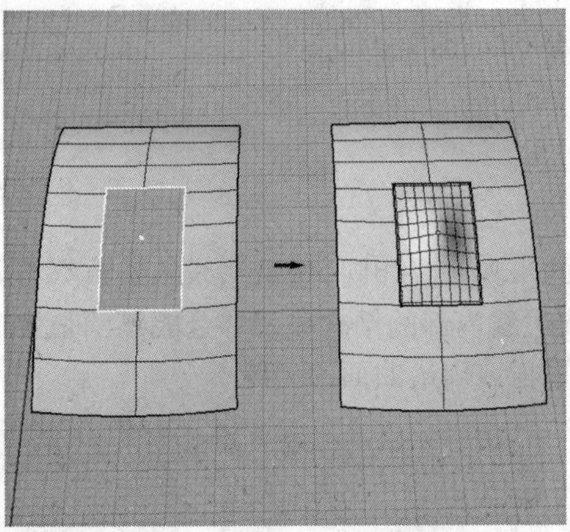

图 1–60　Patch 生成曲面

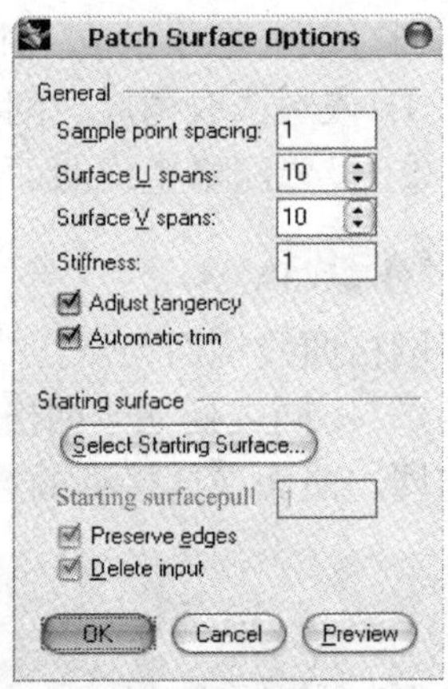

图 1–61　Patch 生成曲面对话框

General———般常数项：

Sample point spacing：取样点间距；Surface U spans 和 Surface V spans：曲面的 U 方向和 V 方向的跨度数；Stiffness：对曲面“硬度”的设置，“硬度”可以设置平面的变形程度，设置数值越大曲面“越硬”，得到的曲面越接近平面。Adjust tangency：调整切线方向，如果输入的曲线为曲面的边缘，生成的曲面会与提供边缘的曲面在边界处相切。Automatic trim，自动剪切，找到封闭的边界曲线，并剪除边界以外的曲面。

Starting Surface——起始曲面：

Select Starting Surface：选取一个起始曲面，可以事先建立一个和想建立的曲面形状类似的曲面作为起始曲面（如图 1-62 所示）；Starting Surface Pull：起始曲面的拉力，与硬度设置类似，但是作用于起始面，设置值越大，起始曲面的抗拒力越大，得到的曲面形状越接近起始曲面；Preserve edges：保持起始平面的边缘；Delete input：在新的曲面建立后删除起始曲面。

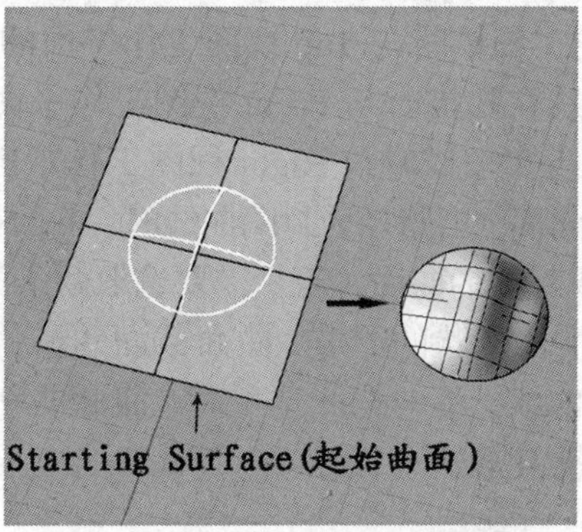

图 1-62　作一个与起始面形状类似的嵌面

★ **单轨扫描成面**

Sweep1： ；命令：Sweep1；菜单：Surface/ Sweep 1 Rail。

通过以上指令生成一个曲面的步骤为（图 1-63）：

① 选取一条路径曲线；

② 依次选取截面曲线；

③ 设置选项。

例 18

Command：_Sweep1
Select rail (ChainEdges)：（选取路径曲线）
Select cross section curves (Point)：（选取截面曲线或点，点只适用于开始和结束时）
Select cross section curves. Press Enter when done (Point)：
Select cross section curves. Press Enter when done (Point)：（按 Enter 键弹出图 1-64 对话框，完成对话框中参数设置，再按 Enter 键结束指令）

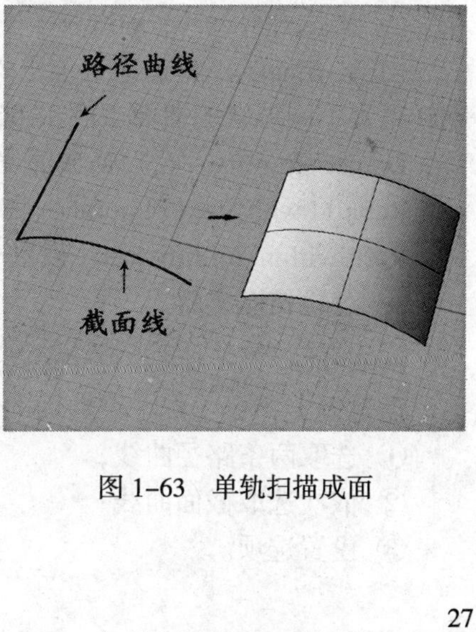

图 1-63　单轨扫描成面

说明

如果路径曲线由几条相连的曲线组成，可以激活 Select rail 后面括号里的 ChainEdges 选项，可以选择多条曲线作为路径曲线。选择完路径曲线和截面曲线并确认后，会出现一个对话框，其中各选项和参数的含义为：

Style——扫描类型：

Freeform：自由格式，不受任何角度限制。

Roadlike Top：截面曲线在扫描时与 Top 视图工作平面的角度维持不变。

Roadlike Front：截面曲线在扫描时与 Front 视图工作平面的角度维持不变。

Roadlike Right：截面曲线在扫描时与 Right 视图工作平面的角度维持不变。

Closed sweep：封闭扫描曲面，当路径为封闭曲线时，曲面扫描到最后一条截面曲线后会再回到第一条截面曲线以形成封闭的曲面，至少需要选取两条截面曲线才能使用这个选项。

Global shape blending：整体形状的混成，曲面截面的形状以线性渐变的方式从起点的断面曲线扫描至终点的截面曲线。不勾选此选项时，曲面的断面形状在起点和终点处的形状变化较小，在路径中段的变化较大（图 1–65 所示）。

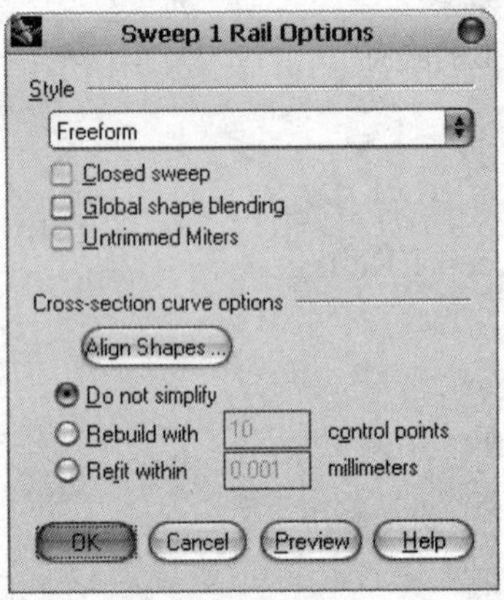

图 1–64　单轨扫描成面对话框

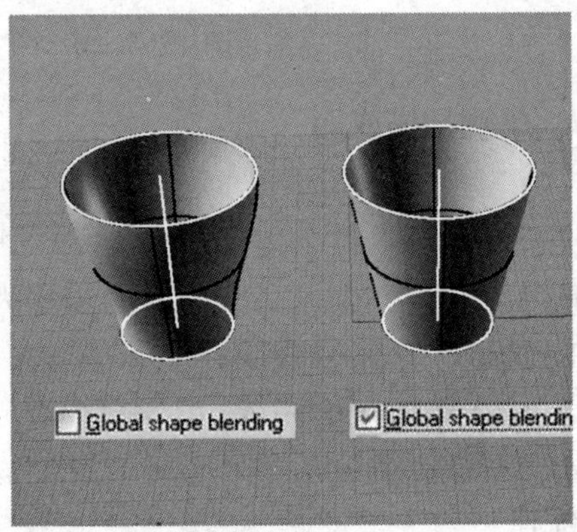

图 1–65　勾选 Global shape blending 比较

Cross-section curve options——截面曲线选项：

Align Shapes：单击该选项进入，可以通过单击选择形状曲线的终端对生成曲面进行翻转得到不同形状的曲面（图 1–66 所示）。

Do not simplify：在扫描成面之前不对截面曲线做任何修改。

Rebuild with_control points：在扫描成面之前以指定的控制点数重建所有的截面曲线。

Refit within_millimeters：设置一定公差范围来生成曲面（单位：毫米）。

★ **双轨扫描成面**

Sweep2： ；命令：Sweep2；菜单：Surface/ Sweep 2 Rail。

通过以上指令生成一个曲面的步骤为（图 1–67）：

① 选取两条路径曲线；

② 依次选取截面曲线；

③ 设置选项。

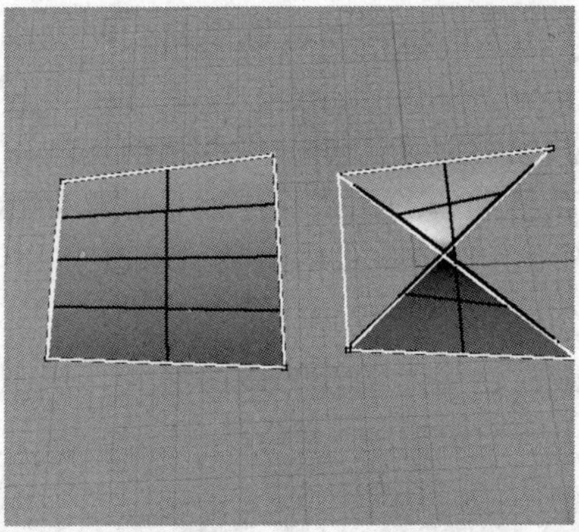

图 1–66　用 Align Shapes 选项对生成曲面进行翻转

说明

双轨扫描成面对话框中各选项和参数的含义分别为（图 1–68）：

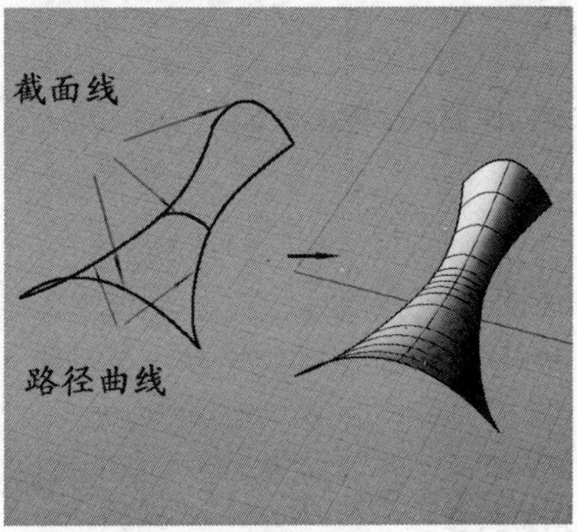

图 1–67　双轨扫描成面

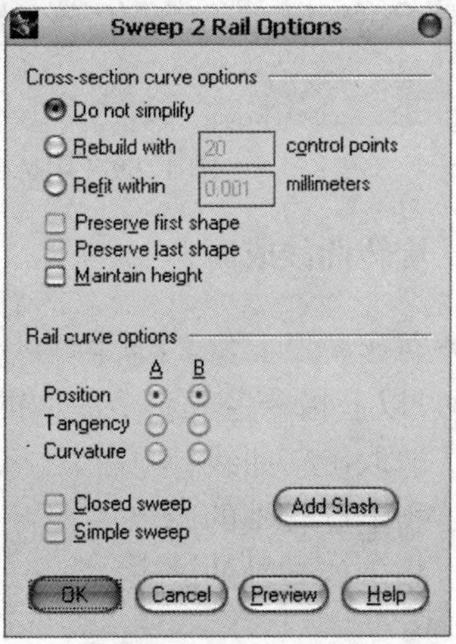

图 1–68　双轨扫描成面对话框

Cross-section curve options——截面曲线选项：

Do not simplify、Rebuild with_control points、Refit within_millimeters 的意思与单轨扫描成面对话框中的意义相同，可参考前述内容。

Preserve first shape：保持第一个截面形状，在满足一定连续性的情况下，扫描生成的曲面和截面曲线可能存在一定的偏差，勾选这个选项可以保证起始边与第一个截面曲线相吻合。

Preserve last shape：保持最后一个截面形状，与 Preserve first shape 相似。

Maintain height：保持高度。默认情况下生成曲面的高度会随着路径的走向而发生变化，勾选此选项后扫描生成的曲面就只根据截面曲线的高度进行变化，不再受路径轨迹的影响。

Rail curve options——路径曲线选项：

A 和 B 分别对应两条路径曲线，当 A 或 B 是曲面的边缘线的时候该选项被激活。

Position：位置（G0）连续，生成的曲面保持原有边缘曲线的位置不变。

Tangency：切向（G1）连续，软件调整截面曲线使生成的曲面与提供边缘曲线的曲面在连接处保持切向连续。

Curvature：曲率（G2）连续，软件调整截面曲线使生成的曲面与提供边缘曲线的曲面在连接处保持曲率连续。

Closed sweep：与单轨扫描时意义相同，可参考前述内容。

Simple sweep：当两条路径曲线的结构相同而且截面曲线摆放的位置符合要求时（每一条断面曲线都必须放置于两条路径曲线相对的编辑点上），可以建立最简化的扫描曲面，建立的曲面与输入的曲线之间完全没有误差。

Add Slash：加入控制截面，加入额外的截面曲线，控制曲面截面结构线的方向，如图 1–69 所示。

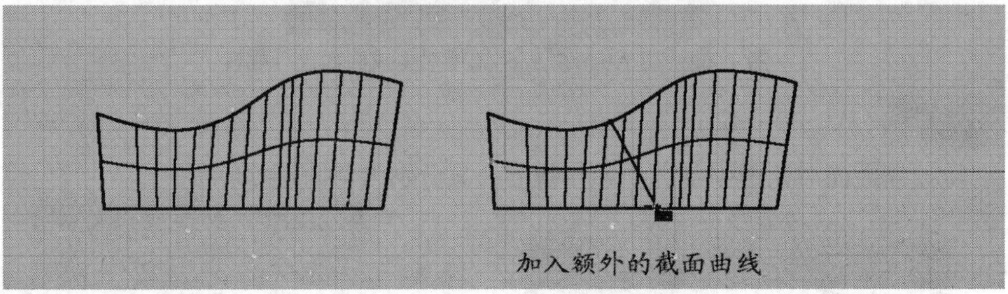

图 1–69　用 Add Slash 选项控制曲面截面结构线的方向

★ 旋转曲线成面

Revolve： ；命令：Revolve；菜单：Surface/ Revolve。

通过以上指令生成一个曲面的步骤为（图 1–70）：

① 选取旋转曲线；

② 指定旋转轴的起点；

③ 指定旋转轴的终点。

例 19

```
Command：_Revolve
Select curves to revolve：（选取旋转曲线）
Select curves to revolve. Press Enter when
done：（按Enter键确定选取的曲线）
Start of revolve axis：（指定旋转轴起点）
End of revolve axis：（指定旋转轴终点）
Start angle <0> ( DeleteInput=No
Deformable=No  FullCircle
AskForStartAngle=Yes )：（旋转的起始点与
旋转曲线所成的角度，输入角度Enter指令）
Revolution angle <360> ( DeleteInput=No
Deformable=No  FullCircle)：（旋转的角度，
输入角度 Enter 键确定，指令完成）
```

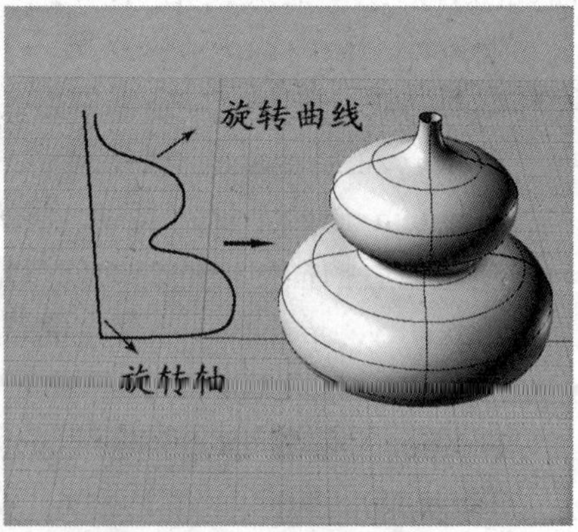

图 1–70　旋转曲线成面

说明

对 Start angle 和 Revolution angle 括号后面的选项，它们的意义分别为：

DeleteInput 和 Deformable 在前文例 16、例 10 中分别提到，可以参考前述内容。

FullCircle：激活此选项可直接让旋转曲线绕旋转轴旋转 360° 成面。

AskForStartAngle：此选项为是否要考虑旋转起始位置与旋转曲线所在位置成一定角度，当 AskForStartAngle = Yes 时，要考虑，并通过输入角度回车指定角度；当 AskForStartAngle = No 时，不考虑，旋转起始位置即为旋转曲线所在位置。

★ **沿轨迹旋转曲线成面**

RailRevolve：（右击）；命令：RailRevolve；菜单：Surface/Rail Revolve。

通过以上指令生成一个曲面的步骤为（图 1–71）：

① 选取轮廓曲线；
② 选取路径曲线；
③ 指定旋转轴的起点；
④ 指定旋转轴的终点。

例 20

```
Command: _RailRevolve
Select profile curve
( ScaleHeight=No ): （选取轮廓曲线）
Select rail curve ( ScaleHeight=No ):
（选取路径曲线）
Start of RailRevolve axis: （指定旋
转轴起点）
End of RailRevolve axis: （指定旋转
轴终点）
```

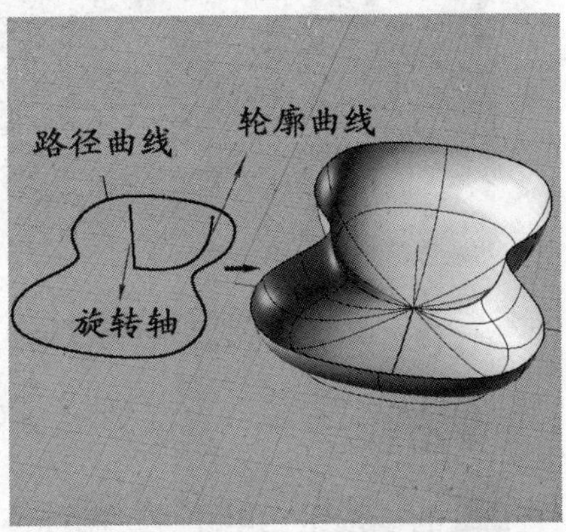

图 1–71 沿轨迹旋转曲线成面

☻ 点 ⟶ 线 ⟶ 面 ⟶ 体 ☻

体是由若干个面封闭围合而成，所以只要掌握前述点、线和面的绘制，对体的绘制就比较容易理解。限于篇幅，这里给出部分体的主要绘制步骤供读者参考。

★ **长方体的绘制**

Box：；命令：Box；菜单：Solid/Box/Corner to Corner,Height。

通过以上指令绘制一个长方体的步骤为（图 1–72）：

① 通过指定两对角点的方式绘制一矩形（作为长方体的一个面）；

② 指定长方体的高（正负值决定了不同的方向）。

说明

的子按钮栏里几种绘制长方体的方法分别为通过指定两对角点、指定三点、从中心出发等绘制矩形，读者可以通过命令栏的提示自行练习掌握。

★ 球体的绘制

Sphere：；命令：Sphere；菜单：Solid/Sphere/Center,Radius。

通过以上指令绘制一个球体的步骤为（图 1–73）：

① 指定球心；

② 指定球半径。

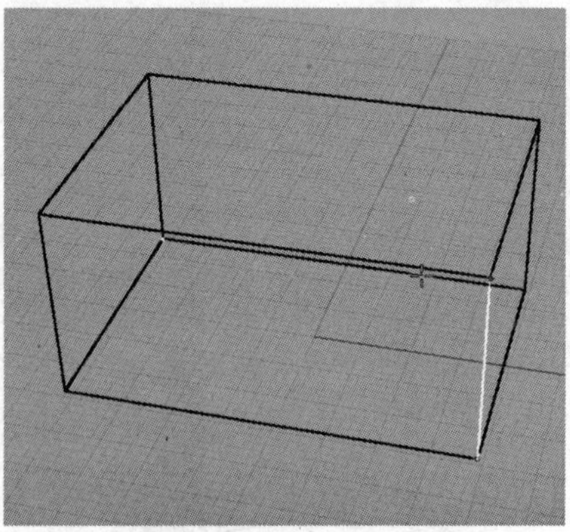

图 1–72　长方体的绘制

图 1–73　球体的绘制

说明

的子按钮栏里几种绘制球体的方法分别为指定球体直径、指定球体上的三点或四点、环绕曲线（参考前述 Aroud Curve 圆的绘制）等绘制球体等。

★ 椭球体的绘制

Ellipsoid：；命令：Ellipsoid；菜单：Solid/ Ellipsoid /From Center。

通过以上指令绘制一个正椭球体的步骤为（图 1–74）：

① 指定椭球体中心点；

② 指定椭球体的三根半轴的端点。

说明

的子按钮栏里几种绘制椭球体的方法分别为指定椭球体直径、焦点、指定角点、环绕曲线等绘制椭球体等。

★ **抛物面的绘制**

Paraboloid： ；命令：Paraboloid；菜单：Solid/ Paraboloid /Foucs,Direction。

通过以上指令绘制一个抛物面的步骤为（图 1–75）：

① 指定抛物面的焦点；

② 指定抛物面的方向；

③ 指定抛物面的端点。

> **知识小解：**
> 这里抛物面不是一个实体，但仍将其放在体的绘制里进行讲解，主要是考虑到它的指令图标与体的绘制指令图标在一起，而且与体的绘制方法也比较相似。

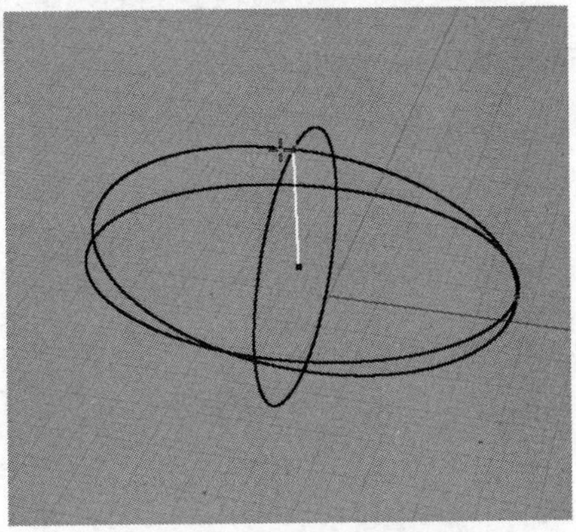

图 1–74　椭球体的绘制

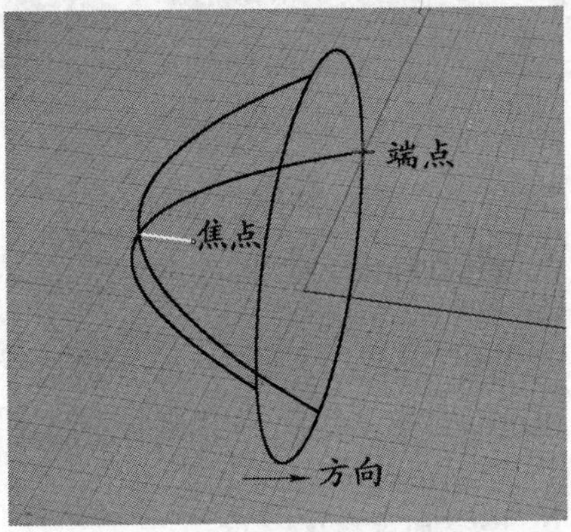

图 1–75　抛物面的绘制

★ **圆锥体的绘制**

Cone： ；命令：Cone；菜单：Solid/ Cone。

通过以上指令绘制一个圆锥体的步骤为（图 1–76）：

① 绘制圆锥体底面圆；

② 指定圆锥体顶点（此顶点必须是在与圆锥体底面圆所在的视窗不相同的视窗内指定，指定的方法从键盘输入点的坐标或用鼠标在视窗内单击确定一点）。

★ **棱锥体的绘制**

Pyramid： ；命令：Pyramid；菜单：Solid/ Pyramid。

通过以上指令绘制一个棱锥体的步骤为（图 1–77）：

① 绘制棱锥体底面多边形；

② 指定棱锥体顶点（方法与指定圆锥体顶点的方法相同）。

★ **去顶圆锥体的绘制**

TCone： ；命令：TCone；菜单：Solid/ Truncated Cone。

通过以上指令绘制一个去顶圆锥体的步骤为（图 1–78）：

① 绘制去顶圆锥体的底面圆；

② 指定去顶圆锥体的高度；

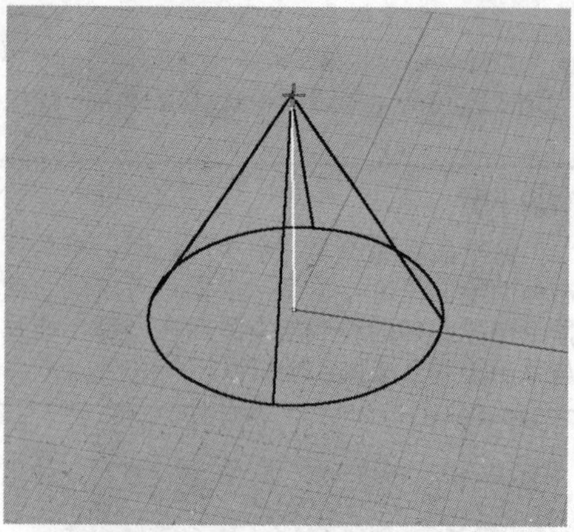

图 1–76　圆锥体的绘制

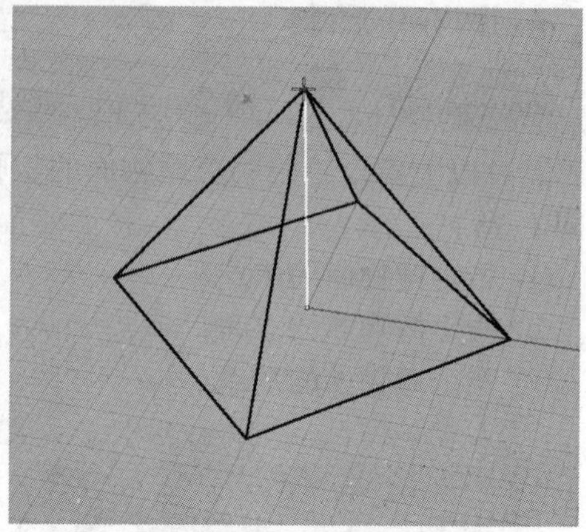

图 1–77　棱锥体的绘制

③ 绘制去顶圆锥体的顶圆。

★ **圆柱体的绘制**

Cylinder： ；命令：Cylinder；菜单：Solid/ Cylinder。

通过以上指令绘制一个圆柱体的步骤为（图 1–79）：

① 绘制圆柱体的底面圆；

② 指定圆柱体的高度。

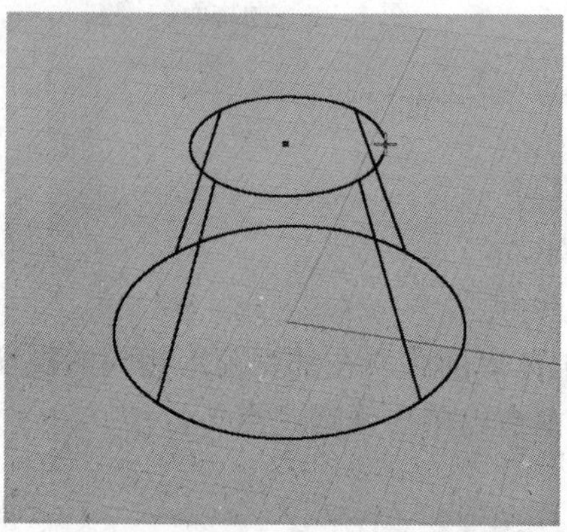

图 1–78　去顶圆锥体的绘制

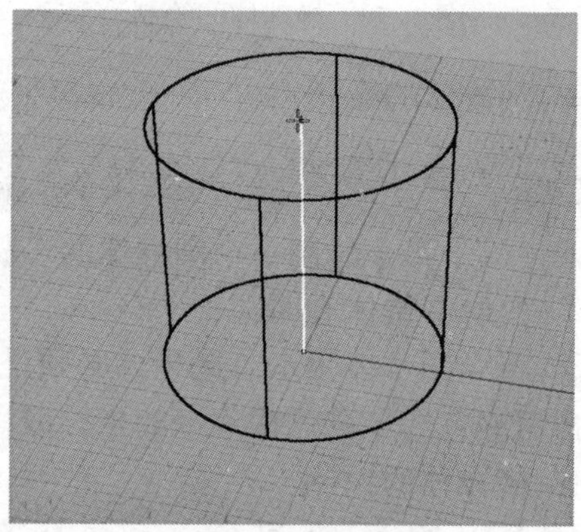

图 1–79　圆柱体的绘制

★ **圆柱管的绘制**

Tube： ；命令：Tube；菜单：Solid/ Tube。

通过以上指令绘制一个圆柱管的步骤为（图 1–80）：

① 先后绘制圆柱管的两个底面圆（同心圆），

② 指定圆柱管的高度。

★ **环状体的绘制**

Torus： ；命令：Torus；菜单：Solid/ Torus。

通过以上指令绘制一个环状体的步骤为（图 1–81）：

① 绘制环状体的中心圆；

② 指定环状体圆环的大小。

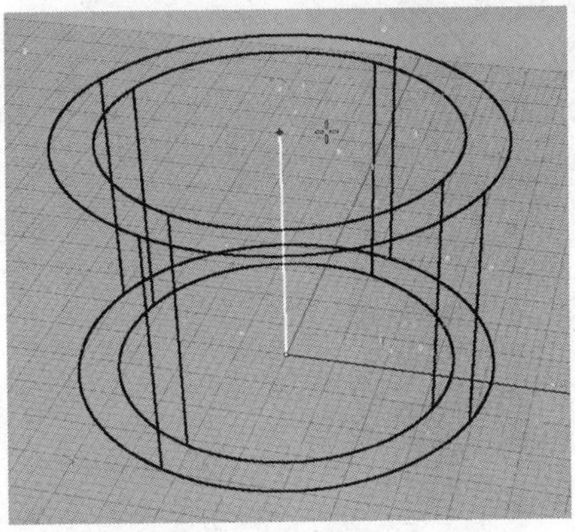

图 1–80　圆柱管的绘制

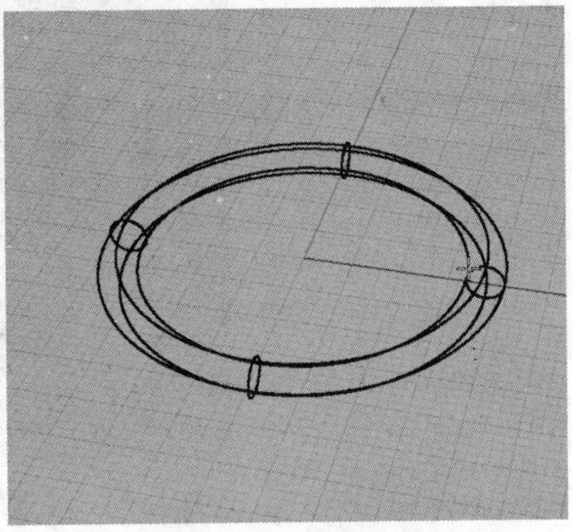

图 1–81　环状体的绘制

★ **圆管的绘制**

Pipe： ；命令：Pipe；菜单：Solid/ Pipe。

通过以上指令绘制一个圆管的步骤为（图 1–82）：

① 选取一条作为圆管的曲线；

② 指定圆管的起点半径；

③ 指定圆管的终点半径；

④ 在曲线上指定下一个半径，回车键结束指令。

说明

在选取一条作为圆管的曲线后，命令栏中 Start radius 括号后面各选项的含义分别为（图 1–82）：

Diameter：通过输入直径的方式指定圆管端点圆的大小，它是相对半径而言的，默认的是输入半径。

Thick：当 Thick = No 时，建立实心的圆管；当 Thick = Yes 时，建立空心的圆管。

Cap：当 Cap = None 时，生成的圆管不加盖；当 Cap = Flat 时，生成的圆管以平面加盖；Cap = Round 时，生成的圆管以半球曲面加盖。

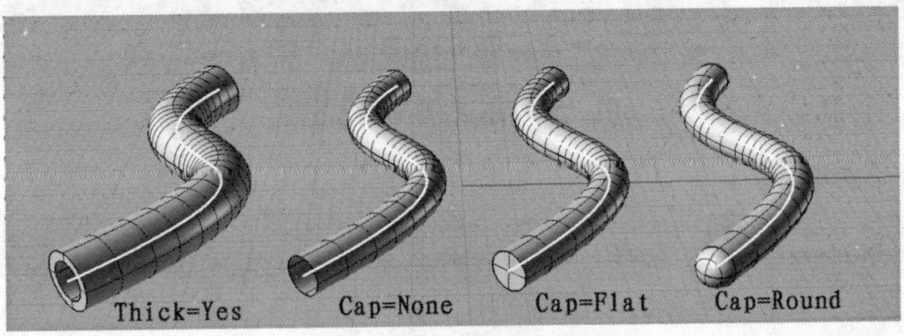

图 1–82　圆管的绘制

ShapeBlending：当 ShapeBlending = Local 时，圆管的半径在两端点附近变化较小，在中段变化较大；当 ShapeBlending = Global 时，圆管的半径由起点至终点呈线性渐变（图 1–83）。

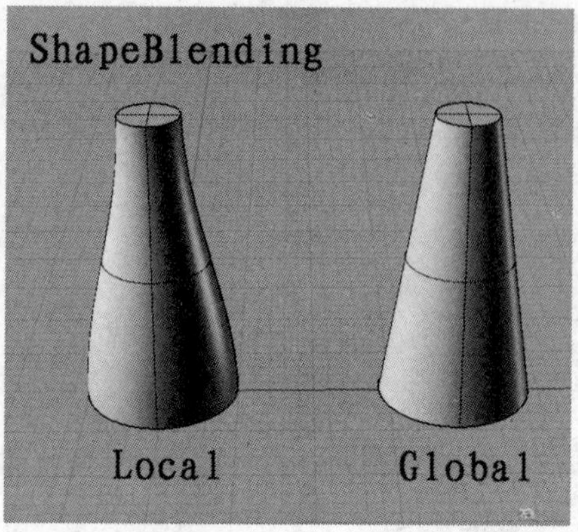

图 1–83　ShapeBlending 选项的比较

★ **拉伸封闭曲线成体**

Extrude closed planar curve： ；命令：ExtrudeCrv；菜单：Solid/ Extrude planar curve/ Straight。

通过以上指令生成一个体的步骤为（图 1–84）：

① 选取一封闭曲线（该曲线必须在一个平面上，否则不能拉伸成体）；

② 指定拉伸长度。

说明

该拉伸封闭曲线成体命令与拉伸曲线成面命令是一样的，只是拉伸成体命令栏中“Extrusion distance”括号后面的“Cap”选项默认为“Cap = Yes”，而拉伸成面的命令栏中的“Extrusion distance”括号后面的“Cap”选项默认为“Cap = No”。于是拉伸成体命令生成的就是有盖封闭的实体。

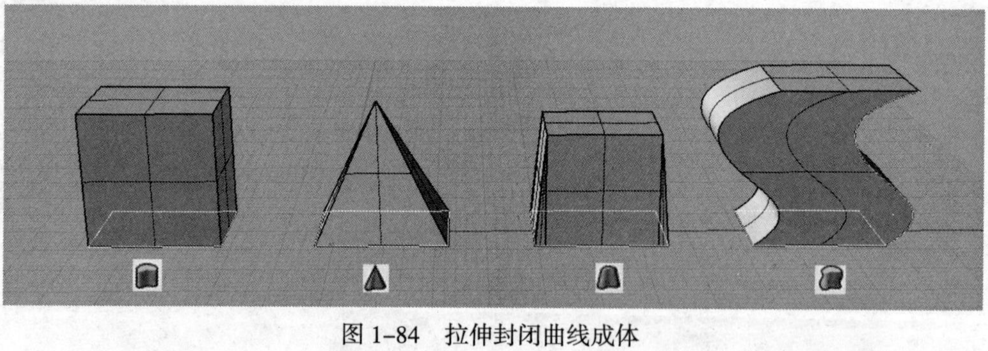

图 1–84　拉伸封闭曲线成体

★ **拉伸平面成体**

Extrude Surface： ；命令：ExtrudeSrf；菜单：Solid/ Extrude Surface/Straight。

通过以上指令生成一个体的步骤为（图 1–85）：

① 选取一平面；

② 指定拉伸长度。

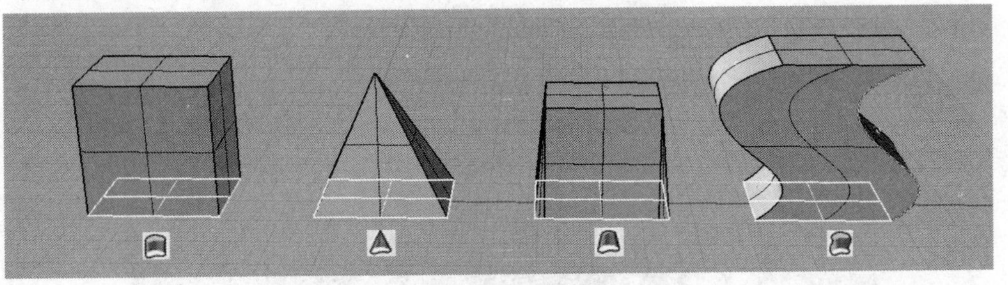

图 1–85　拉伸平面成体

<u>**常用的编辑功能**</u>

绘图功能指令是进行图形建模的基础，使用这些指令可以直接绘制出相对简单的图形。但有时为了得到相对更复杂或更优美精准的建模，需要使用到编辑功能指令。

⇩

☻ 线 ⟶ 面 ⟶ 体 ☻

★ **倒圆角（线）的绘制**

Fillet： ；命令：Fillet；菜单：Curve/ Fillet Curves。

通过以上指令生成一个倒圆角的步骤为（图 1–86）：

① 选取第一条曲线于靠近端点处；

② 选取第二条曲线于靠近端点处。

★ **倒斜角（线）的绘制**

Chamfer： ；命令：Chamfer；菜单：Curve/ Chamfer Curves。

通过以上指令生成一个倒斜角的步骤与用 Fillet 指令生成一个倒圆角的步骤基本相同（图 1–87）。只是倒斜角大小的改变是设置命令栏中的 Distances（距离），而倒圆角大小的改变是设置命令栏中的 Radius（半径）。

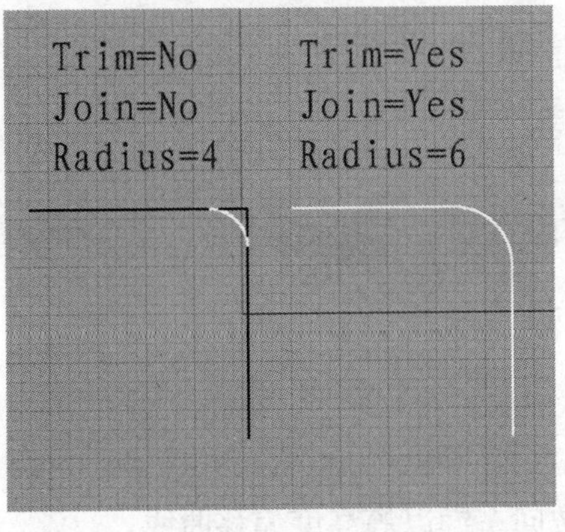

图 1–86　倒圆角

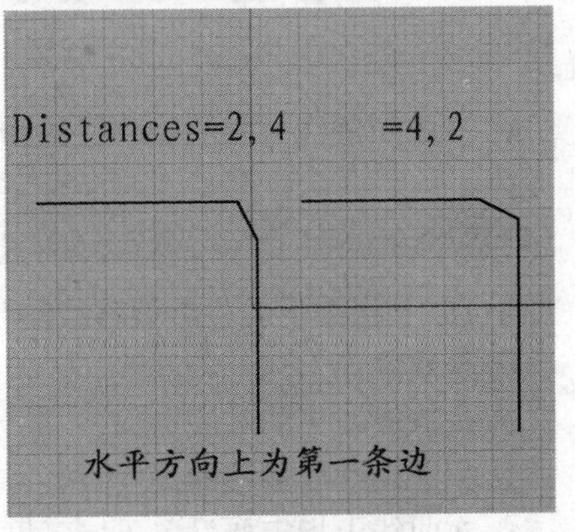

图 1–87　倒直角

★ **偏移线的绘制**

Offset: ；命令：Offset；菜单：Curve/ Offset Curve。

通过以上指令生成一个偏移线的步骤为（图 1–88）：

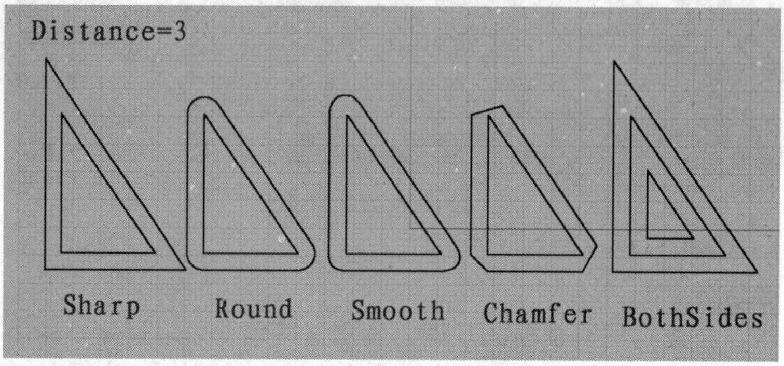

图 1–88　选择不同的 Corner、不同的 Distance 及选择 BothSides 的比较

① 选取一条曲线或一个曲面的边缘；

② 指定曲线偏移在哪一侧。

说明

除了通过输入距离（Distances）大小的方式进行曲线偏移以外，Rhino 还提供了通过点（ThroughPoint）的方式进行曲线偏移，如图 1–89 所示。

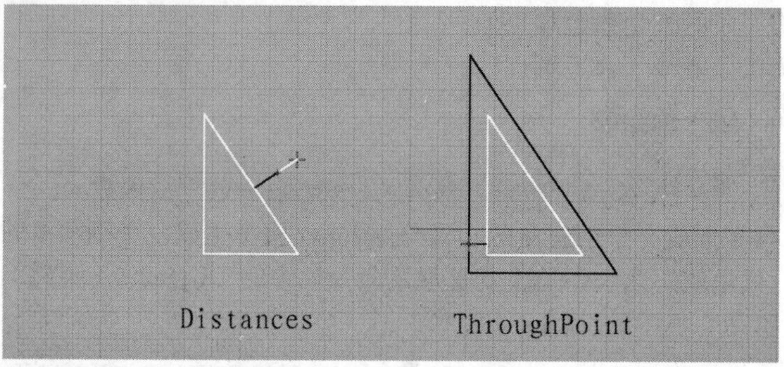

图 1–89　偏移线的绘制

★ **沿曲面法线方向的偏移线的绘制**

OffsetNormal: ；命令：OffsetNormal；菜单：Curve/ Offset Normal to surface。

通过以上指令生成一个偏移线的步骤为（图 1–90）：

① 选取曲面上的一条曲线；

② 选取曲线下的基底曲面；

③ 指定曲线的偏移的高度点；

④ 在曲线上指定要设置不同高度的位置，或按回车键以等高度偏移曲线。

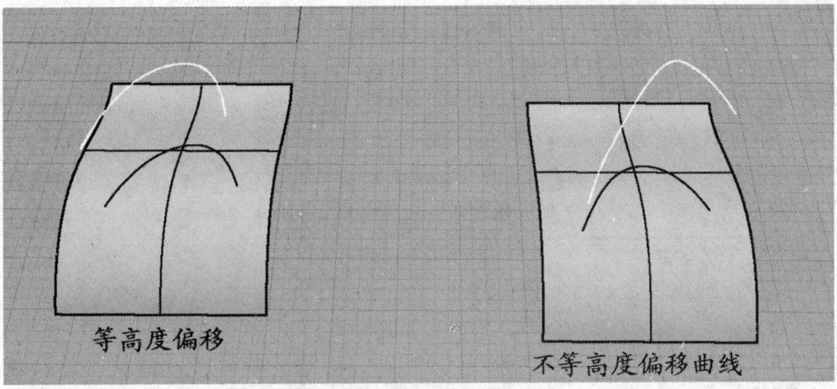

图 1–90　沿曲面法线方向的偏移线的绘制

★ **曲面上偏移线的绘制**

OffsetCrvOnSrf: ；命令：OffsetCrvOnSrf。

通过以上指令生成一个偏移线的步骤为（图 1–91）：

① 选取曲面上的一条曲线；

② 选取曲线下的基底曲面；

③ 指定偏移距离。

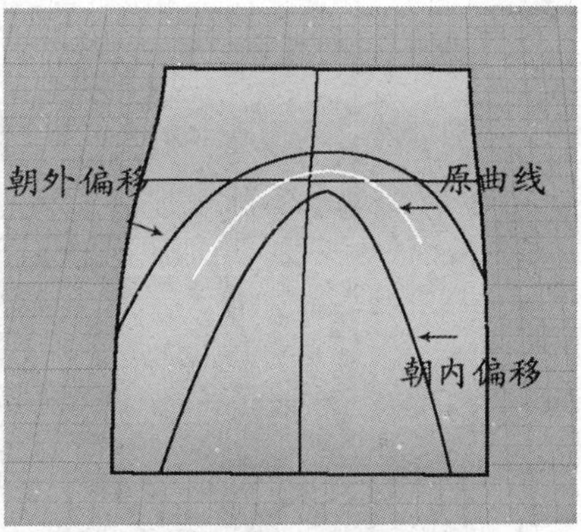

图 1–91　曲面上偏移线的绘制

★ **曲线投影到面**

Project: ；命令：Project；菜单：Curve/ Curve From Object/Project。

通过以上指令生成一个投影曲线的步骤为：

① 选取要投影的曲线或点物体（回车键确定选取）；

② 选取要投影到的曲面或多重曲面。

说明

因为在投影时投影方向为垂直于当前工作平面，所以在不同的视窗内用 Project 在同一曲面上生成的投影曲线都不相同。要使 Project 的投影命令能够执行，首先必须保证曲线在投影方向上和选取的曲面有交集。如图 1–92 所示是在 Top 视窗内一圆形曲线向一曲面的投影，图 1–93 所示是在 Front 视窗内一曲线向一曲面的投影，其中较亮的曲线为投影后得到的曲线。

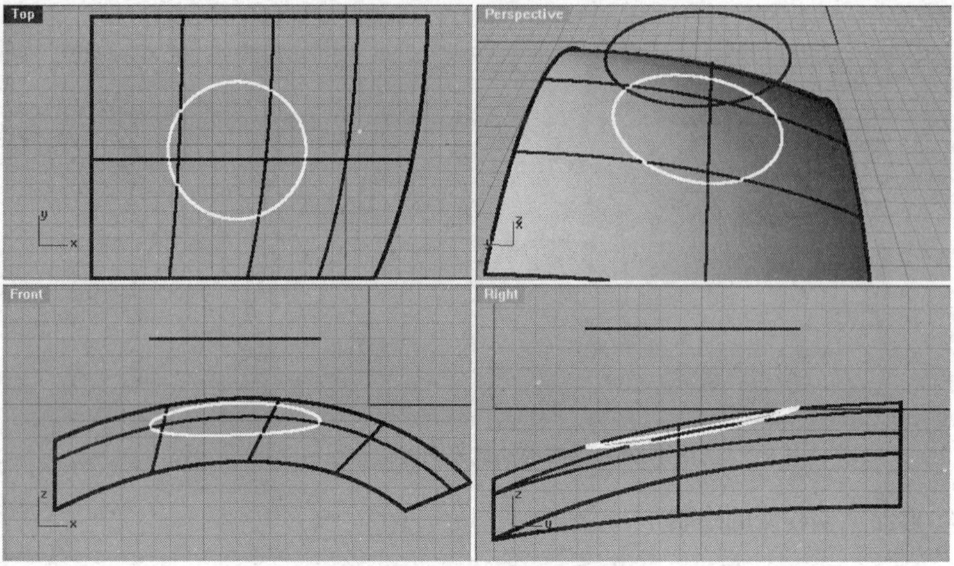

图 1–92　Top 视窗内投影曲线到曲面

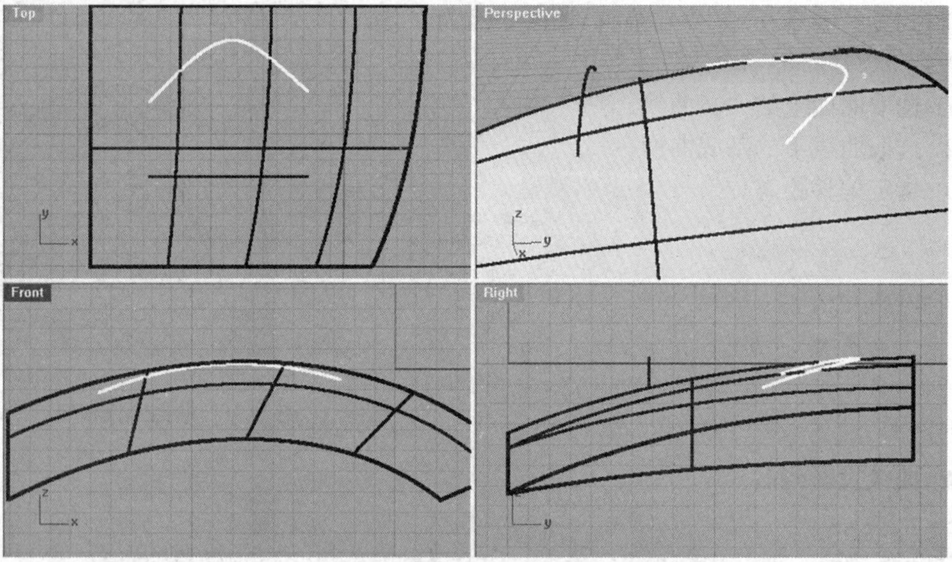

图 1–93　Front 视窗内投影曲线到曲面

★ 曲线拉伸到面

Pull: ；命令：Pull；菜单：Curve/ Curve From Object/Pullback。

通过以上指令将曲线拉伸到曲面上的步骤与用Project命令生成一个投影的步骤相同。

说明

Pull 是将曲线上的诸点沿曲面的法线方向向曲面作投影获得的曲线，因此在任一视窗里进行这一操作得到的结果是一样的。如图 1–94 所示是将一圆形曲线拉伸到一曲面上。

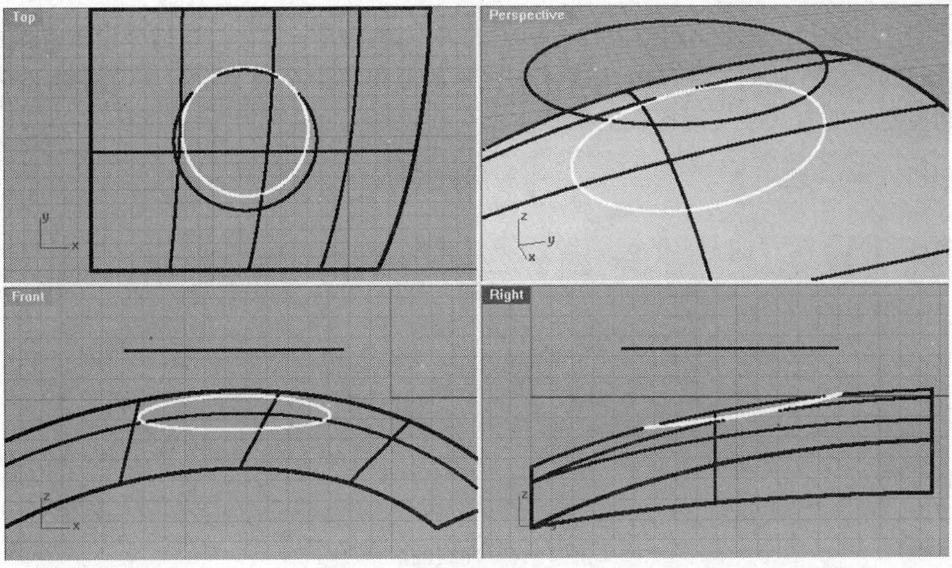

图 1–94　拉伸曲线到曲面

★ **曲线的混接**

Blend：；命令：Blend；菜单：Curve/ Blend Curves。

通过以上指令完成两曲线连接的步骤为：

① 选取第一条曲线靠近端点处；

② 选取第二条曲线靠近端点处。

说明

在对曲线进行混接时，混接的两条曲线的端点不能重合。混接曲线与混接线间的连续性是可以设置的，如图 1–95 所示是两条曲线的混接，从左到右分别表示混接曲线与混接线间的连续性为曲率连续（G2）、切线方向连续（G1）和位置连续（G0）（默认的为曲率连续）。

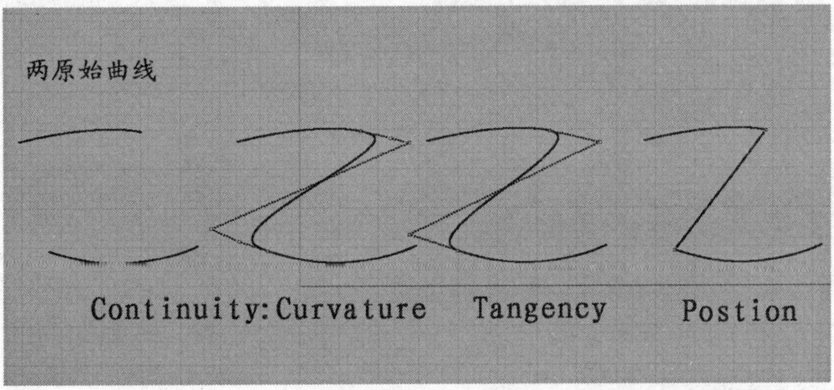

图 1–95　曲线的混接

如图 1–96 所示是能够调整混接线形状的另一混接指令  。该指令设置混接曲线与混接线间的连续性从 G0 到 G4（关于 G0—G4 的意思将会在第 2 章第 3 节讲解），并能通过移动控制点的方式改变混接线的形状。

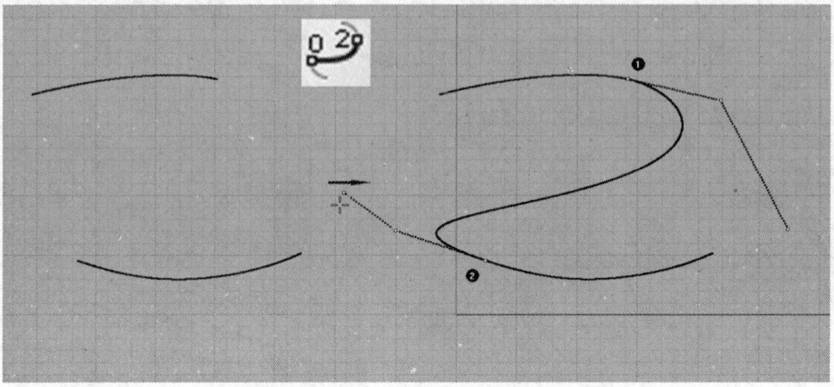

图 1–96　曲线的混接

★ 曲线的匹配

Match：；命令：Match；菜单：Curve/ Curve Edit Tools/Match。

通过以上指令完成两曲线衔接的步骤为（图 1–97）：

① 选取一条开放曲线的端点处；

② 选取衔接的目标曲线的端点处；

③ 设置曲线衔接选项。

说明

对于 Match 对话框中各选项和参数的意义（图 1–98）：

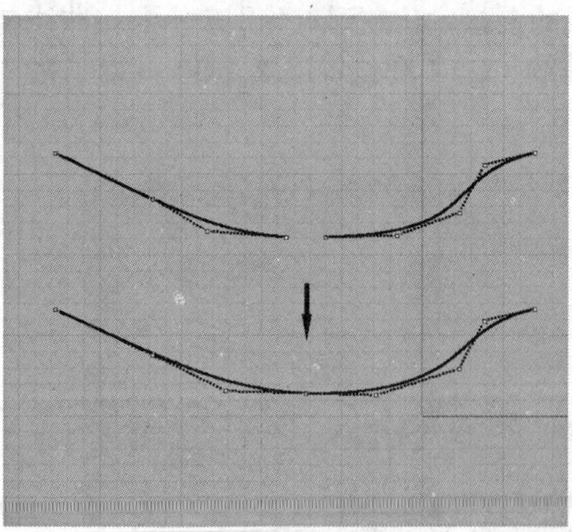

图 1–97　曲线的匹配

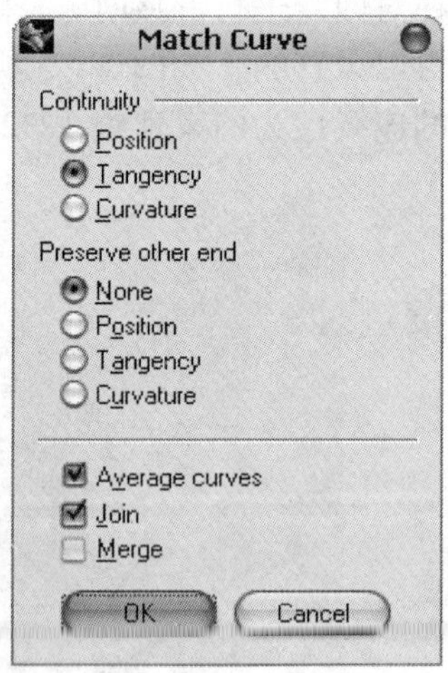

图 1–98 曲线匹配对话框

Continuty——连续性：

Position、Tangency、Curvature 的意思为两曲线在衔接处保持 G0、G1、G2 连续。

Preserve other end——维持另一端：

当被衔接的曲线控制点数目（控制点在后文中会讲到）不够多时，衔接后该曲线另一段的位置/切线方向/曲率可能会改变，维持另一端可以避免曲线另一端因为衔接而被改变。

Average curves：当两曲线进行衔接时，尤其是为保证曲线在衔接处保持 G1 或 G2 连续时，曲线末端的位置会发生变化，该选项可以使两曲线末端发生等量的变化。

知识小解：

Join：组合

先后选取端点重合的曲线或有共同边界的曲面，使之成为一条曲线或一个曲面。

Explode：分解

作用与 Join 相反，可以将 Join 在一起的线或面分解还原为诸个线或面。

Join：将衔接后的两曲线结合在一起。

Merge：该选项只有在选择 Continuty = Curvature 时才可用，勾选此选项让衔接的两曲线融合在一起，衔接处的控制点也会由两个变成一个。此处融合与 Join 的不同，融合后的曲线不能被炸开。

⇩

☻ 线 ——► 面 ——► 体 ☻

★ **倒圆角（面）的绘制**

FilletSrf： ；命令：FilletSrf；菜单：Surface/ Fillet Surfaces。

通过以上指令生成一个倒圆角的步骤为（图 1–99）：

① 选取第一个曲面；

② 选取第二个曲面。

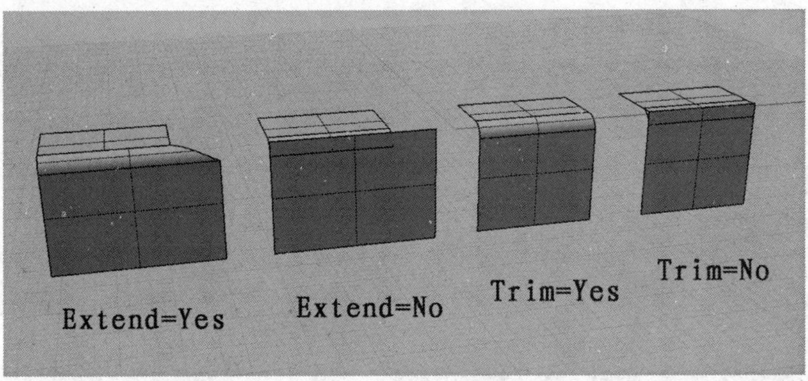

图 1–99 曲面的倒圆角

说明

通过改变命令栏中 Radius（半径）的大小实现对倒圆角半径的设置，改变半径的方法即为激活 Radius 选项再输入数字。不做改变即以默认的半径大小进行倒圆角。

Rhino4 中新增了一个不等距倒圆角的指令 。即在对两曲面进行倒圆角时，不同的部位可以设置不同的倒圆角半径。对倒圆角的两曲面端点部位的半径可以直接用鼠标单击激活再输入修改的半径，对其他部位通过激活命令栏中的 AddHandle 选项插入点并设置该点处半径大小实现。如图 1–100 所示。

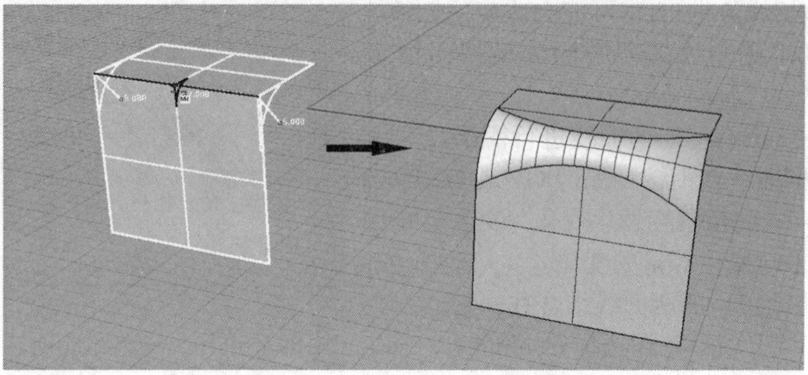

图 1–100　曲面的不等距倒圆角

★ 倒斜角（面）的绘制

ChamferSrf： ；命令：ChamferSrf；菜单：Surface/ Chamfer Surfaces。

通过以上指令生成一个倒斜角的步骤与通过FilletSrf指令生成一个倒圆角的步骤基本相同，不同之处在于对于倒斜角大小的设置是通过改变命令栏中的 Distances（距离）的大小来实现的。

说明

Rhino4 中也新增了一个不等距倒斜角的指令 。它的使用方法与不等距倒圆角的指令 相同，如图 1–101 所示。

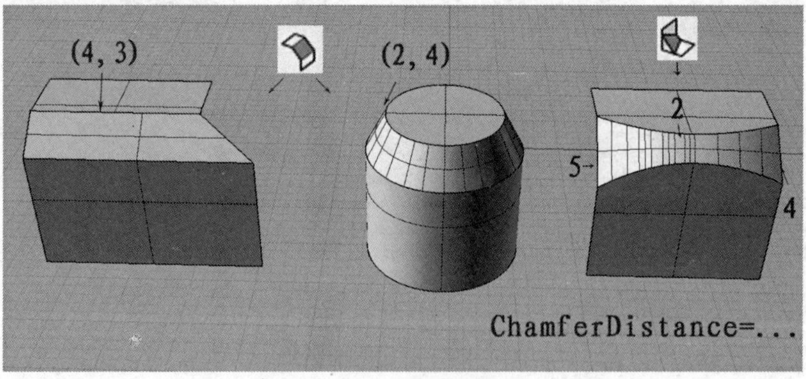

图 1–101　曲面的倒斜角

★ 曲面的偏移

OffsetSrf： ；命令：OffsetSrf；菜单：Surface / Offset Surface。

通过以上指令生成一个偏移面的步骤为（图 1–102）：

① 选取一个曲面；
② 指定曲面的偏移距离。

> **知识小解：**
> 这里偏移面的边界与原始曲面Dir方向线垂直并切。

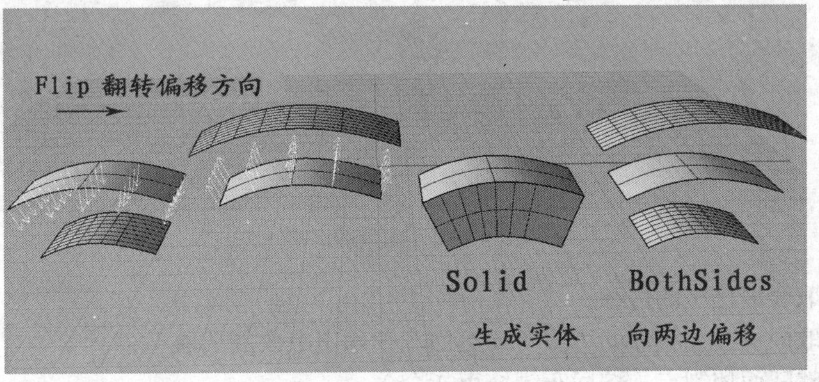

图 1–102　曲面的偏移

★ **曲面的不等距偏移**

VariableOffsetSrf: ；命令：VariableOffsetSrf；菜单：Surface / Variable Offset Surface。

通过以上指令生成一个偏移面的步骤为（图1–103）：

① 选取一个曲面；
② 选取并移动控制杆上的点调整偏移距离。

> **知识小解：**
> 该指令与 OffsetSrf 的区别在于它可以以不等距离偏移复制一个曲面。

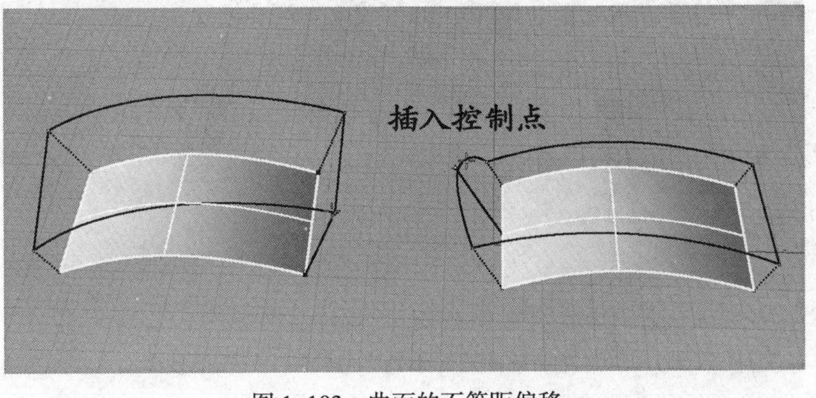

图 1–103　曲面的不等距偏移

★ **曲面的混接**

BlendSrf: ；命令：BlendSrf；菜单：Surface / Blend Surface。

通过以上指令在两个曲面之间建立一混接曲面的步骤为（图 1–104）：

① 选取一个曲面边缘；
② 选取同一面上相邻的边缘（或按回车键确定上次的选取）；

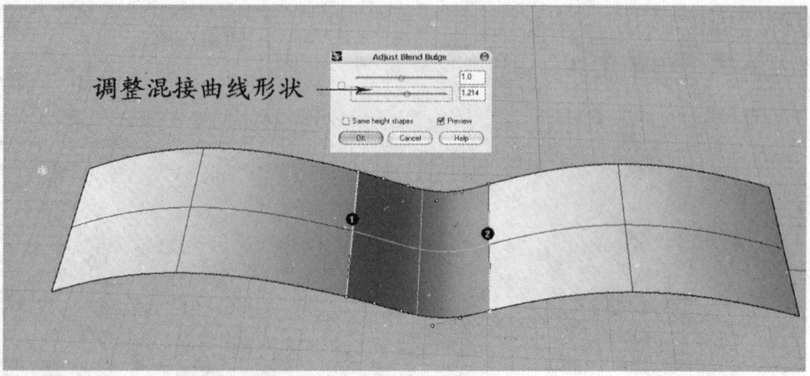

图 1–104　曲面的混接

③ 选取要混接至的边缘；

④ 选取同一面上相邻的边缘（或按回车键确定上次的选取）；

⑤ 调整断面控制点（按回车键结束指令）。

说明

生成的过渡混合曲面与相邻曲面的连续性可以在绘图过程中通过改变命令栏里的 ChainContinuity 选项实现，有 G0、G1、G2 供选择，默认的是 G2 连续。

绘图时应保证接缝点的方向位置一致，若不一致可以通过命令栏里的 Adjust curve seams 选项进行改变，也可以用鼠标单击接缝点进行调整。

在选取曲面边界时，应单击曲面边界同侧，否则会造成混接面的扭曲现象。如图 1–105 所示。

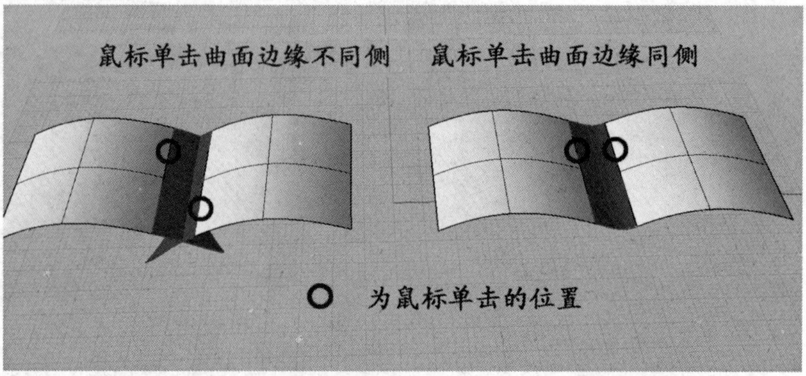

图 1–105　单击曲面边缘不同侧与同侧生成的混接曲面

★ **曲面的衔接**

MatchSrf: ；命令：MatchSrf；菜单：Surface / Surface Edit tools/Match。

通过以上指令衔接两曲面的步骤为（图 1–106）：

① 选取一个未修剪的曲面边缘；

② 选取衔接的目标曲面边缘（目标曲面的边缘可以是修剪或未修剪的边缘）；

③ 调整选项。

说明

对于 Match Surface 对话框中各选项和参数的意义（图 1–107）：

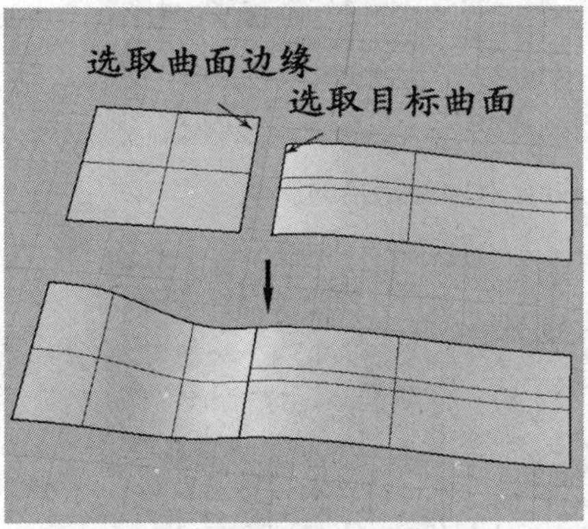

图 1–106　曲面的衔接

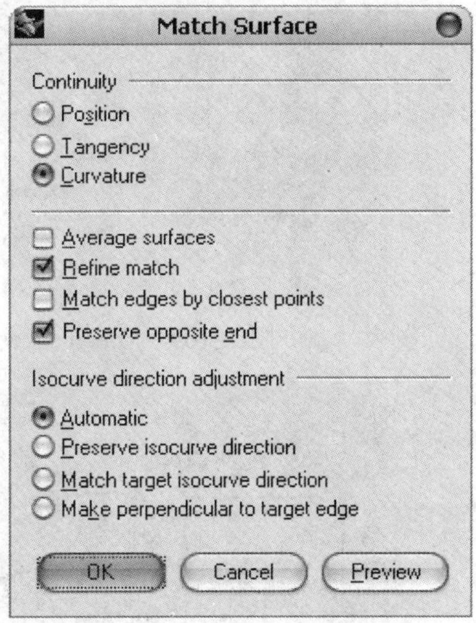

图 1–107　曲面的衔接对话框

Continuty——连续性:

Position、Tangency、Curvature 的意思为两曲面在衔接处保持 G0、G1、G2 连续。

Average surfaces：与曲线衔接中的该选项意义相当。当两曲面进行衔接时，尤其是为保证曲面在衔接处保持 G1 或 G2 连续时，曲面在末端衔接的位置会发生变化，该选项可以使两曲面在末端衔接处发生均匀的变化。

Refine match：精确衔接。勾选该选项可以调整两曲面衔接后边缘的误差在公差范围内（图 1–108）。

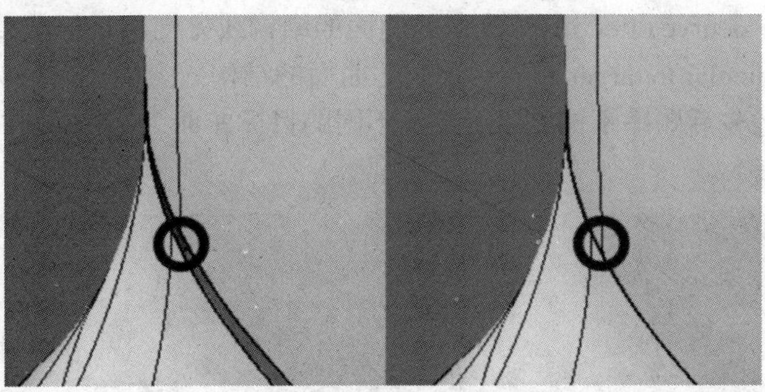

图 1–108　Refine Match 前后对曲面衔接的影响

Match edges by closest points：根据最近点衔接曲面，即把一曲面边界匹配到另一曲面边界的最近点（图 1–109）。

Preserve opposite end：保持曲面另一端。在曲面上增加结构线和节点使曲面末端不被改变。

Isocurve direction adjustment——结构线方向调整（图 1–110）：

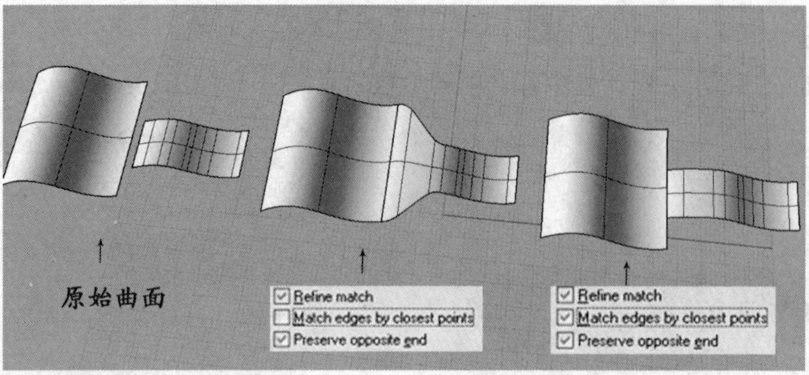

图 1–109　Match edges by closest points 对曲面衔接的影响

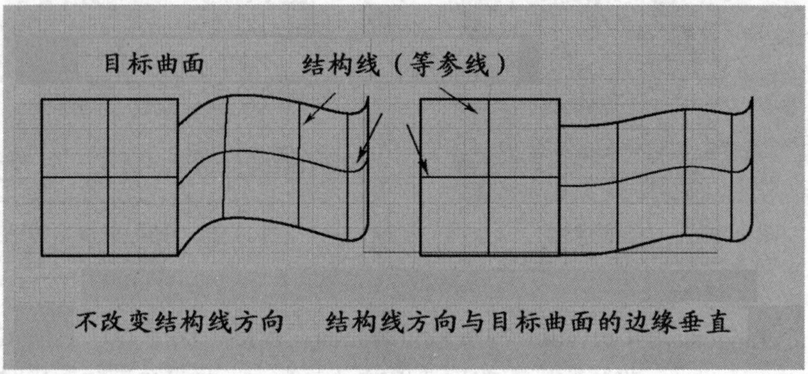

图 1–110　曲面衔接的结构线方向

Automatic：如果衔接的目标曲面是未修剪的，则结构线方向与目标结构线方向一致；如果目标曲面是修剪过的，则结构线方向与目标曲面边缘垂直。

Preserve isocurve direction：不改变曲面结构线方向。

Match target isocurve direction：改变的曲面的结构线方向与目标曲面的结构线平行。

Make perpendicular to target edge：改变的曲面的结构线方向会与目标曲面边缘垂直。

两曲面选取的先后顺序不同（即定义了不同的目标曲面），衔接后曲面的改变与变形会不同（图 1–111）。

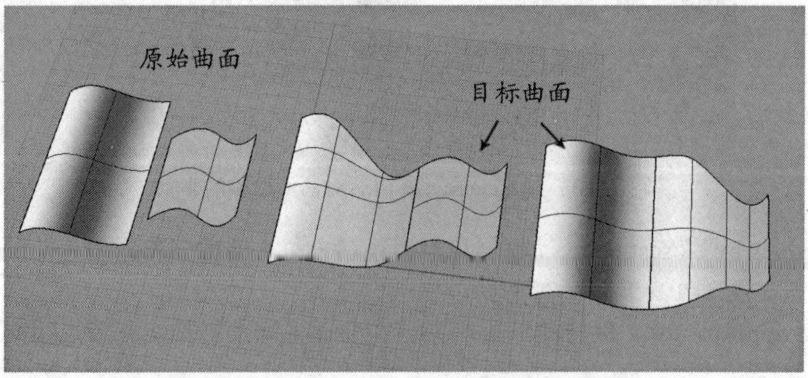

图 1–111　不同的目标曲面对曲面衔接的影响

★ **曲面的合并**

MergeSrf: ；命令：MergeSrf；菜单：Surface / Surface Edit tools/Merge。

通过以上指令合并两曲面的步骤为（图 1–112）：

依次选取两个曲面（两个曲面合并的边缘必须是未修剪的边缘而且是共用边缘）。

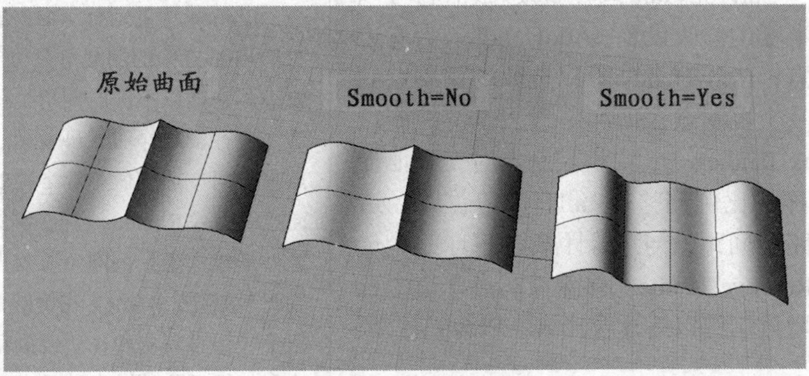

图 1–112　两曲面的合并

说明

对于命令栏中出现的 Tolerance（公差），它指设置的两曲面的边缘的距离，要使两曲面能顺利融合，边界距离必须在公差范围内。当两曲面间的距离超过公差范围，可以适当调整此值（增大此公差值）来合并曲面。命令栏中的 Roundness（圆度）是指两曲面合并的圆度（平滑度、不尖锐度），设置的数值介于 0（尖锐）与 1（平滑）之间。

与 Join 不同的是，MergeSrf 的两曲面合并在一起后不能再被分解炸开。

☻ 线 ⟶ 面 ⟶ 体 ☻

★ **倒圆角（体）的绘制**

FilletEdge： ；命令：FilletEdge；菜单：Solid/ Fillet Edge/ Fillet Edge。

通过以上指令生成一个倒圆角的步骤为（图 1–113）：

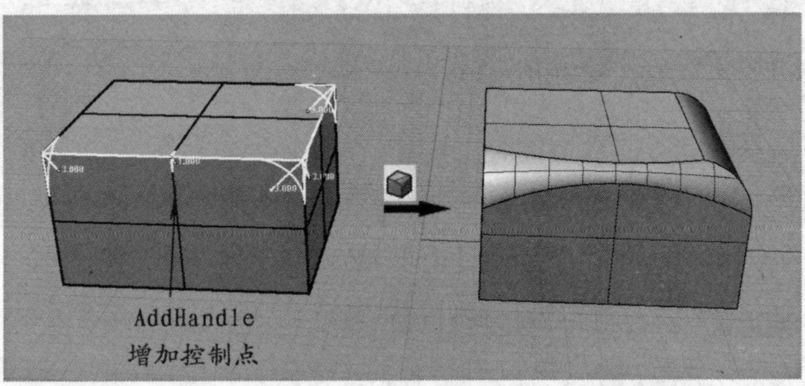

图 1–113　倒圆角

① 依次选取要倒角的边缘；

② 选取设置相关选项。

说明

对于该选项命令栏中括号后面出现的选项的意义分别为：CurrentRadius=_：通过激活它可以实现对当前半径的修改设置；AddHandle：沿着边缘新增控制点；CopyHandle：以选取的控制点的半径建立另一个控制点；SetAll：设置全部控制点的半径。LinkHandles=_：调整控制点时，其他控制点会以同样的比例调整；RailType=_：路径造型，其中有路径间距、与边缘距离、滚球三个选项供选择；RemoveHandle：移除控制点，这个选项只有在新增控制杆以后才会出现；Preview：预览曲面。

知识小解：

Rhino4 中的对体（面）的倒圆角相对于 Rhino3 中的倒圆角在功能上有一些改进。它能以不同的倒角半径对不同的边缘进行倒角，而且可以通过增加控制点来对同一边缘做不等半径的倒角。因而也不用像 Rhino3 一样在倒圆角时采取先处理较大半径倒圆角再处理较小半径倒圆角原则。Rhino4 在倒圆角时，倒圆角半径很直观出现在所倒圆角的直线边缘上，便于及时修改和调整。

★ **倒斜角（体）的绘制**

ChamferEdge：；命令：ChamferEdge；菜单：Solid/ Fillet Edge/ Chamfer Edge。

通过以上指令生成一个倒直角的步骤与通过 FilletEdge 指令生成倒圆角的步骤相同。

★ **布尔加运算**

BooleanUnion：；命令：BooleanUnion；菜单：Solid/ Union。

通过以上指令实现布尔加的步骤为（图 1–114）：

依次选取数个物件，按回车键结束指令。

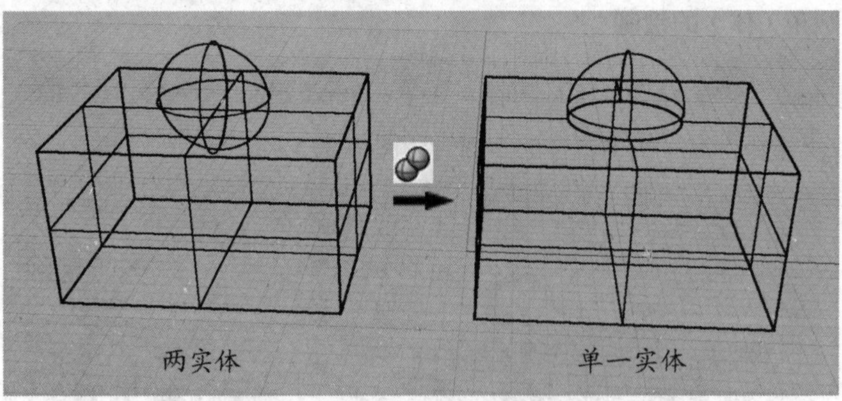

图 1–114　布尔加

★ **布尔减运算**

BooleanDifference：；命令：BooleanDifference；菜单：Solid/ Difference。

通过以上指令实现布尔减的步骤为（图 1–115）：

① 选取第一个物件（被剪切物件），按回车键确认选取；

② 选取第二个物件（剪切物件），按回车键确认选取。

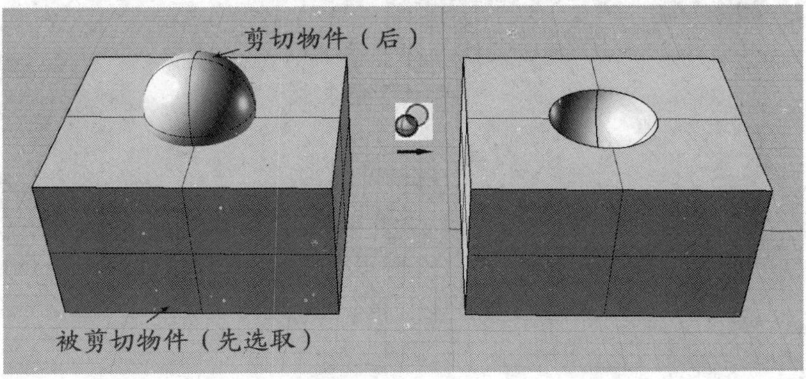

图 1–115　布尔减

★ **布尔相交运算**

BooleanIntersection： ；命令：BooleanIntersection；菜单：Solid/ Intersection。

通过以上指令实现布尔相交的步骤为（图 1–116）：

依次选取数个物件，按回车键结束指令

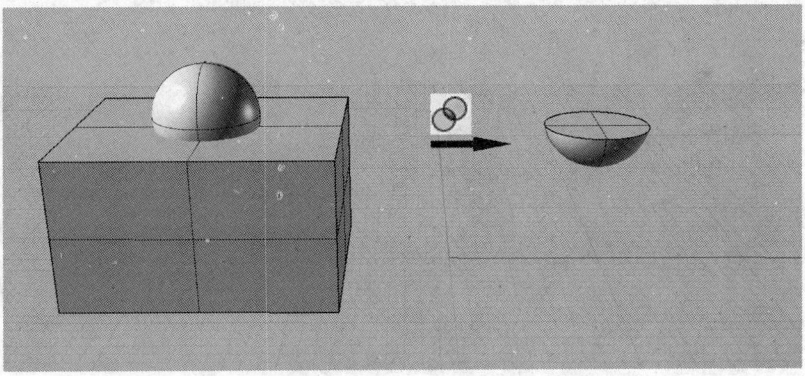

图 1–116　布尔相交

★ **布尔分离运算**

BooleanSplit： ；命令：BooleanSplit；菜单：Solid/ Boolean Split。

通过以上指令实现布尔分离的步骤为（图 1–117）：

① 选取第一个物件（被分离物件），按回车键确认选取；

② 选取第二个物件（分离物件，也可以同时是被分离的物件），按回车键确认选取。

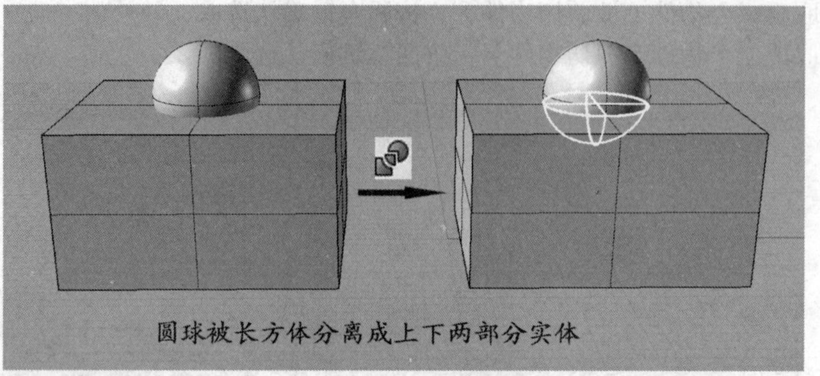

图 1–117　布尔切割

说明

布尔运算除了可用于实体之间，也可以用于曲面和开放的多重曲面，但其结果与被选取的物件的法线方向有关。可以使用 Dir 指令检查曲面的方向。如果在绘制过程中发现布尔运算的结果与所预期的不一样，可以使用 Dir 或 Flip 指令反转曲面的法线方向后再试一次（图 1–118）。

> **知识小解：**
>
> Dir：
>
> 该指令可以查看曲面的法线方向

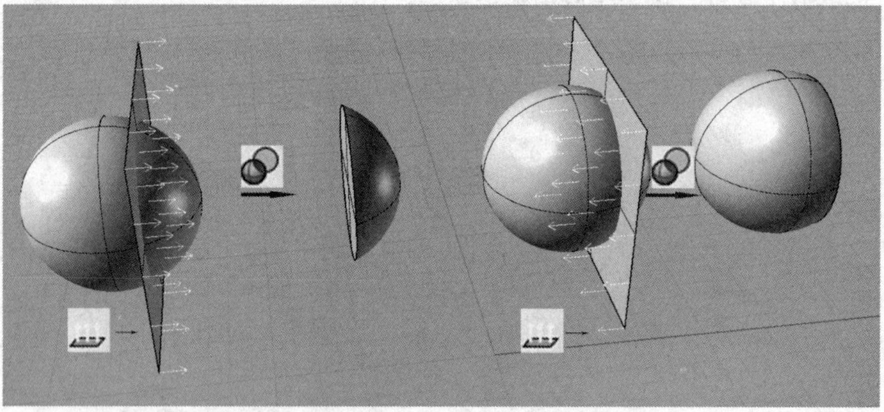

图 1–118　曲面法向方向不同对布尔运算的影响

1.2.4　其他常用功能

★ **剪切**

Trim：　；命令：Trim；菜单：Edit/Trim。

实现剪切指令的步骤为（图 1–119）：

① 选取剪切用物件；

② 选取另一个物件要被剪切掉的部分。

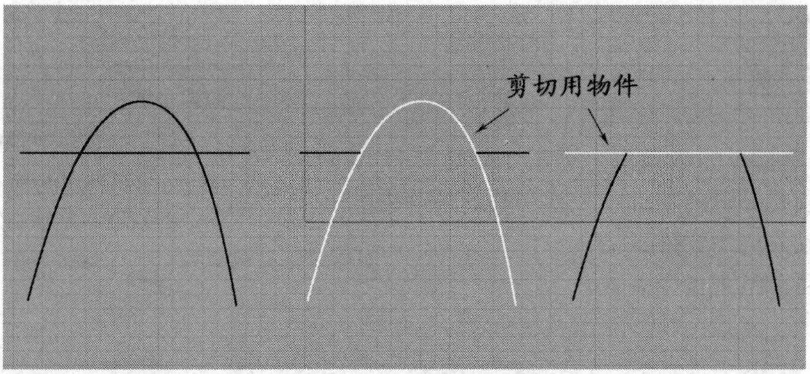

图 1-119　剪切物件

说明

剪切的作用：删除一个物件与另一个物件交集处内侧或外侧的部分。

在选取被剪切物件时，选取位置不同或在不同视窗内选取会产生不同的修剪效果。如图 1-120 和图 1-121 所示分别为在 Front 视窗内和 Right 视窗内对用相同物件（直线）对另一相同物件（半球壳）进行剪切的效果。剪切曲线是往视图的方向投影到曲面上将曲面修剪的。所以在 Perspective 视窗内较难完成对曲面进行很准确的剪切。

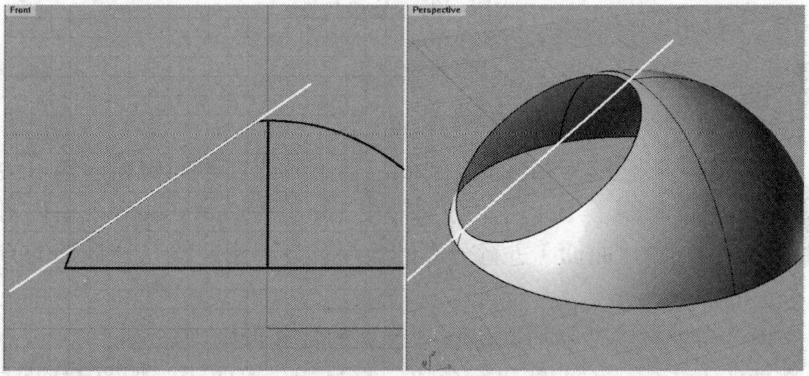

图 1-120　在 Front 视窗内剪切物件

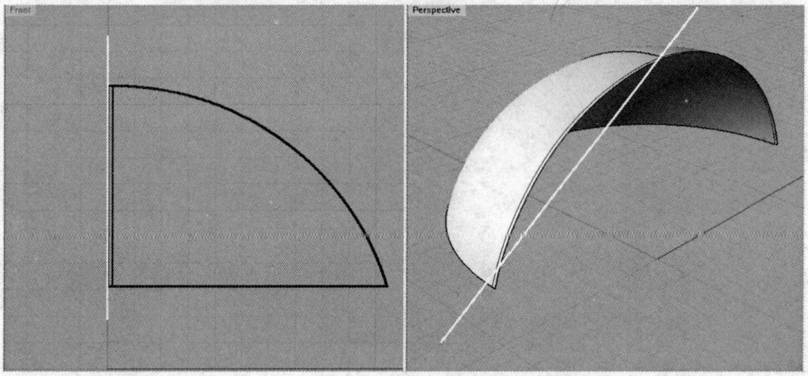

图 1-121　在 Right 视窗内剪切物件

★ 分离

Split：；命令：Split；菜单：Edit/Split。

> **知识小解：**
> 如果要被修剪掉的部分不好选取，可以使用 Split 指令分割物件，再删除不需要部分。

实现分离指令的步骤为（图 1–122）：

① 选取要分离的物件（一次可以选多个物件）；

② 选取分离用物件；

③ 按回车结束指令。

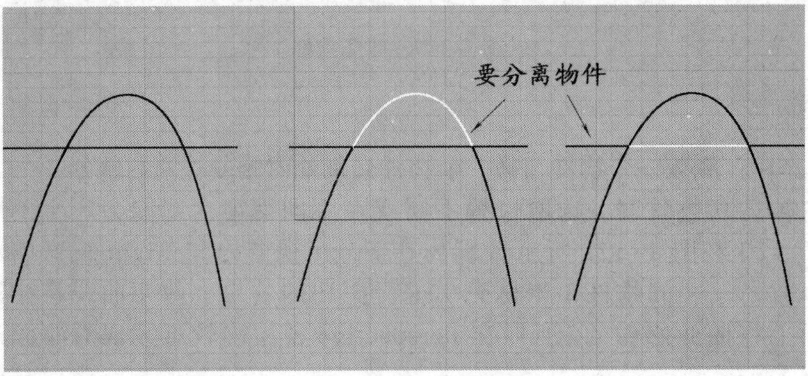

图 1–122　分离物件

说明

分离的作用：以一个物件分离另一个物件。

与剪切相似，在选取分离用物件时，选取位置不同或在不同视窗内选取会产生不同的分离效果。如图 1–123 和图 1–124 所示分别为在 Top 视窗内和 Right 视窗内对用相同物件（直线）对另一相同物件（曲面）进行分离的效果。分离用曲线是往视图的方向投影到曲面上将曲面分离的。

对于分离指令命令栏中括号后面出现的选项的含义分别为：

Point：在曲线上指定点对曲线进行分离，它只能分离曲线，如图 1-125 所示。

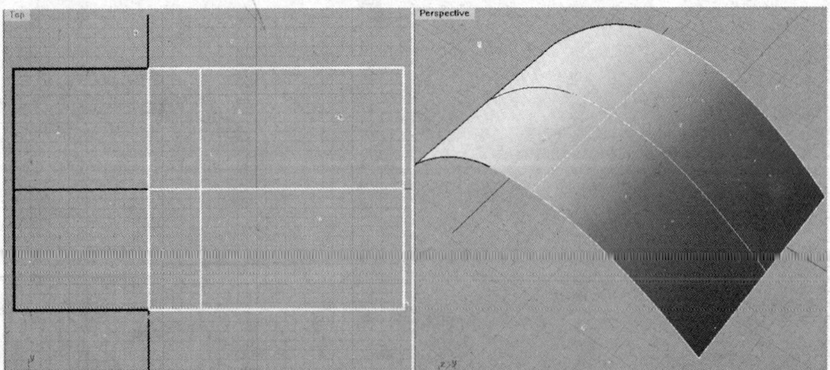

图 1–123　在 Top 视窗内分离物件

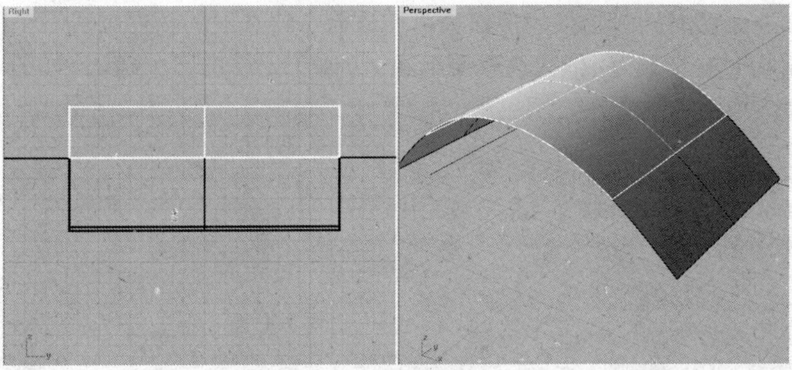

图 1–124　在 Right 视窗内分离物件

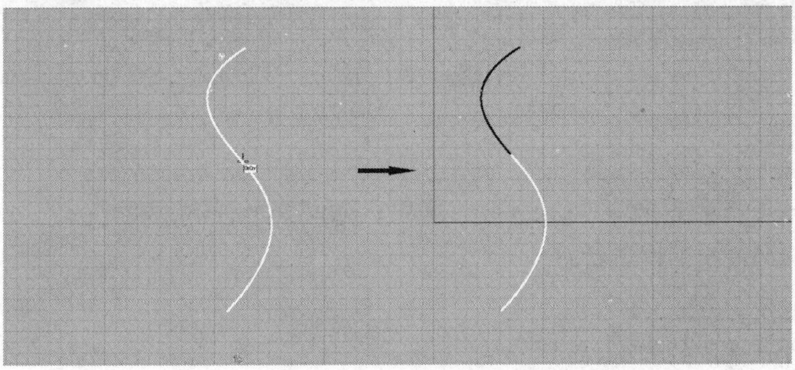

图 1–125　用 Point 分离曲线

Isocurve：以曲面自己的结构线分离曲面。通过激活调整命令栏中的 Direction 选项可以变换结构线的 U、V 方向，即是选择用 U 方向或 V 方向或 U、V 两个方向的结构线对曲面进行分离，如图 1–126 所示。

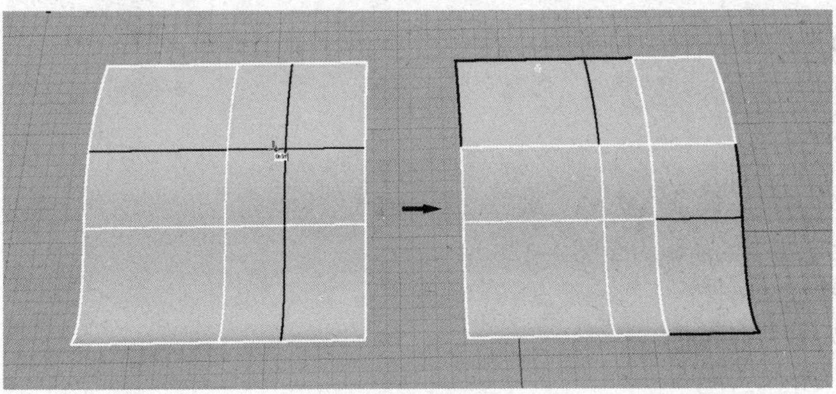

图 1–126　用 Isocurve 分离曲面

★ 群组

成组：

Group ： ；命令：Group；菜单：Edit/Groups/Group。

为了方便在绘图时的对物件的选取，可用该命令将选取的物件组成一个群组。

实现成组指令的步骤为：依次选取要组成组的物件，单击回车确认。如图 1–127 所示。

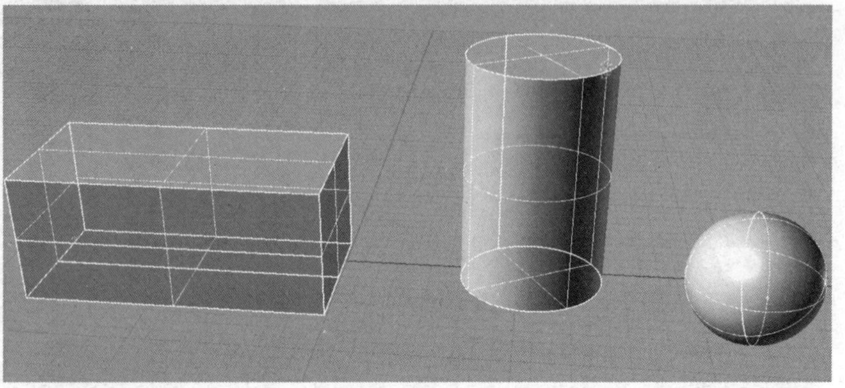

图 1–127　成组

解散群组

Ungroup ：；命令：Ungroup；菜单：Edit/Groups/Ungroup。

去除选取的群组的群组状态。

加入至群组：

加入物件至选取的群组。

从群组中移除：

将选取的物件移出所属的群组。

设置群组名称：

Set Group Name ：；命令：Set Group Name；菜单：Edit/Groups/Set Group Name。

命名选取的群组。将一个群组以另一个群组的名称命名时，两个群组会结合成一个群组。

★ **移动**

Move ：；命令：Move；菜单：Transform/Move。

实现移动指令的步骤为（图 1–128）：

① 选取移动物件；

② 指定移动的起点；

③ 指定移动的终点。

说明

移动物件时移动起点的选取对物件的准确移动是很重要的。一般情况下可以选取物件的端点或中心点，也可以指定为其他一些特殊点，如原点（0，0），这样在确定移动终点后（如再键入一个坐标）就很方便知道移动的具体距离。

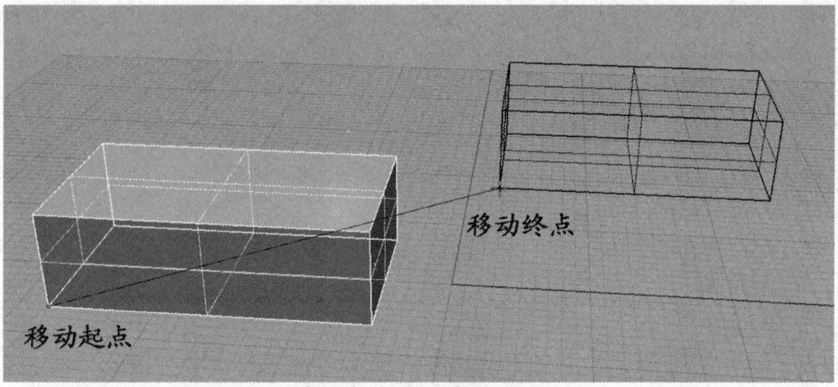

图 1-128　移动物件

Rhino 还有微调物件的功能：

按住 Alt 键，再按键盘上的四个方向键可以将物件沿着 *X*、*Y* 轴的方向移动。

按住 Alt 键，再按键盘上的 PageUp 或 PageDown 键可以将物件往 *Z* 轴的方向移动。

★ **复制**

Copy ：；命令：Copy；菜单：Transform/Copy。

复制选取的物件。复制物件指令的操作步骤与移动物件指令步骤大致相同。这里介绍一下以 Alt 键复制物件的方法：

① 选取数个物件；

② 按住鼠标左键并拖动物件，在拖动物件的同时按住 Alt 键，此时鼠标光标右下角出现一个类似加号"+"的图标；

③ 放开鼠标左键即生成复制物件。

★ **旋转：**

Rotate ：；命令：Rotate；菜单：Transform/Rotate。

实现移动指令的步骤为：

① 选取旋转物件；

② 指定旋转中心点；

③ 输入旋转角度。

说明

旋转是将物件绕着垂直于工作平面的轴旋转，在不同的视窗内进行旋转操作会得到不同的旋转效果。如图 1-129 和图 1-130 所示就是分别在 Top 视窗内和 Front 视窗内对同一物件进行的旋转。

旋转指令的命令栏里的 Copy 的含义是在旋转物件的同时保留原物件在原始位置。

右击图标，物件将可以绕着三维空间的中心轴旋转，中心轴通过指定旋转轴的起点和终点确定。

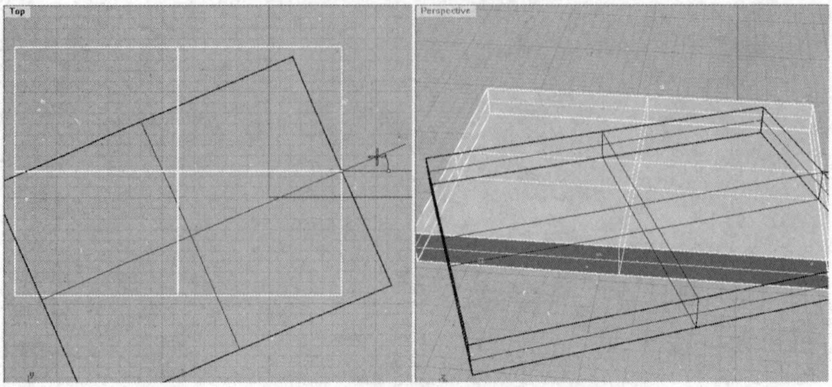

图 1–129　在 Top 视窗内旋转物件

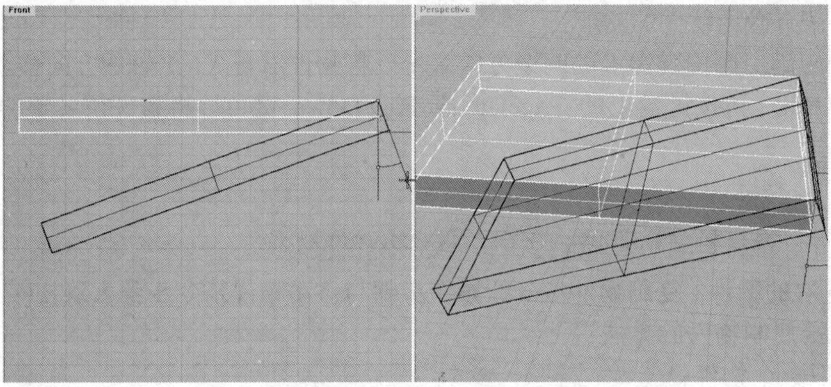

图 1–130　在 Front 视窗内旋转物件

★ 缩放

沿三轴缩放：

Scale 3-D ：；命令：Scale ；菜单：Transform/ Scale/Scale 3-D。

在工作平面的 *X*、*Y*、*Z* 三个轴向上以同比例缩放选取的物件，如图 1–131 所示。

实现沿三轴缩放指令的步骤为：

① 选取缩放物件；

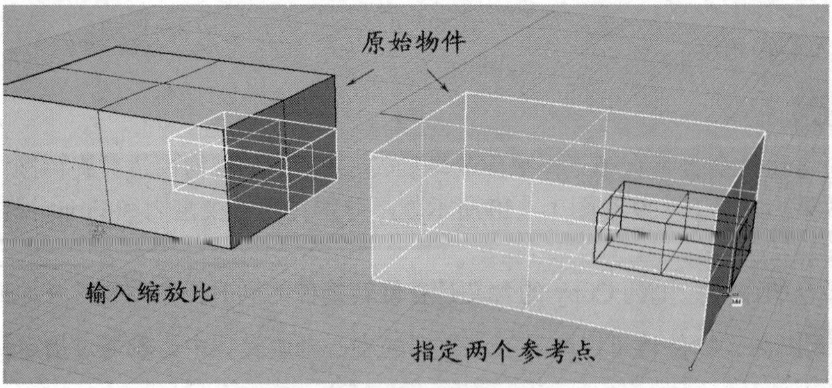

图 1–131　沿三轴缩放物件

② 指定缩放基点（一般选取如中点、端点等特殊点会比较方便缩放）；
③ 输入缩放比，或指定两个参考点。

沿二轴缩放：

Scale 2-D ：；命令：Scale 2D；菜单：Transform/Scale/Scale 2-D。

在工作平面的两个轴方向上缩放选取的物件，如图 1–132 所示。

实现沿二轴缩放指令的步骤与沿三轴缩放指令相同。

沿一轴缩放：

Scale 1-D ：；命令：Scale 1D；菜单：Transform/ Scale/Scale 1-D。

在指定的方向上缩放选取的物件，如图 1–132 所示。

实现沿一轴缩放指令的步骤与沿三轴缩放指令相同。

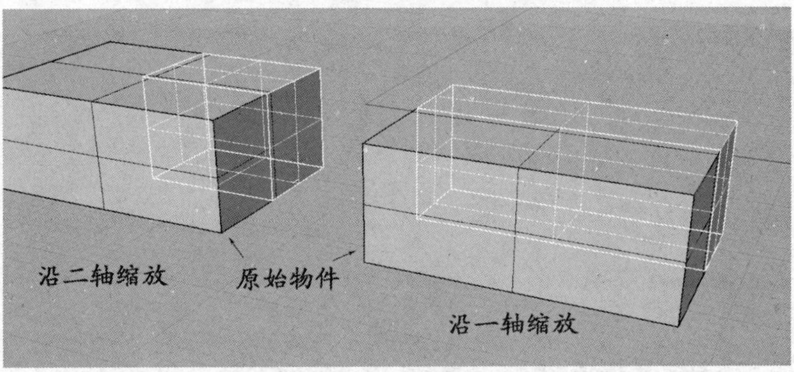

图 1–132　沿三轴缩放物件

不等比缩放：

ScaleNU：；命令 ScaleNU；菜单：Transform/ Scale/Non-Uniform Scale。

在 *X*、*Y*、*Z* 三个轴向上以不同的比例缩放选取的物件，如图 1–133 所示。

实现不等比缩放指令的步骤为：

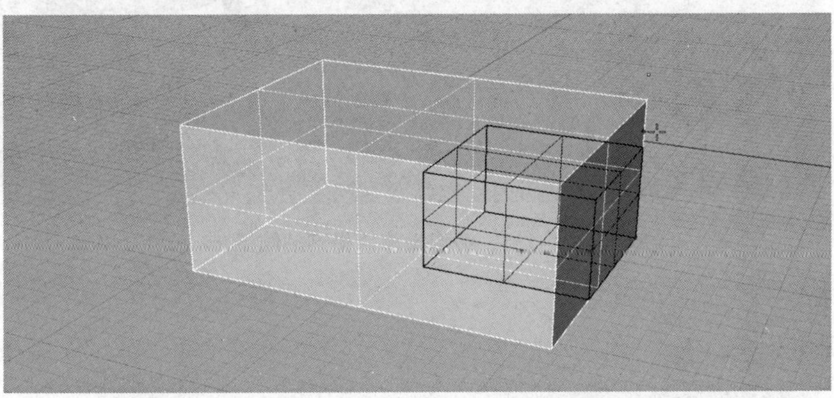

图 1–133　以分别在 *X*、*Y*、*Z* 轴向上指定两参考点缩放物件

① 选取缩放物件；
② 指定缩放基点；
③ 输入 *X* 轴的缩放比，或指定两个参考点（按回车不缩放这个轴向）；
④ 输入 *Y* 轴的缩放比，或指定两个参考点（按回车不缩放这个轴向）；
⑤ 输入 *Z* 轴的缩放比，或指定两个参考点（按回车不缩放这个轴向）。

★ **镜像**

Mirror：；命令：Mirror；菜单：Transform/Mirror。

实现镜像指令的步骤为（图 1–134、图 1–135）：
① 选取要镜像的物件；
② 指定镜像平面起点；
③ 指定镜像平面终点。

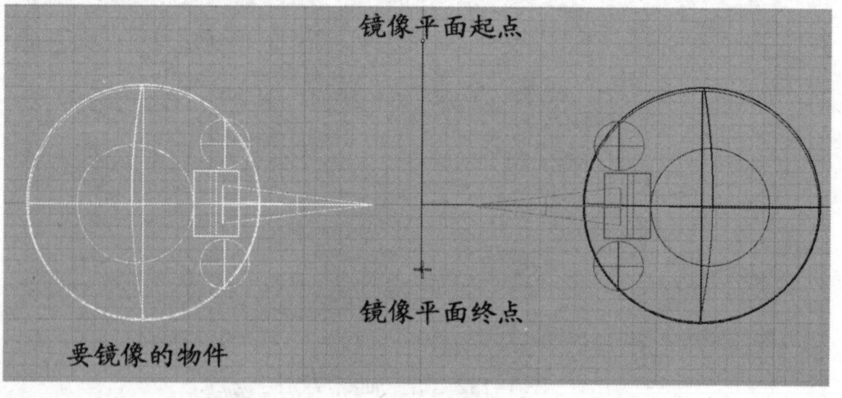

图 1–134　镜像操作

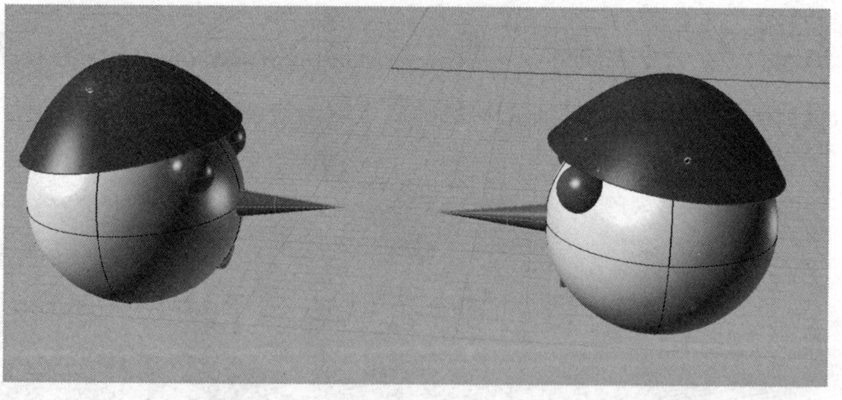

图 1–135　镜像操作后得到的结果

★ **定位**

两点定位：

Orient：；命令：Orient；菜单：Transform/Orient/2 Points。

以两个参考点对应到两个目标点将物件做定位。如图 1–136 所示。

实现两点定位指令的步骤为：

① 选取物件；

② 指定两个参考点；

③ 指定两个目标点。

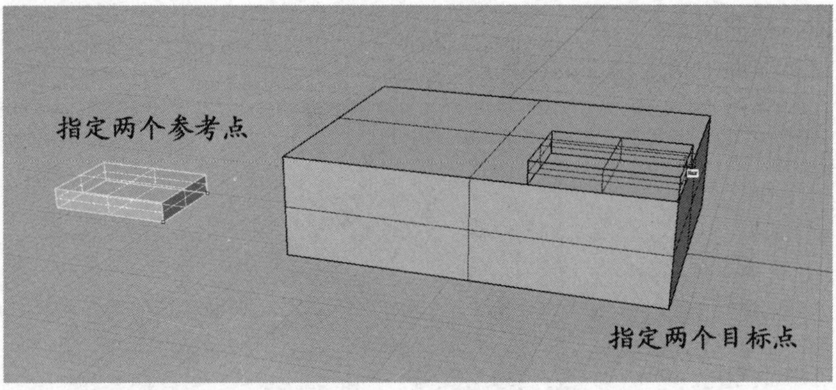

图 1–136　两点定位

说明

对于两点定位指令命令栏中括号后面出现的选项的含义分别为：

Copy：在把物件定位到其他地方的同时保留原物件在原始位置。

Sacle：No——两个目标点为参考点的对齐方向，选取的物件并不会被缩放；1D——物件定位到目标点时会在两个目标点的方向上缩放；3D——物件定位到目标点时会沿 *X*、*Y* 和 *Z* 三个方向做整体缩放，如图 1-137 所示。

三点定位：

Orient3Pt：（右击）；命令：Orient3Pt；菜单：Transform/Orient/3Points。

以三个参考点对应到三个目标点将物件做定位（参照两点定位）。

定位至曲面：

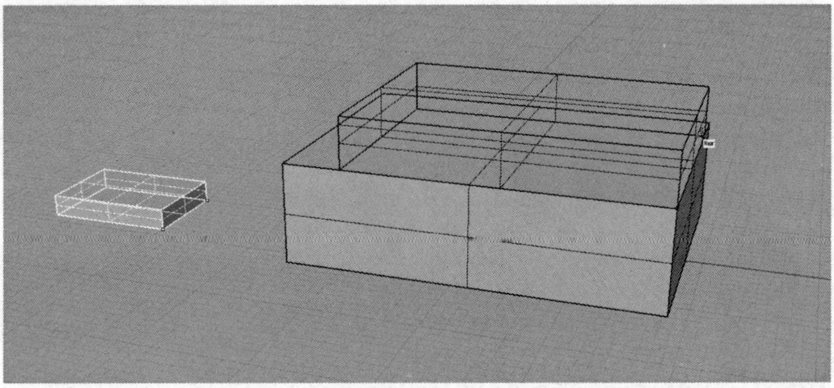

图 1–137　选取 Scale 为 3D 的两点定位

OrientOnSrf：；命令：OrientOnSrf；菜单：Transform/Orient/On Surface。

将物件定位至曲面。如图 1–138 所示。

实现两点定位指令的步骤为：

① 选取物件；

② 指定两个参考点；

③ 选取目标曲面；

④ 在目标曲面上指定物件的放置点。

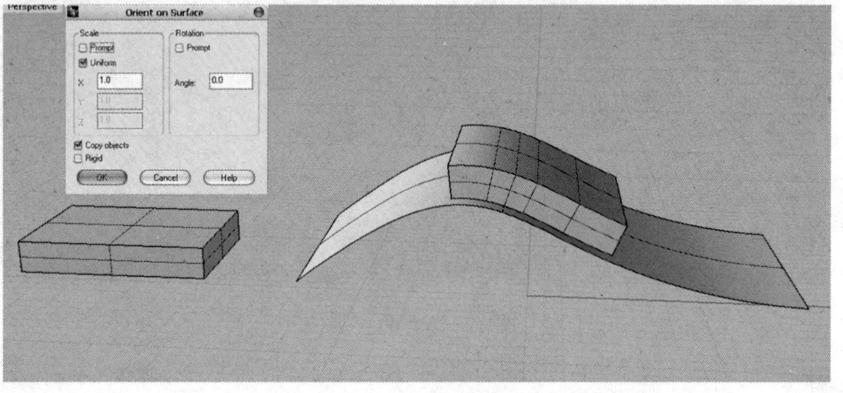

图 1–138　定位物件至曲面

说明

对于定位物件至曲面对话框中的 Rigid 选项，勾选时物件将保持原始形状不变，不勾选时物件会随定位曲面的形状而改变以保证定位物件和曲面在接触之处保持吻合（即有相同的连续性），如图 1–138 所示。

定位至曲线：

OrientOnCrv：；命令：OrientOnCrv；菜单：Transform/Orient/On Curve。

依照曲线的方向将物件定位到曲线，如图 1–139 所示。

实现定位物件至曲线指令的步骤为：

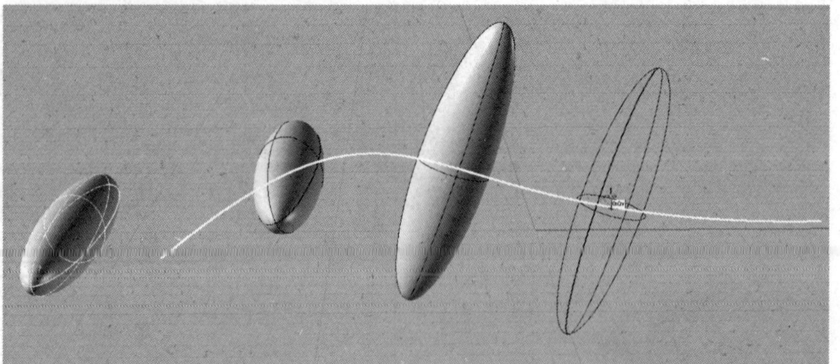

图 1–139　定位物件至曲线

① 选取物件；

② 指定一个基准点；

③ 选取定位曲线；

④ 指定曲线的新基准点。

定位曲线至边缘：

OrientCrvToEdge： ；命令：OrientCrvToEdge；菜单：Transform/Orient/Curve to Edge。

对齐曲线到曲面边缘，如图 1–140 所示。

实现定位曲线至边缘指令的步骤为：

① 选取一条曲线于靠近端点处；

② 选取目标曲面边缘；

③ 选取曲线要放置的点。

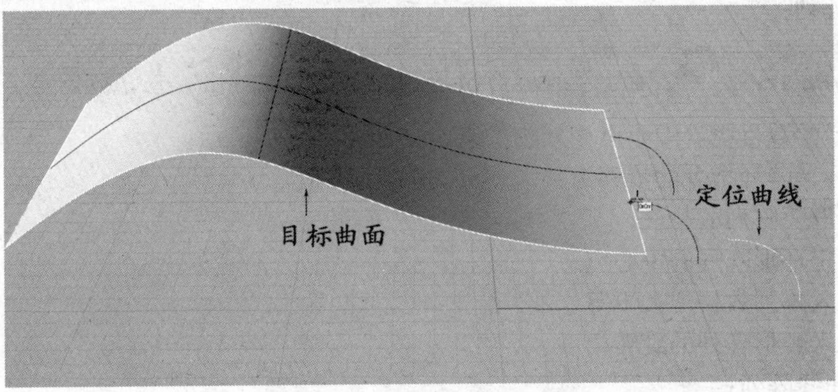

图 1–140　定位曲线至边缘

★阵列

矩形阵列：

Array ： ；命令：Array；菜单：Transform/Array/Rectangular。

以指定的行数和列数摆放物件复本，如图 1–141 所示。

实现矩形阵列指令的步骤为：

① 选取要阵列的物件；

② 分别输入 *X*、*Y*、*Z* 方向上的复本数；

③ 分别指定 *X*、*Y*、*Z* 方向上阵列的间距；

④ 按回车键确认输入或改变阵列选项。

说明

对于矩形阵列最后一步命令栏中的各选项的含义分别为：

XNumber= _、YNumber=_、ZNumber= _：通过激活它们可以分别对阵列中 *X*、*Y* 和 *Z* 方向上的阵列数目进行重新设置和改变。

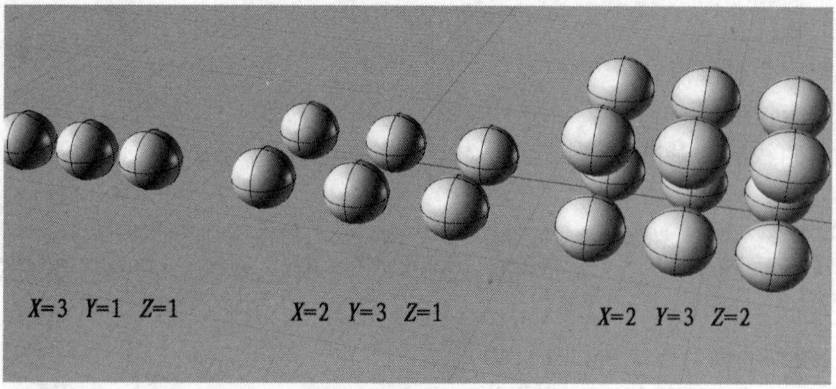

图 1–141　矩形阵列

XSpacing、YSpacing、ZSpacing）：通过激活它们可以分别对阵列中 *X*、*Y* 和 *Z* 方向上的阵列间距进行重新设置和改变。

环形阵列：

ArrayPolar： ；命令：ArrayPolar；菜单：Transform/Array/Polar。

以指定的数目绕着中心点摆放物件复本，如图 1–142 所示。

实现环形阵列指令的步骤为：

① 选取要阵列的物件；

② 指定环形阵列的中心点；

③ 输入阵列数目（大于等于 2）；

④ 输入环形阵列的旋转角度。

沿着曲线阵列：

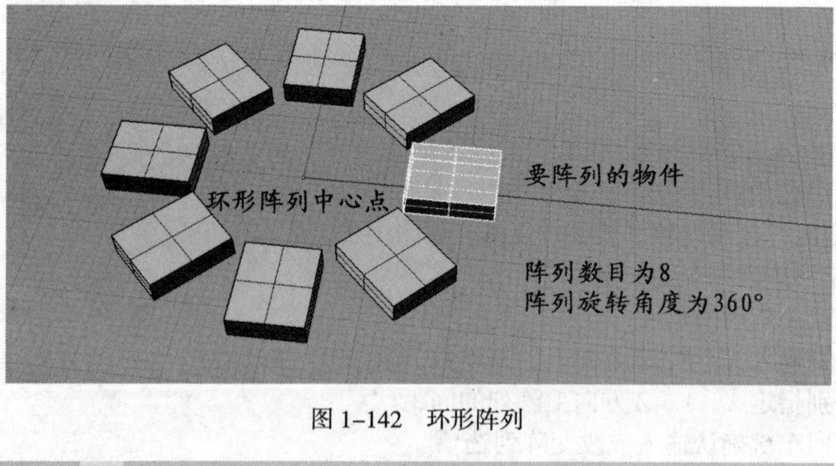

图 1–142　环形阵列

ArrayCrv： ；命令：ArrayCrv；菜单：Transform/Array/Along Curve。

沿着曲线摆放物件复本，物件复本随着曲线扭转，如图 1–143 所示。

实现沿着曲线阵列指令的步骤为：

① 选取要阵列的物件；

② 选取一条路径曲线；
③ 输入阵列数目或曲线阵列物件间的间距。

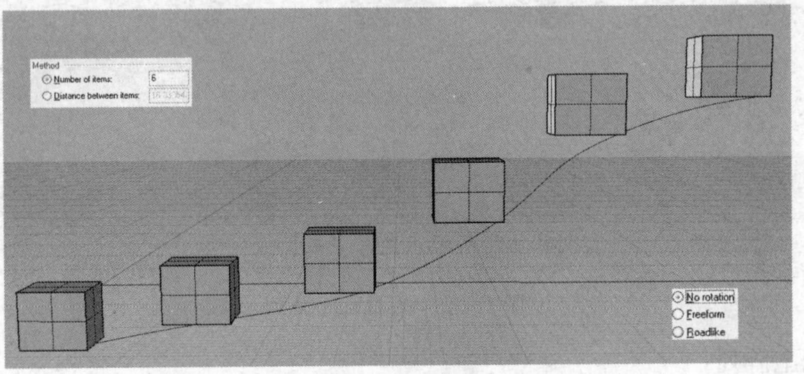

图 1-143　沿着曲线阵列 1

说明

对于沿着曲线阵列指令对话框中各选项的含义分别为：

No rotation：物件沿着曲线阵列时维持与原来的物件一样的定位。如图 1-143 所示。

Freeform：物件沿着曲线阵列时在三维空间中旋转，如图 1-144 所示。

Roadlike：物件沿着曲线阵列时维持相对工作平面朝上的方向，但会做水平旋转。如图 1-145 所示。物件维持相对 Front 视窗工作平面朝上的方向。

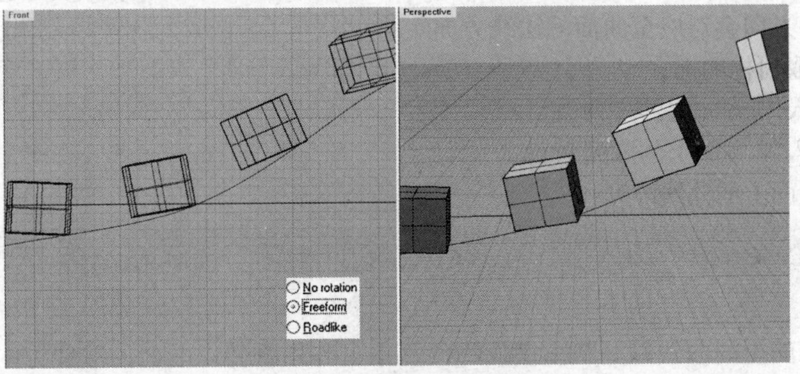

图 1-144　沿着曲线阵列 2

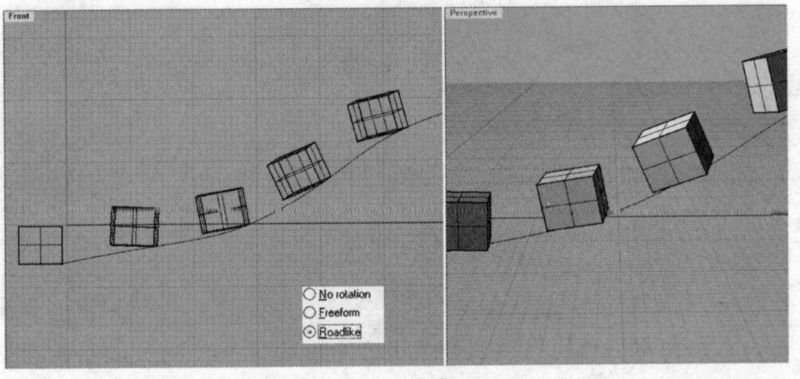

图 1-145　沿着曲线阵列 3

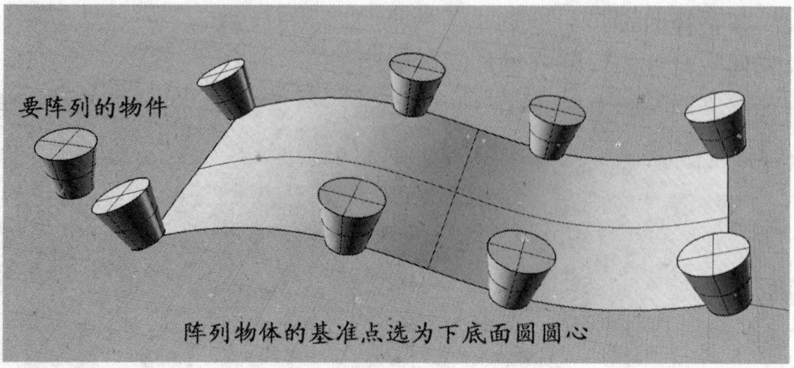

图 1-146　在曲面上阵列

在曲面上阵列：

ArraySrf：；命令：ArraySrf；菜单：Transform/Array/Along Surface。

以指定的行数和列数摆放物件复本，阵列物件以曲面的法线作为定位，如图 1-146 所示。

实现在曲面上阵列指令的步骤为：

① 选取要阵列的物件；

② 指定一个相对于阵列物件的基准点；

③ 指定物件朝上的方向（如果物件朝上的方向为工作平面 Z 轴的方向按回车即可，物件朝上的方向会对应至曲面的法线方向）；

④ 选取目标曲面；

⑤ 输入 U 方向上的阵列数目；

⑥ 输入 V 方向上的阵列数目。

沿着曲面上的曲线阵列：

ArrayCrvOnSrf：；命令 ArrayCrvOnSrf；菜单：Transform/Array/Along Curve On Surface。

沿着曲面上的曲线以等距离摆放物件复本，阵列物件以曲面的法线方向定位，如图 1-147 所示。

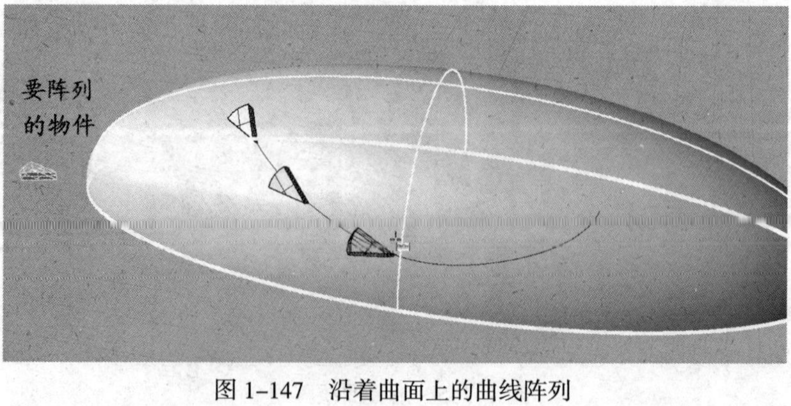

图 1-147　沿着曲面上的曲线阵列

实现沿着曲面上的曲线阵列指令的步骤为：

① 选取要阵列的物件；

② 指定一个相对于阵列物件的基准点；

③ 选取一条路径曲线；

④ 选取曲线下的曲面；

⑤ 在曲线指定要放置物件的点或输入与上一个放置点的距离。

★连续性分析

曲线连续性分析：

Geometric Continuity： ；菜单： Analyze/Curve/Geometric Continuity。

测量两曲线间的连续性（连续性的结果会在命令栏中显示），如图 1–148 所示。

实现曲线连续性分析指令的步骤为：

依次选取要测量连续性的两相邻曲线。

显示曲率图：

CurvatureGraph： ；命令：CurvatureGraph；菜单：Analyze/Curve/Curvature Graph On。

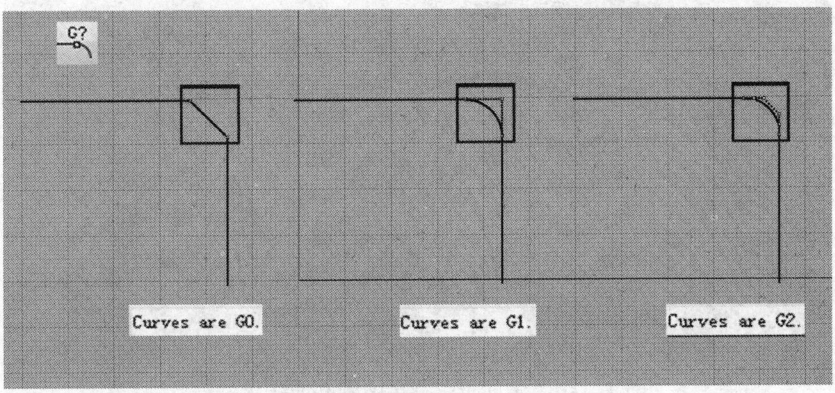

图 1–148　曲线连续性分析

通过显示曲线或曲面的曲率图来判断连接曲线和曲面间的连续性，如图 1–149 所示。

实现显示曲率图指令的步骤为：

选取曲线或曲面。

说明

如图 1–149 中的曲线实际上是两连接曲线，通过显示曲率图的方法对此两连接曲线的连续性进行分析。当曲率分析图中有明显的裂痕时，可以判断该两连接曲线的连续性为 G0（位置连续）；当曲率分析图中无裂痕但有中断时，可以判断该两连接曲线的连续性为 G1（切向连续）；当曲率分析图中无裂痕无中断的连续时，可以判断该两连接曲线的连续性为 G2（曲率连续）。

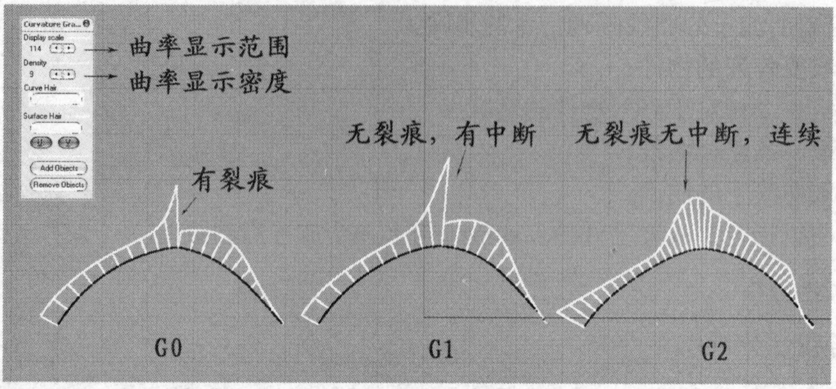

图 1–149　通过曲率分析图判断曲线连续性

斑马纹分析：

Zebra： ；命令：Zebra；菜单：Analyze/Surface/Zebra。

在曲面或网格上显示分析条纹（斑马纹），通过斑马纹的形状判断曲面的连续性，如图 1–150 所示。

实现沿着曲面上的曲线阵列指令的步骤为：

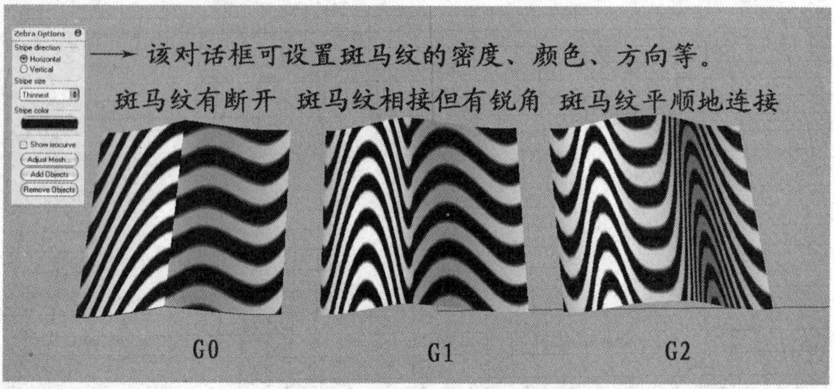

图 1–150　通过曲率分析图判断曲线连续性

选取曲面。

说明

如图 1-150 中的曲面实际上是两连接曲面，通过斑马纹分析的方法对此两连接曲面的连续性进行分析。当斑马纹分析图中斑马纹有断开时，可以判断该两连接曲面的连续性为 G0（位置连续）；当斑马纹分析图中斑马纹相接但有锐角时，可以判断该两连接曲面的连续性为 G1（切向连续）；当斑马纹分析图中斑马纹平顺地连接时，可以判断该两连接曲面的连续性为 G2（曲率连续）。

在绘图时，尤其在绘制有很多曲线或曲面的图形时，相邻曲线或曲面间曲率的连续性在很大程度上影响着绘制图形，当建模后在屏幕上难以分辨相邻曲线或曲面间的连续性时，通过分析指令分析曲线和曲面的连续性就变得重要。Rhino 提供的曲率分析指令很多，除了上述介绍的 3 个指令外，还有如拔模角度分析和环境贴图等，读者可进一步实践掌握这些应用。

★ **其他分析**

角度分析：

Angle：；命令：Angle；菜单： Analyze/Angle。

测量两条直线之间的角度（测量的角度结果会在命令栏中显示），如图 1–151 所示。

实现角度分析指令的步骤为：

① 指定第一条角度线的起点；

② 指定第一条角度线的终点；

③ 指定第二条角度线的起点；

④ 指定第二条角度线的终点。

距离分析：

Distance：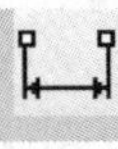；命令：Distance；菜单： Analyze/ Distance。

测量两个点之间的距离（测量的距离结果会在命令栏中显示），如图 1–151 所示。

实现距离分析指令的步骤为：

① 指定第一点；

② 指定第二点。

半径分析：

Radius：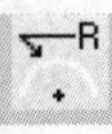；命令：Radius；菜单： Analyze/ Radius。

测量一条曲线某一点的半径（测量的半径结果会在命令栏中显示），如图 1–151 所示。

实现半径分析指令的步骤为：

指定一条曲线上的一点。

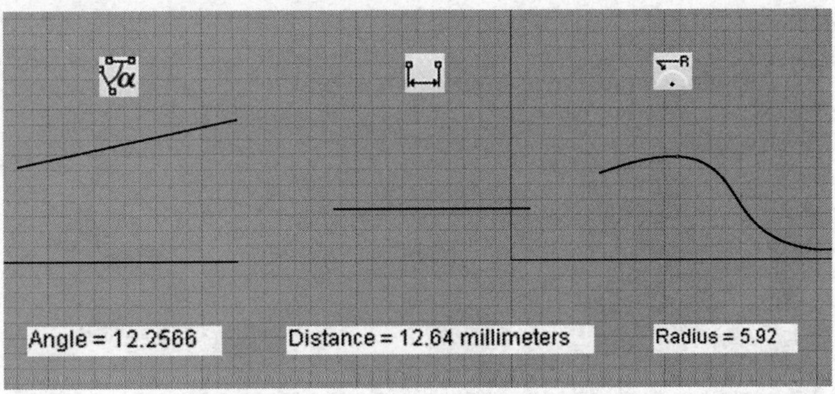

图 1–151 角度、距离和半径分析

说明

两条直线之间的角度、两个点之间的距离和曲线上某一点的半径除了可用上述分析指令进行分析以外，还可以用 Dimension 指令标注出来，如图 1–152 所示。

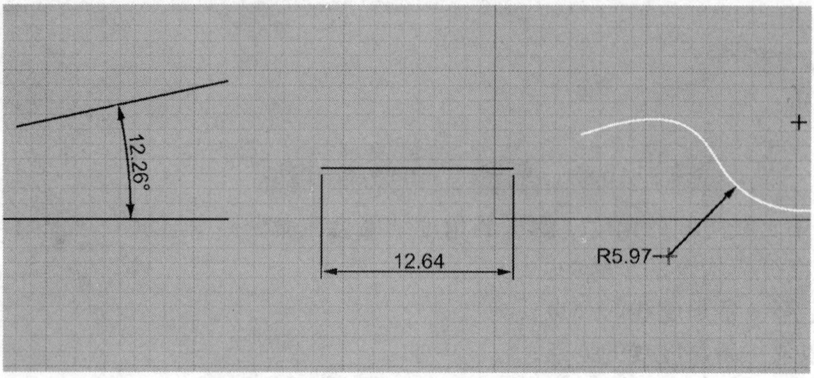

图 1–152　角度、距离和半径分析

面积分析：

Area： ；命令：Area；菜单： Analyze/Mass properties/Area。

计算封闭平面曲线、曲面、多重曲面或网格的面积（测量的面积结果会在命令栏中显示），如图 1–153 所示。

实现面积分析指令的步骤为：

选取物件。

体积分析：

Volume： ；命令：Volume；菜单： Analyze/Mass properties/ Volume。

计算封闭的曲面、多重曲面或网格的体积（测量的体积结果会在命令栏中显示），如图 1–153 所示。

实现体积分析指令的步骤为：

选取物件。

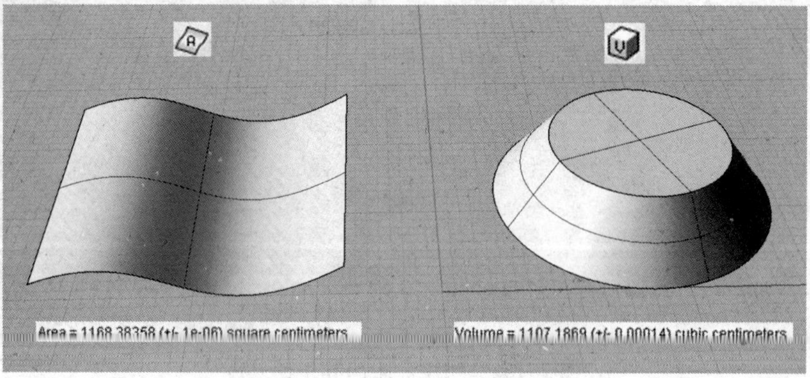

图 1–153　面积和体积分析

第2篇

造型篇

本篇内容

2.1 造型基本元素概要

2.2 Rhino中点的性质和类别

2.3 Rhino中线的性质和类别

2.4 Rhino中面的性质和类别

2.5 Rhino中实体的性质和类别

2.6 造型建模实例

2.1　造型基本元素概要

在上一篇中介绍了 Rhino 的界面构成以及一些基本操作和绘图指令。通过对这些指令的应用就可以进行一些建模练习了。建模过程如同建造房子，这些最基本的指令就是原材料和工具，设计人员扮演着建筑师的角色，用这些手段可以产生风格各异的“大厦”。他们在运用 Rhino 进行建模时，还要考虑到建模的一些基本方法和技巧，技巧是建立在正确理解和掌握最基本的方法并反复练习的基础之上的，即“熟能生巧”。

从上一篇中我们了解到，Rhino 建模的生成步骤大致是从点到线再到面或体。造型的基本元素也即是点、线、面和体。要想绘制出很出色的造型，对 Rhino 中这些基本造型元素的性质和类别的了解也是相当重要的。

2.2　Rhino 中点的性质和类别

Rhino 工具箱中的很多工具指令都涉及点，有的是直接绘制点，有的是通过指定点的位置方式绘制线或面，这说明了点在建模过程中的重要性。然而点在绘图过程中的重要性不仅体现在生成图形上，更体现在建模过程中可以控制点对已经生成图形进行调整，从而得到更准确和优美的曲线或曲面。

> **知识小解：**
>
> 控制点不一定在曲线上。
>
> 编辑点一定在曲线上。
>
> Rhino 允许移动控制点或编辑点编辑曲线或曲面。
>
> 节点是参数值(参数值是数字而不是点)。
>
> 曲线或曲面上因为有节点，所以编辑控制点可以改变曲线或曲面的形状。

- 控制点及其调整

Rhino 中的点包括节点、控制点和编辑点。它们的定义分别为：

节点：节点是曲线记录参数值的点，节点是 B-Spline 多项式定义改变的点。非均匀的节点矢量的节点参数间距不相等。

想象有一条绳子，如果拿着绳子的两端，绳子会因为自然定律（重力、绳子的硬度……）而下垂，这条绳子的形状是由单一多项式定义。如果在绳子上打了几个结，绳子的每一个结之间的区段的多项式定义都不相同。

控制点：控制点是物件（曲线、曲面、灯光、尺寸标注）的“操作点”，并且无法与其所属的物件分离。控制点是 NURBS 基底函数的系数，也叫做控制顶点。

编辑点：显示曲线由节点平均值计算得到的点。

编辑点和控制点非常类似，但编辑点是位于曲线上的，而且移动一个编辑点通常会改变整条曲线的形状（移动控制点只会改变曲线一个范围内的形状）。编辑点适用于当需要让一条曲线通过某一个点的情形，而编辑控制点可以改变曲线的形状并同时保有曲线的整平度，如图 2-1 所示。

打开控制点：（按 F10 键）

此指令可以显示曲线或曲面的控制点，但多重曲面的控制点不能显示（如一个长方体实体就不能通过该指令显示其控制点，而球体因为是单一曲面可以通过该指令显示其控制点）。

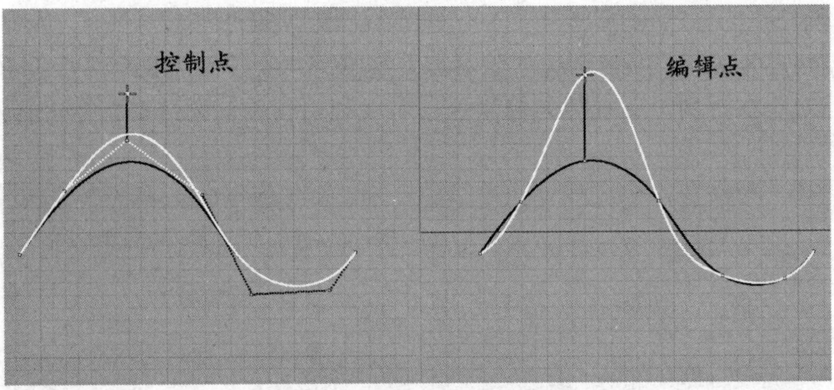

图 2–1　控制点和编辑点的比较

打开编辑点：

此指令显示曲线内部的编辑点，如图 2–2 所示。

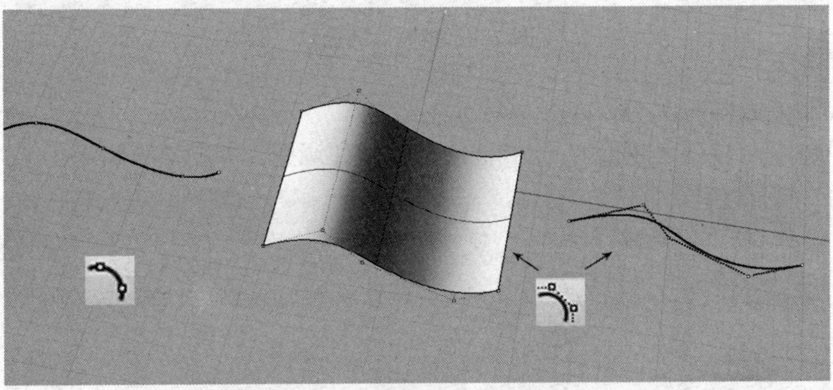

图 2–2　显示编辑点和控制点

打开控制点后，可以通过移动控制点调整曲线或曲面的形状。其中控制点的引力是可以设置的。所谓控制点的引力，就是指控制点吸附曲线和曲面的能力，也即控制点对曲线和曲面的影响度（权重）。当设置的控制点引力数值越大，引力越强，控制点影响范围内的那部分曲线或曲面就越接近控制点，如图 2–3 所示。

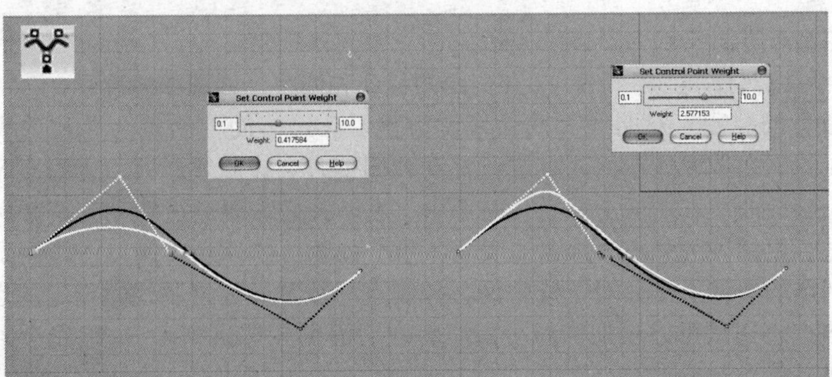

图 2–3　对曲线上同一点设置不同权重的比较

选取控制点：

对于控制点的选取，一般情况下用鼠标直接单击选取或在选取时按住 Shift 键进行多个选取。但对于在排列上有规律的控制点，可以利用相关辅助选取指令进行选取，如图 2–4 所示。

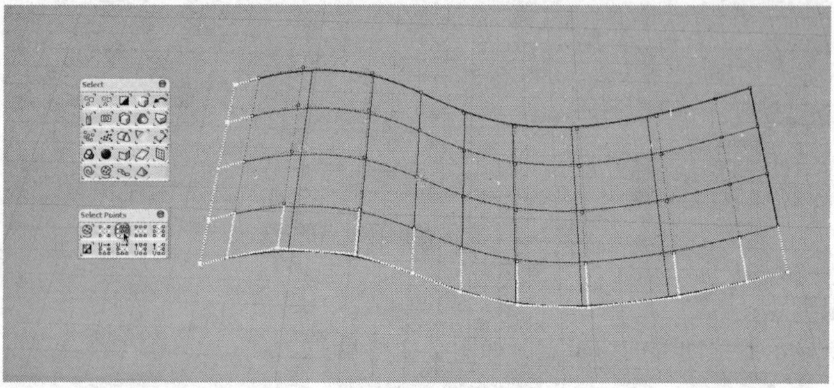

图 2–4　控制点的选取

调整控制点方向（*U*、*V*、*N*）：

此指令可以对控制点进行 *U*、*V* 和 *N* 向的移动和调整，如图 2–5 所示。

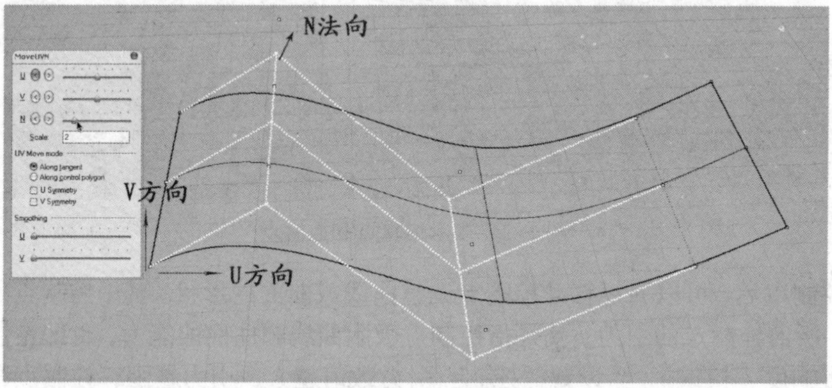

图 2–5　对控制点进行 *U*、*V* 和 *N* 向的移动和调整

调整控制点方向（*X*、*Y*、*Z*）：

此指令可以对控制点进行 *X*、*Y* 和 *Z* 向的移动和调整。如图 2–6 所示。

适当数量的控制点对曲线和曲面来说很重要。过多的控制点会导致选取时的不方便，更重要的是在选取这些控制点进行移动和调整时会让曲线或曲面光滑度不够，而太少的控制点会让曲线和曲面上显得信息不够，也即我们需要通过移动和调整控制点对曲线或曲面进行更精确的调整时控制点显得不够。如图 2–7 所示。所以在绘制时要考虑适当设置控制点的数量。比如对于线来说，控制点的数量即为绘制线时指定的点的数量。当然，控制点也还是可以增加和减少的（将在后面的几节讲到）。这里先介绍在曲线或曲面上增加节点。

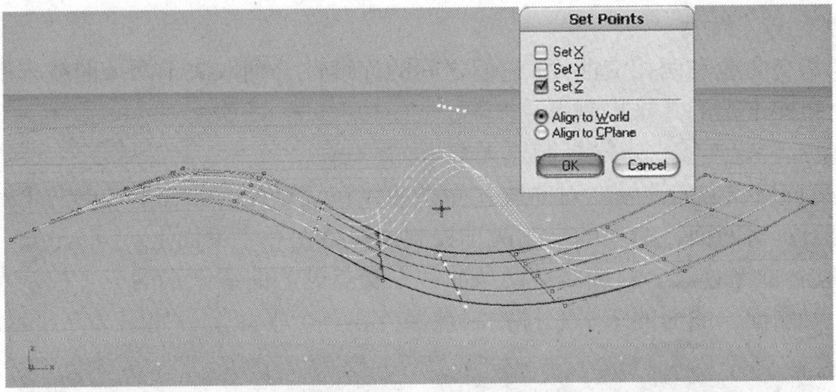

图 2–6　对控制点进行 *X*、*Y* 和 *Z* 向的移动和调整

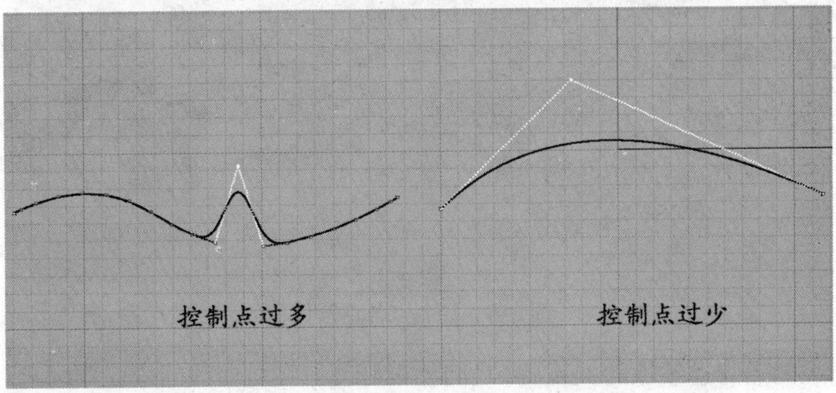

图 2–7　控制点过多或过少的比较

知识小解：

：插入锐角点后曲线会变成多重曲线，在节点可以被炸开成两部分。

插入节点：（曲线和曲面）；（曲线）

删除节点：

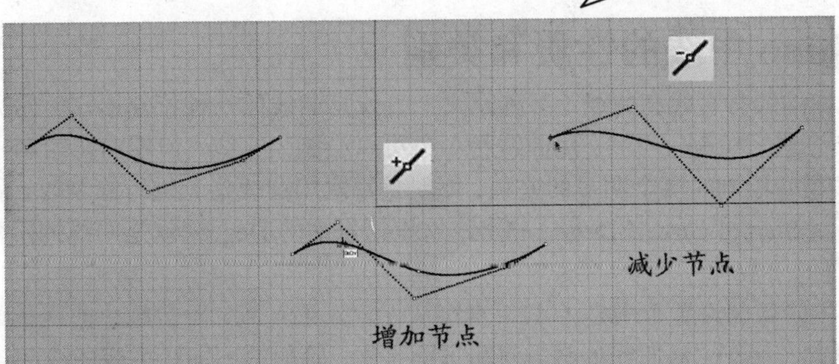

图 2–8　增加和减少节点

关闭控制点：（按 ESC 键）

● 控制点与连续性

对于两相交曲线和两相交曲面，它们之间的连续性分别取决于两条曲线末端的几个控制点和两个曲面末端的几排控制点。

G0 连续：位置连续。末端控制点无要求。

G1 连续：切线方向连续。对曲线：两条曲线在交点处的曲线末端的两个控制点保持在一条直线上；对曲面：曲面的末端两排控制点保持在一个平面上。

G2 连续：曲率连续。对曲线：两条曲线在交点处的曲线末端的三个控制点保持在一条直线上；对曲面：曲面的末端三排控制点保持在一个平面上，如图 2–9 所示。

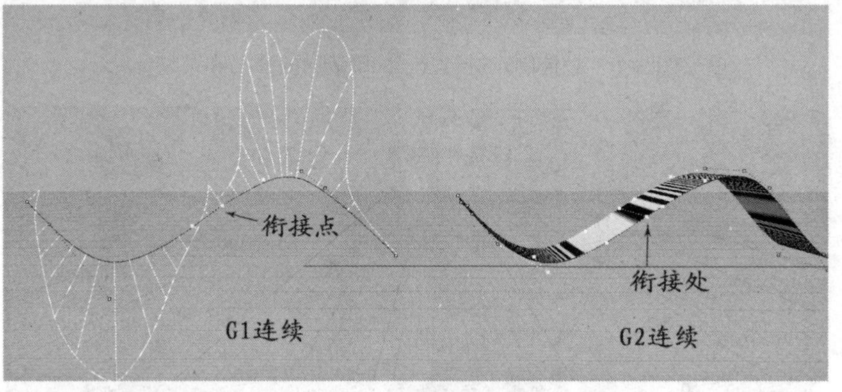

图 2–9　控制点与连续性

知道了控制点与连续性的关系后，我们就很好理解在对曲线间或曲面间进行衔接匹配时出现的变形了。在衔接时若勾选 Tangency 或 Curvature 选项时系统会改变曲线或曲面末端控制点的走向以适应连续性的要求，从而导致原始曲线或曲面的变形。再看看 Match Surface 对话框里提供的 Preserve opposite end 选项，这个选项在默认情况下是开启的，它的作用就是当曲面在用于 G2 衔接匹配时的走向上的控制点不足六排（G2 连续要求两曲面末端各三排保持在一个平面上）时，系统自动加入控制点，直到达到六排控制点，这样另外一端的切线方向和曲率就不会改变。

2.3　Rhino 中线的性质和类别

Rhino 中的线有直线和曲线（某种意义上直线是曲线的一种特殊形式）两类，并分别由不同的指令进行绘制。当然，用曲线指令也可以绘制出直线，但用曲线绘制指令进行绘制与用直线指令绘制时有个明显的差别，那就是每次用曲线指令进行绘制时，命令栏中都会出现提示：Start of curve（Degree=3）。这里括号中的 Degree 就是曲线的阶数。

● 曲线的阶数

Rhino 中阶数的设置范围是 1~11。直接从视觉效果上看，阶数越小曲线越弯曲，阶数越高曲线越趋于平坦。从曲线的数学解析方面来看，阶数的不同让生成曲线的连续性也不一样。通过对不同阶数曲线的曲率分析图可以看到，Degree = 2 的曲线，曲率分析图上的曲率变化出现一些裂痕，说明为 G1 连续；Degree = 3 的曲线，曲率分析图上的曲率变化没有裂痕，说明为 G2 连续。随着 Degree 值的增高，曲率变化线越来越流畅，曲线的连续性也越来越高。如图 2–10 所示。当 Degree = 4 时，连续性为 G3；当 Degree = 5 时，连续性为 G4，以此类推。

既然阶数与连续性有关系，而上一节中也了解到了连续性与控制点也有关系，那么阶数又与控制点有何关系呢？其实通过简单的实验就能检验到，阶数越高，需要的控制点也就越多。对于开放的曲线，阶数比控制点数少 1；对于闭合的曲线，阶数与控制点数相等。也就是虽然设置了阶数为 *n*，如果控制点的数量达不到 *n*+1（开放曲线，闭合曲线为 *n*），所得到的曲线的阶数也不会是 *n*。比如用绘制曲线的指令通过两点确定一直线，虽然设置的阶数是 3，但该直线的阶数为 1（2–1=1，2 为控制点数）。可以按 F3 查询到曲线的阶数信息。

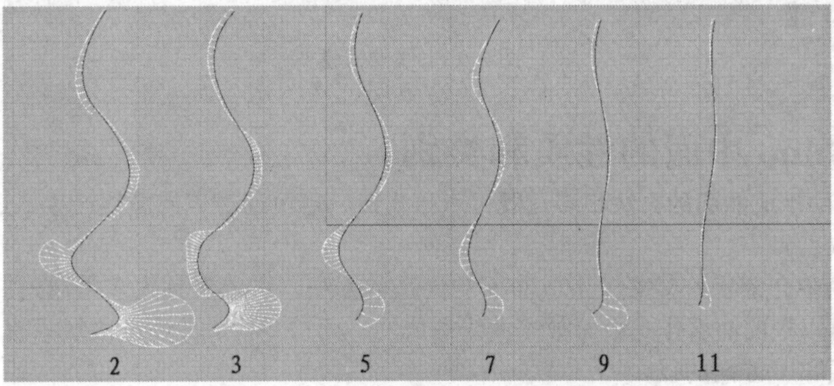

图 2–10　不同阶数曲线的曲率分析图

- 曲线的提取

Rhino 中的线除了用绘制线的指令绘制外，还可以从曲面中提取。如图 2–11 所示。

提取边界线：

提取轮廓线：、、

提取结构线：、（同时也提取轮廓线）

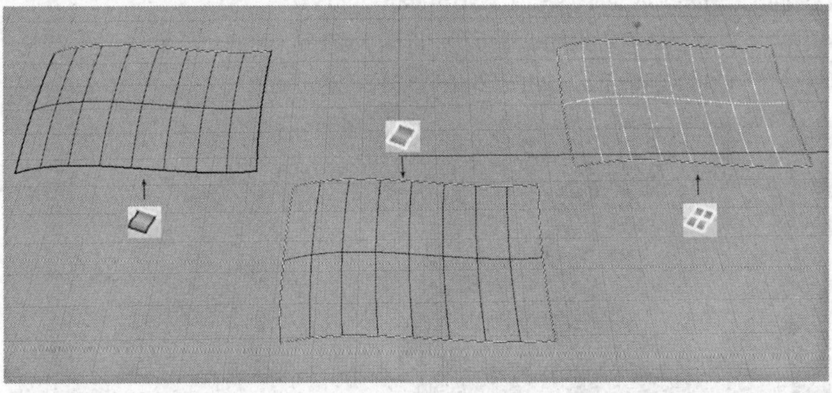

图 2–11　从面中提取线

- 曲线的重建

曲线的重建：、（不规则重建）如图 2–12 所示。

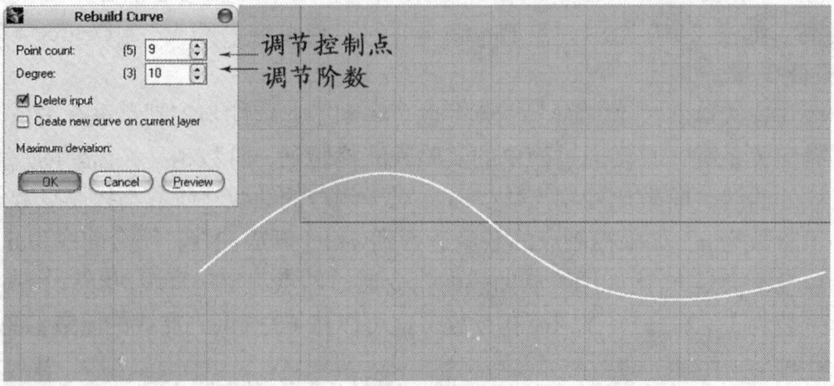

图 2–12　线的重建

2.4　Rhino 中面的性质和类别

Rhino 中生成曲面的方法很多。既可直接生成，也可通过点或曲线产生，还可以从有些体中提取。

第一篇中介绍了一些关于生成曲面的最基本方法，可以看到大多是通过曲线产生曲面。于是可以把曲面看作是由无数多曲线构成的，而这些构成曲面的曲线只有两种走向，*U* 方向的线和 *V* 方向的线。

虽然生成曲面的方法很多，而且生成一个曲面可以由不同的生成方法和指令完成，但用这些不同的方法和指令生成的看起来大致没什么区别的曲面却有着不同的结构线或连续性，因为在生成曲面时，不同的指令有着各自不相同的算法。

- 生成曲面与原始曲线完全吻合的指令（高精度建模）

拉伸曲线成面：（Extrude）

该指令用一条曲线来定义曲面，生成的曲面有两条边界和曲线完全吻合。

沿曲线拉伸另一曲线成面：（Extrudealongcrv）

该指令用两条曲线来定义曲面，生成的曲面其边界和曲线完全吻合（两条与形状曲线吻合，另两条与路径曲线吻合），如图 2–13 所示。

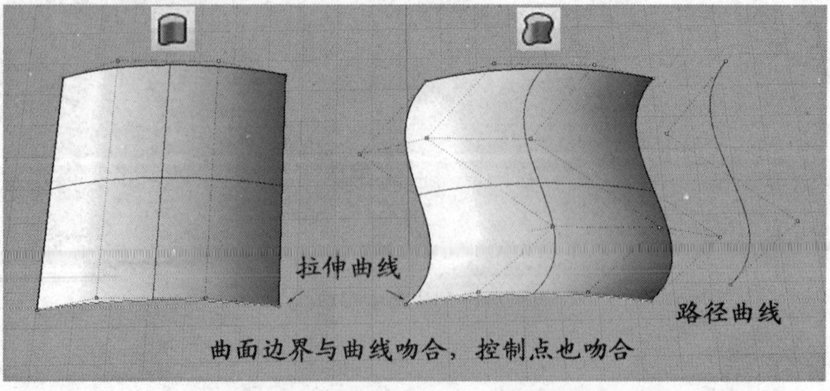

图 2–13　用拉伸命令进行高精度建模

放样曲线成面：（Loft）

放样曲线成面时，生成的曲面上的结构线（也称 isoparm 线，结构线是曲面上同样的 *U* 或 *V* 参数值的连线，Rhino 使用曲面结构线和边缘显示 NURBS 曲面的形状。预设情形下，结构线会显示在节点的位置）的走向会顺着各条曲线的控制点的连线的方向。因此，如果放样的曲线的控制点数目不相同或排列不均匀的话，放样生成的曲面可能由于曲面内部结构线和控制点分布不均匀而发生扭曲。如图 2–14 所示。而放样曲线的阶数不同也会影响生成曲面的精确度，因此保持放样曲线的阶数的一致是较理想的做法。如图 2–15、图 2–16 所示分别为控制点排列整齐和控制点排列紊乱对放样生成曲面的影响。

知识小解：

在调节曲线控制点数目到相等时，不能用（insertknot）或（removeknot）来直接增加或删除控制点来完成，应用（rebuild）来对曲线进行重建，设置成相同的点数。

从边线生成曲面：（EdgeSrf）

该指令是四边建模指令里精度最高的一个，生成的曲面的四条边界与四条曲线完全吻合。和放样曲线成面一样，该指令也要求曲线的控制点数目能够相等并排列均匀，曲线阶数也相同。只有这样才能得到更完美的曲面。

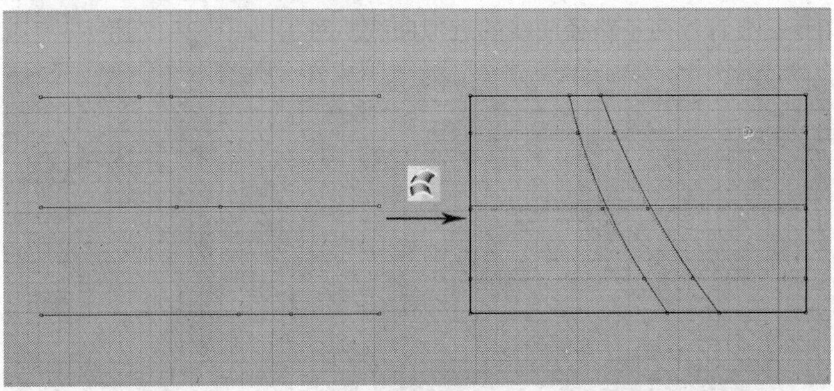

图 2–14　曲线的控制点决定放样指令产生曲面的控制点排列

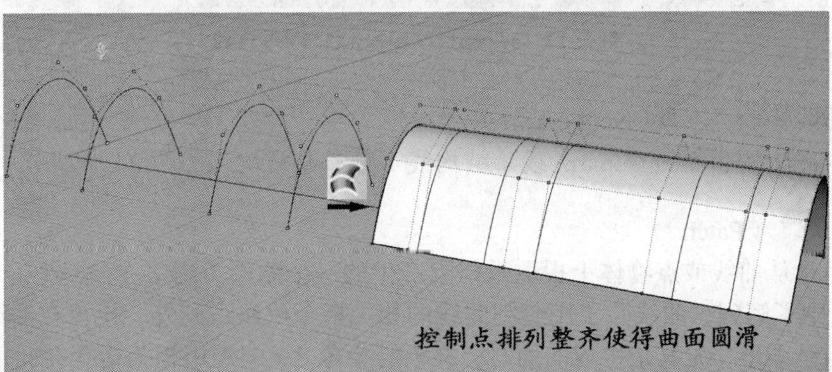

图 2–15　放样曲线的控制点排列整齐

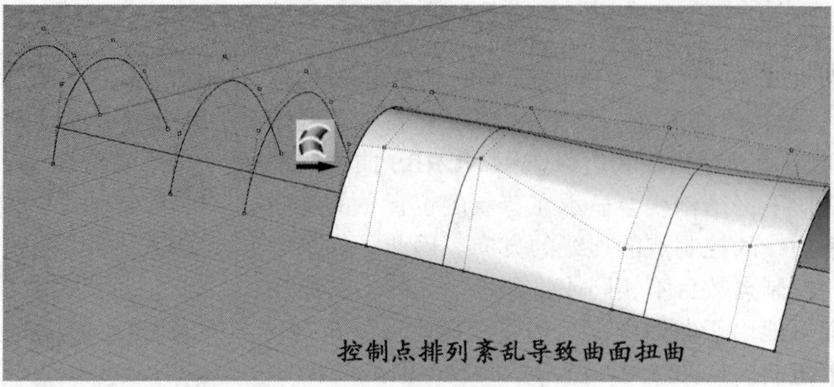

图 2-16　放样曲线的控制点排列紊乱

除了上面介绍的几个指令（Extrude、Extrudealongcrv、Loft、EdgeSrf）可以产生完全与输入曲线吻合的曲面外，其余命令都不属于完全吻合的曲面建模方式。

- 生成曲面与原始曲线不完全吻合的指令

扫描曲线成面：（sweep1）、（sweep2）

该扫描曲线成面指令生成的曲面在截面曲线走向上可以同截面曲线完全吻合，路径曲线走向上则算出一个同路径曲线非常接近的曲线来定义路径走向上的曲面的形状。而且 sweep2 指令产生的曲面比 sweep1 指令产生的曲面在路径曲线走向上具有更多的控制点（sweep2 指令需要计算两条路径曲线的近似曲线所致），如图 2-17 所示。

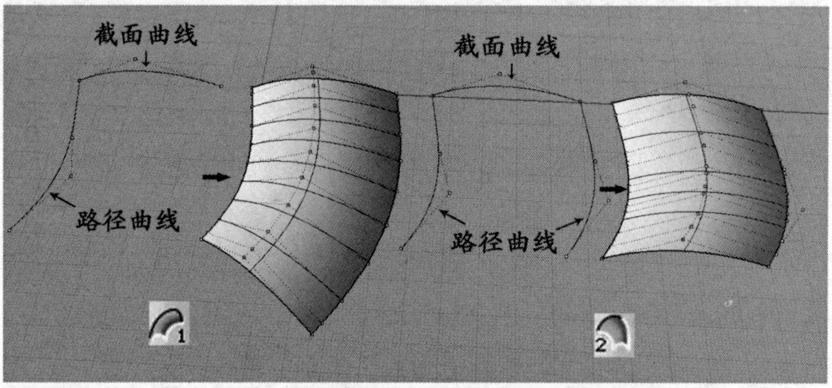

图 2-17　sweep1 与 sweep2 之间的比较

网格曲线构面：（NetworkSrf）

该指令产生的曲面的 isoparm 线（结构线）分布非常均匀（图 2-18）。

嵌面：（Patch）

该指令是从曲线或点物体上提取采样点产生的一个曲面（图 2-18）。

从 2.3 中了解到，曲线除了用绘制曲线的相关指令可以得到外，也可在曲面中提取。但有时在绘制图形，尤其是生成曲面时，并不需要像 2.3 中先用相关指令在曲面中提取出曲线，而是直接单击选取曲面的边界作为曲线来用。一般情况下，一个曲面或复合曲面的

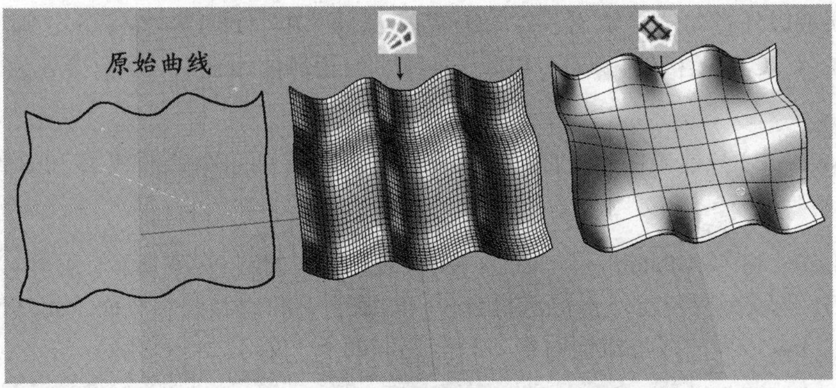

图 2–18　网格曲线构面与嵌面之间的比较

边界是不能被选取，但在激活建立新曲面的相关指令后，命令行中会出现要求选择用于建模的曲线的提示时，曲面的边界就如同普通曲线一样成为可选择对象。选择曲面的边界线来建模与选择普通曲线进行建模的结果是不一样的，因为曲面的边界线既包含了边界线自身的数据，也包含了曲面在边界处的连续性数据，所以即使选择和曲面边界线一样的曲线进行建模也会得到不同的结果。

- 生成曲面与相邻曲面衔接处连续性

（NetworkSrf）和 （sweep2）具有曲面 G2 连续衔接。

如图 2–19 所示，在执行网格成面 和双轨扫描成面 时，对话框中均会弹出可供选择边界曲线位置的相邻两面之间的连续性选项。选项中有可供选择的 G0（Position）、G1（Tangency）和 G2（Curvature）连续。

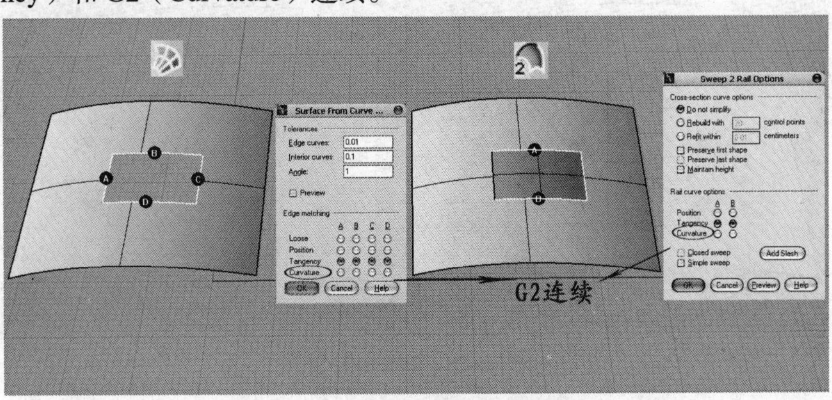

图 2–19　具有曲面 G2 连续衔接的指令

（NetworkSrf）可以对四条边的连续性进行设置来确保生成曲面与周围相邻曲面衔接处的连续性，而且各条边的连续性可以进行不同的设置，如图 2–19 中 A、B、C、D 分别表示每段曲线，可以在其对应列中激活某一行。即 A、B、C、D

知识小解：

（NetworkSrf）和 （sweep2）指令只能得到生成曲面的 4 条或小于 4 条的边界线与相邻曲面在衔接处的 G2 或 G1 连续。而 （Patch）可得到生成曲面与周围 5 个平面或以上的衔接处的 G1 连续。

下面的选项可以任意勾选。如 A、C 勾选 Tangency，B、D 勾选 Curvature 则生成曲面与相邻曲面在 A、C 边衔接处为 G1（切向）连续，与相邻曲面在 B、D 衔接处为 G2（曲率）连续。

（sweep2）只能确保生成曲面与周围相邻曲面在两条路径曲线 A 和 B 衔接处的连续性。

（Loft）和（Patch）具有曲面 G1 连续衔接。如图 2–20 所示。另外（Patch）除了具有 G1 连续衔接功能外，它还能够选取四条以上的边界线生成面，而其他生成曲面指令在通过选取边界曲线生成面时最多只能选取四条。如图 2–21 所示。

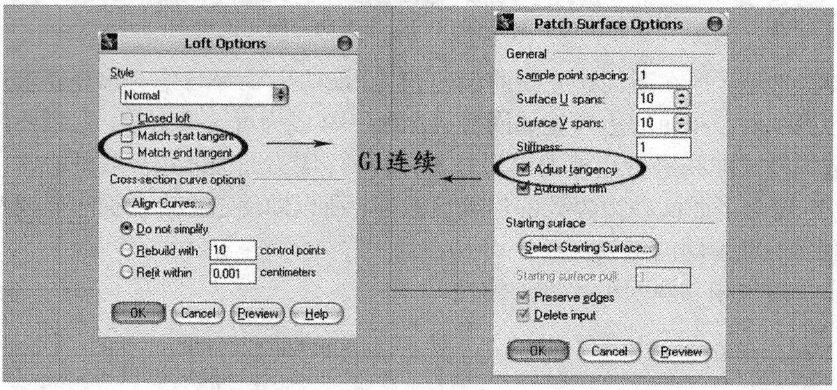

图 2–20　具有曲面 G1 连续衔接的指令

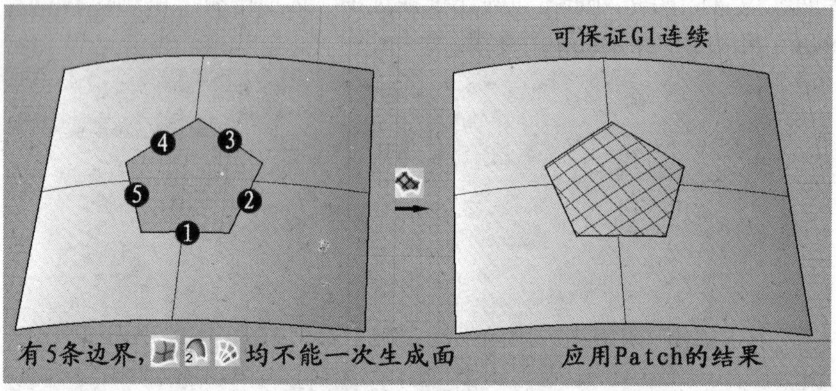

图 2–21　Patch 指令

- 曲面的重建

曲面的重建：

曲面的重建即是对曲面上控制点数目和结构线的数目进行重新设置。一般情况下对曲面进行重建是为了方便选取适当的控制点或结构线对曲面进行调整。如图 2–22 是对曲面进行重建的相关设置。曲面重建对话框中原来的数据为曲面的原始数据信息，改变重建对话框中的 Point count 选项中的 *U*、*V* 数，曲面的结构线和控制点都会发生相应的变化。重建后 *U*、*V* 方向上的控制点数为重建时设置的控制点数。

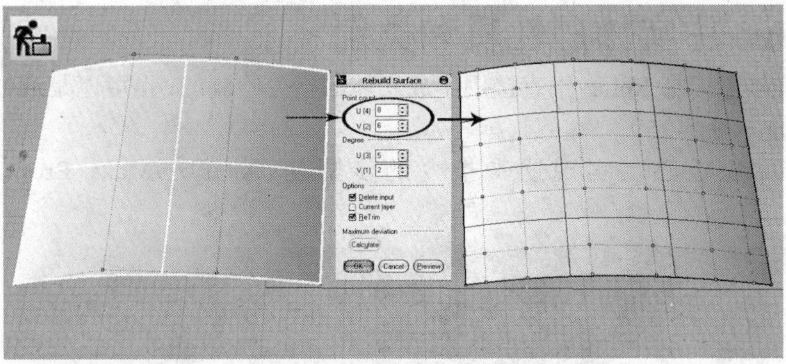

图 2–22　曲面的重建 1

如图 2–23 为改变重建对话框中 Degree 选项中的 U、V 数。结构线数目不改变，U 和 V 方向的控制点数比重建时设置的控制点数多一个，这正好印证开放曲线上控制点数比阶数目少一个。

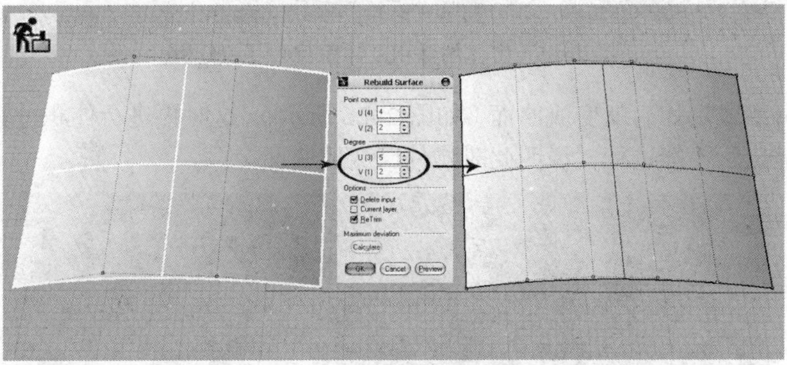

图 2–23　曲面的重建 2

缩回已修剪曲面：

打开曲面的控制点（F10）后，就可以通过选取曲面上的控制点对曲面进行调整了。但当某个曲面是修剪过的，在打开控制点时会发现许多控制点可能与曲面相去很远，不方便调整。此时需先对修剪后的曲面作个收缩变换，即缩回已修剪曲面，使原始曲面符合曲面修剪边界的大小，如图 2–24 所示。

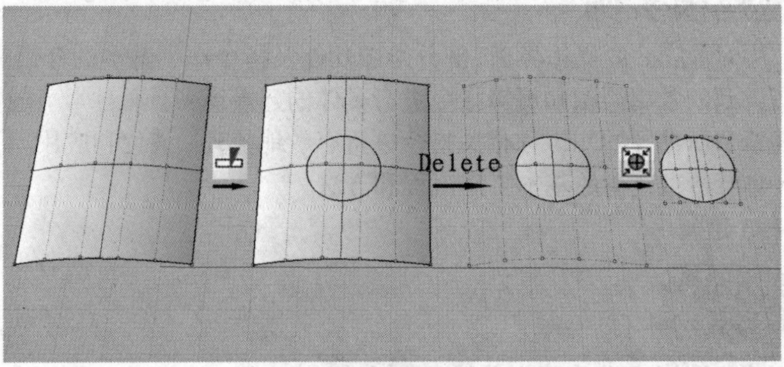

图 2–24　收缩剪切曲面

2.5 Rhino 中实体的性质和类别

这里的实体可以指 Rhino 中直接用生成实体的指令绘制的，也可以是通过使曲面封闭并 Join 得到的（图 2–25）。

实体有体积重心。实现这一指令的步骤是 Analyze/Mass Properties/Volume Centroid。

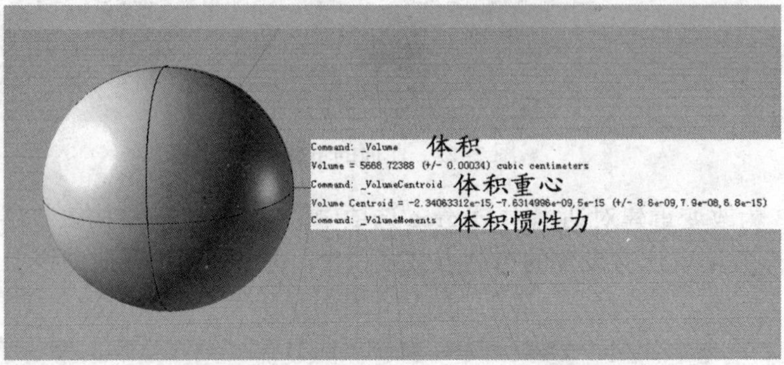

图 2–25　实体的体积及体积重心等的分析

实体经分割或爆炸后就变成曲面（如图 2–26 所示），这时再进行体积计算、体积重心等计算系统将提示不能进行，说明此时物件已变成曲面。

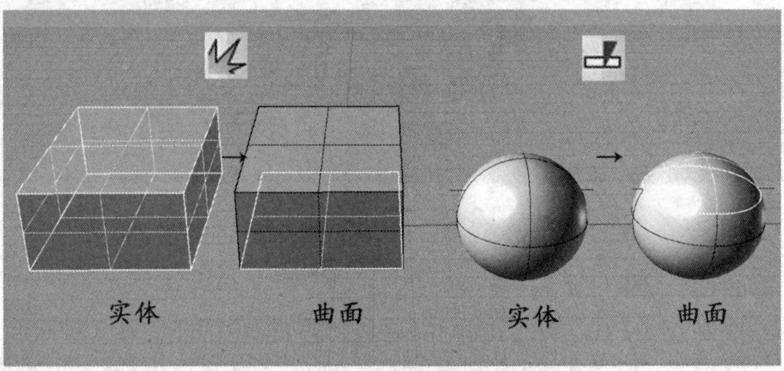

图 2–26　对实体进行爆炸和分割

2.6 造型建模实例

前面章节中对 Rhino 的操作界面、部分绘图功能及指令作了基本的介绍。从本节开始，将结合前面所讲到的常用绘图和编辑指令进行具体的建模练习。通过本节的学习，读者不仅可以对前面章节所涉及的知识和相关指令进行有效地梳理、消化和应用，还可以快速地掌握用 Rhino 进行造型建模的基本工作流程和方法。

2.6.1 iPodMP3 建模

本节重点

- 学会绘制一些简单的直线和曲线（、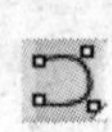）

- 学会拉伸曲线成面或实体（ ）
- 学会曲线的分割剪切以及用曲线分割曲面（ 、 ）
- 学会曲面或实体之间的布尔相减运算（ ）
- 学会文字物件的输入与绘制（ ）

制作流程概要：

① 绘制 MP3 实体轮廓

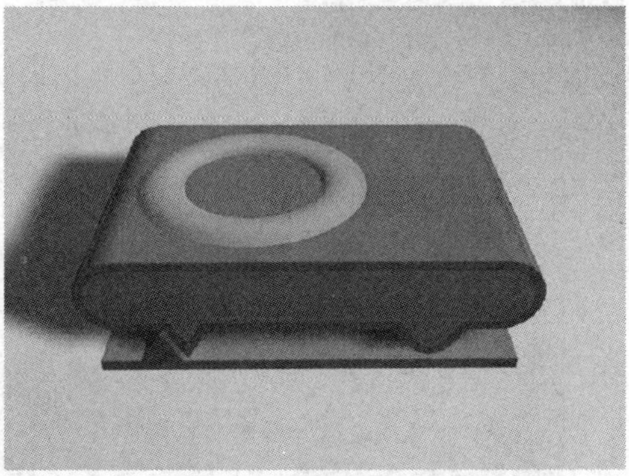

② 绘制 MP3 正面开关

③ 绘制 MP3 侧面 USB 插槽和开关

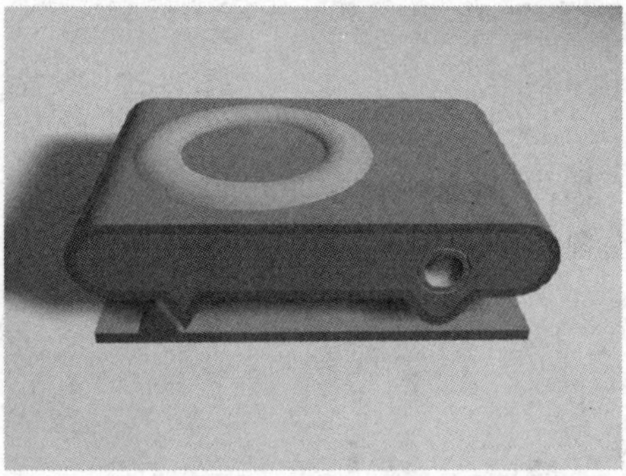

④ 绘制 MP3 耳机插孔

详细制作步骤：

基本设置：

（1）双击 图标进入 Rhino 界面。

（2）单击 Rhino 界面内的 图标，在弹出的属性面板内设定建模尺度的基本单位。这里设置为毫米，如图 2-27 所示。

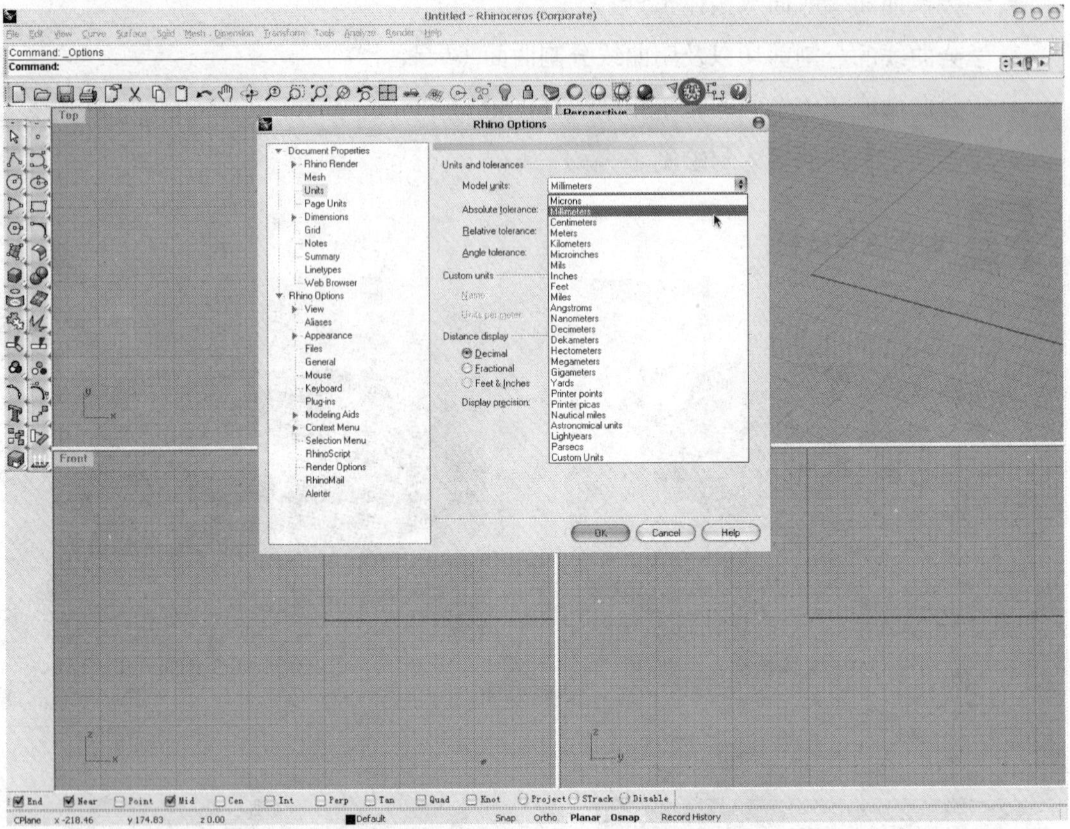

图 2–27　设置建模尺度的基本单位

（3）单击 Rhino 界面内的 图标，对图层进行设置。如图 2–28 所示。在不同的图层上绘制模型的相关部分对于建模过程中的对象的管理都有很大帮助。

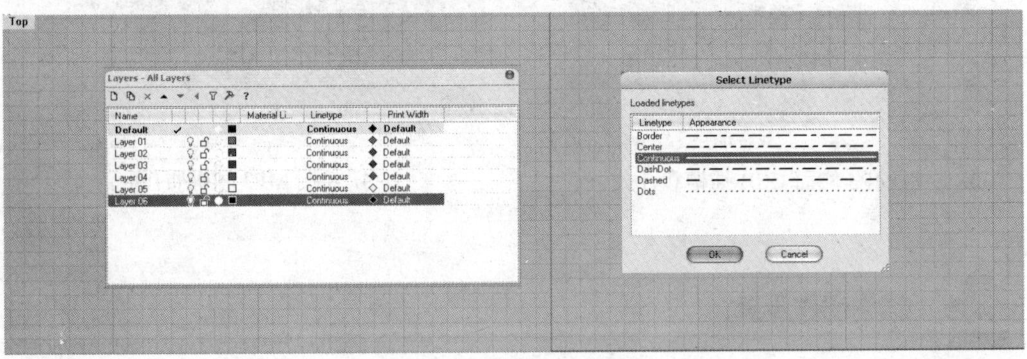

图 2–28　图层的设置

具体建模：

（1）单击（一般情况下是鼠标左键单击，除特殊说明外，下同） 图标。在 Front 视窗绘制一条多义线。如图 2–29 所示。

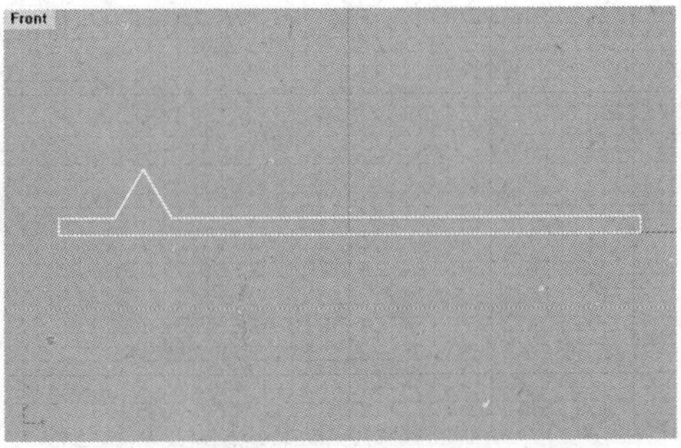

图 2–29　绘制 MP3 底板侧面轮廓线图

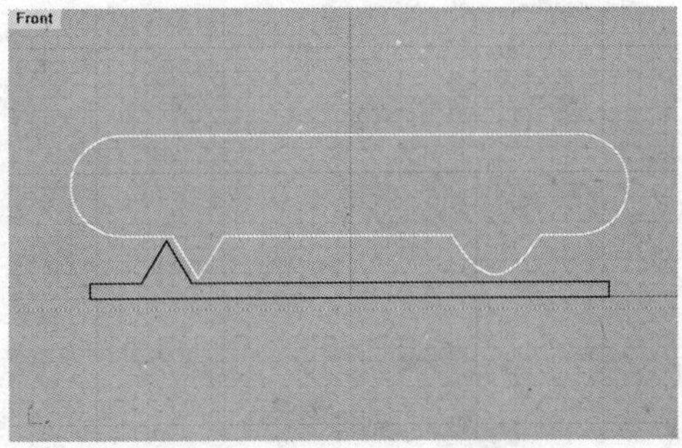

图 2–30　绘制 MP3 主体侧面轮廓线

> 提示：
>
> 在命令栏此多义线的坐标输入情况是：–20.5,0　R41,0　R0,1.2　R-33,0　R4<120　R4<240　R-4,0　R0,-2

（2）在 Front 视窗里绘制 MP3 主体侧面轮廓。如图 2–31（a）~（j）所示。

绘制此图形的方法很多，为了尽可能多地用到不同的建模指令，现通过以下分解步骤完成该图形的绘制（本节均采用这种讲解法）：

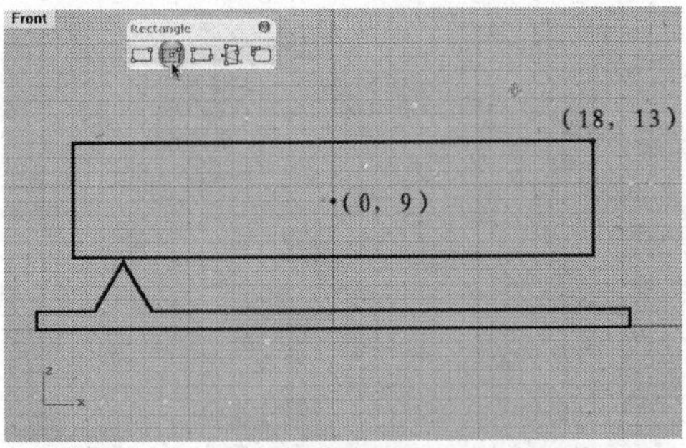

（a）绘制一矩形

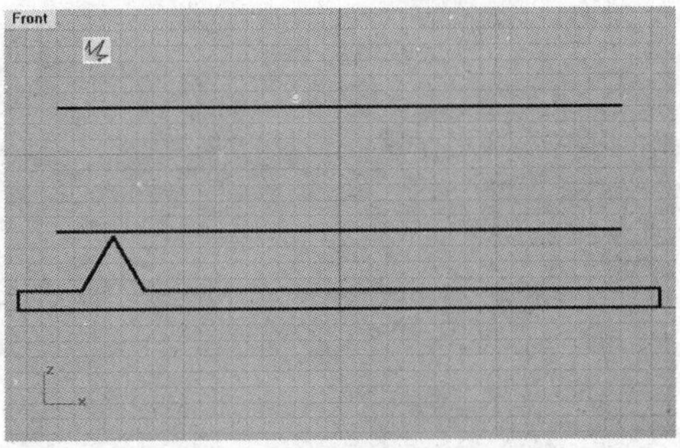

（b）打断矩形并删除左右两垂直线

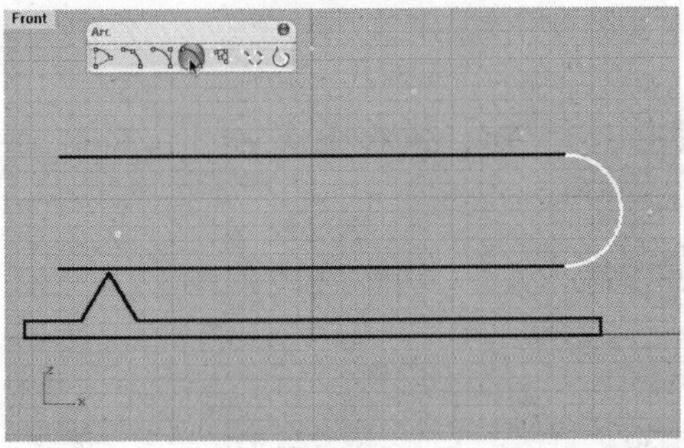

（c）绘制半径为 4 的圆弧

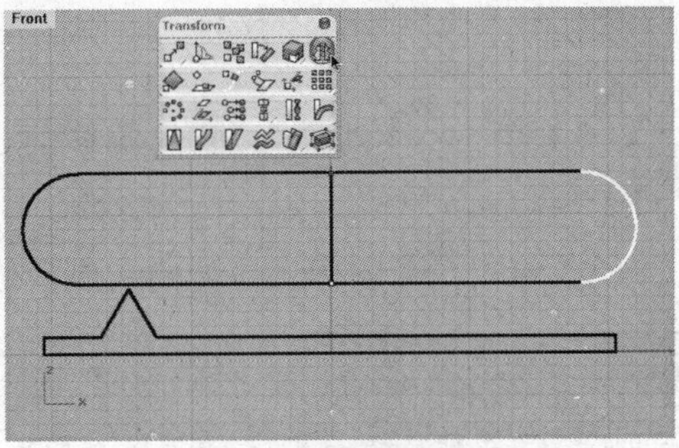

（d）沿中垂线镜像圆弧

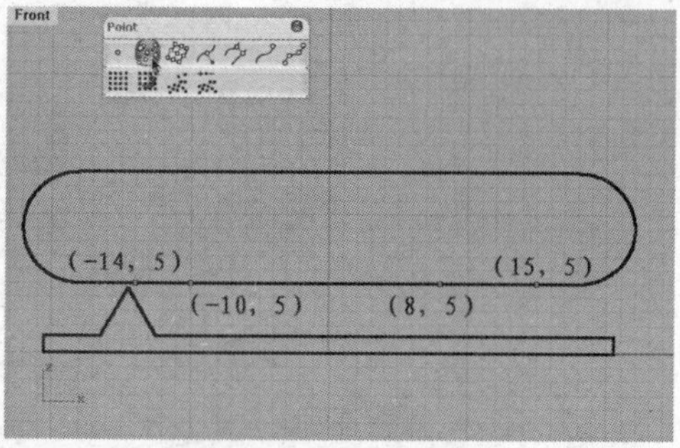

（e）在直线上绘制点

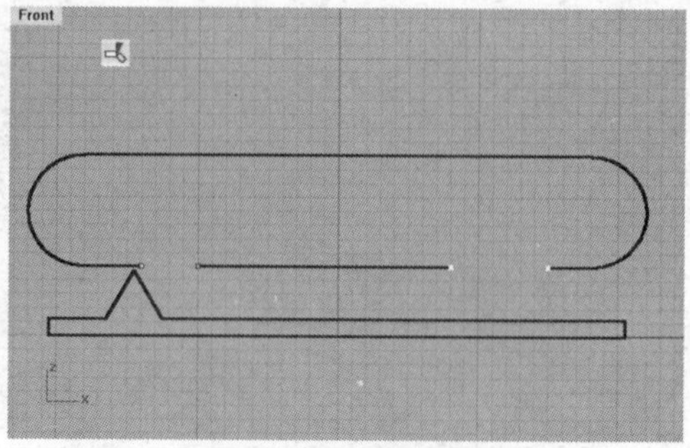

（f）用点剪切直线

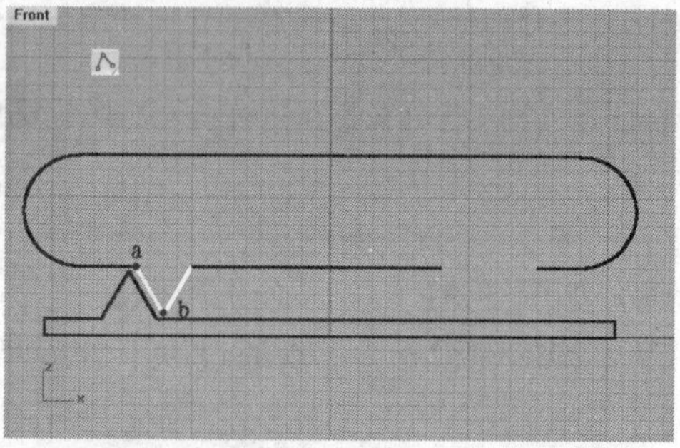

（g）从 a 点到 b 点的输入为：*R*4<–60

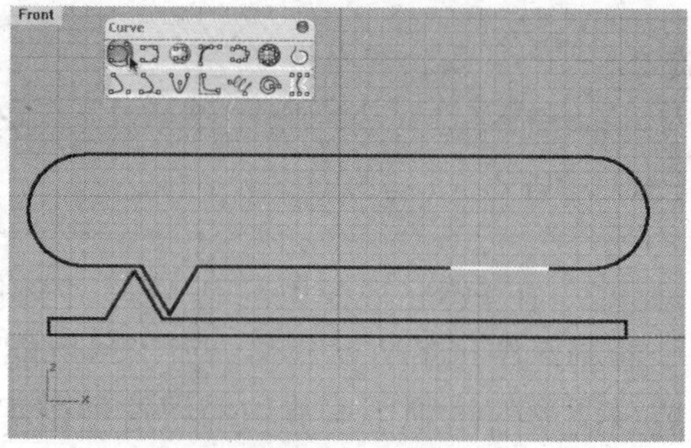

（h）通过两点绘制一直线

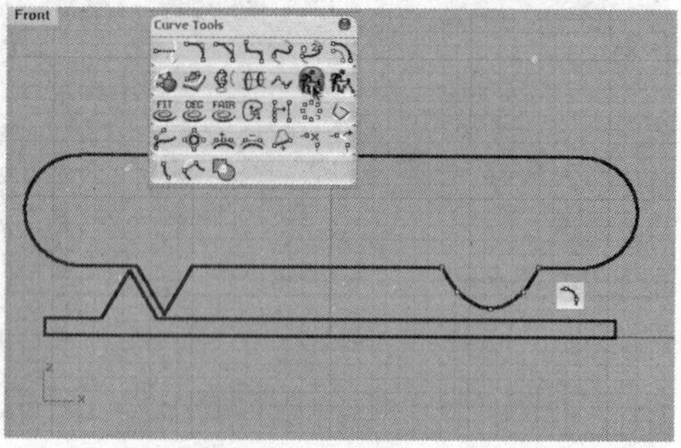

（i）重建曲线，控制点数设置为 5

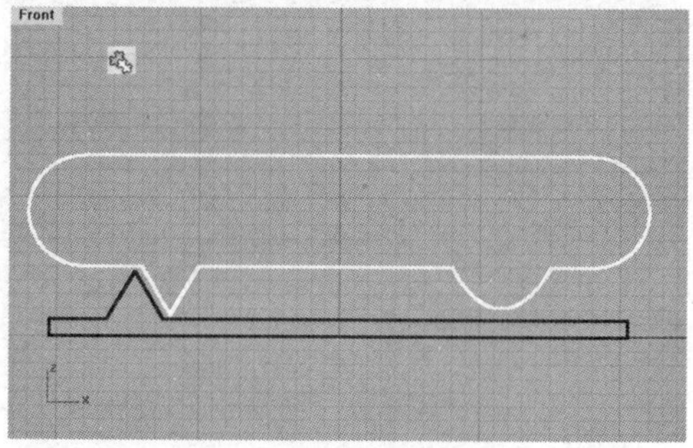

（j）合并所绘制的曲线

图 2–31　在 Front 视窗里绘制 MP3 主体侧面轮廓

（3）单击 图标。向内偏移前一步绘制的轮廓线，偏移距离为 1。如图 2–32 所示。

（4）单击 图标。拉伸曲线成实体，拉伸距离为 29。如图 2–33 所示。

> 提示：
>
> 拉伸曲线成实体时要选择 Cap=Yes，若是在 Cap＝No 的情况下拉伸只能生成面。

（5）单击 图标。将第（3）步中生成的曲线生成平面。如图 2–34 所示。

（6）单击 图标。将第（5）步中生成的平面拉伸成体。拉伸距离为 29。如图 2–35 所示。

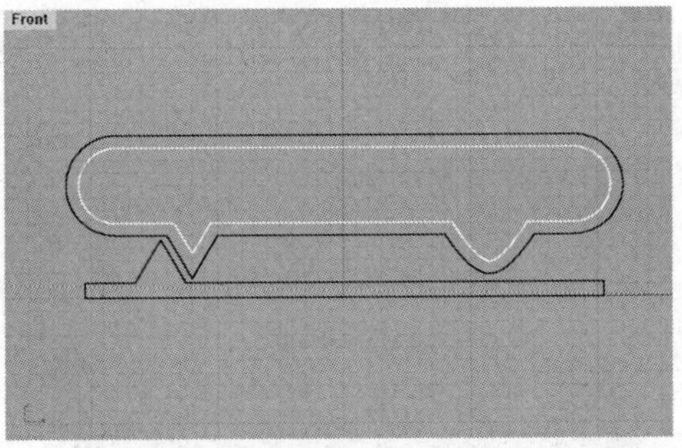

图 2–32　偏移轮廓线图

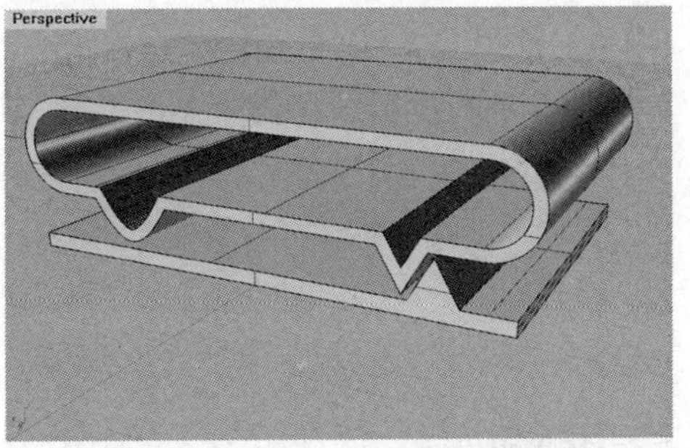

图 2–33　拉伸曲线成实体

提示：

第（5）步与第（6）步生成的体也可以通过如第（4）步那样通过拉伸曲线直接生成。

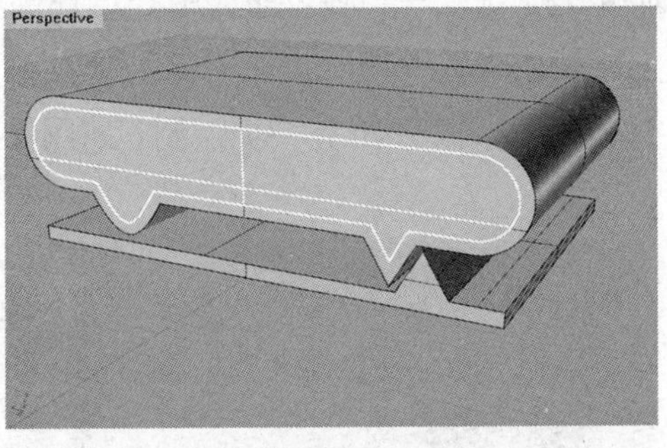

图 2–34　曲线生成平面

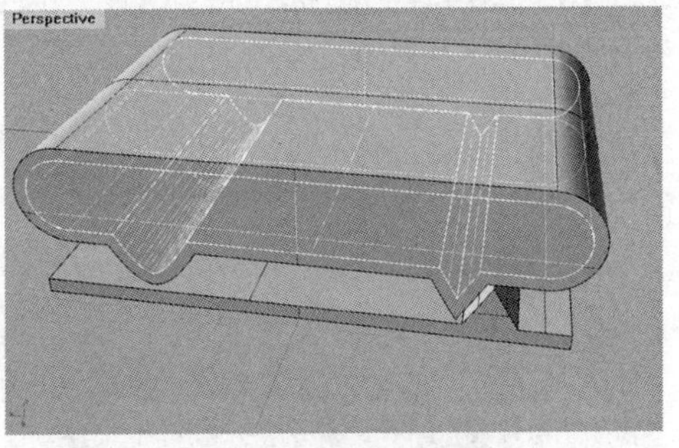

图 2–35　平面拉伸成体

（7）单击属性栏中的 Default 图标。如图 2–36 所示。选择一个不同于默认颜色的颜色作为当前图层。

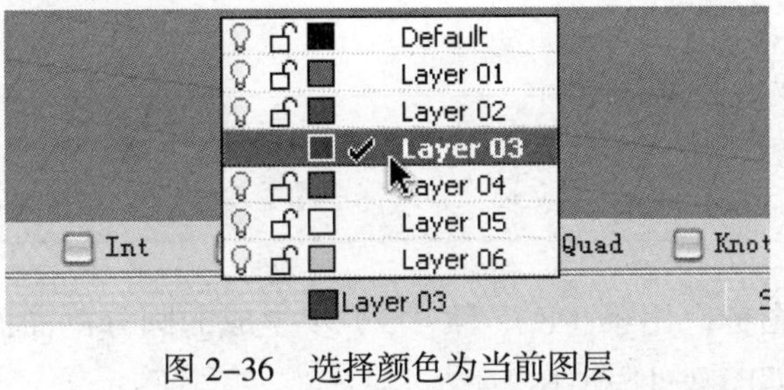

图 2–36　选择颜色为当前图层

提示：

前几步都是用默认的图层线绘制图形，随着图形越来越复杂，需设置不同颜色的图层以方便区分和选取。关于何时进行图层变换和设置什么颜色的图层作为当前图层可以由读者自行把握，以后笔者在进行图层变换时将不作说明。

（8）单击 图标。在 Top 视窗内绘制一圆。圆心坐标为（–6，14.5），半径为 12。如图 2–37 所示。

（9）单击图标。将第（8）步绘制的圆投影到 MP3 外轮廓平面上，如图 2–38 所示。将不需要的投影线删除。

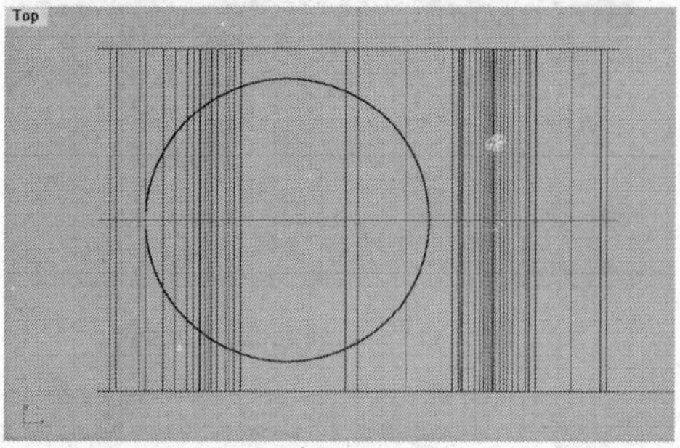

图 2–37

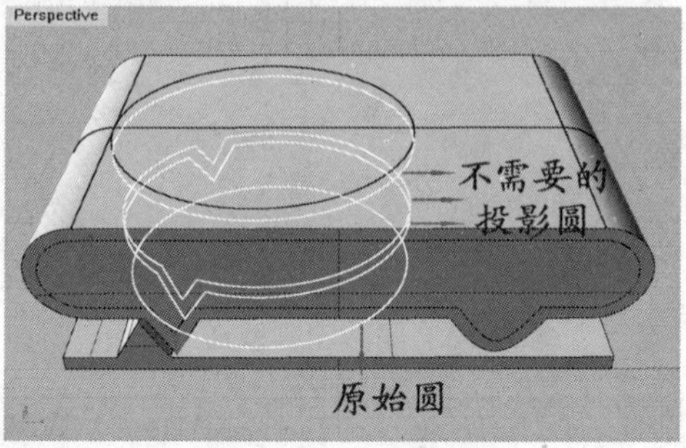

图 2–38

（10）单击图标。将第（9）步生成的圆缩放得到另一个圆。缩放中心选择圆心，缩放比例为 0.6，如图 2–39 所示。

（11）单击图标。选择所要隐藏的物件进行隐藏，以方便下一步绘制，如图 2–40 所示。

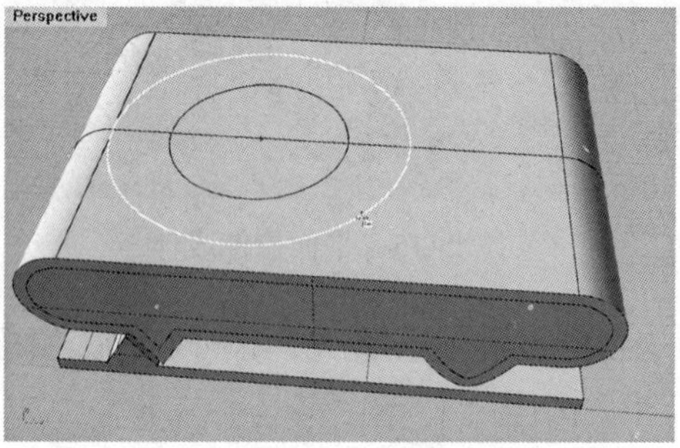

图 2–39

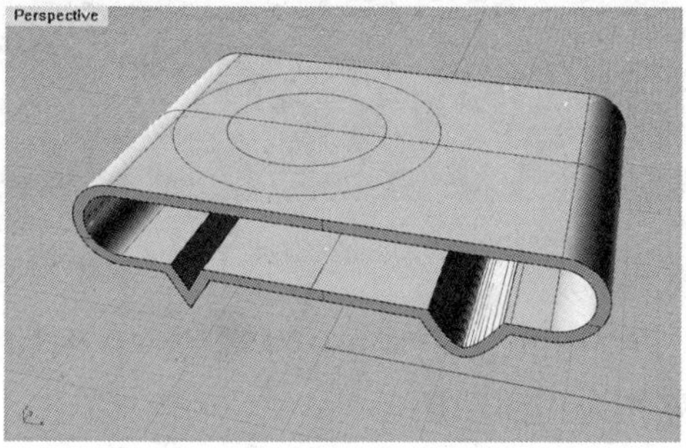

图 2–40

> 提示：
>
> 缩放时选择命令栏中括号内的 Copy 选项，以保留原缩放物件（圆）。

（12）单击图标。用第（8）、第（9）步生成的圆分割曲面（MP3 上表面），并删除一分割的曲面，如图 2–41 所示。

（13）单击图标。绘制一曲线连接分割的曲面，如图 2–42 所示。

> 提示：
>
> 这一步可分两步完成：① 用曲线连接两个圆上的特殊点；② 移动曲线上的控制点以调整曲线。

（14）单击图标。选择曲面的边界线作为扫描路径，然后选取前一步绘制的曲线为截面线进行双轨扫描成面，如图 2–43 所示。

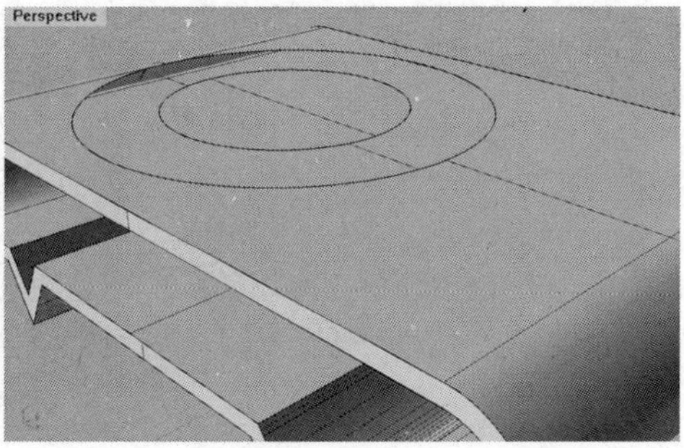

图 2–41

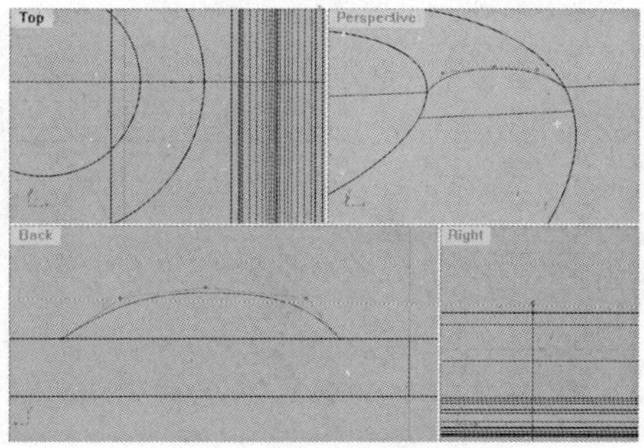

图 2–42

（15）单击（鼠标右击）图标。显示所有物件。通过 Edit/Layers/Change Object Layers 改变物件的颜色以方便区分和选取。如图 2–44 所示。

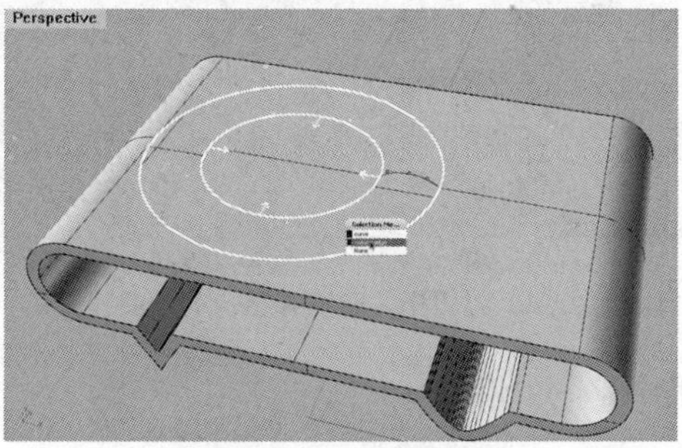

图 2–43

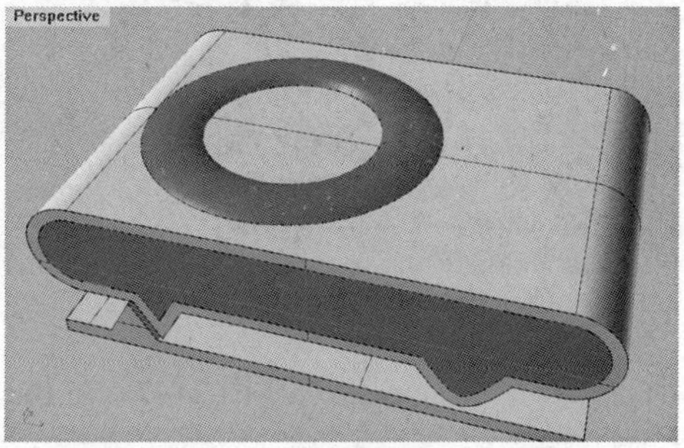

图 2–44

（16）将 Front 视窗转换成 Back 视窗。右击 Front 视窗左上角的蓝色图标，在弹出的菜单中选取 Set View/Back。如图 2–45 所示。

（17）在 Back 视窗里绘制一封闭图形。如图 2–46 所示。

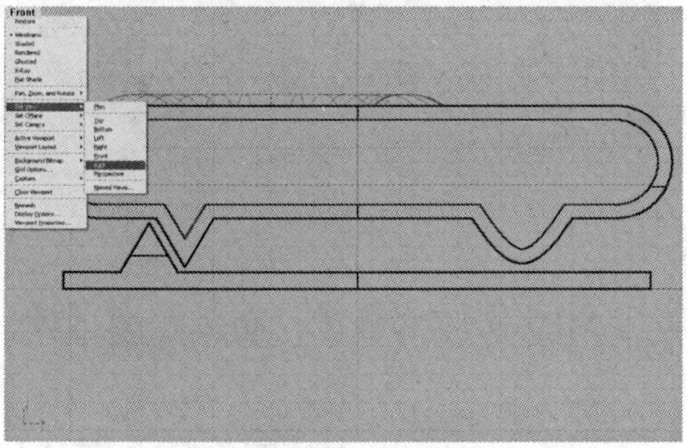

图 2–45

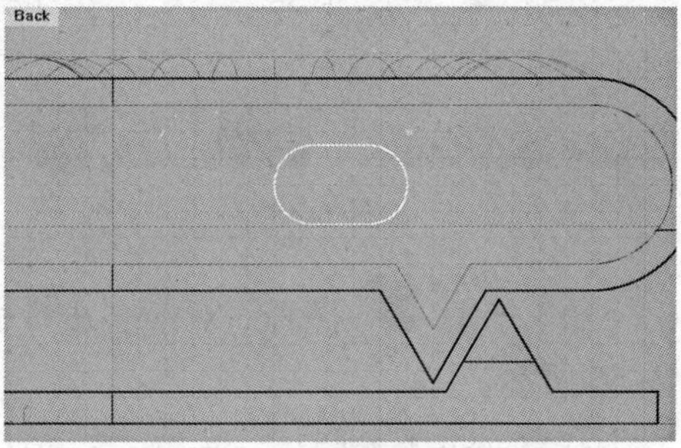

图 2–46

通过图 2–47（a）~（d）分解步骤完成该图形的绘制。

（18）单击图标。拉伸曲线成实体，拉伸距离为 1.5。如图 2–48 所示。

（19）单击图标。在 Top 视窗里移动前一步生成的实体，移动点的起点选取（0，0），终点选择（0，27.5）。如图 2–49 所示。

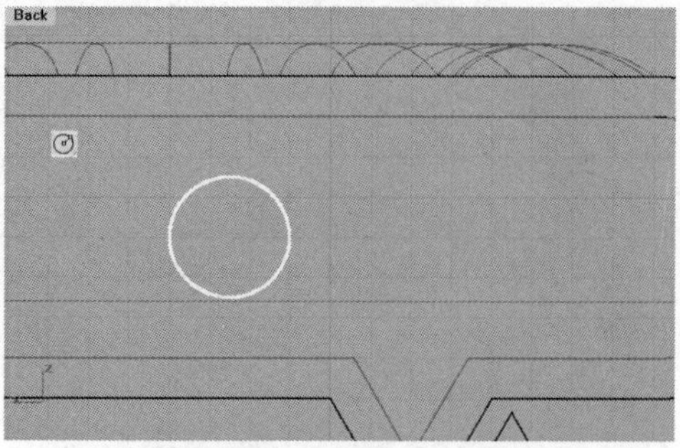

（a）绘制一圆心为（7.5，9）半径为 1.5 的圆

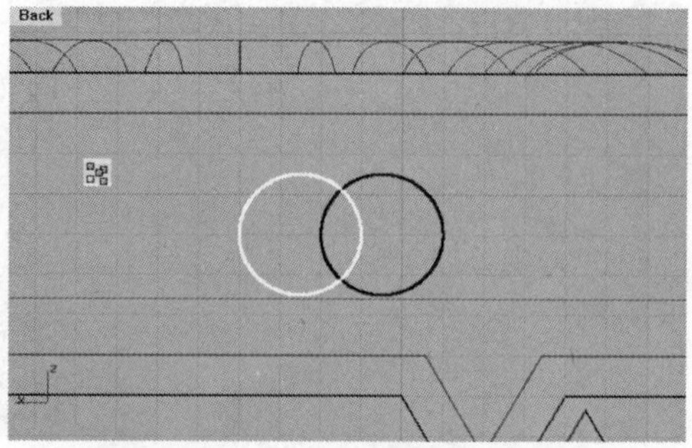

（b）复制圆，起点为圆心，终点为（9.5，9）

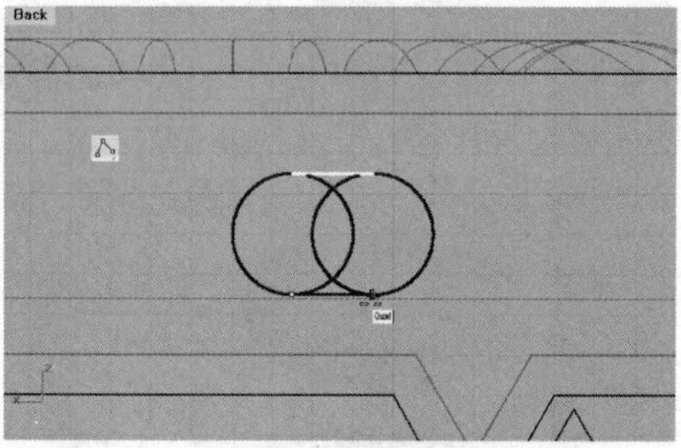

（c）绘制与两圆相切的水平线

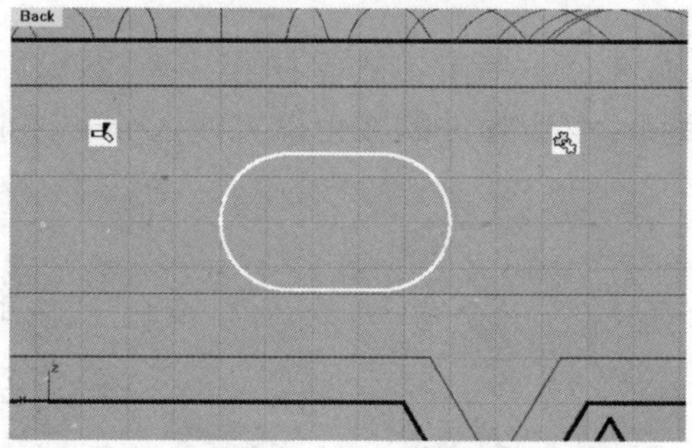

（d）剪切相关曲线并结合剩余曲线

图 2–47 在 Back 视窗里绘制一封闭图形

图 2–48

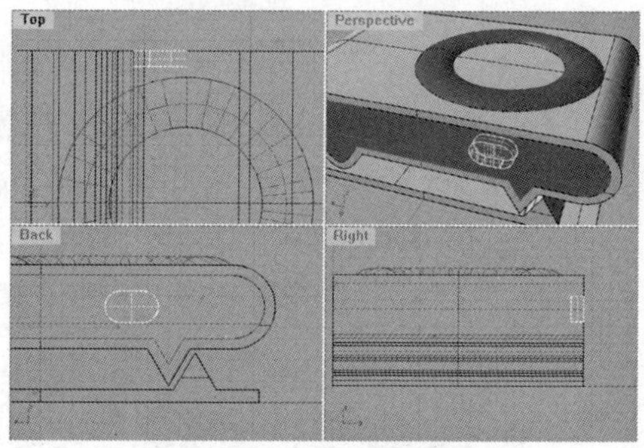

图 2–49

（20）单击 图标。对前一步生成的实体与 MP3 实体部分进行布尔相减运算，如图 2–50 所示。

（21）单击 图标。在 Back 视窗里建立一个垂直于该视窗的圆柱体，圆柱体的开始圆心为（7.5，9），即为第（16）步中第一小步绘制的圆的圆心，也可以通过中点捕捉功能辅助捕捉此圆心点，圆柱体半径为 1.4，长度为 1.5。采用第（19）步的方法移动此圆柱体。如图 2–51 所示。

（22）单击 图标。对前一步生成的圆柱体及 MP3 实体的相关部位进行倒角，倒角半径均设置为 0.2。如图 2–52 所示。

（23）单击 图标。在 Back 视窗里绘制一封闭多边形。如图 2–53 所示。

图 2–50

图 2–51

图 2–52

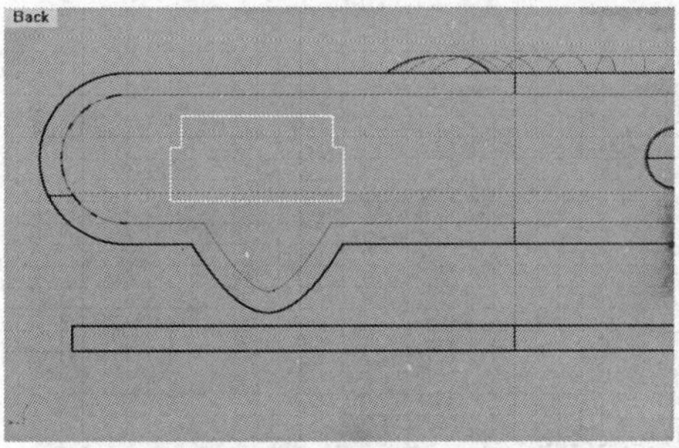

图 2–53

提示：

多边形各角点自上而下（从左到右）的坐标分别为：（–15.5，11）、（–8.5，11）、（–16，9.5）、（–15.5，9.5）、（–8.5，9.5）、（–8，9.5）、（–16，7）、（–8，7）。可以看到以这样的方式绘制该图形会比较麻烦，尤其是输入定位坐标比较繁琐。一般在绘制此类图形时，可以在其他有利于坐标输入的地方（原点附件）绘制好再移动至所要的位置。而且在绘制技巧方面也可以改进，如第（23）步绘制的图形可以先以原点为中心绘制一矩形，然后再进行相关的修剪。

（24）依照第（18）、第（19）、第（20）步的方法对前一步生成的多边形进行拉伸、移动和与 MP3 内部实体进行布尔相减。拉伸长度为 5，移动是从点（0，0）移动至（0，24）。如图 2–54 所示。

（25）单击图标。向内偏移第（23）步绘制的多边形。偏移距离分别为 0.2 和 0.5。如图 2–55 所示。

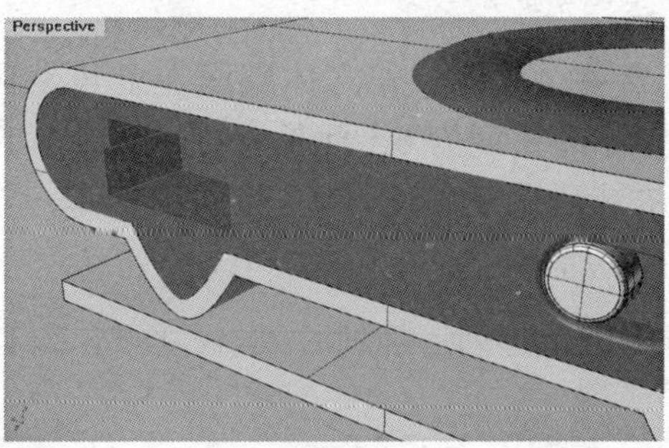

图 2–54

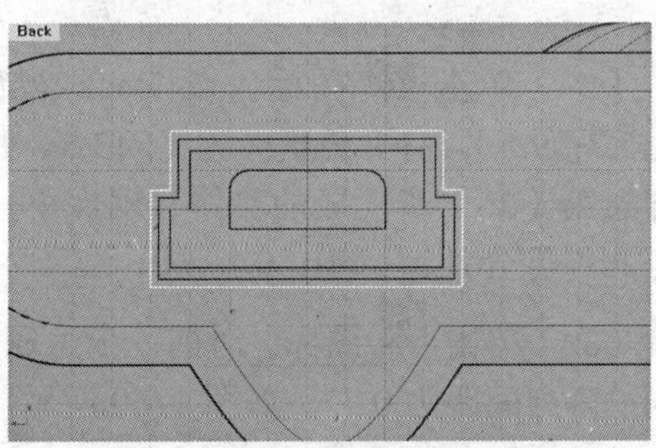

图 2–55

（26）单击图标。拉伸前一步偏移生成的两多边形。拉伸长度为 4。

（27）单击图标。将前一步生成的实体在 Top 视窗内移动。移动起点和终点分别为（0，0）、（0，24）。删除不再使用的多余曲线（如第（17）、第（23）、第（25）步生成的曲线），以方便选取有用物件（如果某些曲线在以后的绘制过程中还有可能用到，可以进行隐藏指令暂时隐藏，使用时再显示）。如图 2–56 所示。

（28）在 Back 视窗内绘制一矩形，将其倒角，接着将倒角后的矩形拉伸成实体，拉伸距离为 3。改变所生成的实体的颜色以便区分并采用第（27）步的方法将该实体移动，移动起点和终点分别为（0，0）、（0，24），最后删除倒角后的矩形线。如图 2–57 所示。

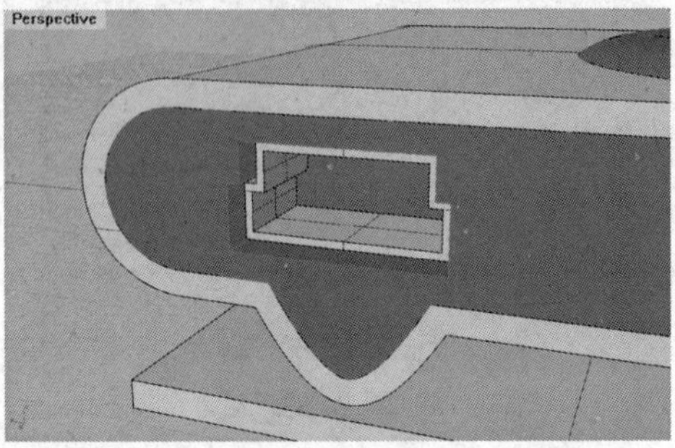

图 2–56

图 2–57

倒角矩形的绘制通过以下分解步骤完成，见图 2–58（a）（b）。

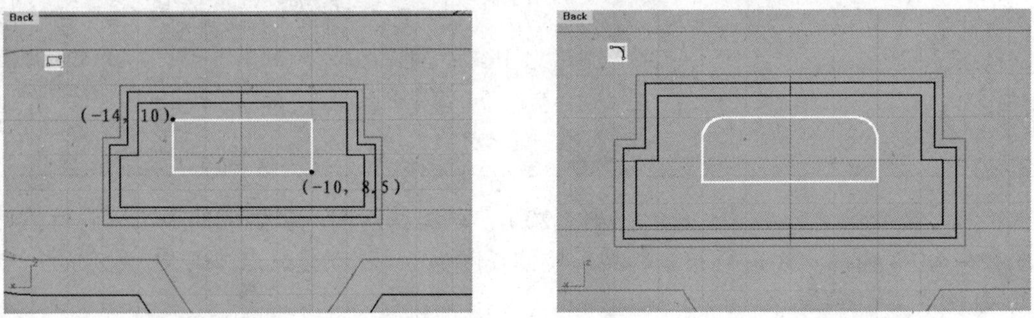

（a）绘制一矩形　　（b）倒圆角，圆角半径为 0.5

图 2–58　倒角矩形的绘制

（29）单击图标。在 Back 视窗内生成一立方体。长方体底面左上角坐标为（–13.7，9.5），右下角坐标为（–13.3，9），长方体的长度为 6（此长度可以保证该长方体穿过第（26）步生成的实体，确保下一步布尔减运算正确进行）。移动长方体，移动起点和终点分别为：（0，0）、（0，23）。如图 2–59 所示。

（30）单击图标。对前一步生成的长方体进行阵列。阵列时 X=5，Y=1，Z=1；X 方向的阵列间距为 0.75。如图 2–60 所示。

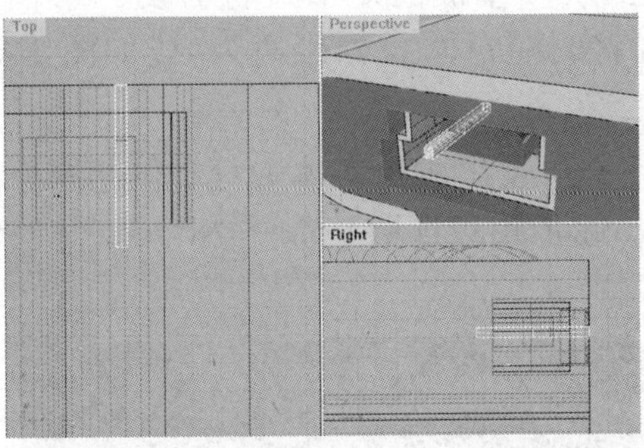

图 2-59

图 2-60

（31）单击 图标。对第（26）步和第（27）步、第（28）步生成的实体进行布尔相减。如图 2-61 所示。

（32）采用第（21）步的方法绘制一圆柱体。圆心为（–11.5，4.5），长度为 2。移动的起始点和终止点分别为（0，0）、（0，25）。如图 2-62 所示。

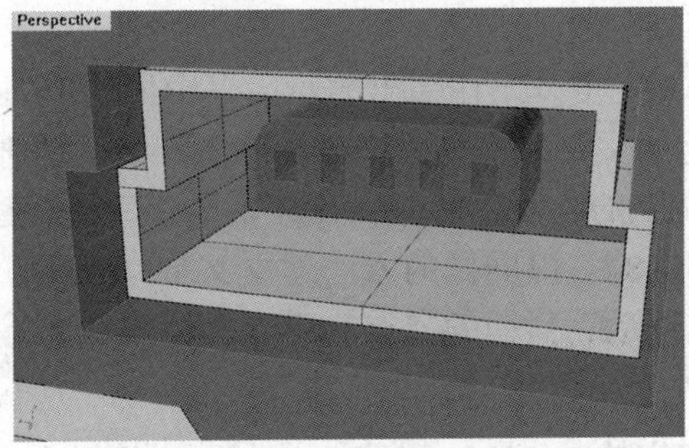

图 2-61

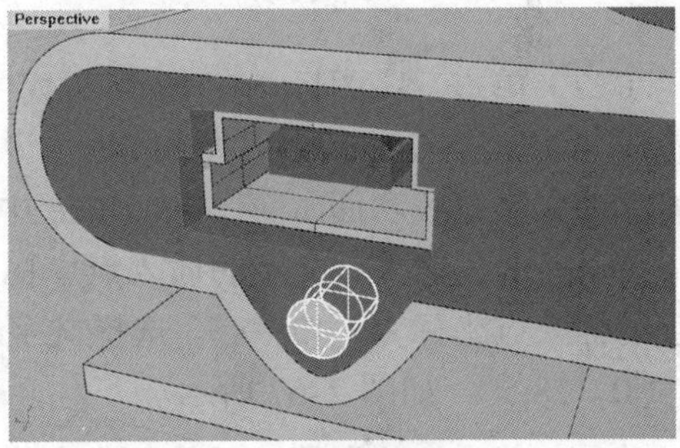

图 2-62

（33）单击 图标。绘制一矩形，矩形中点选取前一步生成的圆柱体的朝外侧的底面上的圆心，矩形的右上角坐标为（–10.7，4.8）。如图 2-63 所示。

（34）单击 图标。旋转前一步绘制的矩形，旋转时选取 Copy 选项。如图 2-64 所示。

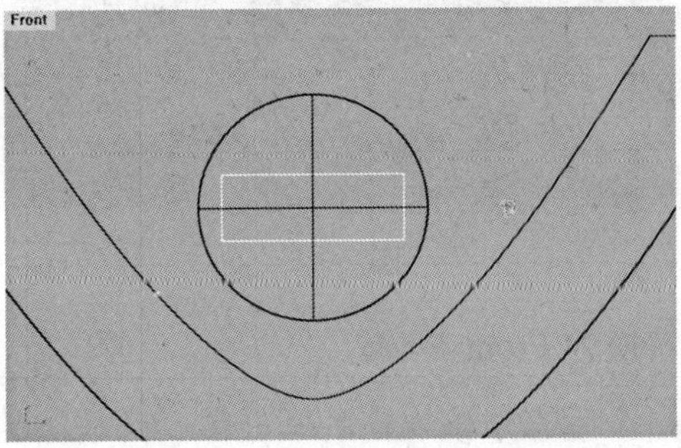

图 2-63

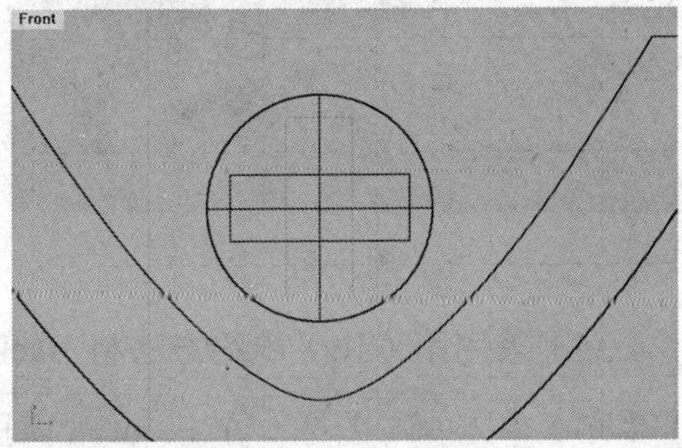

图 2-64

（35）单击 图标。对第（33）、第（34）步生成的矩形进行剪切，结合剪切后剩下的直线，然后对结合后的封闭直线进行实体拉伸，拉伸距离为-1。如图 2-65 所示。

（36）单击 图标。对第（32）步和第（35）步生成的实体进行布尔相减，然后将得到的实体与 MP3 内部实体进行布尔相减（此步相减选取 Delete=No）。如图 2-66 所示。

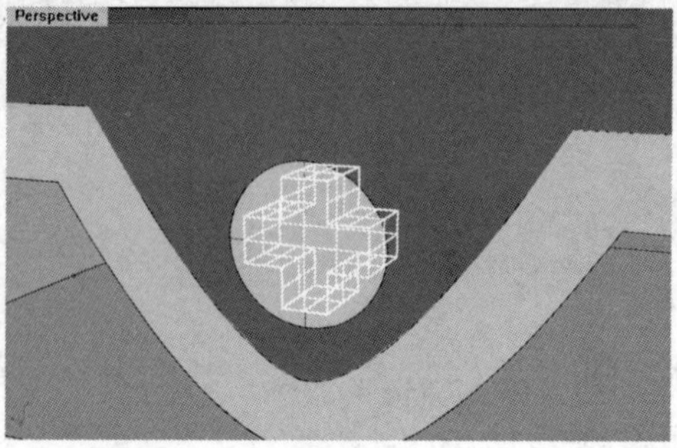

图 2-65

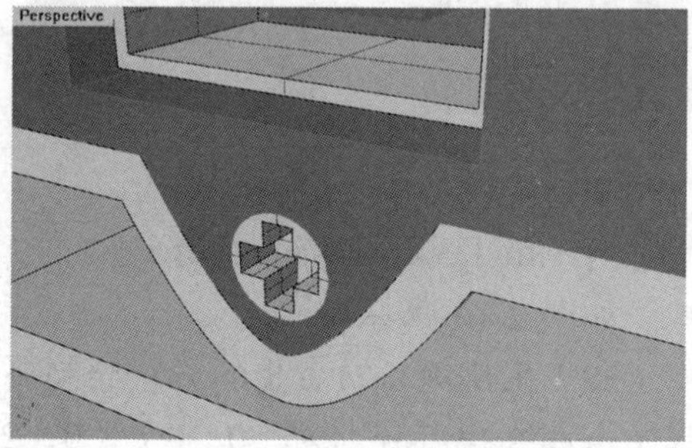

图 2-66

（37）单击 图标。在 Back 视窗中建立文字实体。在弹出的对话框中把“Rhino”修改成“OFF”，Create 中选择 Solids（说明建立的文字是实体，Curve 和 Surfaces 分别代表建立的文字是线和面），在 Text Size 中设置文字的高度（Height）为 2，文字的厚度为 0.5。单击 OK，输入该文字的插入点坐标（-0.5，8）。以同样的方法建立文字“ON”，该文字的插入点坐标为（12，8）。选择文字，将其移动，移动的起点和中点坐标分别为（0，0）、（0，28.5）。如图 2-67 所示。

（38）单击 图标。对前一步生成的文字实体与 MP3 内部实体进行布尔相减。将选项 Delete = No 改为 Delete = Yes（因为第（36）步将 Delete = Yes 改为了 Delete = No，系统将会默认上一次的修改状态作为当前状态）。如图 2-68 所示。

图 2-67

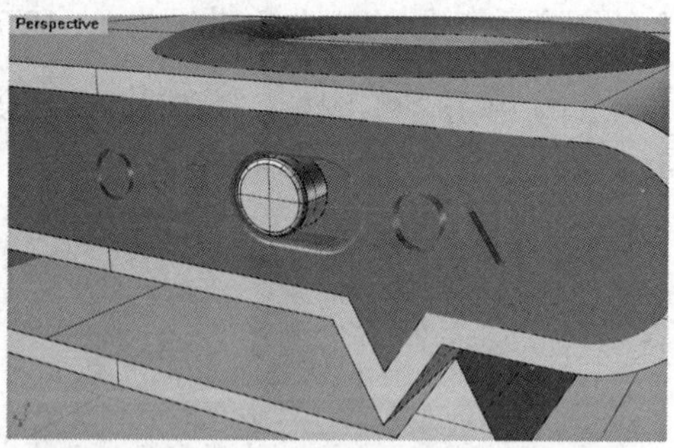

图 2-68

（39）采用第（16）步的方法将 Back 视窗转换为 Front 视窗。

（40）单击 图标。在 Front 视窗里建立一个垂直于该视窗的圆柱体，圆柱体的开始圆心为（11.5，8），圆柱体半径为 2.5，长度为 5（注意方向，如果方向与预期的相反，可以输入-5）。如图 2-69 所示。

（41）单击 图标。对前一步生成的圆柱体与 MP3 内部实体进行布尔相减。

（42）单击 图标。提取前一步布尔相减后 MP3 内部实体与被减圆柱体在相接处的边界线。如图 2–70 所示。

图 2–69

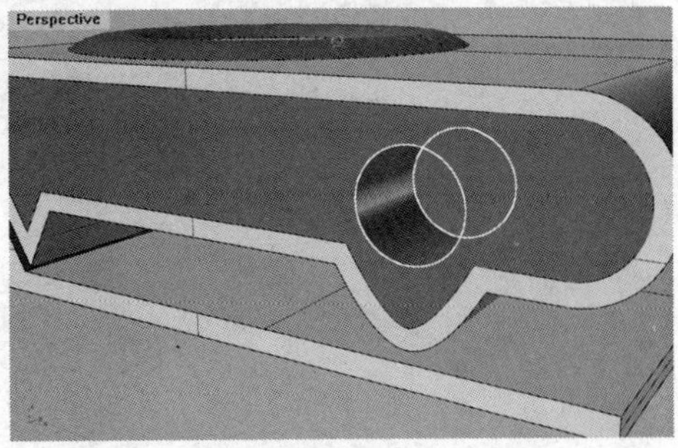

图 2–70

（43）单击 图标。在 Front 视窗里建立圆柱管。圆柱管的起始底面的圆心选取前一步提取的两个边界线中任意一边界线的圆心，外部半径为 2.4，内部半径为 1.8，圆柱体的终点选择另一提取边界线的圆心。如图 2–71 所示。

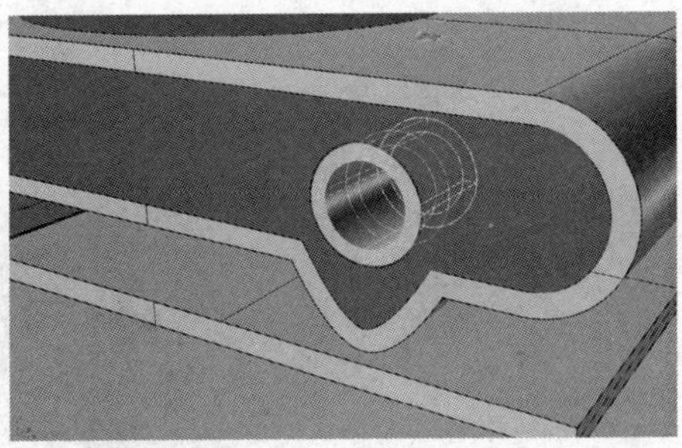

图 2–71

至此该 MP3 建模基本完成（产品上还有一些细小结构对造型影响不大，建模略，渲染图见彩图 1，2）。

2.6.2 祺祺数码相机建模

本节重点

- 学会对曲线和曲面的进行重建（、）
- 学会对实体进行倒圆角（）
- 学会将曲线投影到面（）
- 学会沿轨迹扫描成面（、）
- 学会两曲线间的衔接（）
- 学会以 2、3 或 4 条边缘线建立曲面（）
- 初步学会渐消面的绘制

制作流程概要：

① 绘制数码相机实体轮廓

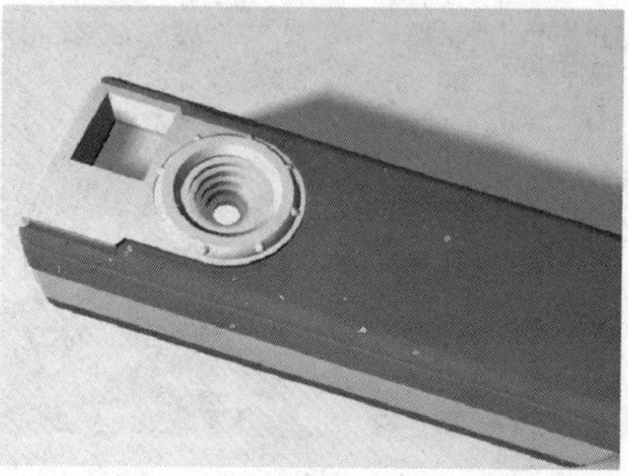

② 绘制数码相机正面镜头

③ 绘制数码相机正面渐消面

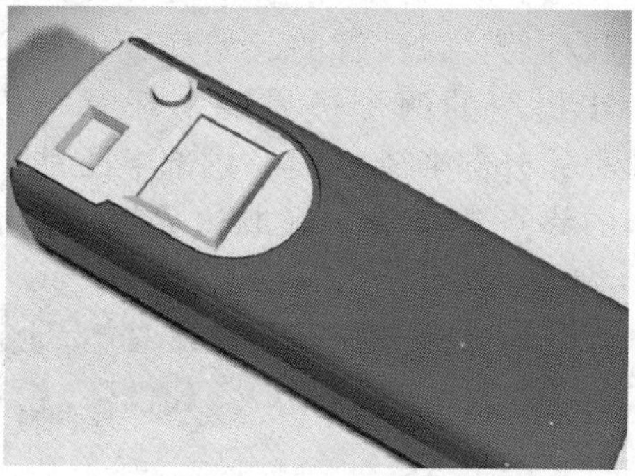

④ 绘制数码相机反面

详细制作步骤：

基本设置与上一节的 iPodMP3 建模相同。

具体建模：

（1）单击 图标。在 Right 视窗内分别绘制两条沿 *Z* 轴和 *Y* 轴对称的直线。如图 2–72 所示。

（2）依次选取前一步所绘制的两条直线进行重建（ ），重建点数均设置为 7。然后对控制点的位置进行调整（对称的点调整到沿同一直线方向，中间的三个点调整到沿同一直线方向），沿对称轴 *Z* 轴和 *Y* 轴镜像此两调整后的曲线，最后将四条曲线结合（ ）。如图 2–73 所示。

（3）单击 图标。对前一步生成的封闭四边形进行拉伸成体。这里选择双向拉伸。如图 2–74 所示。

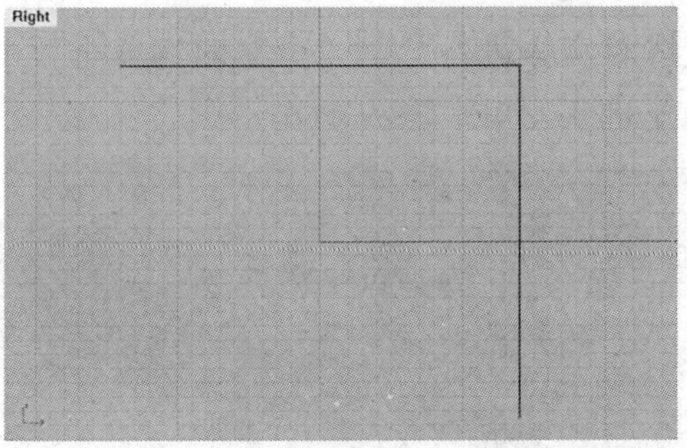

图 2–72

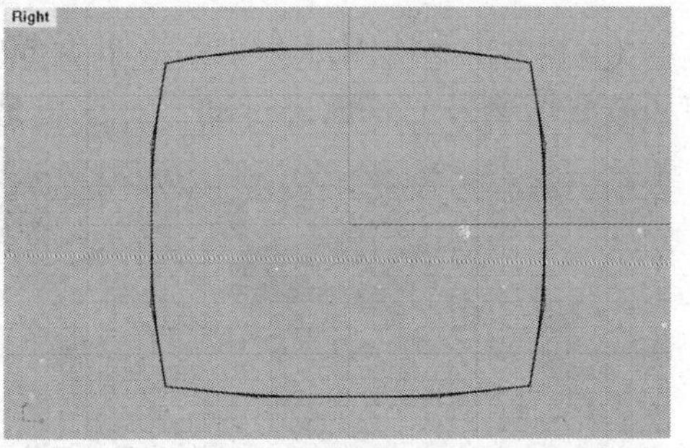

图 2–73

（4）单击 图标。在 Top 视窗绘制一条曲线，采用第（2）步中前半部分的方法将绘制的曲线进行重建和控制点调整，确保曲线关于 *X* 轴对称且曲线中间的 3 个控制点在一条直线上。如图 2–75 所示。

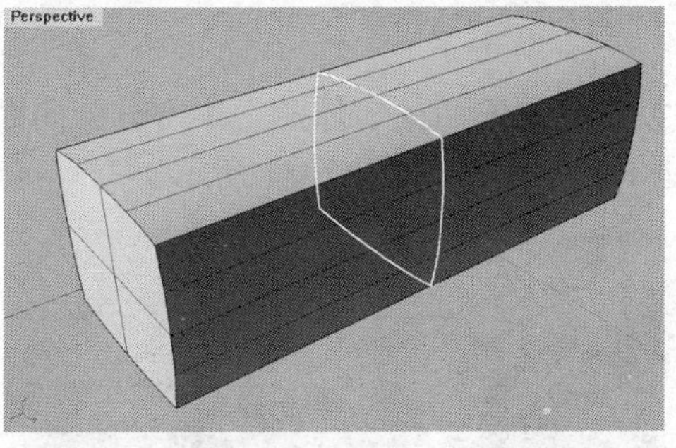

图 2–74

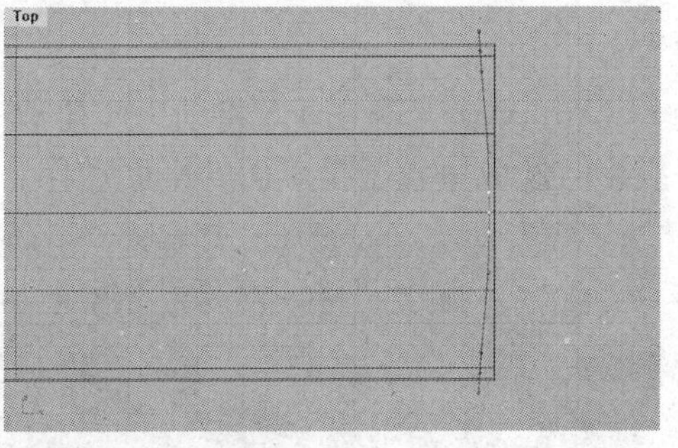

图 2–75

（5）对前一步绘制生成的曲线进行拉伸成面（ ）。用此拉伸生成的曲面对第（3）步生成的实体进行布尔切割（ ），以将第（3）步生成的实体分成两部分的实体。如图 2–76 所示。

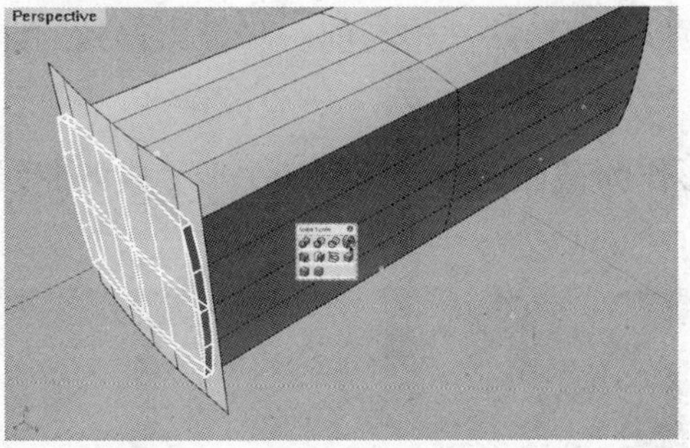

图 2–76

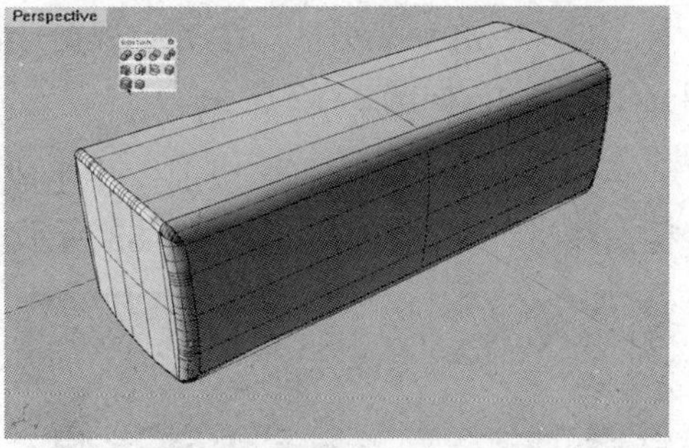

图 2–77

（6）不需要的曲线、曲面和实体。对剩下的实体进行倒圆角（ ）。如图 2–77 所示。

（7）单击 图标。在 Front 视窗沿着 *X* 轴绘制两条对称的穿过前一步绘制实体的直线（可以在适当位置处先绘制一条水平直线，将该线关于 *X* 轴镜像复制一条）。如图 2–78 所示。

（8）单击图标。用前一步生成的两直线对实体进行分割（分割时选取垂直于剪切和被剪切物件的平面进行动作，这里是 Front 平面）。如图 2–79 所示。

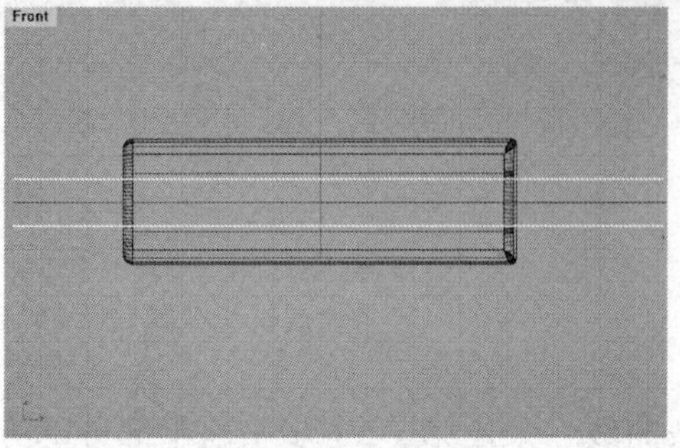

图 2–78

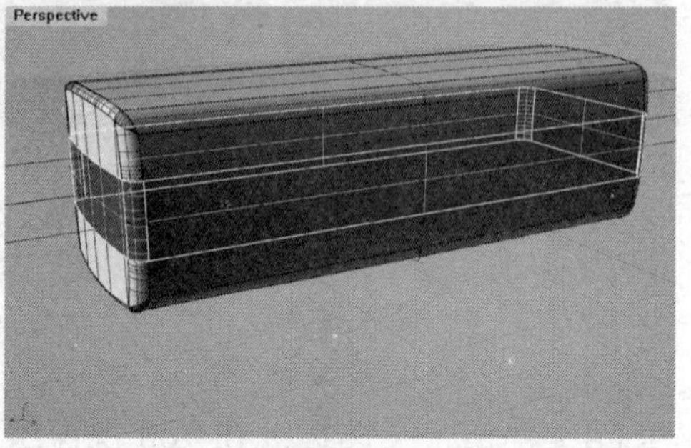

图 2–79

（9）在 Top 视窗里绘制对称于 *X* 轴的图形（由多义直线和一半圆组成）。如图 2–80 所示。

（10）单击图标。将前一步生成的曲线投影到分割后的实体的上半部分的曲面上（投影时选取垂直于投影面的平面动作，这里是 Top 平面）。如图 2–81 所示。

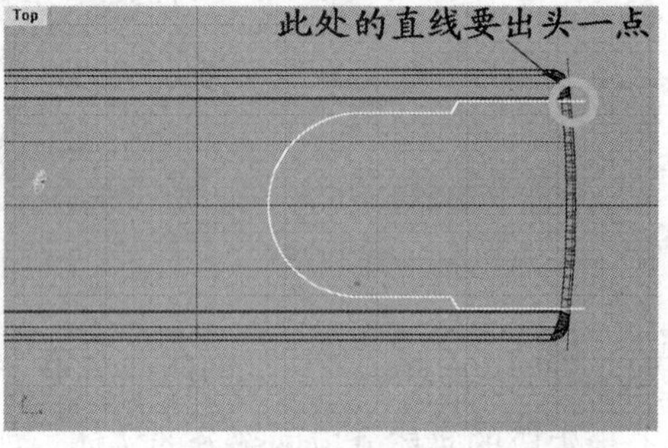

图 2–80

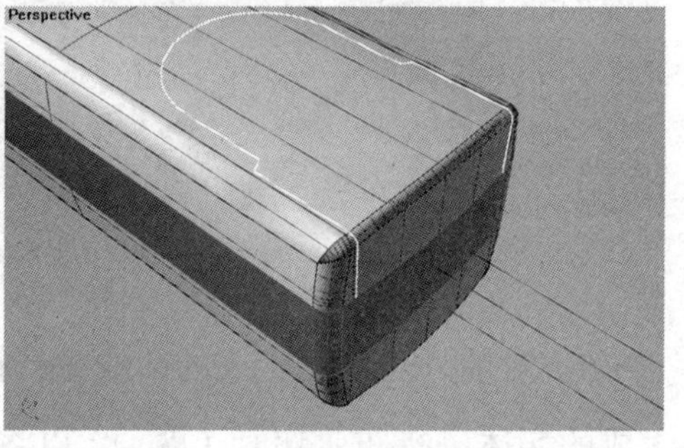

图 2–81

（11）单击图标。在 Top 视窗绘制一矩形（矩形的一边与前一步投影得到的曲线相交于一点）。如图 2–82 所示。

（12）单击图标。以前一步生成的矩形作为截面曲线、第（10）步生成的曲线为路径曲线进行单轨扫描。如图 2–83 所示。

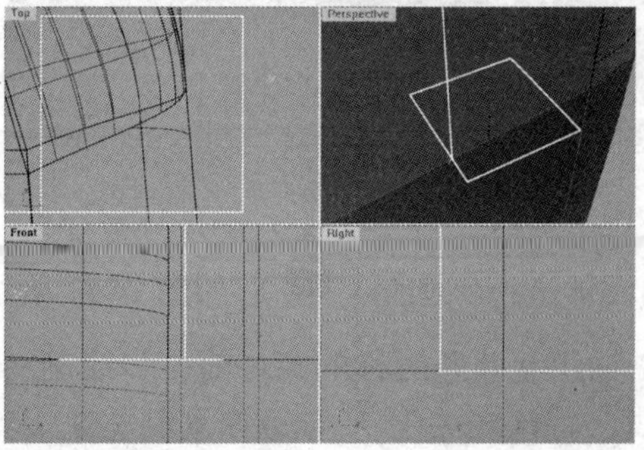

图 2–82

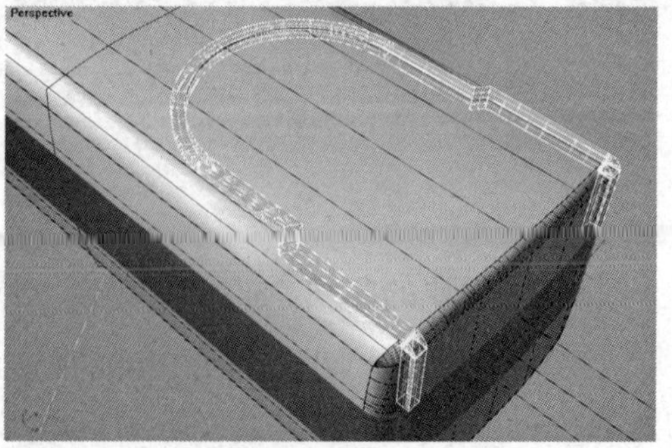

图 2–83

> 提示：
>
> 单轨扫描时对话框中勾选 Style 选项下面的 Untrimmed Miters 选项，其他的保持默认。

（13）单击  图标。将前一步扫描生成的曲面与被第（8）步分割后实体的上面部分的曲面进行布尔相减。如图 2–84 所示。

（14）单击  图标。用第（10）步生成的曲线切割前一步生成的数码相机正面部分的曲面，将所切割曲面分割成两部分。如图 2–85 所示。

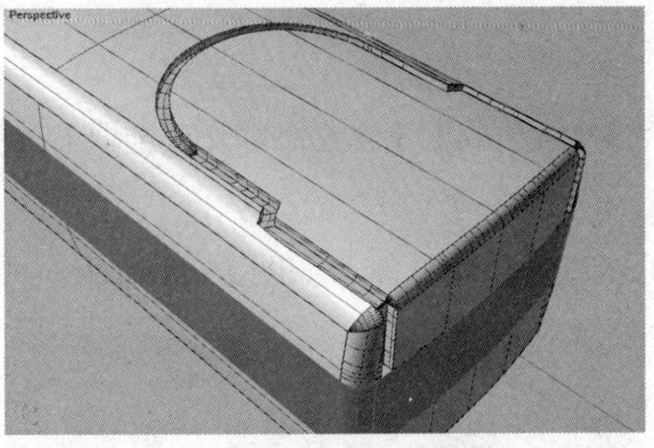

图 2–84

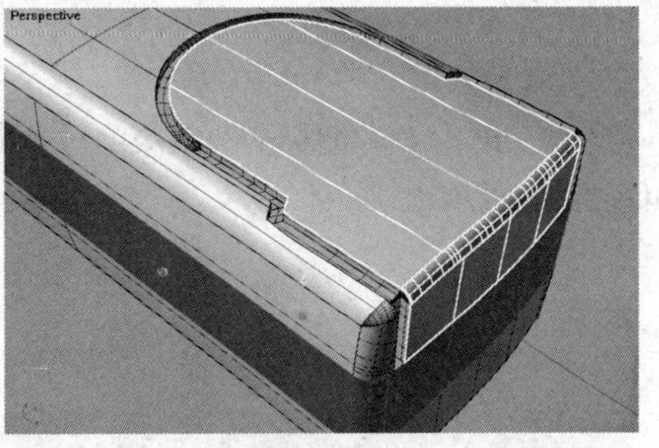

图 2–85

> 提示：
>
> 缩放时选择命令栏中括号内的 Copy 选项，意思是保留原缩放物件（圆）。

（15）单击  图标。在 Top 视窗绘制一圆。如图 2–86 所示。

（16）单击 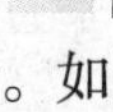 图标。用前一步生成的圆切割第（14）步被分割出的曲面，将分割出的圆形曲面删除。如图 2–87 所示。

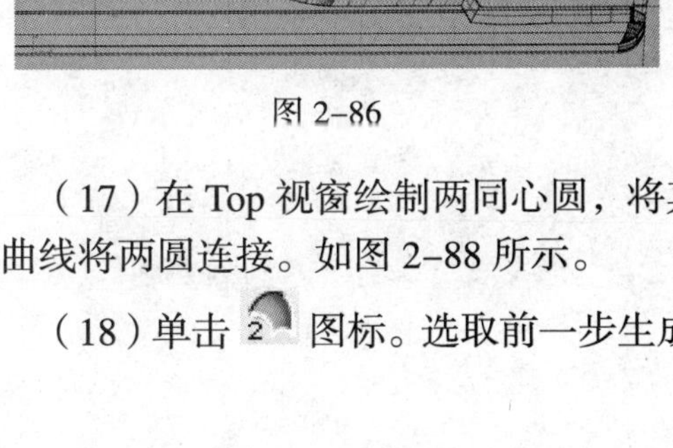

图 2–86

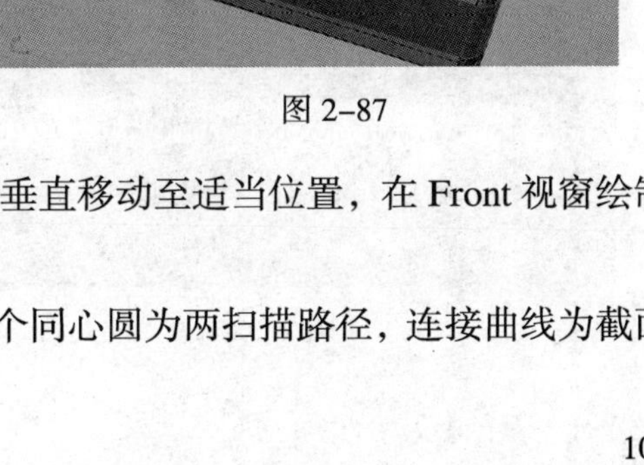

图 2–87

（17）在 Top 视窗绘制两同心圆，将其分别垂直移动至适当位置，在 Front 视窗绘制一曲线将两圆连接。如图 2–88 所示。

（18）单击 图标。选取前一步生成的两个同心圆为两扫描路径，连接曲线为截面线进行双轨扫描。如图 2–89 所示。

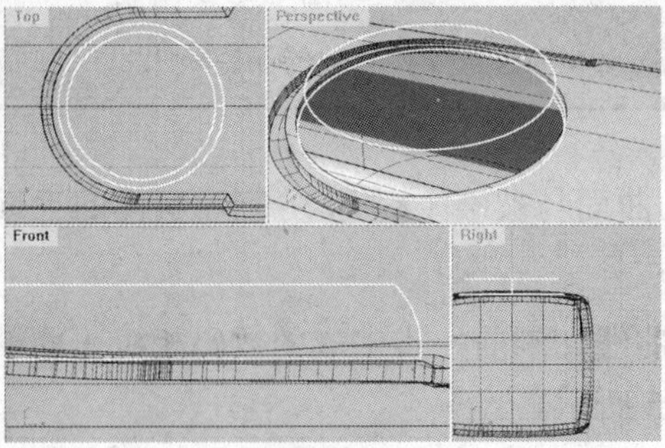

图 2–88

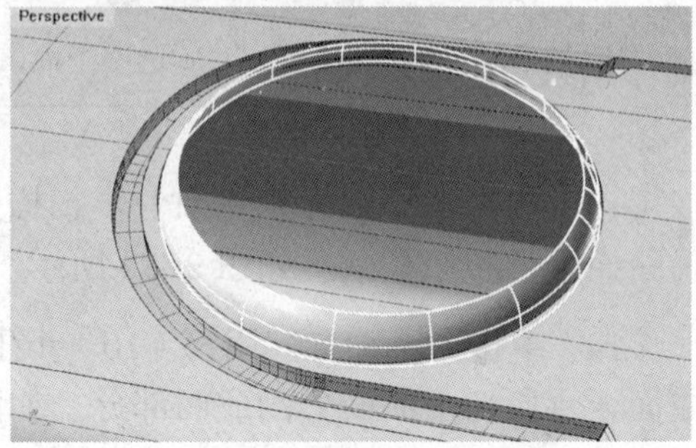

图 2–89

（19）单击 图标。选取第（17）步绘制的较小的圆进行缩放（缩放时选取 Copy）。如图 2–90 所示。

（20）单击 图标。选取前一步中的两同心圆生成一平面。如图 2–91 所示。

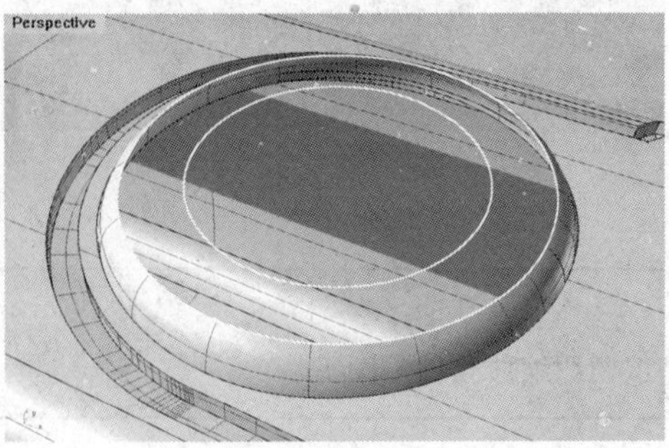

图 2–90

图 2–91

（21）单击 图标。在 Front 视窗绘制一条折线和一条通过且垂直于第（19）步中同心圆圆心的直线。如图 2–92 所示。

（22）单击 图标。分别选取前一步中生成的折线和直线为旋转曲线和旋转轴进行旋转成面，并再用 图标指令将旋转生成的曲面底部填充成面。如图 2–93 所示。

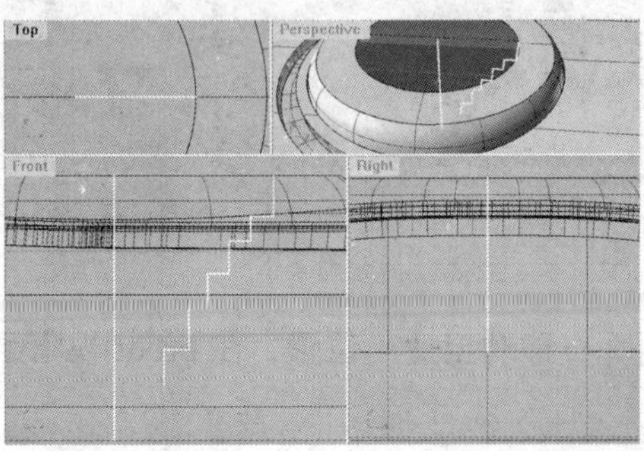

图 2–92

图 2–93

（23）单击 图标。对第（20）步生成的平面与前一步旋转生成的面在其相交处进行倒角。如图 2–94 所示。

（24）单击 图标。在 Top 视窗绘制一矩形，用该矩形对数码相机上部分曲面进行切割。如图 2–95 所示。

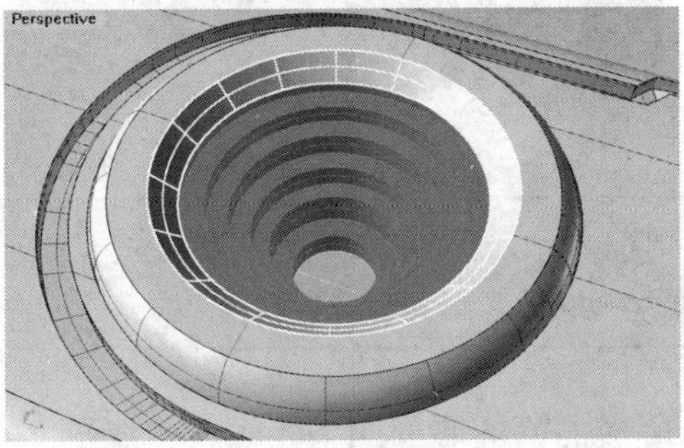

图 2–94

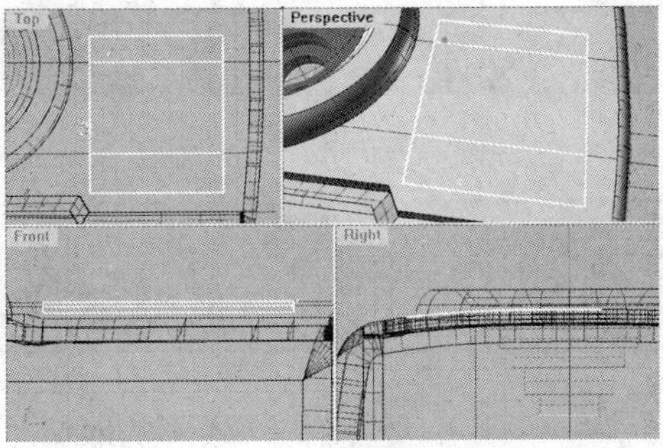

图 2–95

（25）将前一步分割出来的矩形曲面删除，再对前一步绘制的矩形进行缩放并移动到适当位置。如图 2–96 所示。

（26）单击 图标。绘制直线。如图 2–97 所示。

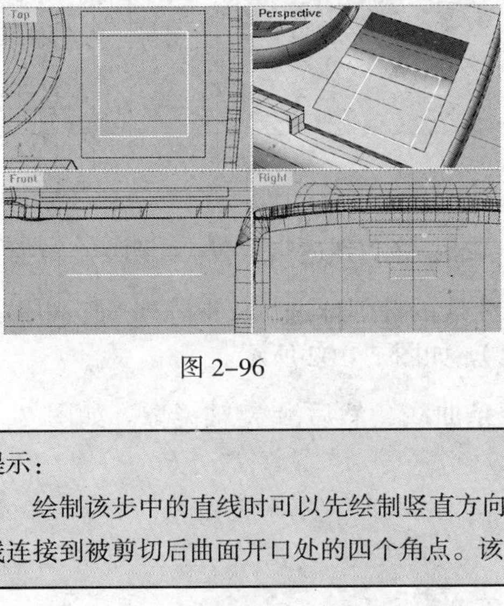

图 2–96

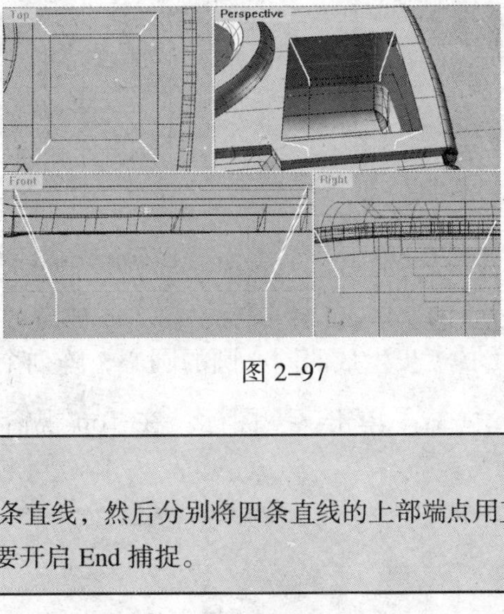

图 2–97

提示：

绘制该步中的直线时可以先绘制竖直方向上的四条直线，然后分别将四条直线的上部端点用直线连接到被剪切后曲面开口处的四个角点。该步绘制要开启 End 捕捉。

（27）单击 图标。选取第（25）步生成的矩形为扫描路径，再依次选取前一步生成的四条竖直方向上的直线为截面线。如图 2–98 所示。

（28）单击 图标。依次选取四条直线（以选择轮廓线为主）生成平面。作图步骤如图 2–99 所示。

图 2-98

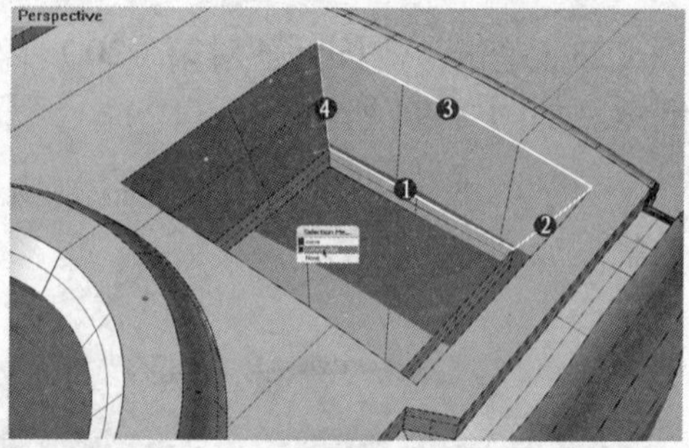

图 2-99

> 提示：
>
> 单轨扫描时对话框中勾选 Style 选项下面的 Closed Sweep 选项，其他的保持默认。

（29）单击 图标。依次选取第（27）步生成曲面的底部四条轮廓线生成平面。如图 2-100 所示。

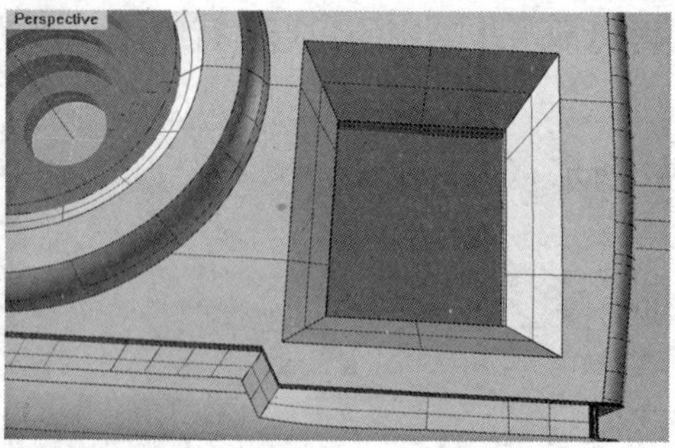

图 2-100

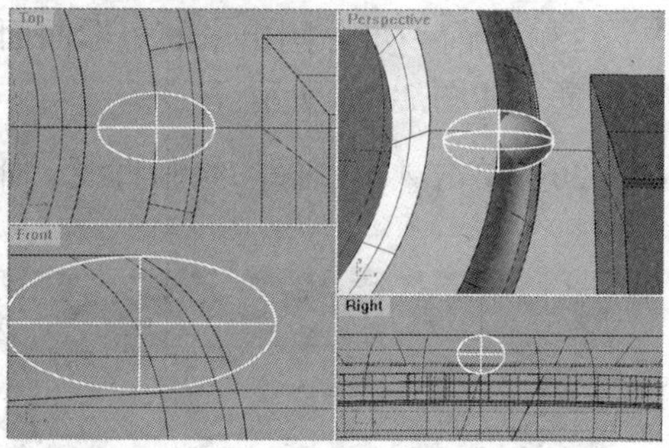

图 2-101

（30）单击 图标。在 Top 视窗绘制一椭圆球，移动到适当位置。如图 2-101 所示。

（31）单击 图标。在 Top 视窗对前一步生成的椭圆球进行环形阵列（阵列中心为第（19）步生成两同心圆的圆心，阵列个数为 8）。如图 2-102 所示。

（32）单击 图标。在 Top 视窗绘制一条曲线，然后沿 *X* 轴镜像。如图 2-103 所示。

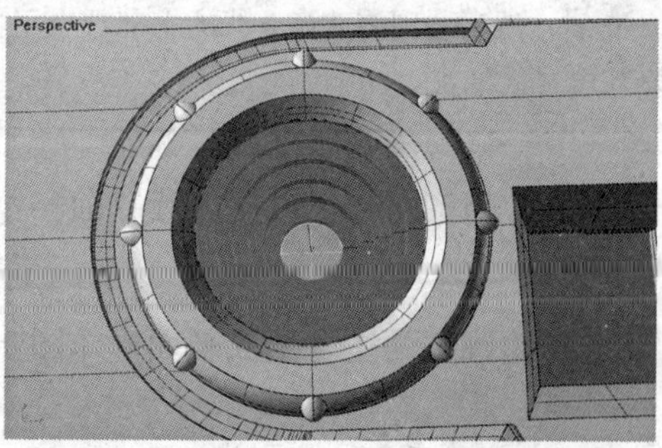

图 2-102

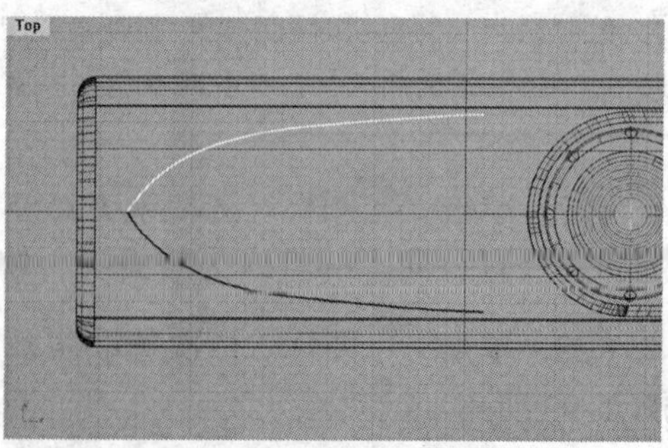

图 2-103

（33）单击  图标。衔接前一步生成的两条对称曲线。如图 2–104 所示。

提示：

在衔接对话框中，Continuity 和 Preserve other end 选项下面均勾选 Curvature 选项，以确保两曲线在衔接处保持 G2 连续；勾选 Join 选项，结合两衔接曲线。

（34）用第（32）、第（33）步的方法绘制另一曲线，该曲线的起点与第（32）步中曲线的起点相同（终点在镜像后也会相同）；绘制一直线连接该曲线起点和终点。如图 2–105 所示。

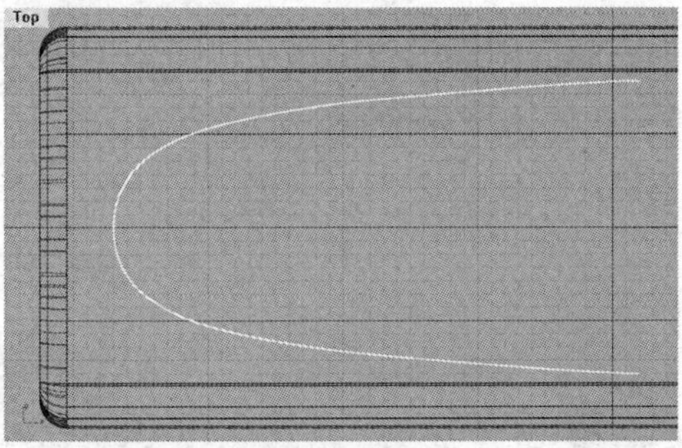

图 2–104

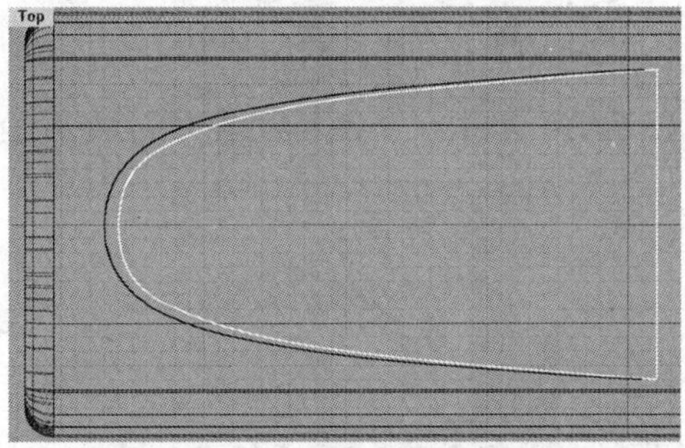

图 2–105

（35）单击  图标。用第（33）、第（34）步的生成的曲线和直线对数码相机上部分曲面进行切割，删除用两曲线切割出的那部分曲面。如图 2–106 所示。

（36）单击 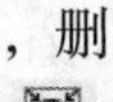 图标。对前一步分割出来的曲面进行控制点缩回。如图 2–107 所示。

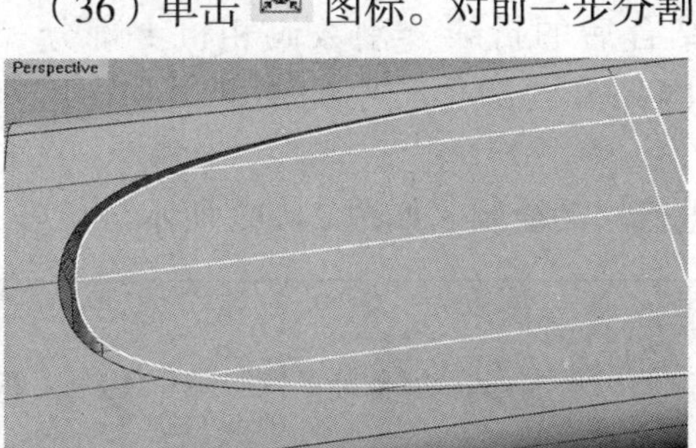

图 2–106

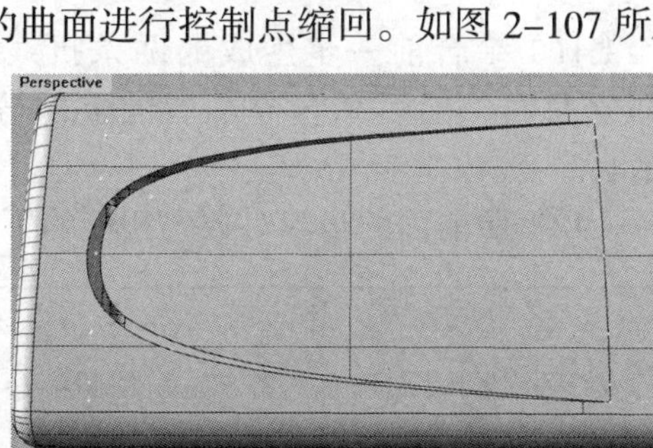

图 2–107

（37）单击  图标。对前一步进行控制点缩回的曲面进行重建。如图 2–108 所示。

提示：

在曲面重建对话框中，Point count 选项中 *U*、*V* 分别设置为 7 和 6。

（38）选取左边 3 排控制点进行位置调整（右边 3 排控制点不动是为了保持分割曲面与相邻曲面的连续性）。可以通过单击 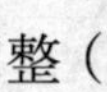 图标帮助控制点的选取。如图 2–109 所示。

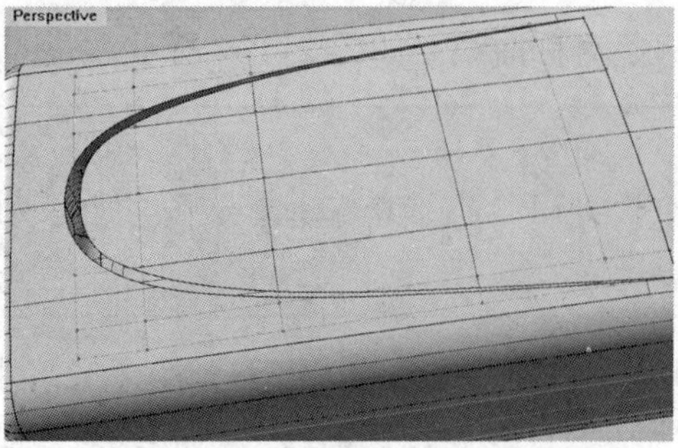

图 2–108

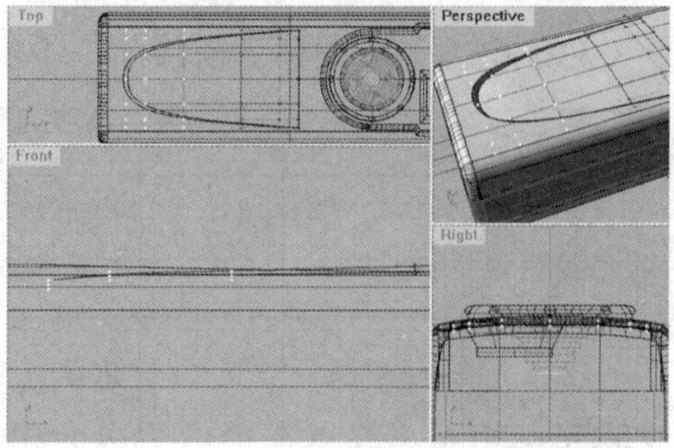

图 2–109

（39）单击 图标。对前一步重建后的曲面与相邻曲面进行混接。如图 2–110 所示。

（40）单击 图标。在 Top 视窗绘制折线，然后沿 *X* 轴镜像。如图 2–111 所示。

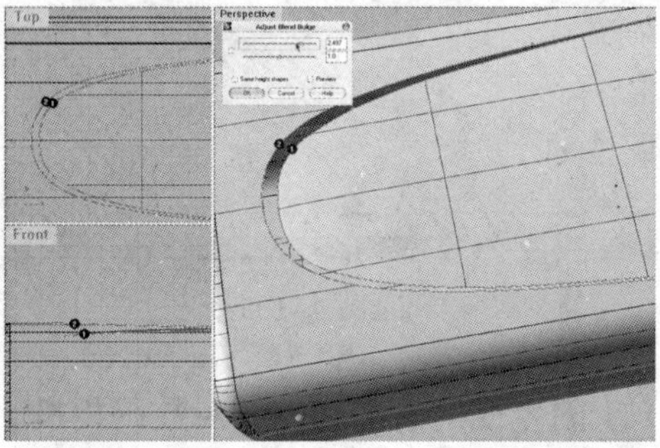

图 2–110

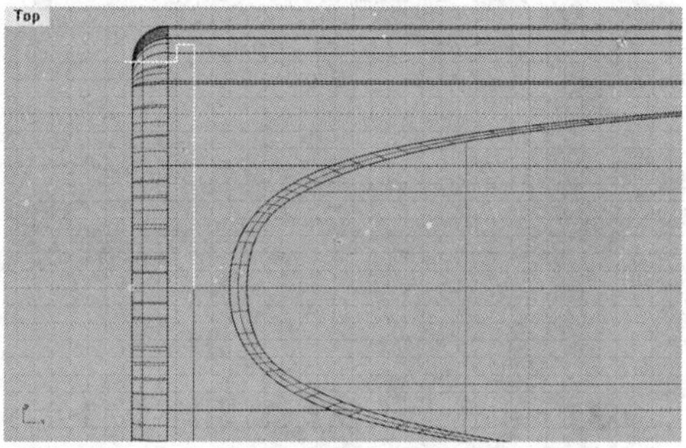

图 2–111

（41）结合前一步生成的两条折线。用结合后的折线分割数码相机上部分和中间部分曲面，然后结合分割后的上部分和中间部分中两个较小的曲面。如图 2-112 所示。

（42）照前面的步骤对数码相机的下部分进行相关绘制。如图 2–113 所示。

> 提示：
>
> 数码相机下半部分槽沟等部分可依照第（9）~（14）步绘制，显示屏幕等可依照第（24）~（29）步绘制。

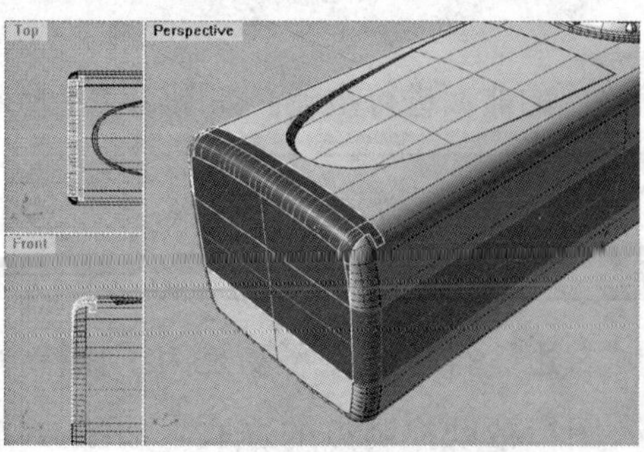

图 2–112

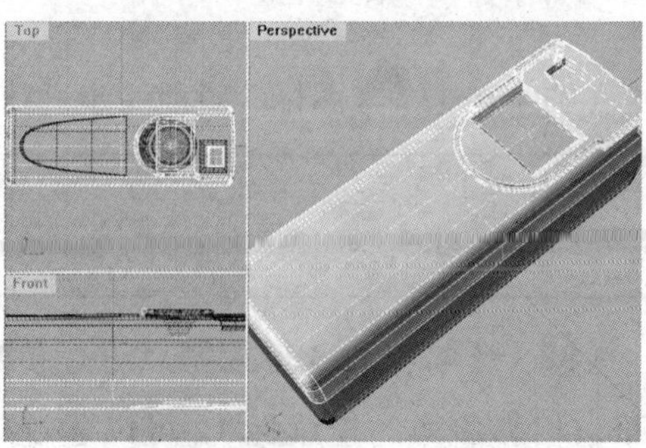

图 2–113

（43）单击 图标。在 Top 视窗里绘制一圆柱体，然后移动到适当位置。如图 2–114 所示。

（44）单击 图标。用前一步生成的圆柱体与数码相机的下半部分进行布尔相减，对数码相机下半部分的布尔相减处进行倒圆角。如图 2–115 所示。

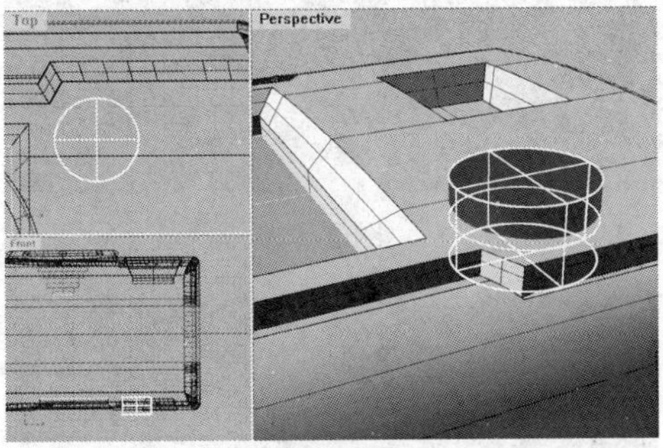

图 2–114

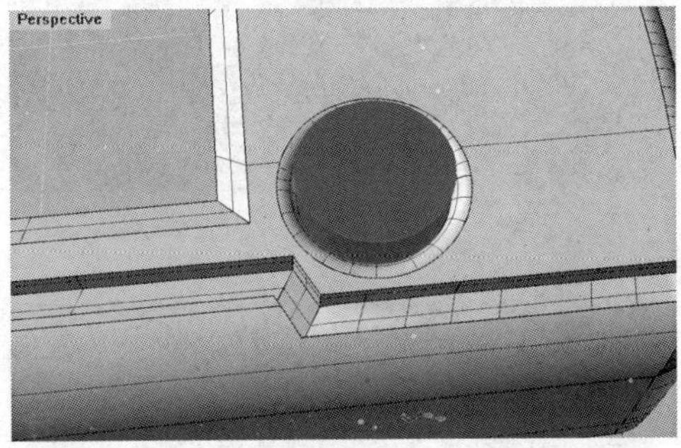

图 2–115

> 提示：
>
> 布尔相减时选取命令栏中的 DeleteInput=No。

（45）依照第（32）、第（33）步绘制一沿 *X* 轴对称曲线。如图 2–116 所示。

（46）单击 图标。用前一步生成的曲线分割数码相机下半部分曲面。如图 2–117 所示。

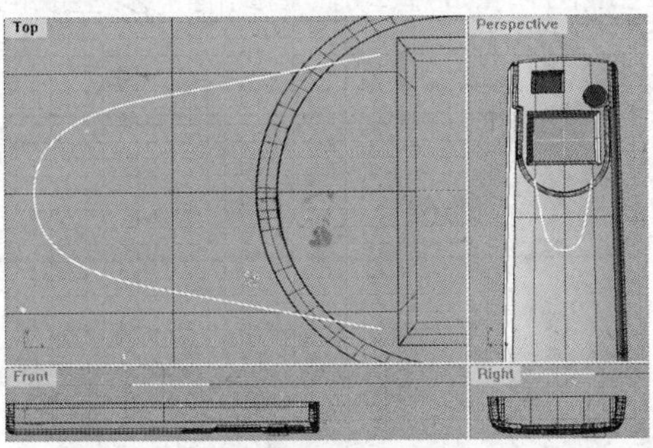

图 2–116

图 2–117

（47）单击 图标。用前一步分割出的曲面与数码相机下半部分曲面进行相交线提取。如图 2–118 所示。

（48）单击 图标。偏移第（45）步生成的曲线。如图 2–119 所示。

（49）单击 图标。用前一步生成的曲线分割第（46）步分割出的曲面，删除分割出的外部曲面。如图 2–120 所示。

（50）单击 图标。在 Front 视窗向下移动前一步分割出的曲面，用直线连接分割出的曲面和数码相机下半部分曲面的四个角点。如图 2–121 所示。

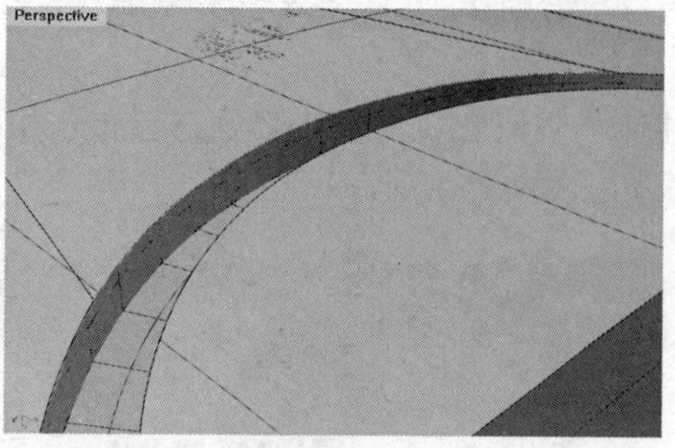

图 2–118

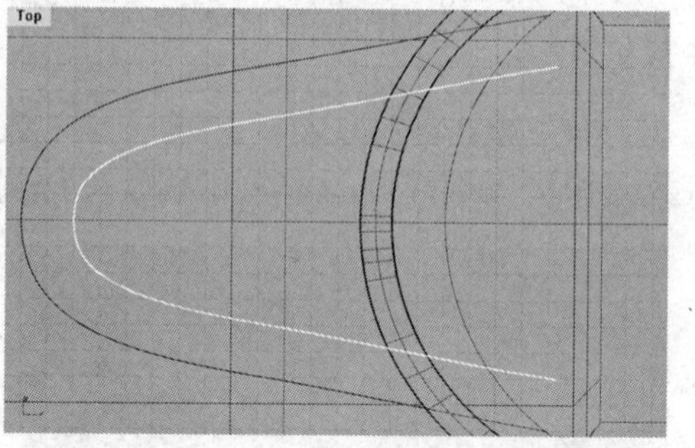

图 2–119

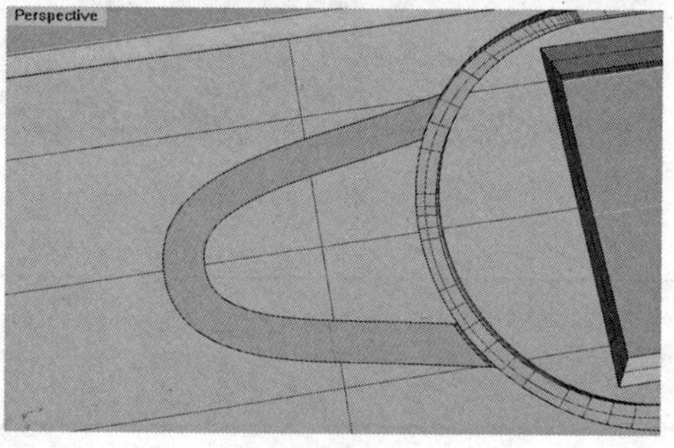

图 2–120

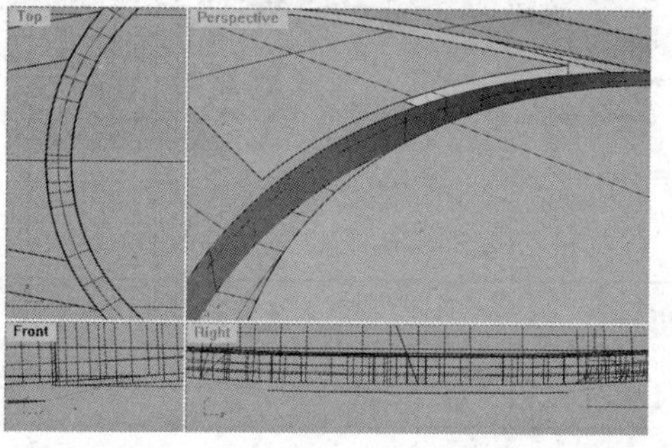

图 2–121

（51）单击 图标。在 Front 视窗拉伸第（47）步提取的相交线。如图 2–122 所示。

（52）单击 图标。将第（50）步绘制的连接两角点的直线投影到前一步生成的曲面上。如图 2–123 所示。

> 提示：
>
> 此步投影选择在 Right 视窗内进行投影，以保证直线能投影到曲面上。

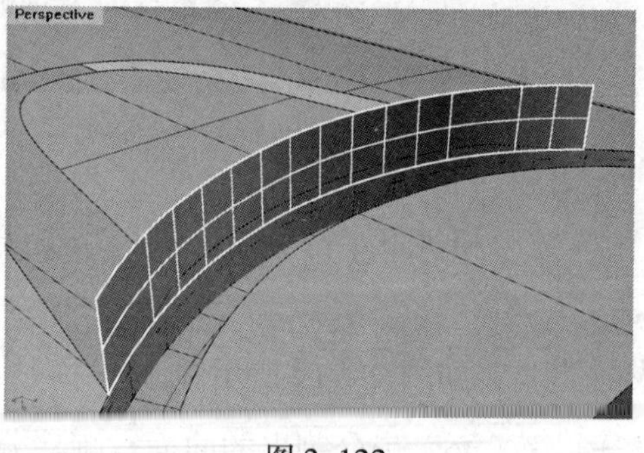

图 2–122

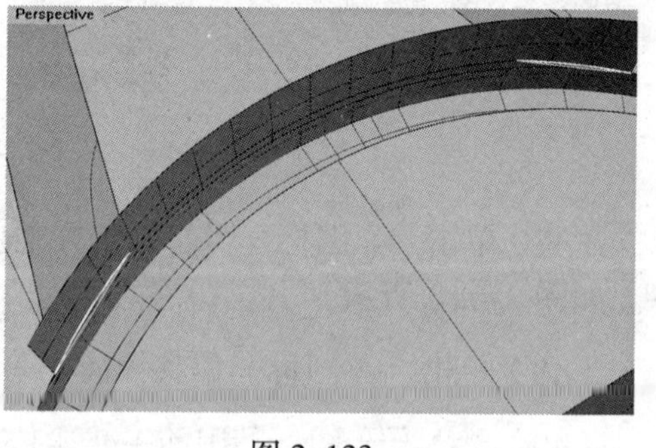

图 2–123

（53）单击 图标。提取数码相机下半部分曲面的结构线。如图 2–124 所示。

（54）单击 图标。通过捕捉结构线端点的方式连接各结构线。如图 2–125 所示。

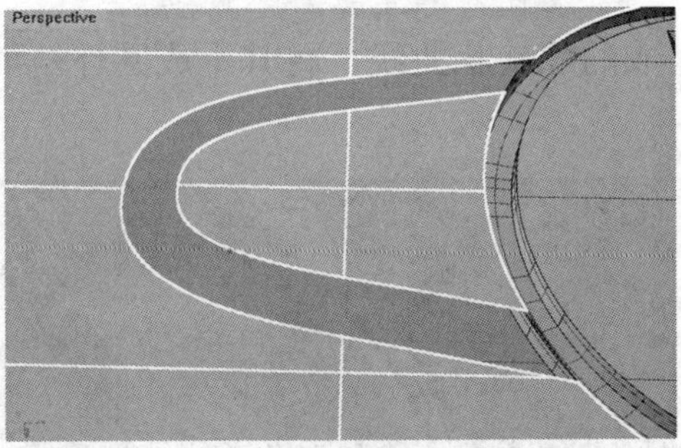

图 2-124

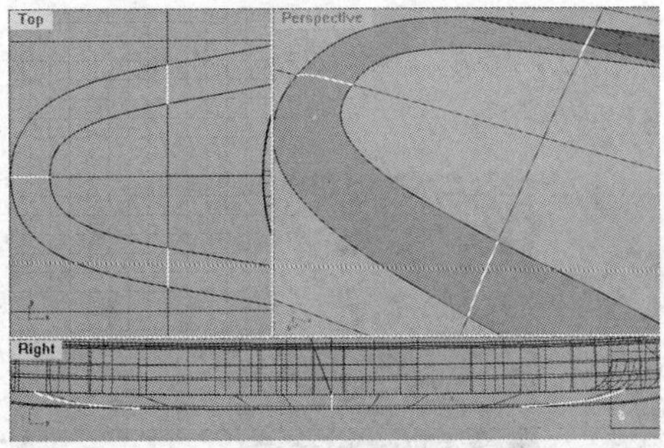

图 2-125

（55）单击 图标。选中如图 2-126 所示变亮的线型以网格方式生成曲面。如图 2-126 所示。

（56）单击 图标。以两条边界线为扫描路径（图 2-127 中的 A 和 B），扫描截面线为图 2-127 中所示除 A 与 B 外变亮的线型。如图 2-127 所示。

图 2-126

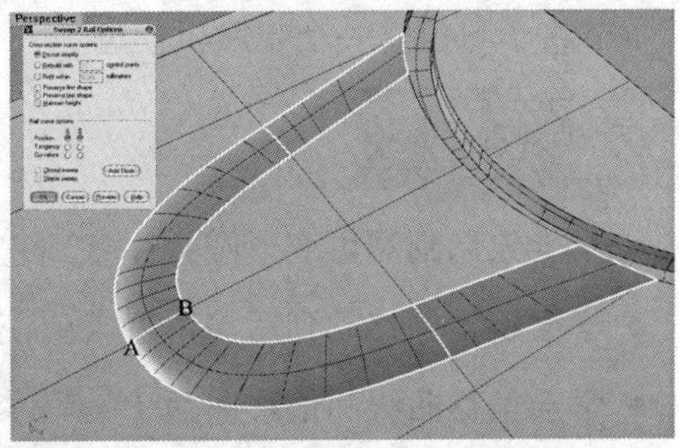

图 2-127

（57）依照第（43）步的方法在 Right 视窗绘制一圆柱体。如图 2-128 所示。

（58）继续用类似前一步的方法绘制一圆柱体并对其进行穿孔（绘制另一垂直通过于该圆柱体的圆柱体然后与其进行布尔相减）。如图 2-129 所示。

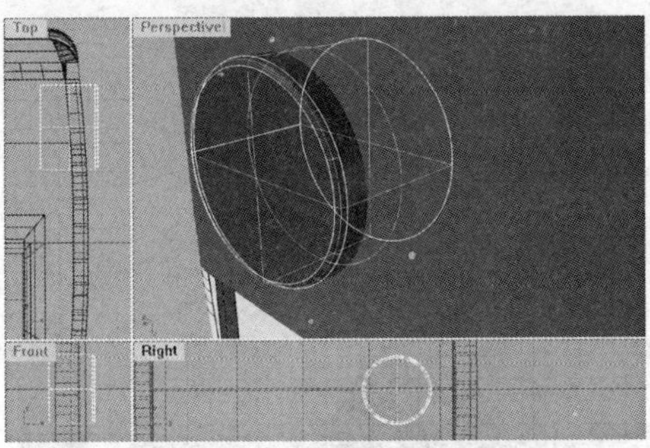

图 2-128

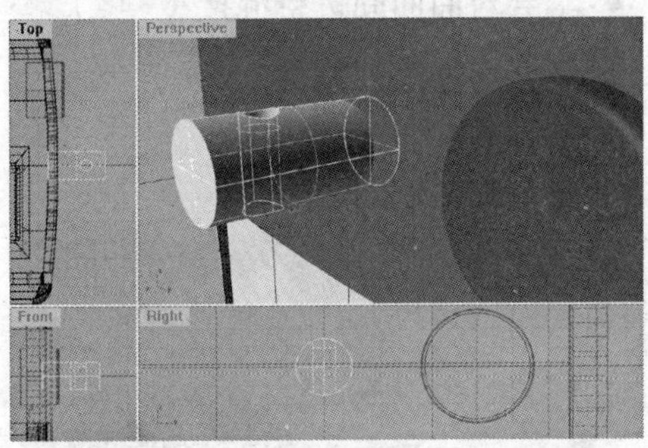

图 2-129

（59）单击 图标。在 Top 视窗绘制一螺旋状曲线。如图 2-130 所示。

> 提示：
>
> 绘制螺旋线时为其指定起点和终点，然后指定其半径，这里还将其 Turns 设置为 2。

（60）单击 图标。选取前一步绘制生成的螺旋状曲线，将其生成圆环。如图 2–131 所示。

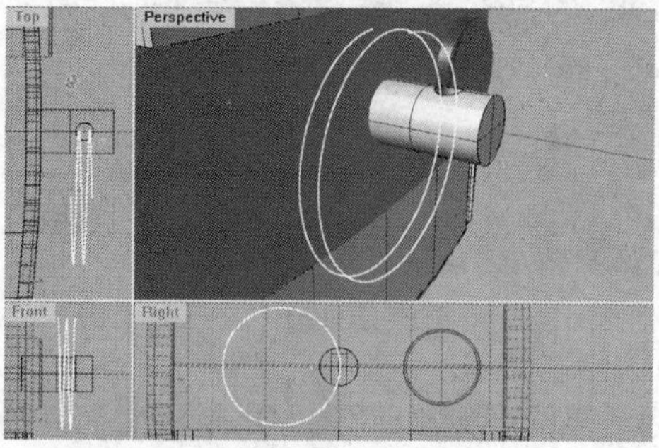

图 2–130

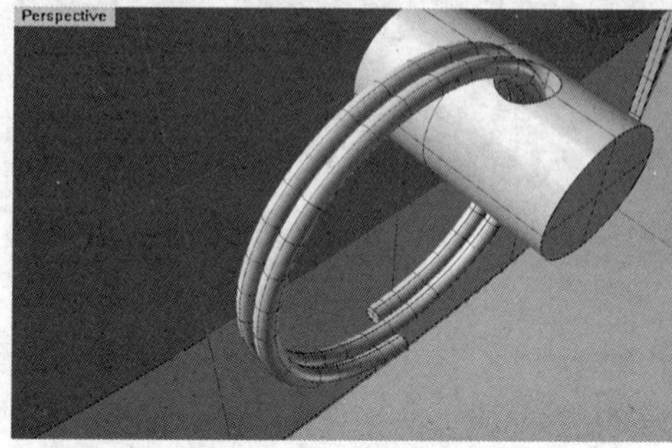

图 2–131

至此该数码相机建模基本完成。渲染图见彩图 3，4。

2.6.3 吹风机建模

本节将学习建立一个吹风机模型

本节重点

- 学会绘制圆和可变形圆并注意到它们的区别（、）
- 学会将物件移动到适当位置（）
- 学会偏移曲线和偏移曲面（、）
- 学会实体间的布尔求交运算（）
- 学会曲面间相交线的提取（）
- 学会对物件的镜像（）
- 学会对曲面间进行混接（）
- 学会环形阵列物件（）

制作流程概要：

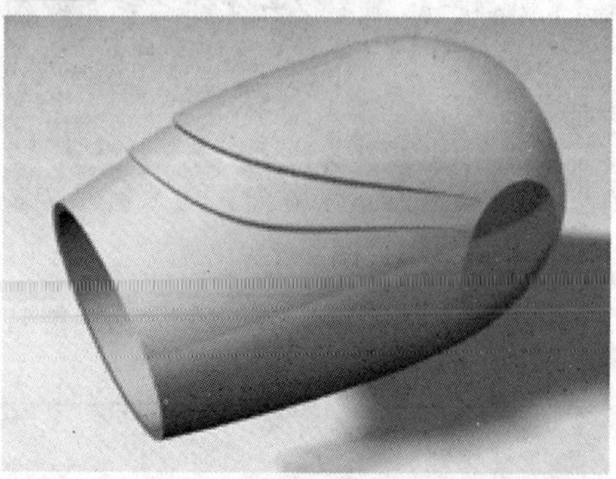

① 绘制吹风机头的中间主体

② 绘制吹风机的出风口

③ 绘制吹风机的后盖

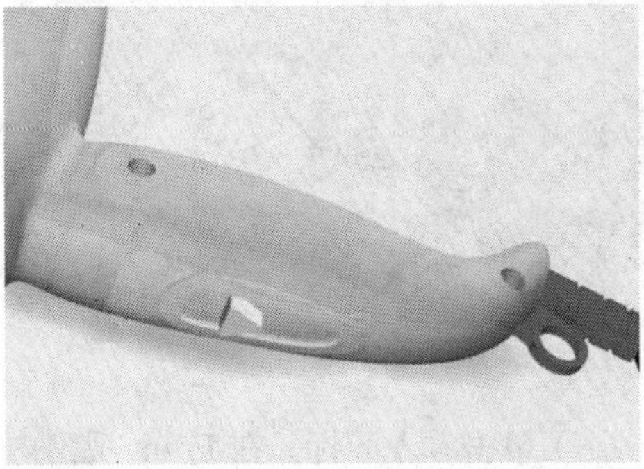

④ 绘制吹风机的手柄

详细制作步骤：

基本设置与上一节的 iPodMP3 建模相同。

具体建模：

吹风机头的中间主体部分：

（1）单击 图标。在 Right 视窗绘制 2 个半径不等同心圆。如图 2-132 所示。

（2）单击 图标。分别移动前一步绘制的 2 个同心圆到适当位置。如图 2-133 所示。

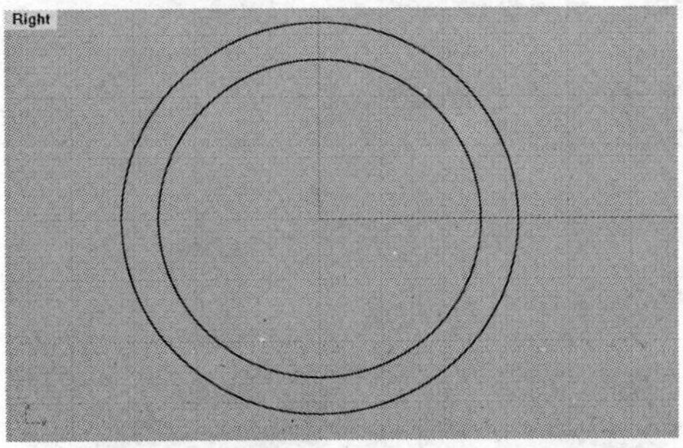

图 2–132

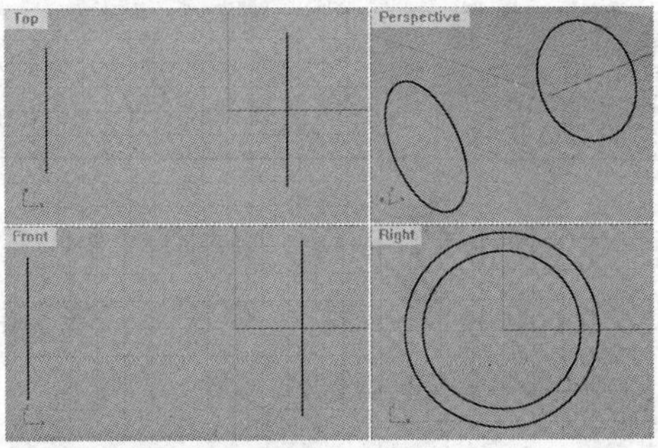

图 2–133

（3）单击 图标。在 Front 视窗里绘制一条连接两同心圆顶点的曲线。如图 2–134 所示。

（4）单击 图标。以两同心圆为轨迹线，前一步绘制的曲线为扫描线作双轨扫描成面。如图 2–135 所示。

（5）单击 图标。向内偏移前一步生成的曲面。如图 2–136 所示。

> 提示：
> 此步实际上是偏移曲面成实体，在偏移时要激活命令栏中的 Solid 选项。

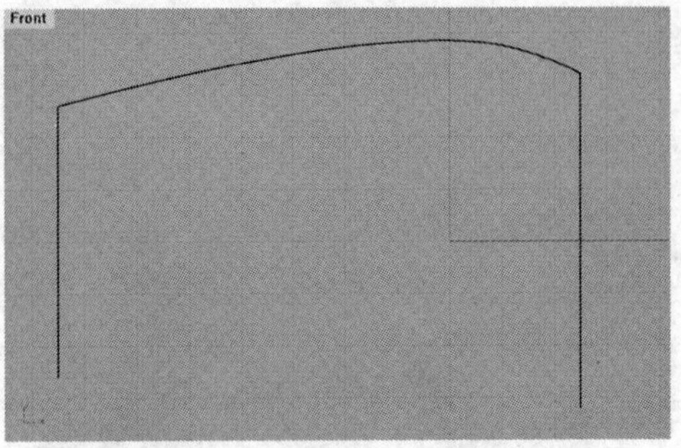

图 2–134

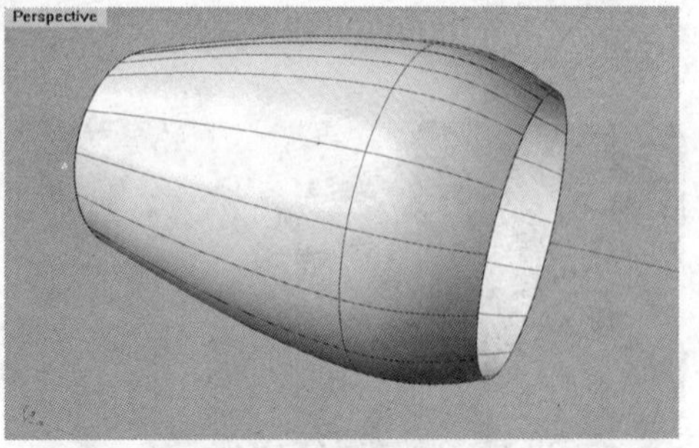

图 2–135

（6）单击 图标。在 Front 视窗内绘制一圆。如图 2–137 所示。

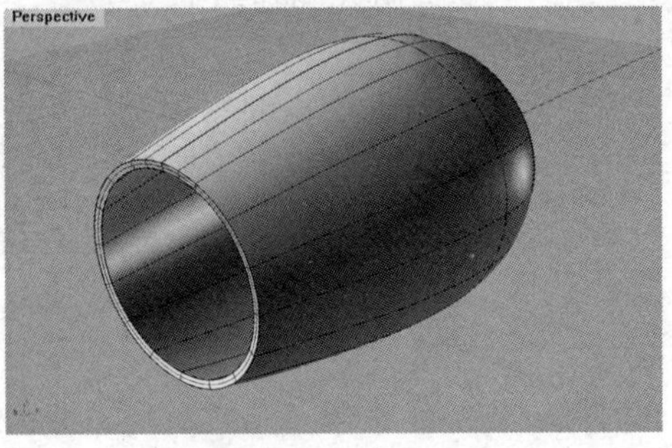

图 2–136

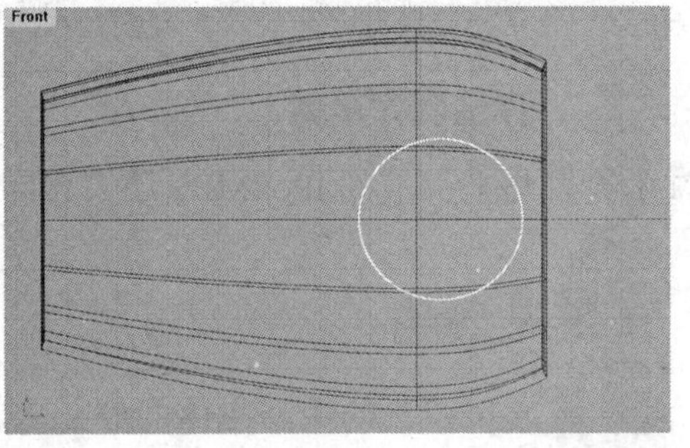

图 2–137

（7）单击 图标。拉伸前一步绘制的圆成实体。如图 2–138 所示。

> 提示：
>
> 此步为双向拉伸封闭曲线成体，在拉伸时要激活命令栏中的 BothSides=Yes 选项。

（8）单击 图标。复制第（5）步生成的实体。如图 2–139 所示。

（9）单击 图标。隐藏前一步复制生成的实体和所有曲线。

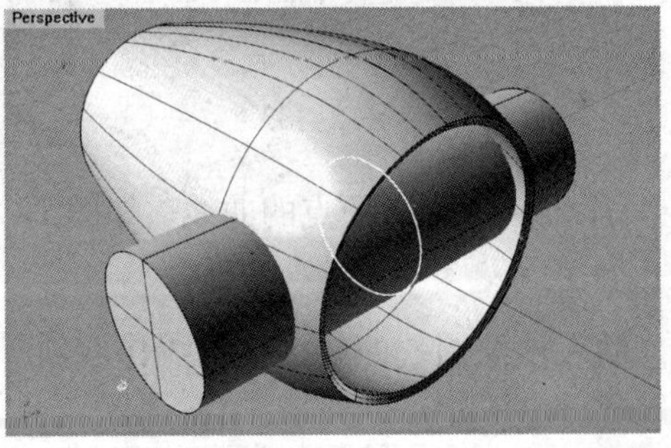

图 2–138

图 2–139

（10）单击 图标。对第（5）步和第（7）步生成的实体进行布尔运算。如图 2–140 所示。

（11）单击 图标。隐藏前一步生成的两实体。然后再单击 ，选择显示第（9）步隐藏的实体。如图 2–141 所示。

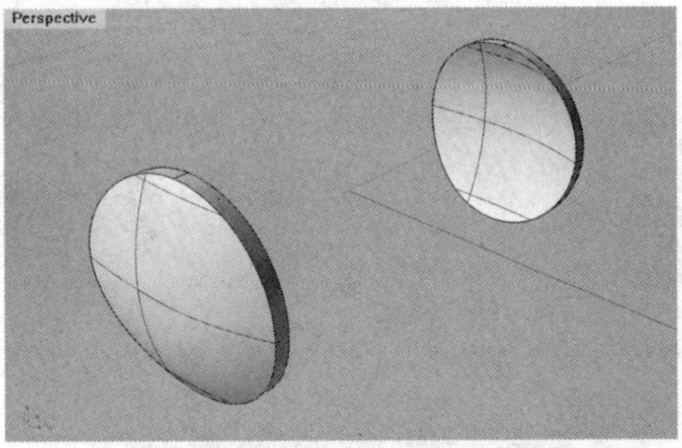

图 2–140

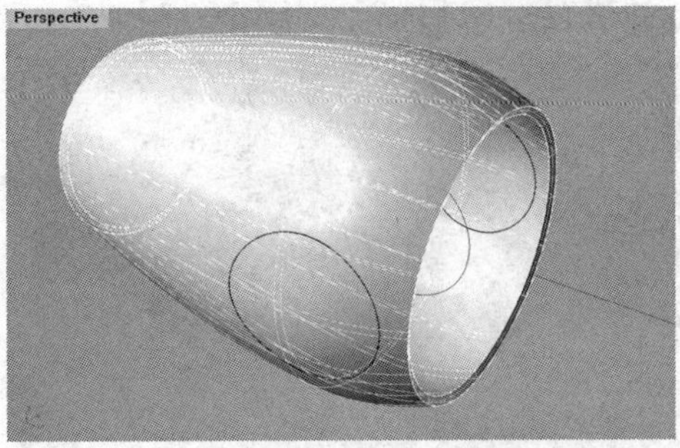

图 2–141

（12）单击 图标。在 Front 视窗内绘制一直线（直线穿过前一步显示的实体）。如图 2–142 所示。

（13）单击 图标。在 Front 视窗内用前一步绘制的直线分离第（11）步显示的实体。如图 2–143 所示。

（14）单击 图标。提取被分离后实体左边部分的边界线。如图 2–144 所示。

（15）单击 图标。对前一步提取的一边界线进行重建。如图 2–145 所示。

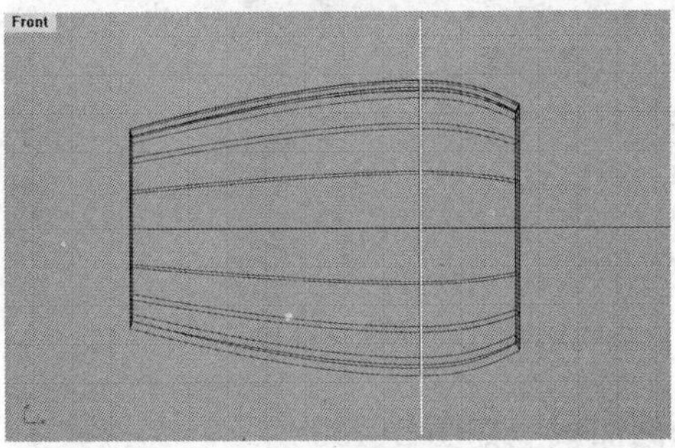

图 2–142

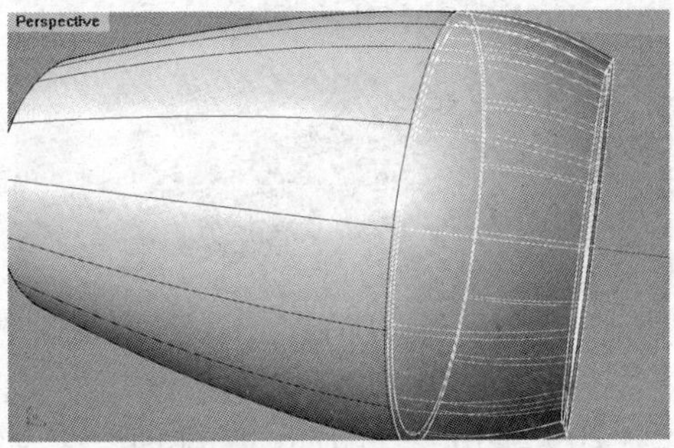

图 2–143

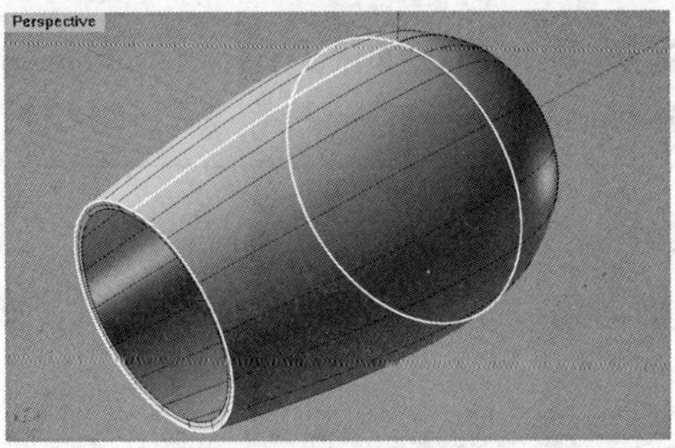

图 2–144

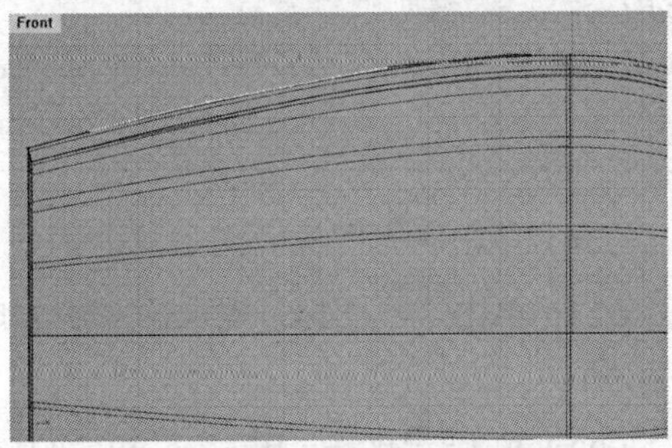

图 2–145

提示：

重建曲线的目的是采用合适的控制点调整曲线，这里重建曲线的点数设置为 6。

（16）依次选取控制点对曲线进行调整。如图 2–146 所示。

（17）单击 图标。选取图中曲面的两边界线为轨迹线，前一步调整生成的曲线为扫描线进行双轨扫描。如图 2–147 所示。

图 2–146

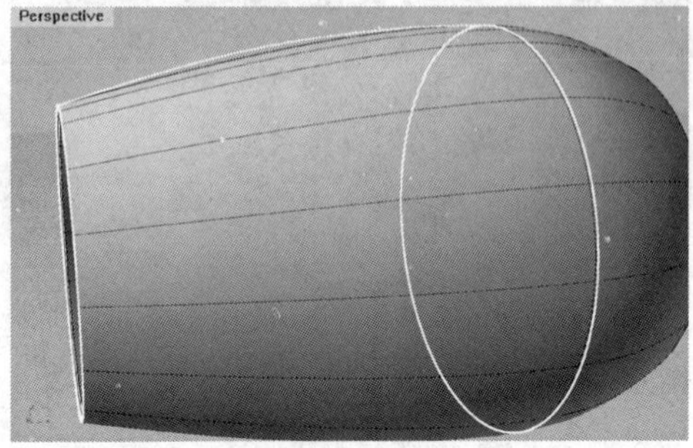

图 2–147

（18）单击 图标。在 Top 视窗内绘制一通过 *X* 轴的直线，然后再单击 图标绘制一曲线（曲线一端在直线上）。如图 2–148 所示。

（19）单击 图标。以前一步绘制的直线为对称轴镜像前一步绘制的曲线。如图 2–149 所示。

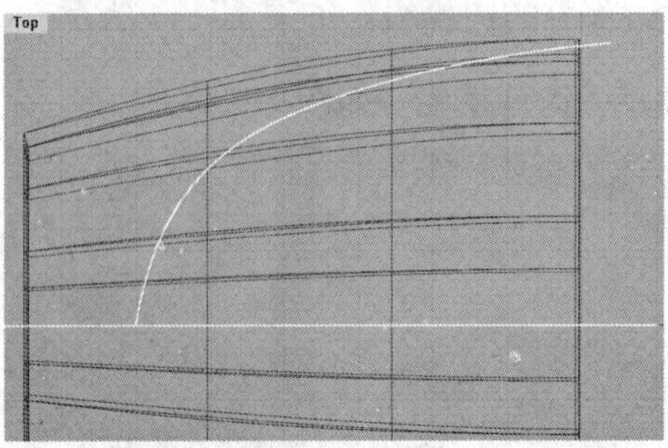

图 2–148

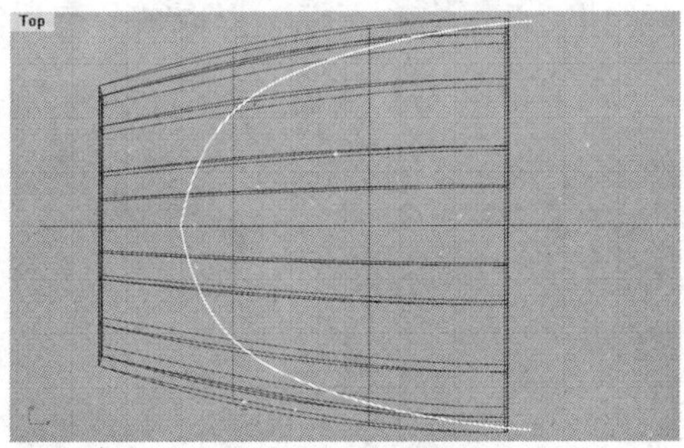

图 2–149

（20）单击 图标。匹配前一步中生成的两曲线。如图 2–150 所示。

> 提示：
>
> 匹配时根据所想要得到的两连接曲线的连续性来设置匹配选项，这里的匹配选项中 Continuity 勾选 Tangency；Preserve other end 勾选 Curvature；勾选 Average curves 和 join。

（21）单击 图标。向上拉伸前一步生成的曲线成面。如图 2–151 所示。

（22）单击 图标。提取前一步生成的曲面与第（17）步生成曲面的交叉线。如图 2–152 所示。

（23）单击 图标。用前一步提取的交叉线分离第（17）步生成的曲面。如图 2–153 所示。

（24）删除前一步中分离后曲面的左半部分曲面。如图 2–154 所示。

（25）依照第（22）步的方法提取第（13）步被分离后实体的左半部分与第（21）步生成曲面的交叉线。如图 2–155 所示。

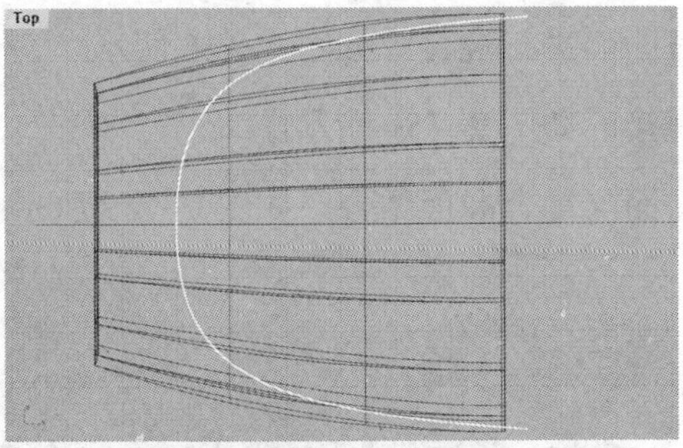

图 2–150

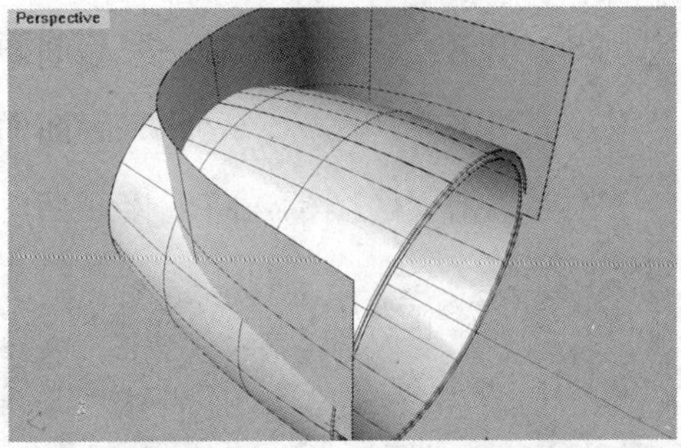

图 2–151

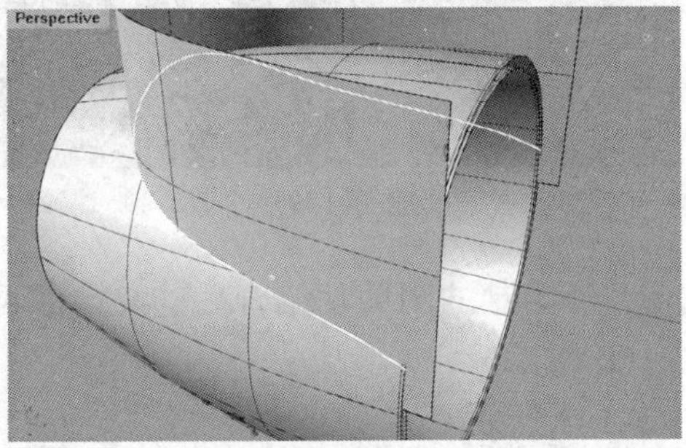

图 2–152

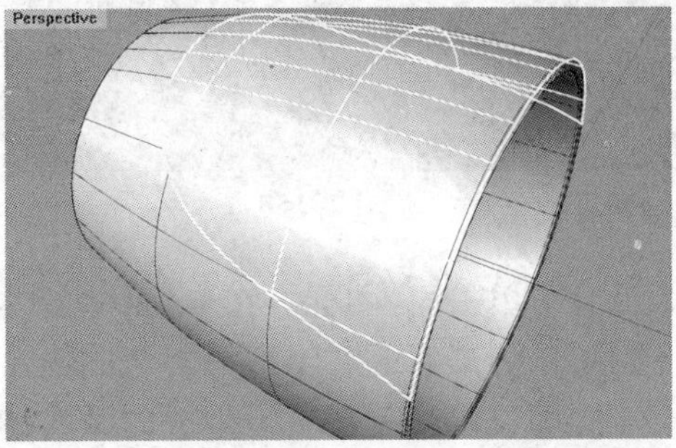

图 2–153

图 2–154

图 2–155

（26）依照第（23）步的方法对前一步中的复合曲面中的靠外部分曲面进行分离，并将分离后的曲面（右半部分）删除。如图 2–156 所示。

（27）参照前述步骤再绘制一个前一步所生成的突起的曲面，并将突起曲面相邻的下面那个曲面的相应曲面删除，此相应曲面为在垂直方向上的投影与突起曲面重合。如图 2–157 所示。

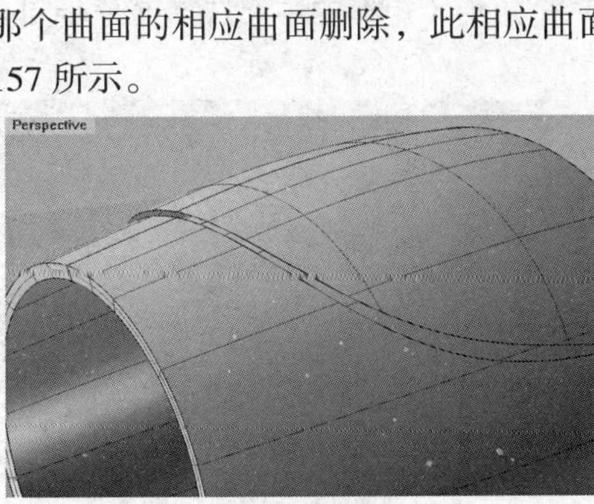

图 2–156

图 2–157

（28）单击 图标。对一突起曲面与复合曲面进行混接。如图 2–158 所示。

（29）单击 图标。对两突起曲面进行混接。如图 2–159 所示。

（30）单击 图标。将混接曲面、突起曲面与复合曲面结合。如图 2–159 所示。

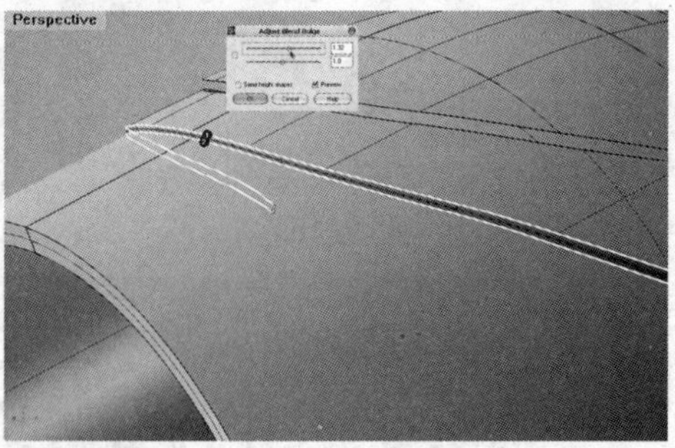

图 2–158

图 2–159

（31）单击图标。在 Front 视窗内用第（6）步绘制的圆剪切结合后的复合曲面和第（13）步分离后的右半部分复合曲面。如图 2–160 所示。

（32）显示第（10）步生成的两实体。如图 2–161 所示。

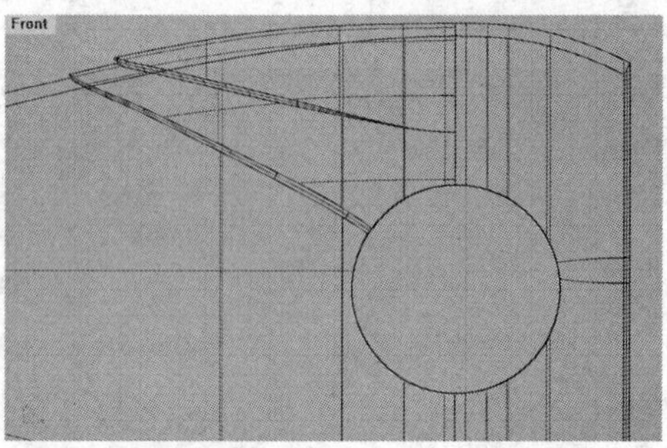

图 2–160

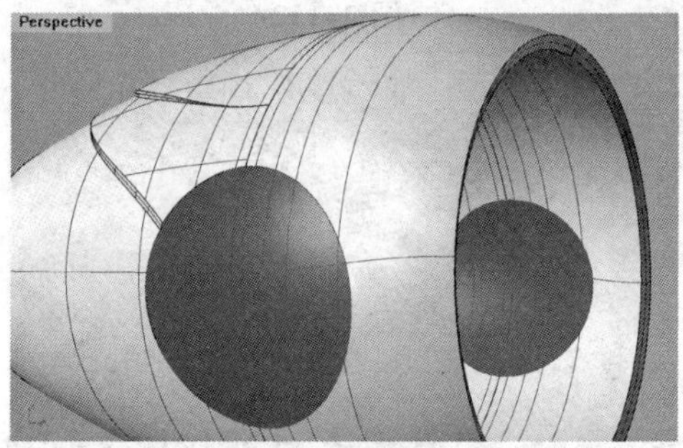

图 2–161

吹风机的出风口：

（1）单击 图标。在 Right 视窗内绘制 8 个半径不等的同心圆。如图 2–162 所示。

（2）单击 图标。在 Right 视窗内绘制一个矩形（矩形的中心选择前一步同心圆的圆心）。如图 2–163 所示。

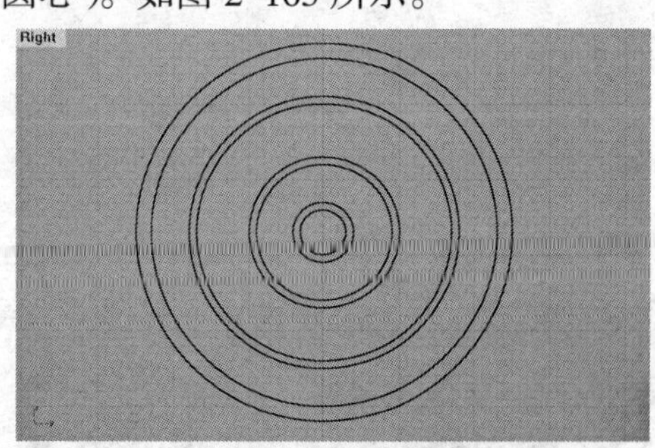

图 2–162

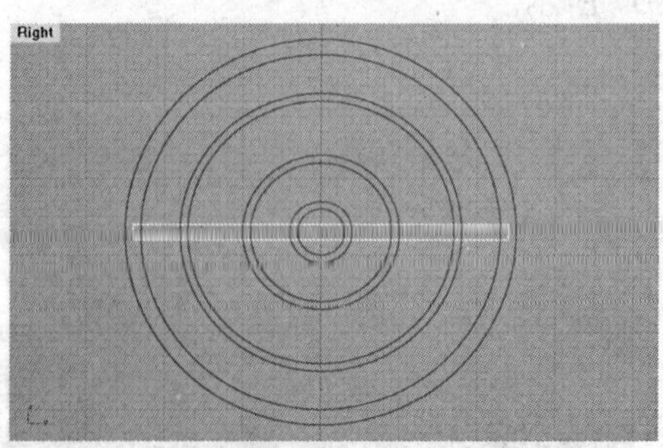

图 2–163

提示：

在对吹风机的出风口进行建模时，先隐藏吹风机的头的中间主体部分的建模以方便后续建模，下同。

（3）单击  图标。在 Right 视窗内以同心圆圆心为中心对前一步绘制的矩形进行阵列。如图 2–164 所示。

（4）单击  图标。在 Right 视窗内以对前几步生成和绘制的同心圆和矩形进行相关剪切。然后结合相关曲线。如图 2–165 所示。

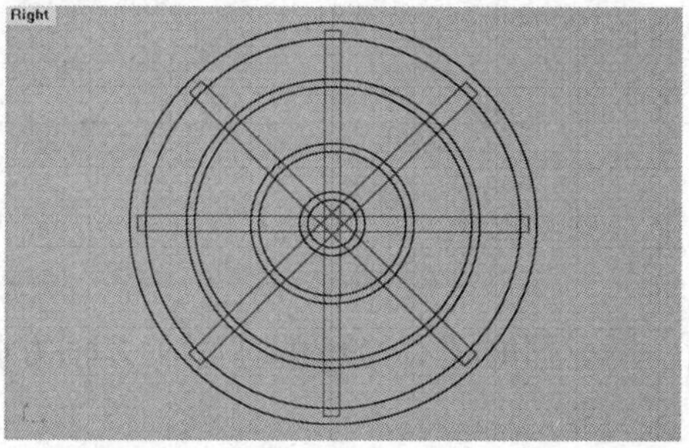

图 2–164

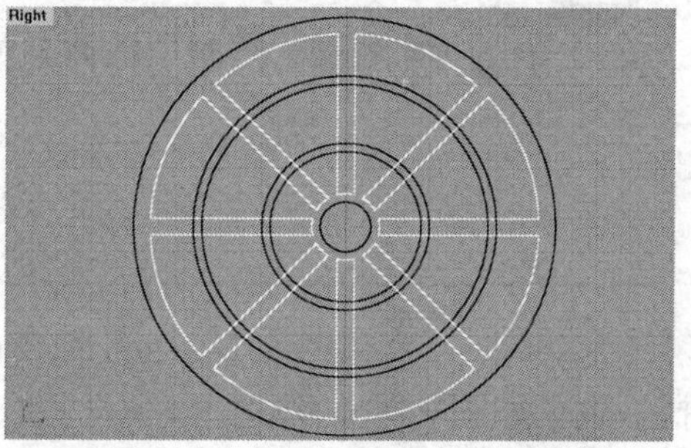

图 2–165

（5）单击  图标。依次选取前一步中结合后的曲线（图 2–165 中的变亮的曲线）和同心圆中最大的圆，将其组成的封闭部分拉伸成实体。如图 2–166 所示。

（6）单击  图标。在 Right 视窗内绘制一圆（圆心为同心圆圆心）。如图 2–167 所示。

图 2–166

图 2–167

（7）单击 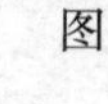 图标。依次选取未拉伸过的 6 个同心圆（其中一个为前一步绘制的圆）进行拉伸成实体。如图 2–168 所示。

（8）单击 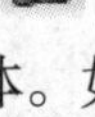 图标。将所拉伸生成的实体进行布尔相加，成为一个实体。

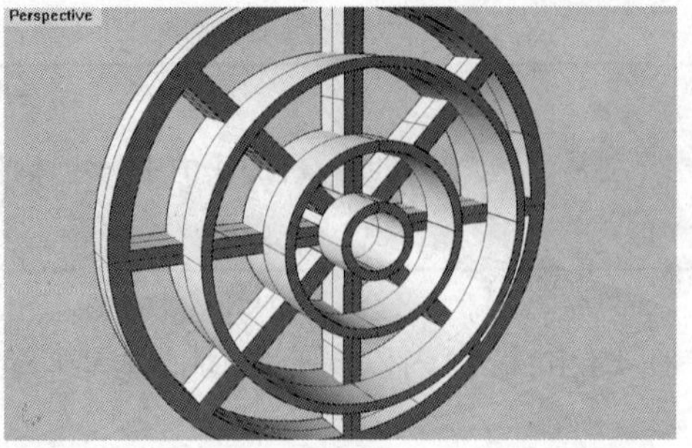

图 2–168

吹风机的后盖：

（1）单击 图标。绘制一球体。如图 2–169 所示。

> 提示：
>
> 球的半径要比吹风机的头建模中第（1）步中的大同心圆半径大。

（2）单击 图标。在 Right 视窗内绘制一圆，圆的圆心与球的球心在 *X* 轴方向上保持一致。如图 2–170 所示。

图 2–169

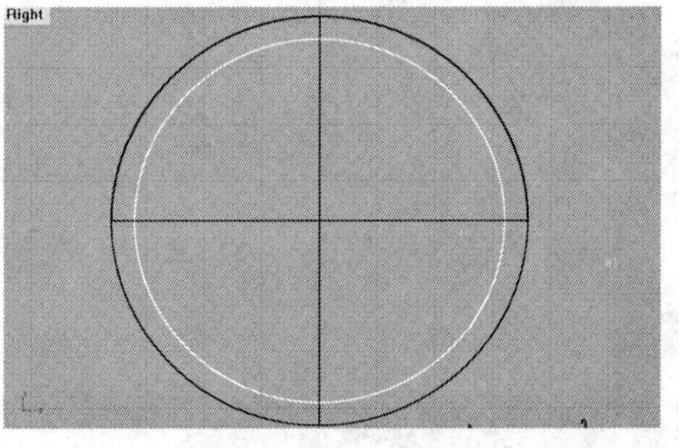

图 2–170

（3）单击 图标。在 Right 视窗内用前一步绘制的圆分离第（1）步生成的球体，然后删除相关部分（这里为靠左半部分）。如图 2–171 所示。

（4）单击 图标。向内偏移前一步生成的曲面。如图 2–172 所示。

> 提示：
>
> 此步实际上是偏移曲面成实体，在偏移时要激活命令栏中的 Solid 选项。

（5）单击 图标。在 Right 视窗内绘制同心圆。如图 2–173 所示。

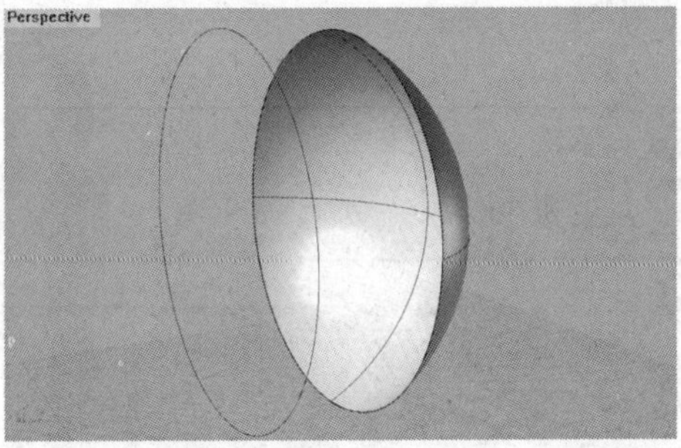

图 2–171

图 2–172

（6）单击图标。在 Right 视窗内绘制一曲线。如图 2–174 所示。

> 提示：
> 该曲线一端经过同心圆圆心，另一端与一同心圆最高点相接。

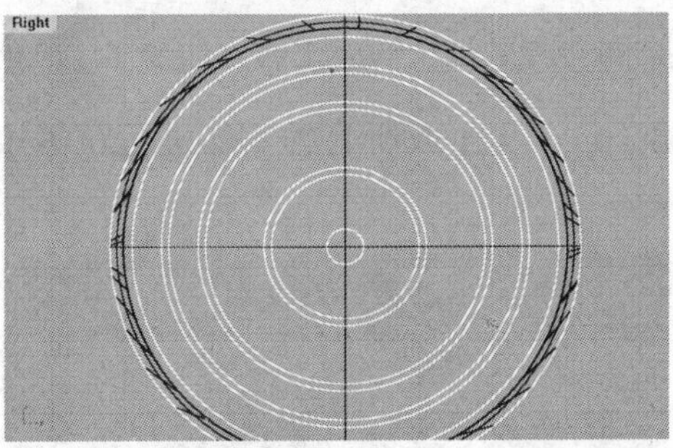

图 2–173

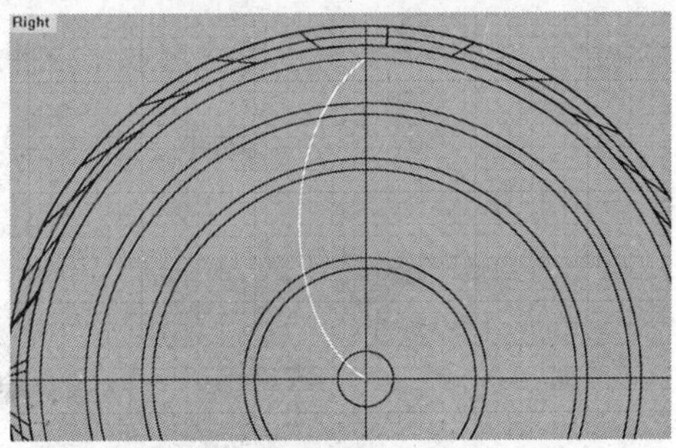

图 2–174

（7）单击图标。对前一步绘制的曲线沿着其两端点进行镜像，然后将镜像后的两曲线结合。如图 2–175 所示。

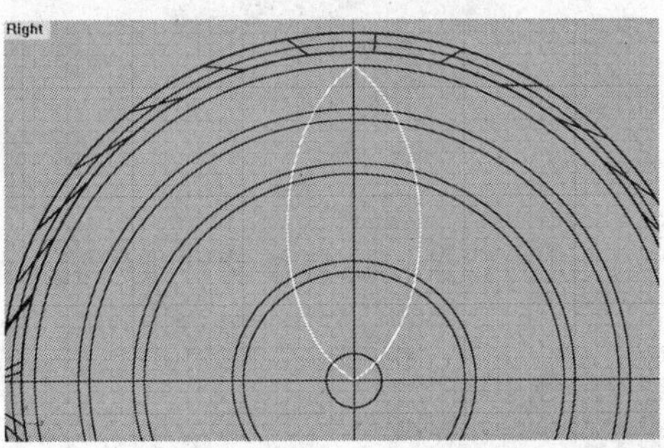

图 2–175

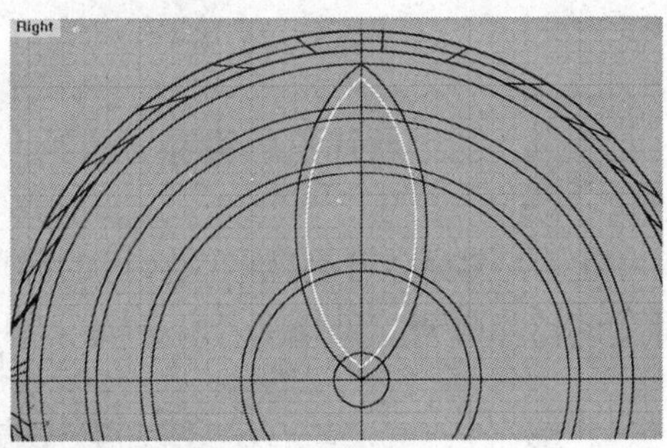

图 2–176

（8）单击图标。向内偏移前一步生成的复合曲线。如图 2–176 所示。

（9）单击图标。拉伸封闭曲线成实体（依次选取最小的同心圆和前两步生成的两复合曲线）。如图 2–177 所示。

（10）单击图标。在 Right 视窗内对前一步生成的空心椭圆形状的实体进行环形阵列。如图 2–178 所示。

> 提示：
>
> 环形阵列的中心为同心圆圆心，阵列的个数为 12，角度为 360°。

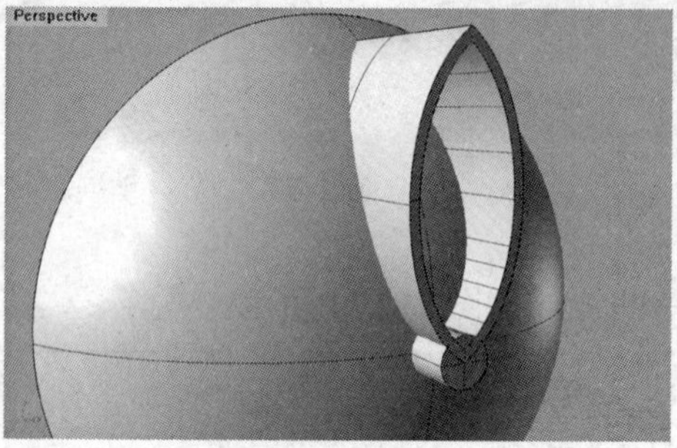

图 2–177

图 2–178

（11）单击图标。依次选取未拉伸过的 8 个同心圆进行拉伸成实体。如图 2–179 所示。

（12）单击图标。选取从第（4）步到第（11）步生成所有的实体进行布尔相减。如图 2–180 所示。

图 2–179

图 2–180

组装吹风机的头和后盖：

单击图标。分别选取吹风机的出风口和吹风机的后盖，将其移动到吹风机中间主体部分的适当位置。如图 2–181 所示。

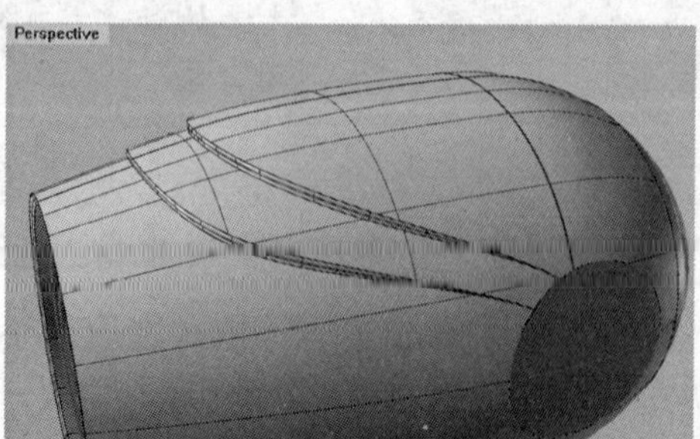

图 2–181

提示：

移动时移动的起点和终点要选取圆心和终点等特殊点。

吹风机的手柄：

（1）单击图标。在 Front 视窗内绘制两条曲线（两曲线的对应的起点和终点分别在同一水平线上）。如图 2–182 所示。

（2）单击图标。在 Top 视窗内绘制 3 个可变形圆（3 个圆的圆心在同一条水平线上）。如图 2–183 所示。

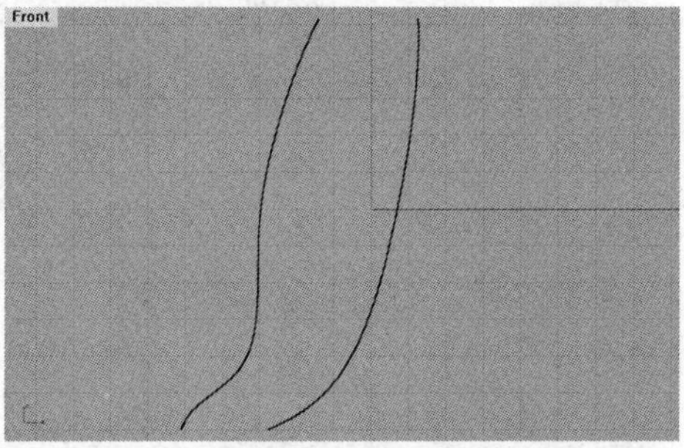

图 2–182

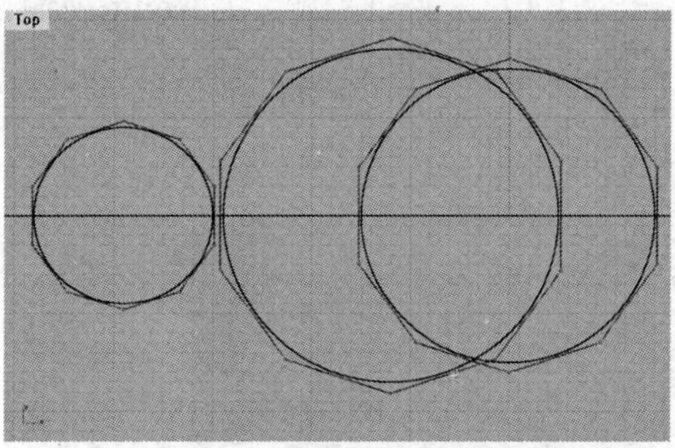

图 2–183

（3）依次选取各个圆，通过移动控制点对其形状进行调整。如图 2–184 所示。

（4）单击图标，以第（1）步绘制的曲线为轨迹线，第（3）步得到的封闭曲线为扫描截面线进行双轨扫描成面。如图 2–185 所示。

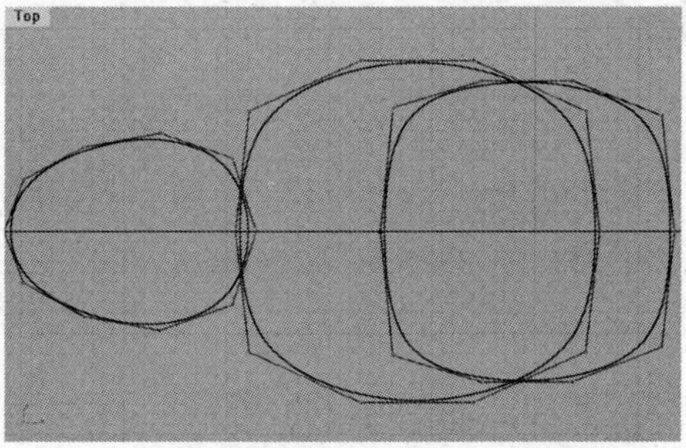

图 2–184

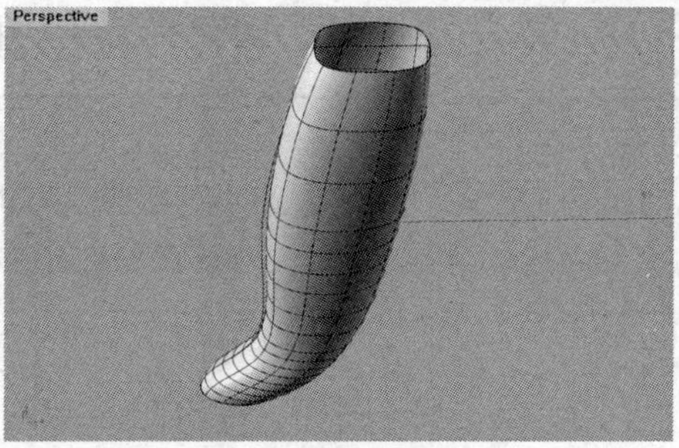

图 2–185

（5）单击图标，选取前一步生成曲面的底面边界生成平面。如图 2–186 所示。

（6）单击图标，选取第（4）步、第（5）步生成的曲面进行倒角。如图 2–187 所示。

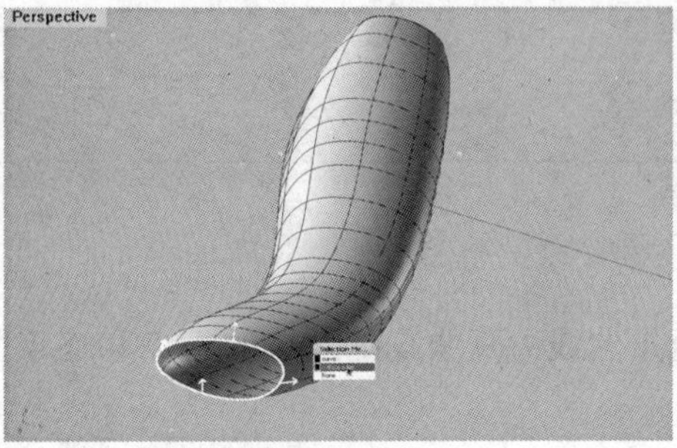

图 2–186

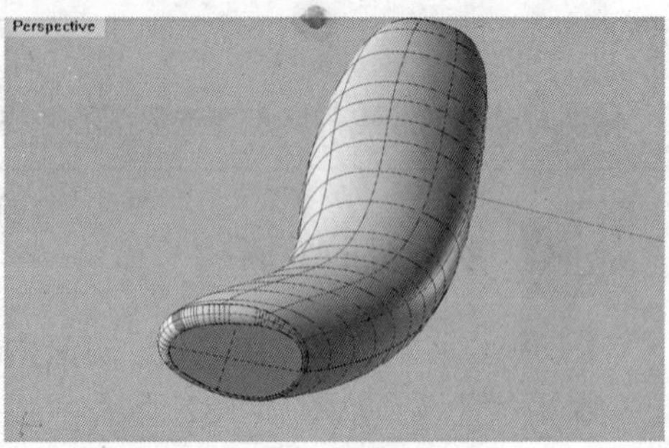

图 2–187

（7）单击图标，在 Right 视窗内绘制一条曲线。如图 2–188 所示。

（8）单击图标。对前一步绘制的曲线沿着其两端点进行镜像。如图 2–189 所示。

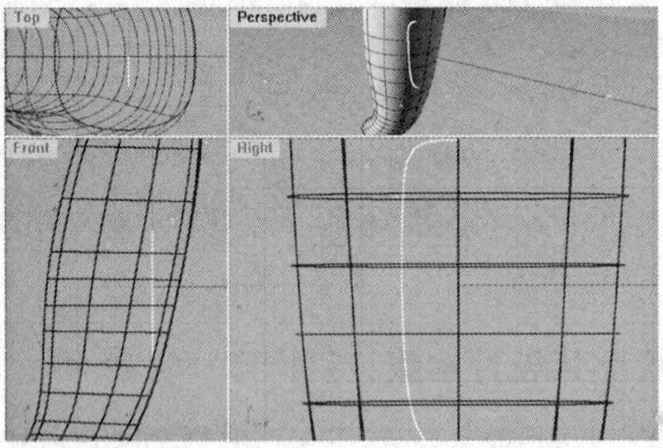

图 2–188

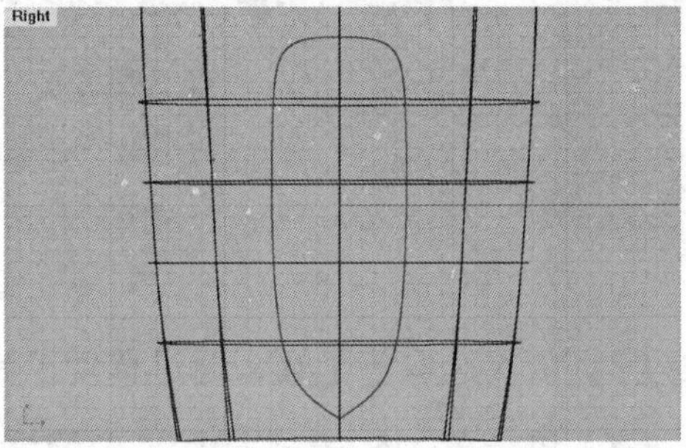

图 2–189

（9）单击图标。匹配前一步中生成的两曲线。如图 2–190 所示。

> 提示：
>
> 匹配时根据所想要得到的两连接曲线的连续性来设置匹配选项，这里的匹配选项中 Continuity 勾选 Tangency；Preserve other end 的勾选 Curvature、Average curves 和 join。

（10）单击图标，在 Right 视窗内绘制一条曲线。如图 2–191 所示。

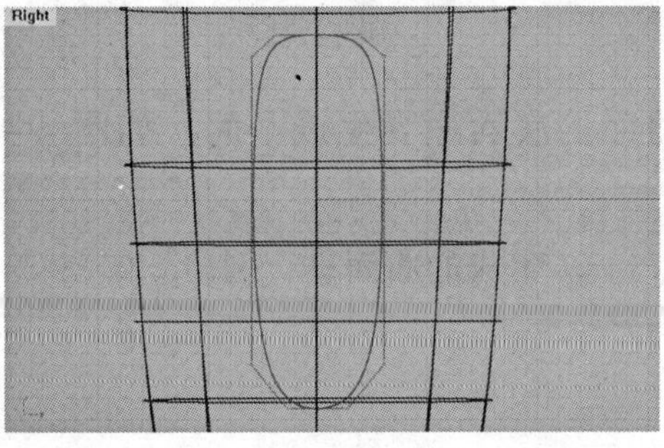

图 2–190

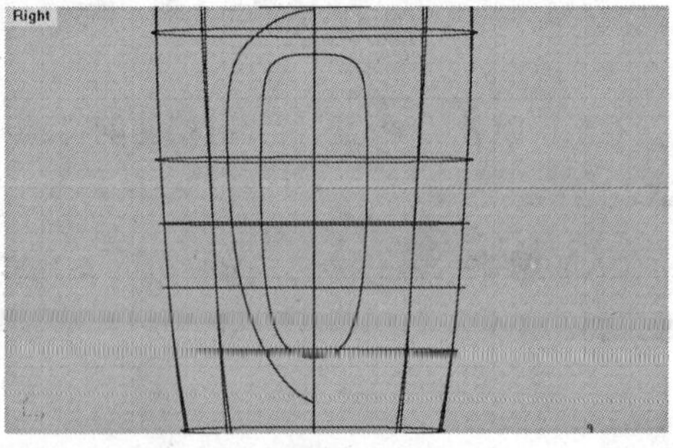

图 2–191

（11）依照第（8）、第（9）步的方法镜像第（10）步绘制的曲线，并将镜像后的曲线匹配。如图 2–192 所示。

（12）单击图标，在 Right 视窗内将第（9）步和第（11）步生成的两封闭曲线投影到第（4）步生成的曲面上，在 Front 视窗内删除投影到左边曲面上的两曲线。如图 2–193 所示。

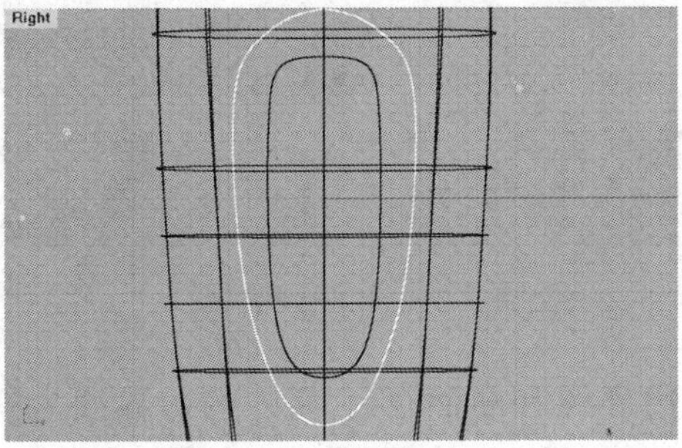

图 2–192

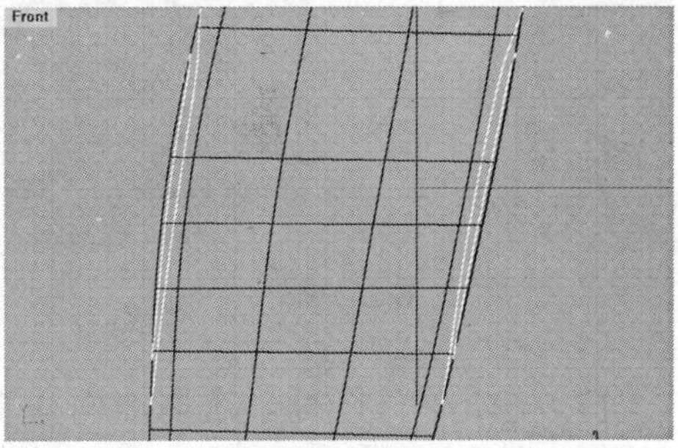

图 2–193

（13）单击图标，在 Right 视窗内用前一步生成的投影曲线分离第（4）步生成的曲面。如图 2–194 所示。

（14）分别选取前一步分离的两曲面，各移动到适当位置（曲面 1 向外移动，曲面 2 向里移动）。如图 2–195 所示。

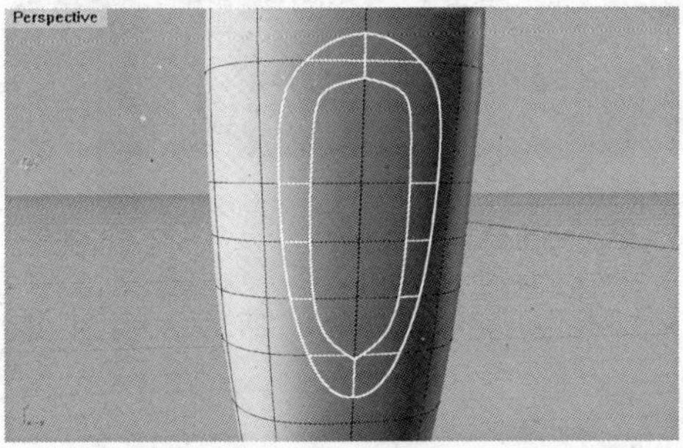

图 2–194

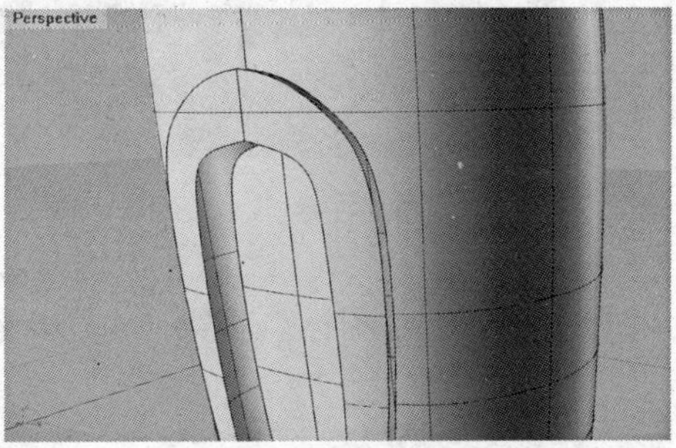

图 2–195

（15）单击图标。将曲面 1 与第（13）步中被分离后的曲面进行混接。如图 2–196 所示。

（16）单击图标。作一曲线连接曲面 1 的内部端点和曲面 2 的外部端点。如图 2–197 所示。

> 提示：
>
> 该曲线所在的平面在 Front 平面上，可以在 Front 视窗内通过辅助捕捉特殊点（端点）的方式完成。

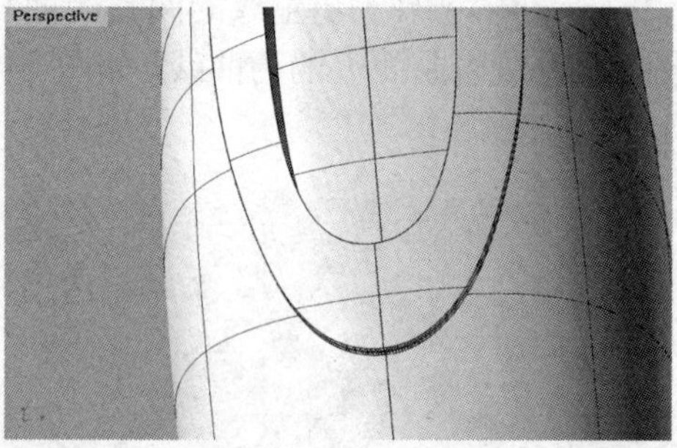

图 2–196

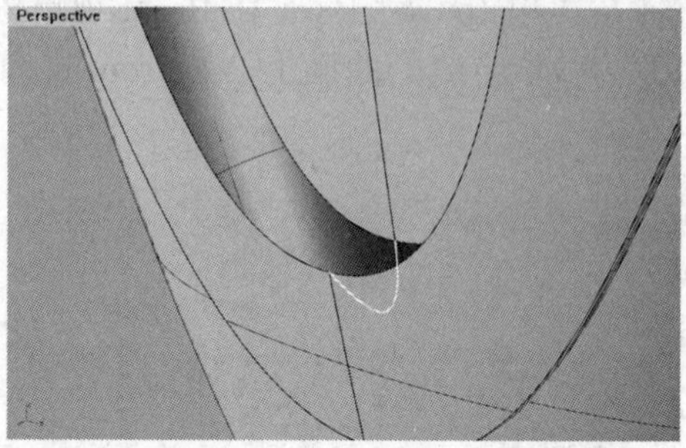

图 2–197

（17）单击 图标。选取曲面 1 朝内的边界线和曲面 2 上朝外的边界线为轨迹线，前一步绘制的曲线为轮廓扫描线进行双轨扫描成面。如图 2–198 所示。

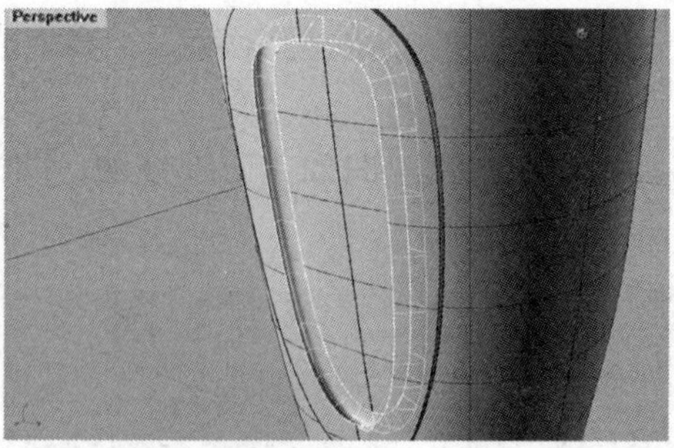

图 2–198

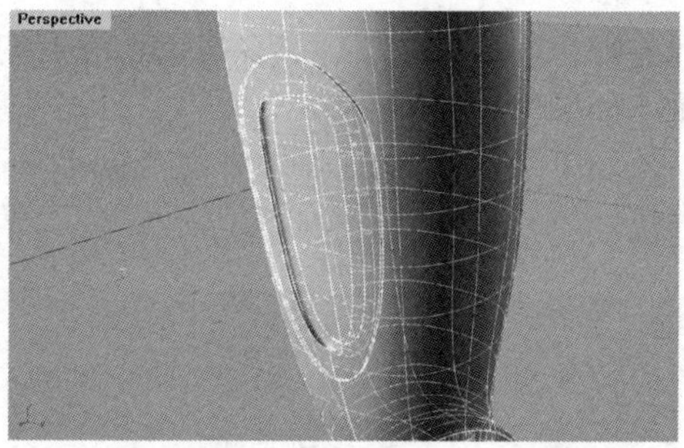

图 2–199

（18）单击 图标。将第（4）步至第（17）步生成的曲面全部结合。如图 2–199 所示。

（19）单击 图标。在 Right 视窗内绘制一个三角形。如图 2–200 所示。

> 提示：
> 绘制三角形时，将多边形指令的命令栏中的 NumSides = _设置为 NumSides = 3。

（20）单击 图标。对前一步绘制的三角形的三个角进行倒圆角。如图 2–201 所示。

> 提示：
> 在倒圆角时，将倒圆角指令的命令栏中的选项设置为：Join=Yes　Trim=Yes。

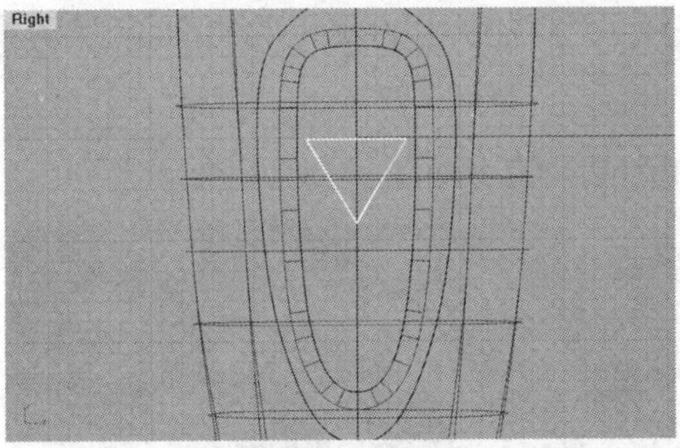

图 2-200

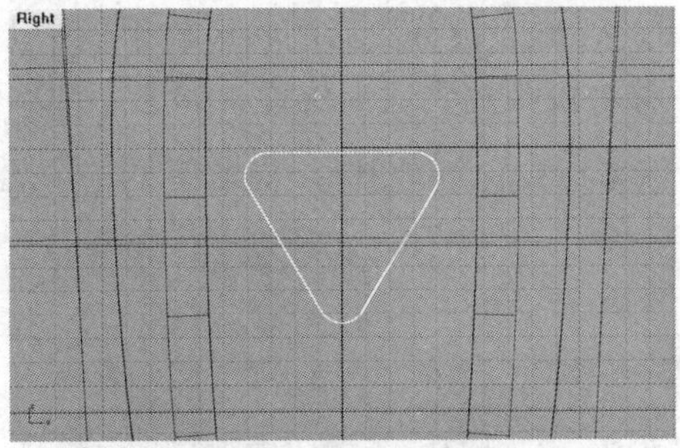

图 2-201

（21）单击 图标。将前一步生成的封闭曲线（倒圆角后的三角形）拉伸成实体。如图 2-202 所示。

（22）单击 图标。将前一步生成实体旋转适当角度。如图 2-203 所示。

> 提示：
> 旋转时，旋转起点和旋转角度的选取和大小决定旋转后实体的准确位置。

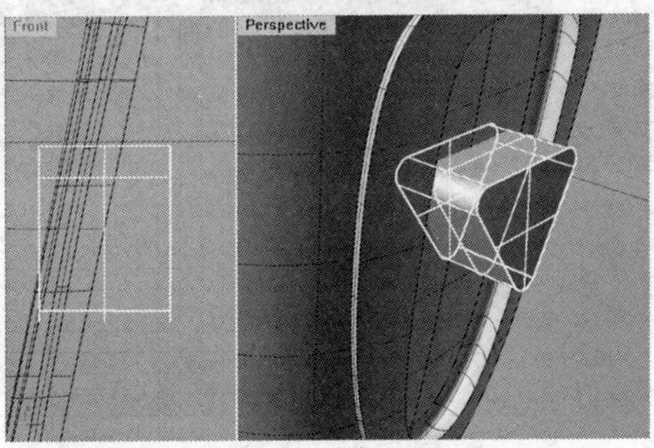

图 2-202

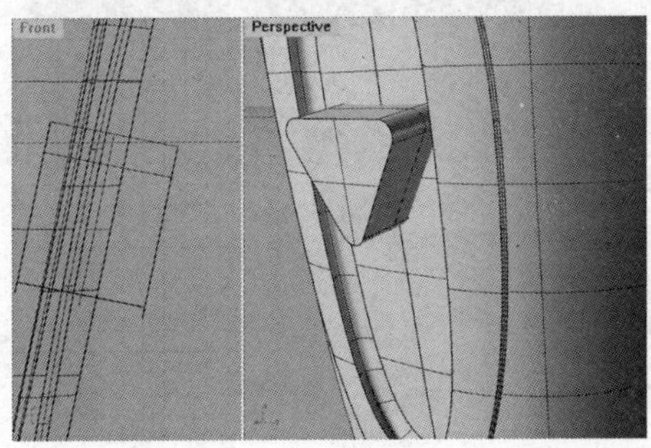

图 2-203

拼接吹风机的头和手柄：

（1）单击 图标。将吹风机的头和吹风机的手柄移动到适当的位置。如图 2-204 所示。

（2）单击 图标。用吹风机的头分离吹风机的手柄。如图 2-205 所示。

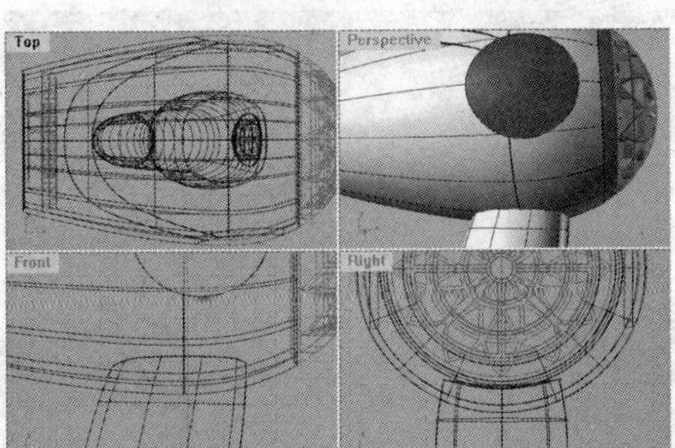

图 2-204

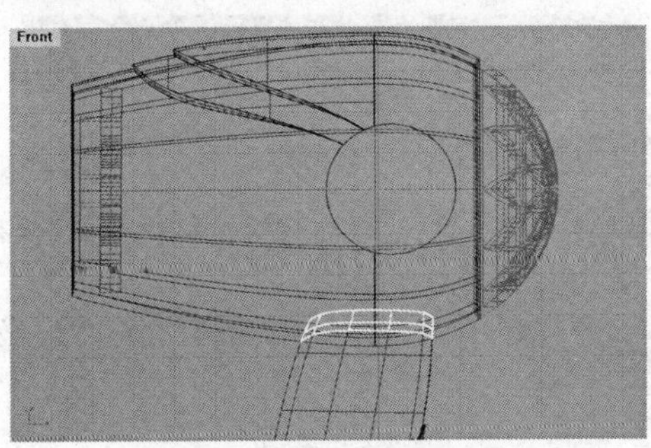

图 2-205

（3）删除被分离后的吹风机手柄中上半部分（图 2–205 中的较亮的曲面），然后将手柄下移一段距离到适当位置。如图 2–206 所示。

（4）单击 图标。提取手柄的边界线。如图 2–207 所示。

图 2–206

图 2–207

（5）单击 图标。在 Top 视窗内向外偏移前一步中提取的手柄的边界线。如图 2–208 所示。

（6）单击 图标。向上拉伸前一步偏移生成的曲线成曲面。如图 2–209 所示。

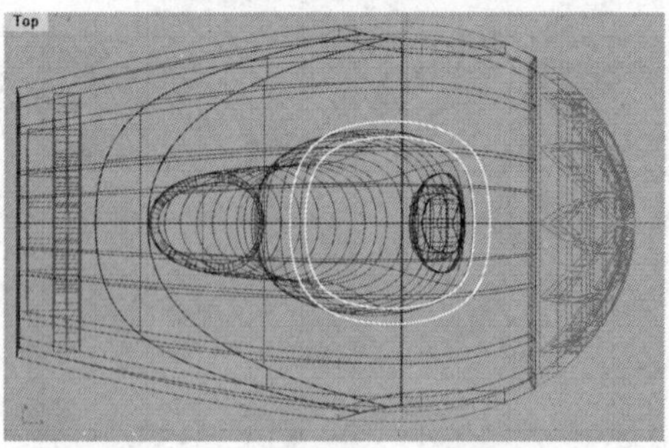

图 2–208

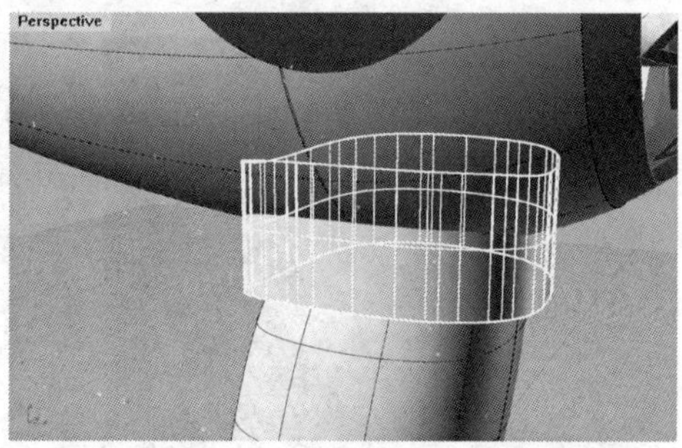

图 2–209

（7）单击 图标。用前一步生成的曲面分离吹风机的头，将分离后的相关曲面删除。如图 2–210 所示。

（8）单击 图标。将吹风机的头和手柄以混接曲面的形式混接起来。如图 2–211 所示。

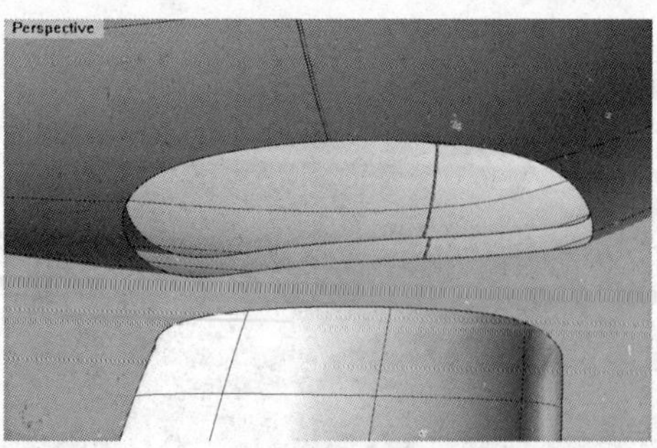

图 2–210

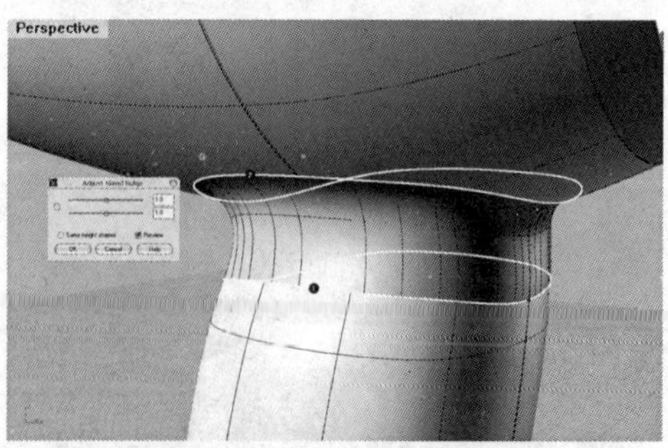

图 2–211

（9）在 Front 视窗内绘制曲线（先绘制两条直线和一个圆，然后相互剪切，最后结合在一起）。如图 2–212 所示。

（10）单击图标。用前一步生成的曲线分离吹风机手柄和混接面，然后将分离后的相关曲面与原相关曲面结合。如图 2–213 所示。

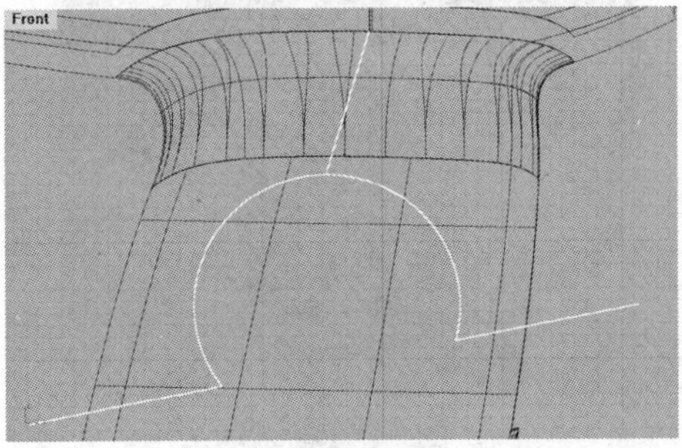

图 2–212

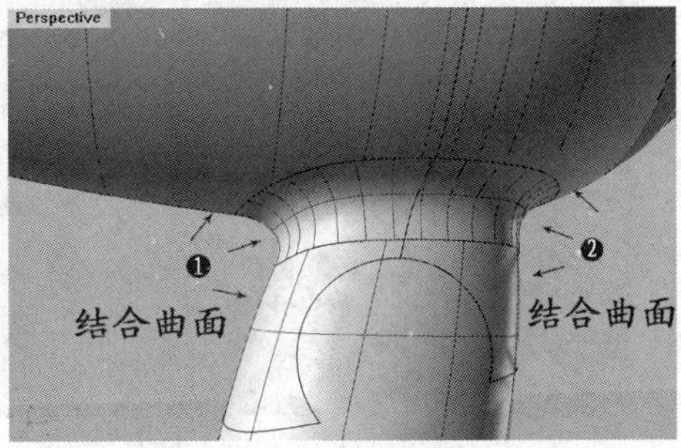

图 2–213

吹风机其他部分的建模如图 2–214、图 2–215 所示。具体建模过程略。

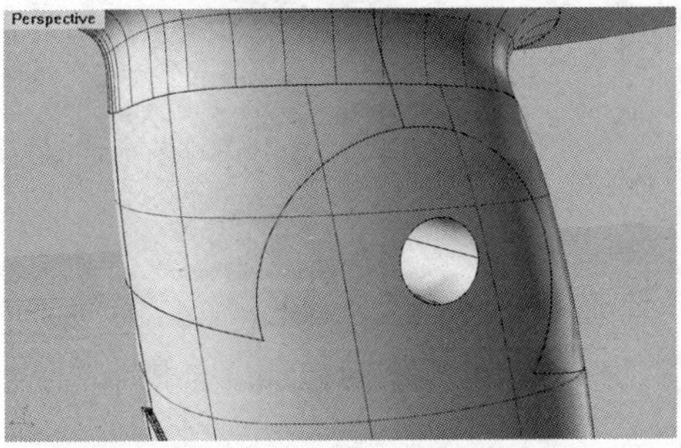

图 2–214

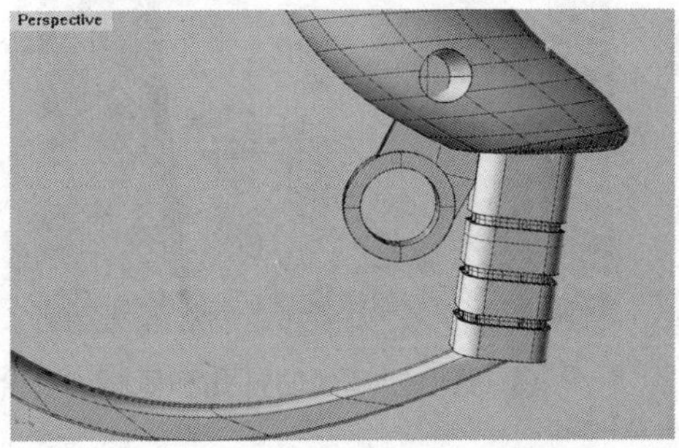

图 2–215

至此该吹风机的建模基本完成。渲染图见彩图 5。

2.6.4 路由器建模

本节将学习建立一个路由器模型

本节重点

- 学会通过重建和调整直线或曲线来绘制空间曲线
- 学会通过曲线生成网格面（）
- 学会通过曲线生成嵌面（）
- 学会绘制管状体（、）
- 学会沿着曲线阵列物件（、）
- 学会复制物件到适当位置（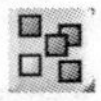）
- 学会从实体中提取面（）

● 学会特殊曲线的绘制（、）

制作流程概要：

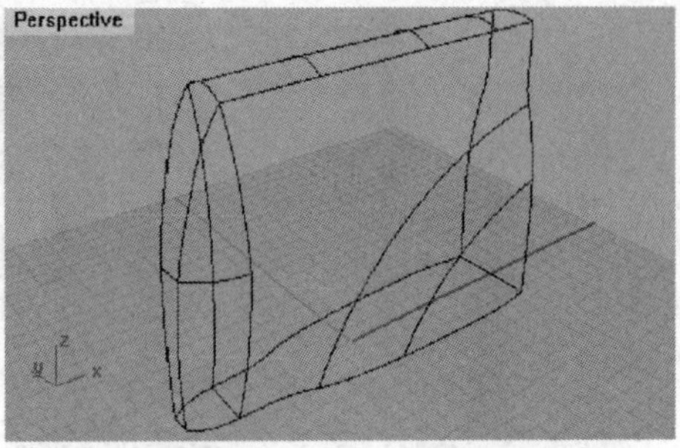

① 用曲线绘制出路由器的框架

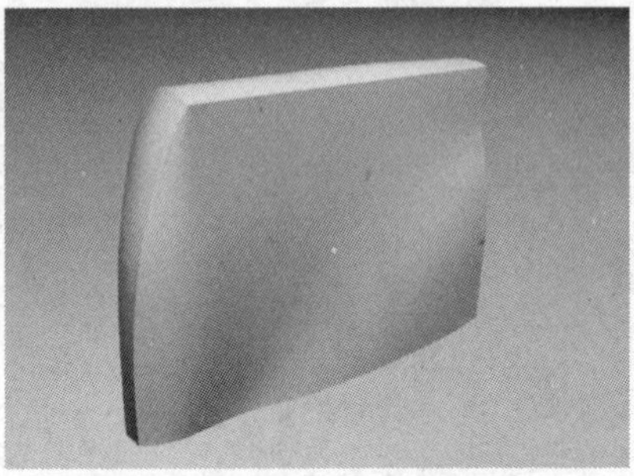

② 路由器主体部分的生成

③ 路由器侧面的打孔和底脚

④ 路由器指示灯及相关插槽

详细制作步骤：

基本设置与上一节的 iPodMP3 建模相同

具体建模：

用曲线绘制出路由器的框架：

（1）单击 图标。在 Top 视窗内绘制一曲线。如图 2–216 所示。

（2）单击 图标。在 Top 视窗内沿 *X* 轴镜像前一步绘制的曲线。如图 2–217 所示。

> 提示：
>
> 在执行镜像命令前可以先绘制一条通过 *X* 轴的直线作为对称轴，方便镜像时选取对称点。

（3）单击 图标。在 Top 视窗内绘制一条曲线，其中曲线的两端点为第（1）、（2）步绘制的曲线左边端点，曲线的中点通过前一步中的对称轴（确保曲线沿 *X* 轴对称）。如

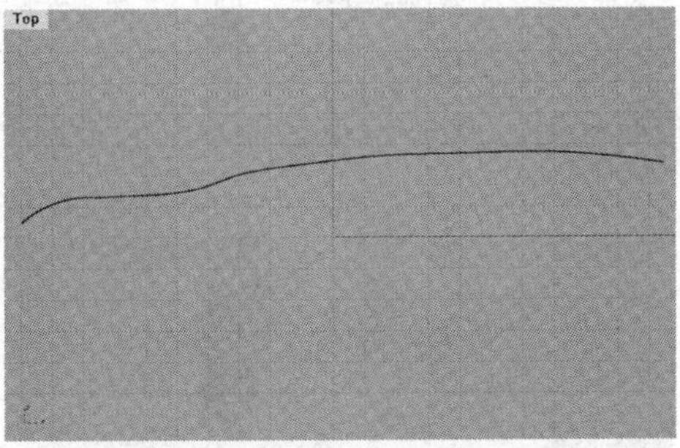

图 2–216

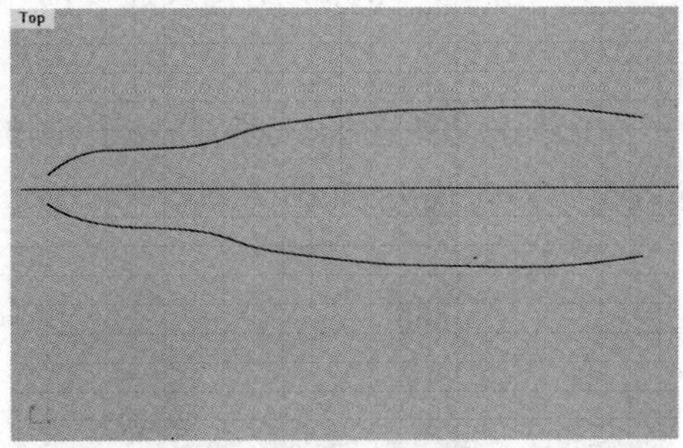

图 2–217

图 2–218 所示。

（4）单击  图标。在 Top 视窗内绘制两条竖直线。如图 2–219 所示。

提示：

左边直线的端点在第（1)、(2）步绘制的曲线上，右边直线的端点为第（1)、(2）步绘制的曲线的右边端点。

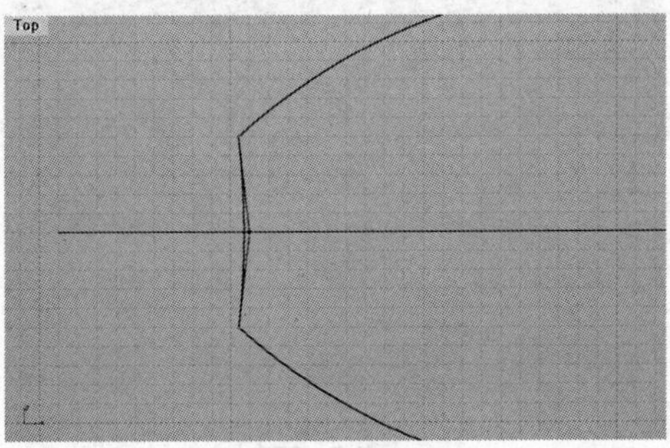

图 2–218

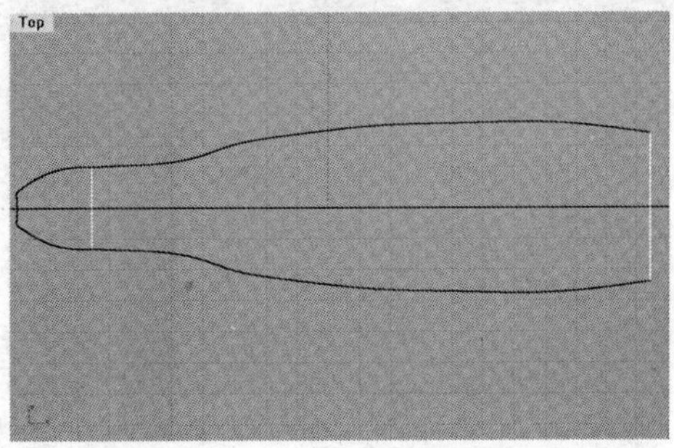

图 2–219

（5）单击  图标。用前一步绘制的左边直线剪切第（1)、(2）步绘制的曲线。如图 2–220 所示。

（6）单击  图标。在 Right 视窗内绘制一曲线并将该曲线移动到适当位置。如图 2–221 所示。

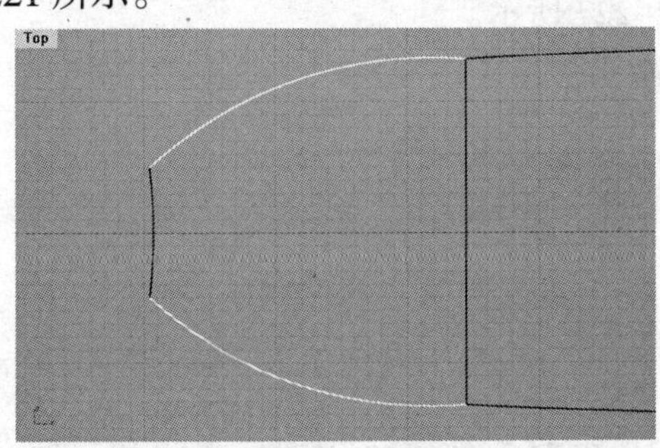

图 2–220

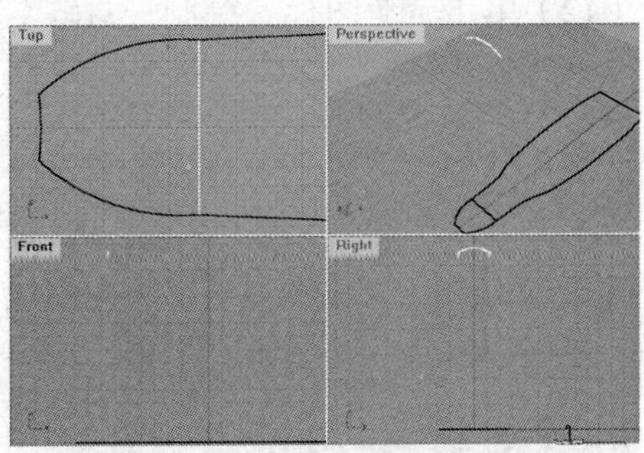

图 2–221

（7）单击 图标。用直线连接前一步和第（3）步绘制的曲线的各自右端端点。如图 2–222 所示。

（8）单击 图标。对前一步绘制的直线进行重建，然后选取控制点对直线进行调整（调整后为曲线）。如图 2–223 所示。

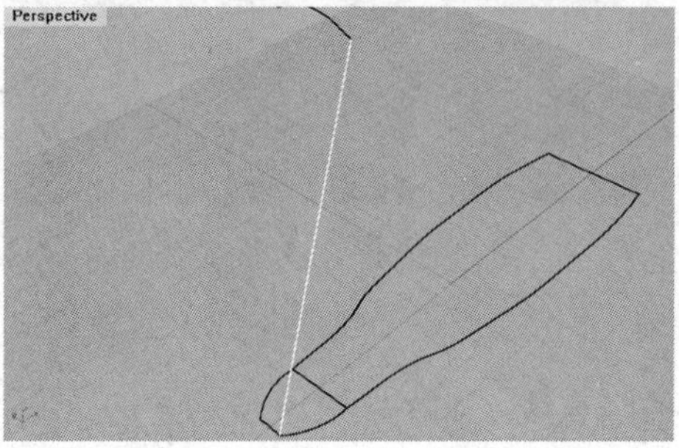

图 2–222

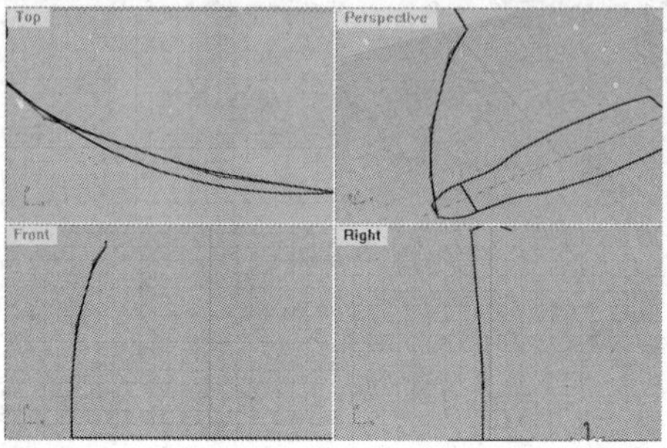

图 2–223

（9）单击 图标。沿着 *X* 轴方向镜像前一步生成的曲线。如图 2–224 所示。

（10）依照第（7）、（8）、（9）步的方法继续绘制两条曲线。如图 2–225 所示。

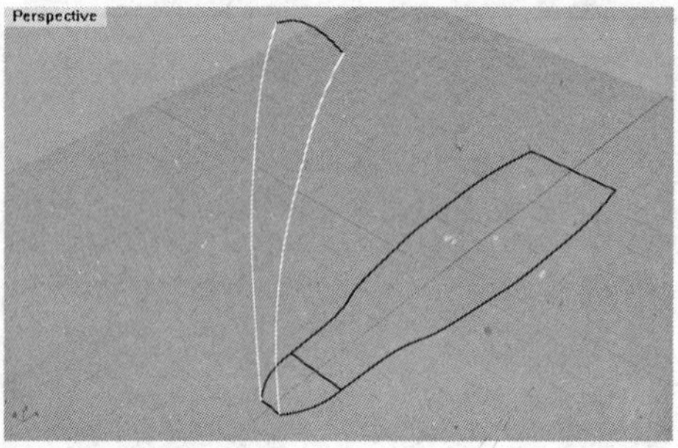

图 2–224

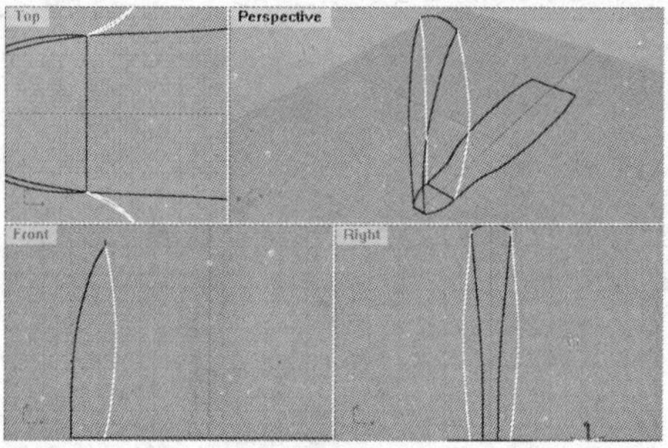

图 2–225

（11）单击 图标。绘制一曲线。如图 2–226 所示。

> 提示：
>
> 该曲线的两端点为第（8）、（9）步中生成两曲线的中点，且该曲线沿 *X* 轴对称。

（12）单击 图标。绘制一直线。如图 2–227 所示。

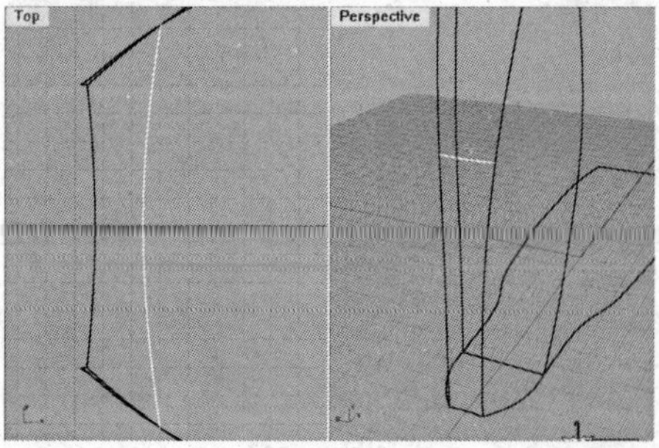

图 2–226

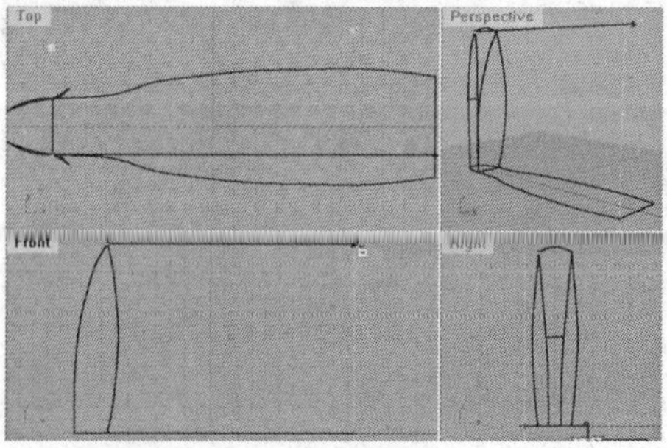

图 2–227

提示：

该直线的起点为第（6）、（8）步中生成两曲线的交点，终点的坐标为：*X* 坐标的位置与第（4）步绘制的右边直线的 *X* 坐标一致；*Y* 和 *Z* 坐标与起点的 *Y* 和 *Z* 坐标一致。其中终点的指定可以通过勾选 Strack 辅助捕捉指令和按住键盘上的 Shift 按钮协助完成。

（13）单击  图标。沿 *X* 轴镜像前一步绘制的直线。如图 2–228 所示。

（14）单击  图标。在 Right 视窗内绘制一曲线。如图 2–229 所示。

提示：

该曲线的两端点为第（12）、（13）步生成直线的右边端点，且该曲线沿 *X* 轴对称。

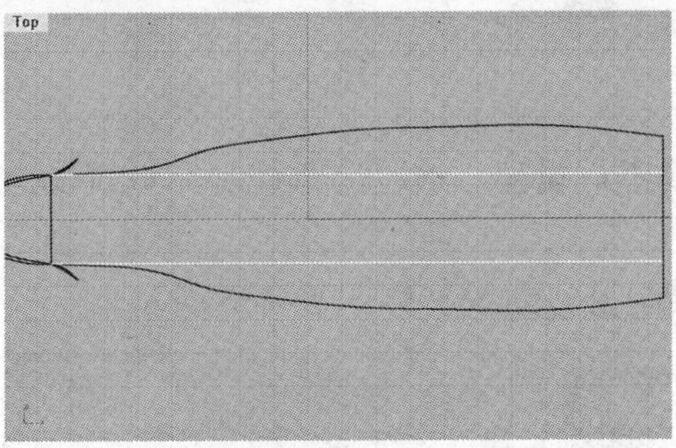

图 2–228

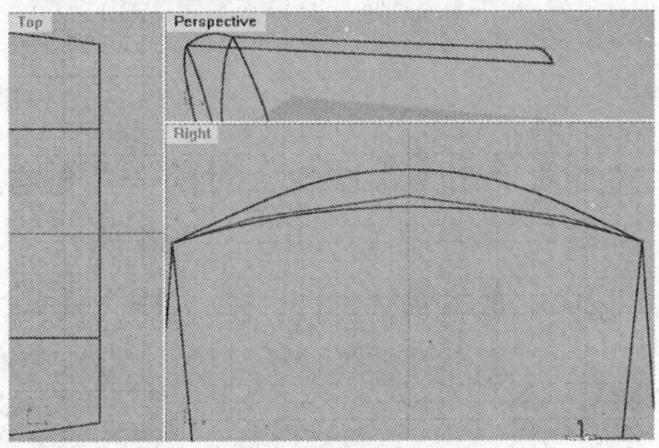

图 2–229

（15）单击  图标。继续在 Right 视窗内绘制三条曲线。如图 2–230 所示。

提示：

此三条曲线的各自的两端点均在第（12）、（13）步生成直线上，且此三条曲线沿 *X* 轴对称。

（16）单击  图标。在 Right 视窗内绘制一曲线。如图 2–231 所示。

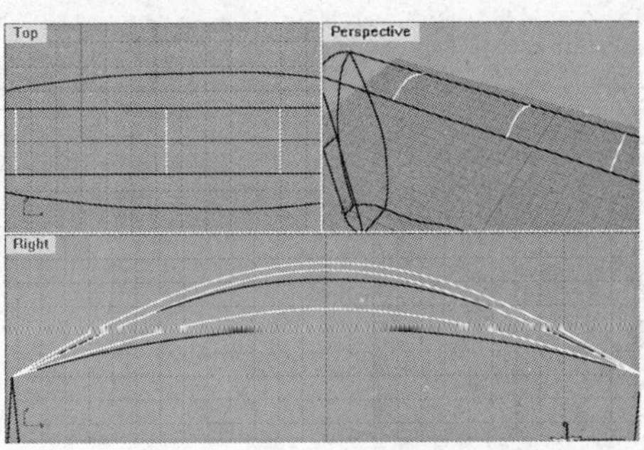

图 2–230

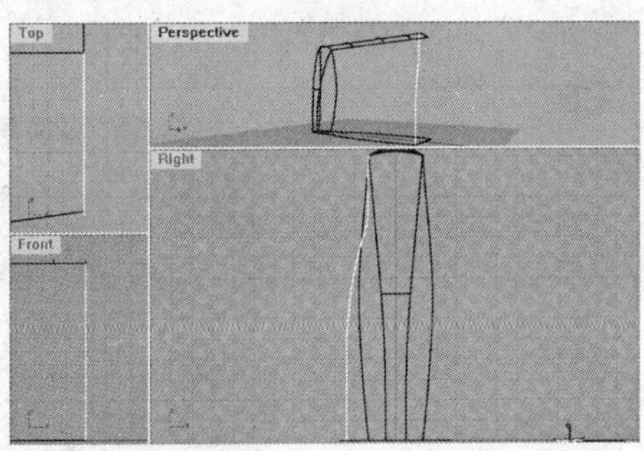

图 2–231

（17）单击图标。沿 Z 轴镜像前一步绘制的曲线。如图 2–232 所示。

（18）单击图标。绘制一直线。如图 2–233 所示。

> 提示：
>
> 该直线的两端点分别在第（2）和第（16）步绘制的曲线上，指定此两端点时可以勾选 Near 辅助选取。

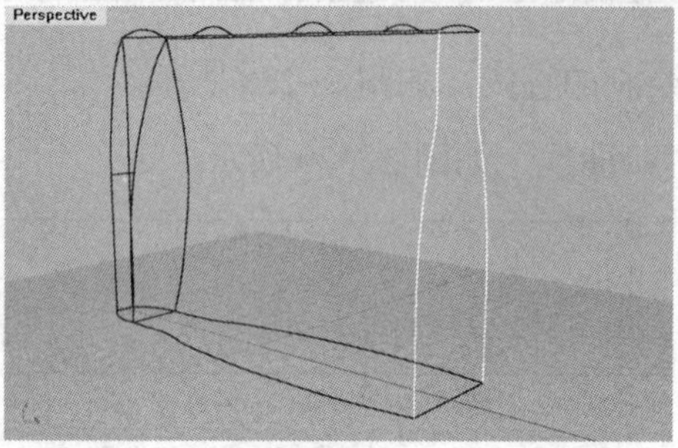

图 2–232

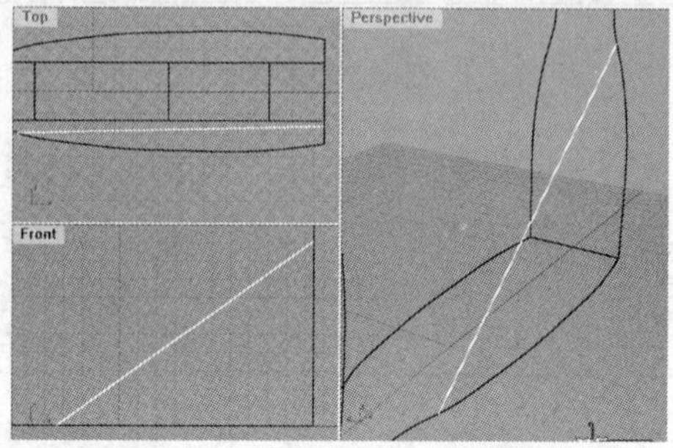

图 2–233

（19）单击图标。对前一步绘制的直线进行重建，然后选取控制点对直线进行调整（调整后为曲线）。如图 2–234 所示。

（20）依照第（18）、第（19）步的方法绘制另一曲线。如图 2–235 所示。

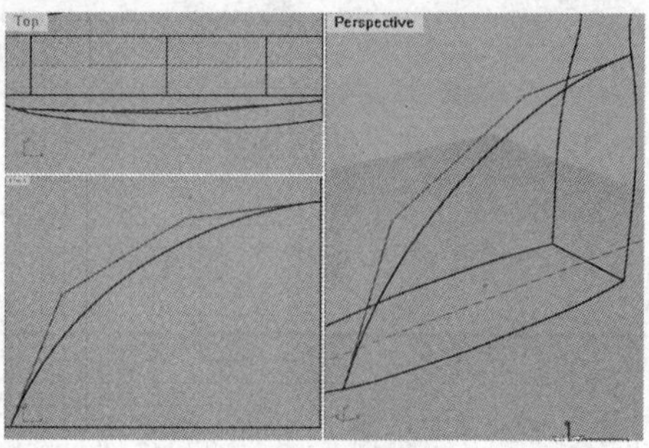

图 2–234

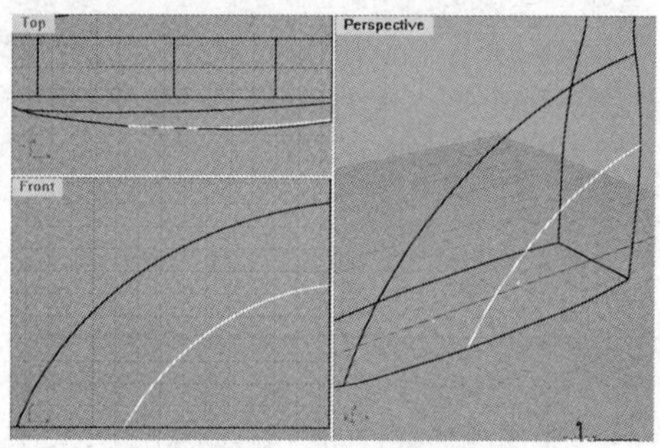

图 2–235

（21）依照第（18）、第（19）步的方法再绘制一曲线。如图 2–236 所示。

> 提示：
>
> 该曲线的两端点分别在第（8）和第（10）步生成的曲线的中段。

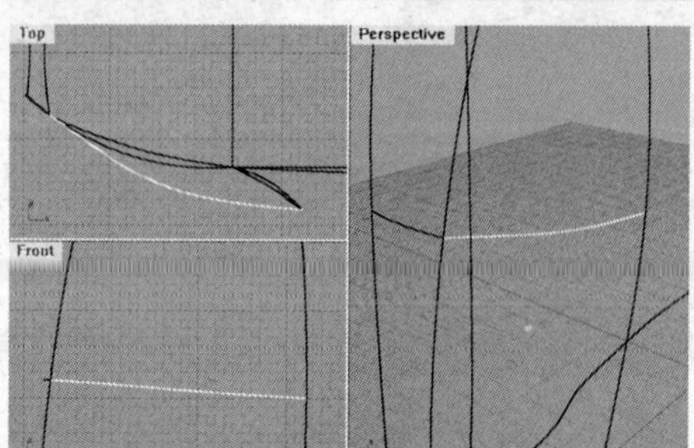

图 2–236

由曲线框架生成路由器主体部分：

（1）单击 图标。以曲线 1、2 为轨迹线，曲线 3、4、5 为截面扫描线进行双轨扫描成面。如图 2–237 所示。

（2）单击 图标。依次选取四条曲线生成网格面。如图 2–238 所示。

> 提示：
>
> 选取的四条曲线是图 2-238 中的四条较亮的曲线，其中图标 C 对应的曲线是前一步生成曲面的边界。

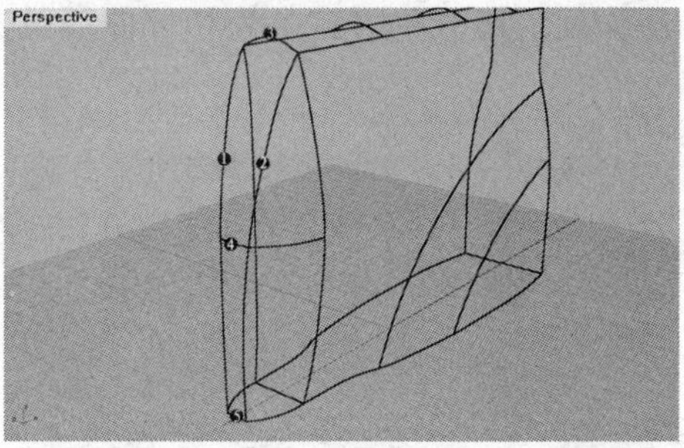

图 2–237

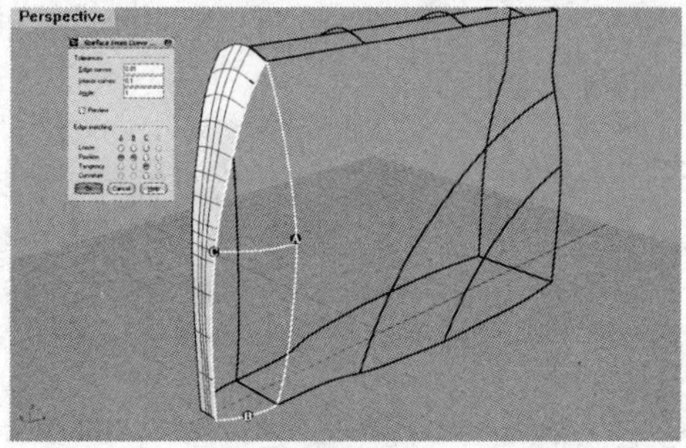

图 2–238

（3）单击 图标。沿 X 轴镜像前一步生成的曲面。如图 2–239 所示。

（4）单击 图标。依次选取四条曲线生成平面，其中左边三条为相邻曲面的边界线。如图 2–240 所示。

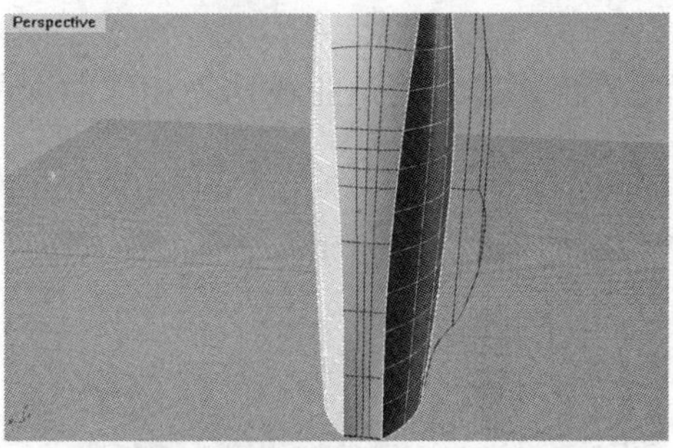

图 2–239

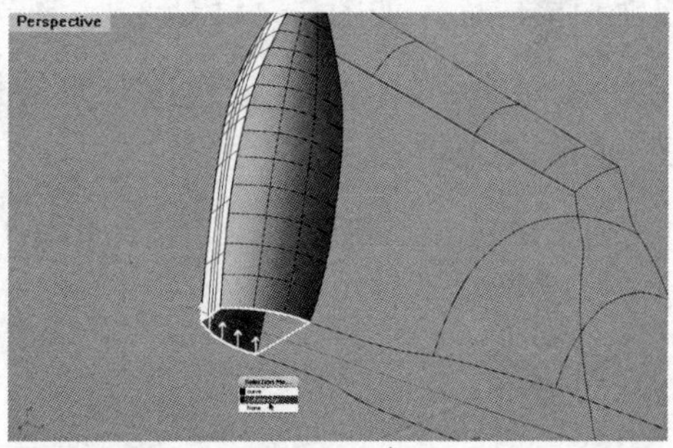

图 2–240

（5）单击 图标。依次选取曲线 Patch 成面。如图 2–241 所示。

> 提示：
>
> 图 2-241 中较亮的曲线为选取进行 Patch 成面的曲线。

（6）单击 图标。沿 X 轴镜像前一步生成的曲面。如图 2–242 所示。

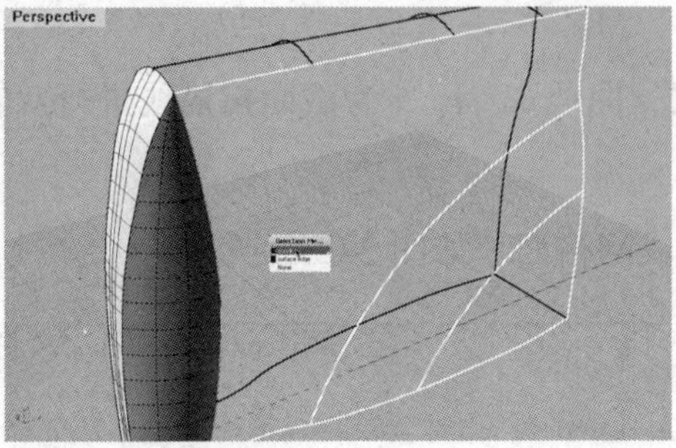

图 2–241

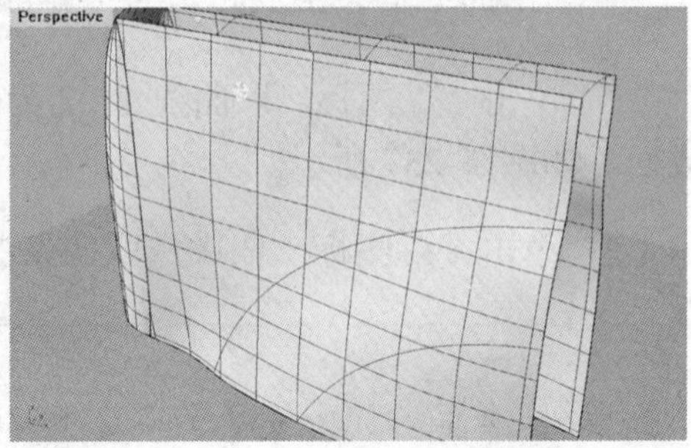

图 2–242

（7）单击 图标。依次选取四条曲线生成平面，其中左边三条为相邻曲面的边界线。如图 2–243 所示。

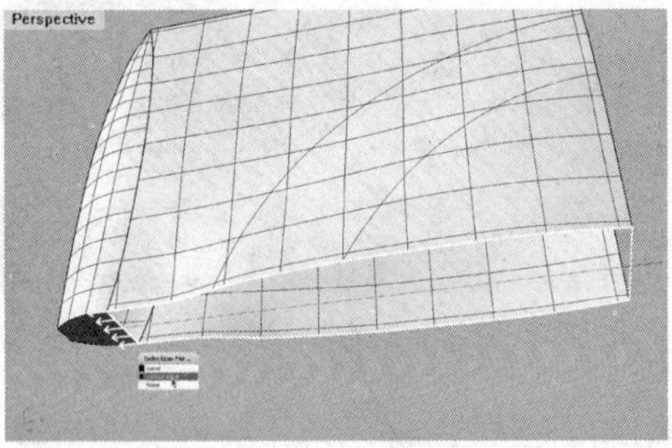

图 2–243

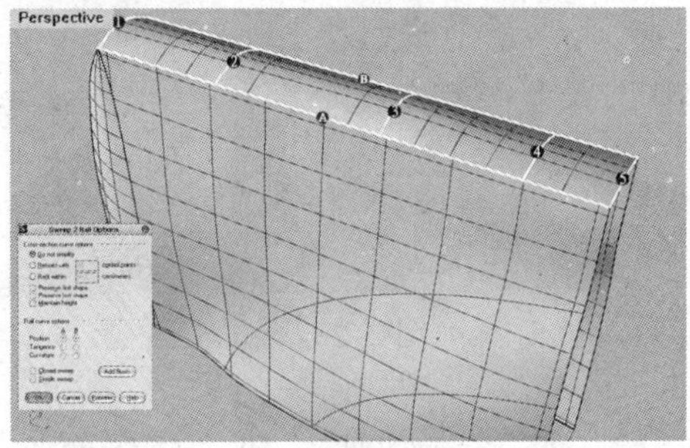

图 2–244

（8）单击 图标。以曲线 A、B 为轨迹线，曲线 1、2、3、4、5 为截面扫描线进行双轨扫描成面。如图 2–244 所示。

（9）单击 图标。依次选取四条曲线生成平面，其中四条曲线均为相邻曲面的边界线。如图 2–245 所示。

（10）单击 图标。结合从第（1）步到第（9）步生成的曲面。如图 2–246 所示。

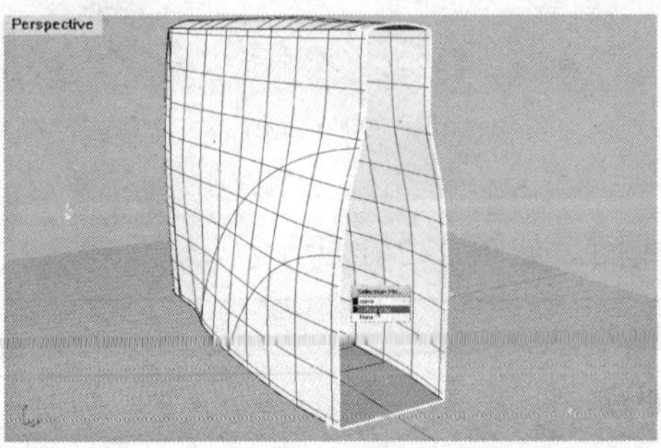

图 2–245

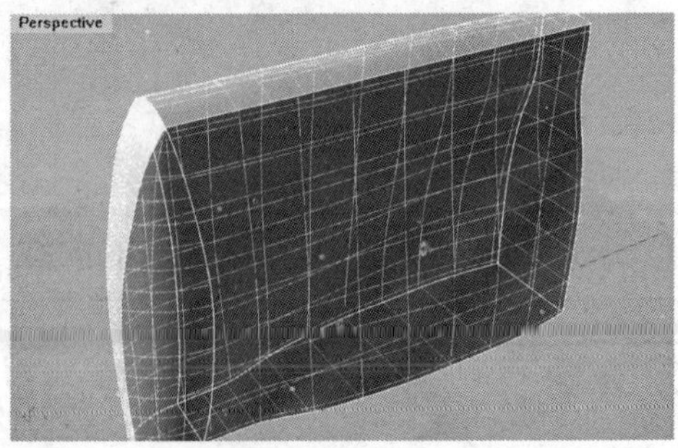

图 2–246

（11）单击图标。对前一步生成的实体倒圆角。如图 2-247 所示。

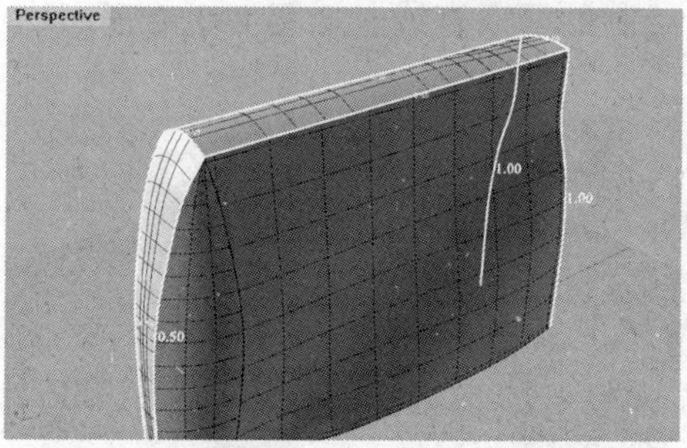

图 2-247

路由器侧面的打孔和底脚绘制：

（1）单击图标。在 Front 视窗内绘制一曲线。如图 2-248 所示。

（2）单击图标。向内偏移前一步生成的曲线。如图 2-249 所示。

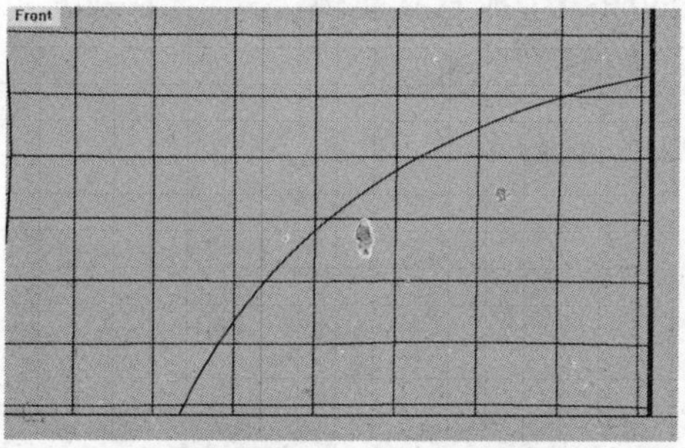

图 2-248

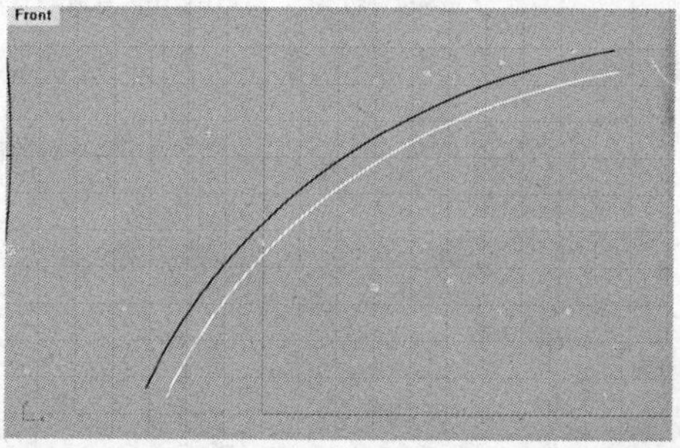

图 2-249

（3）依照前一步的方法继续向内偏移曲线。如图 2-250 所示。

（4）单击图标。在 Front 视窗内绘制两条直线。如图 2-251 所示。

> 提示：
>
> 该两条直线穿过从第（1）到第（3）步绘制的曲线，以方便下一步的剪切指令。

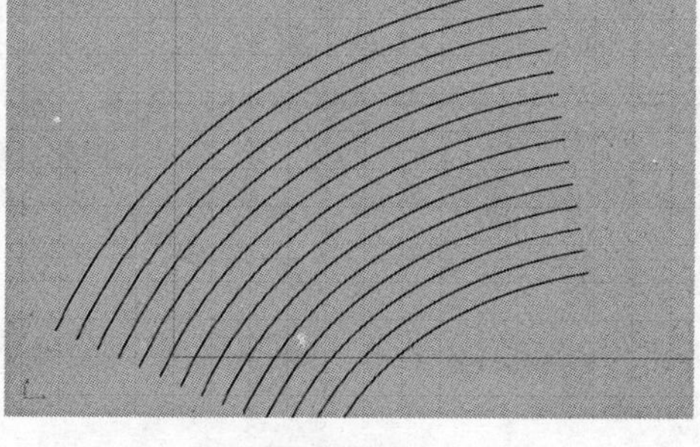

图 2-250

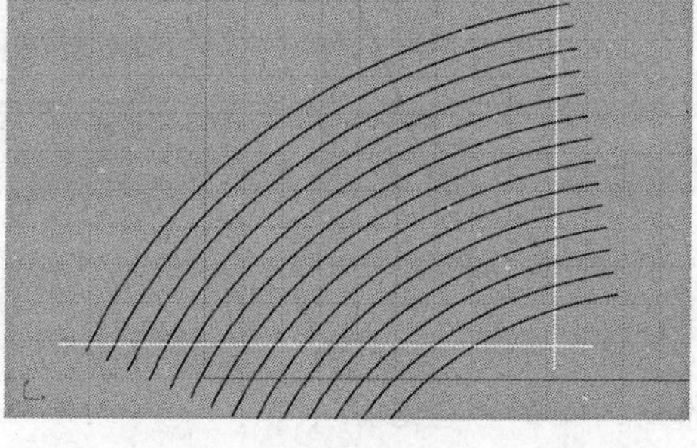

图 2-251

（5）单击图标。用前一步绘制的两条直线剪切从第（1）步到第（3）步中生成的曲线，然后删除前一步绘制的两条直线。如图 2–252 所示。

图 2–252

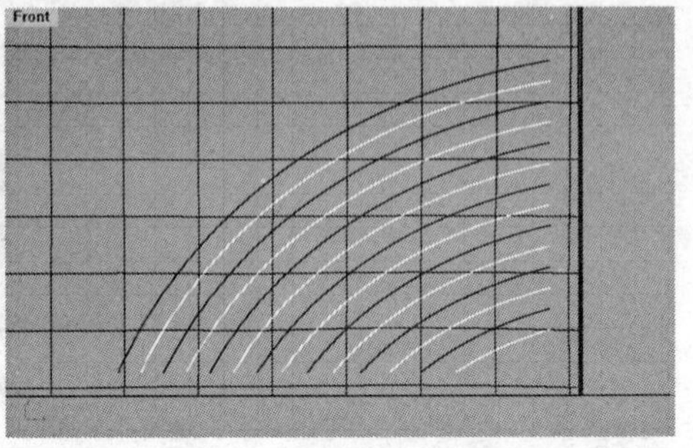

图 2–253

（6）单击图标。在 Front 视窗内选取前一步剪切得到的曲线中的相关曲线（从左到右为偶数号的曲线）投影到侧面曲面上。如图 2–253 所示。

（7）单击图标。选取前一步投影得到的曲线生成管状实体（先生成一边侧面的管状实体，然后镜像得到另一侧面的管状实体）。如图 2–254 所示。

（8）单击图标。沿着 *X* 轴镜像前一步中生成的实体。如图 2–255 所示。

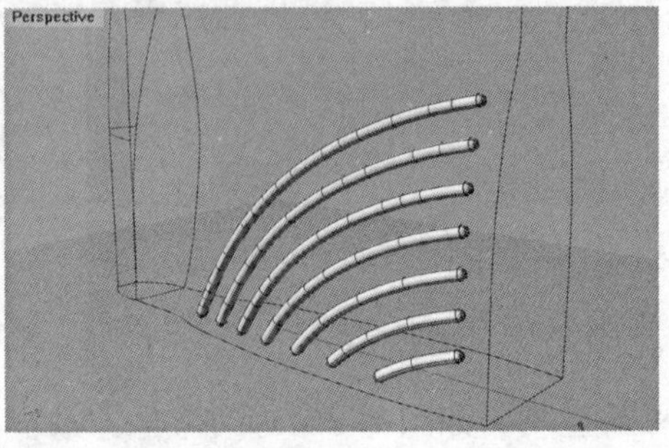

图 2–254

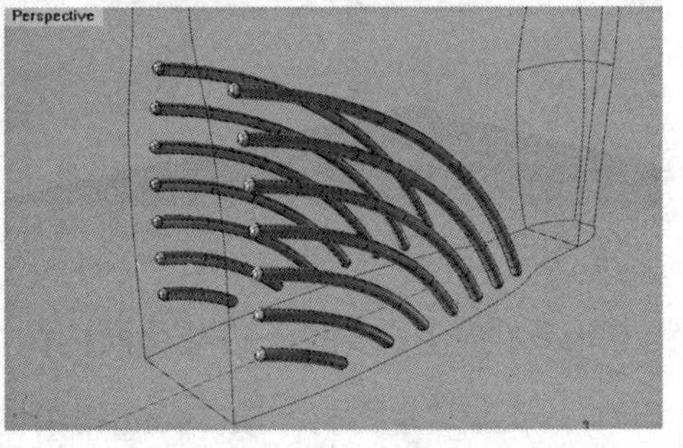

图 2–255

（9）单击图标。依次选取路由器主体部分的曲面与第（7）步和第（8）步生成的管状实体进行布尔相减。如图 2–256 所示。

（10）单击图标。在 Front 视窗内绘制一个圆。如图 2–257 所示。

> 提示：
>
> 该圆的圆心在曲线上，指定圆心时可以勾选 Near 选项辅助选取。

（11）单击图标。沿着第（5）步中生成的曲线的最外面一条曲线阵列前一步生成的圆。如图 2–258 所示。

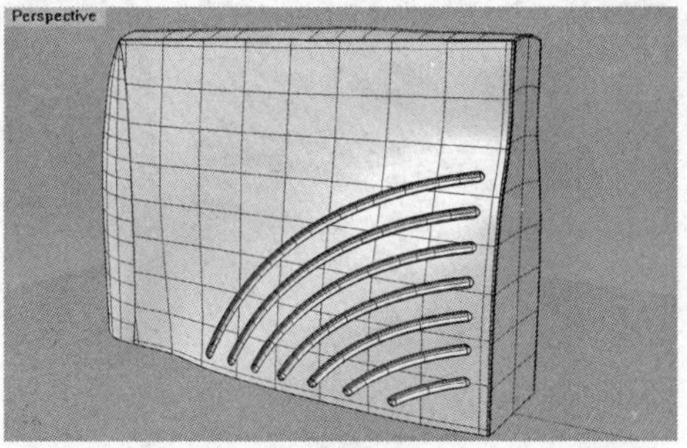

图 2–256

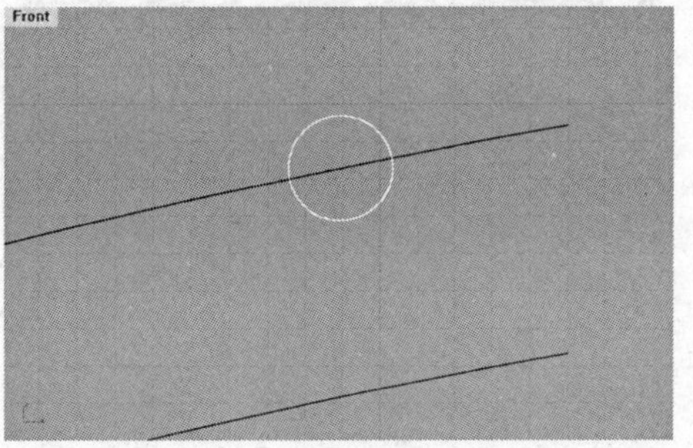

图 2–257

（12）单击  图标。选取第（10）步生成的圆复制到第（5）步生成的各曲线上（除最外面那条）。如图 2–259 所示。

> 提示：
> 复制时的起点选取第（10）步绘制的圆的中心，终点依次选在各曲线上。

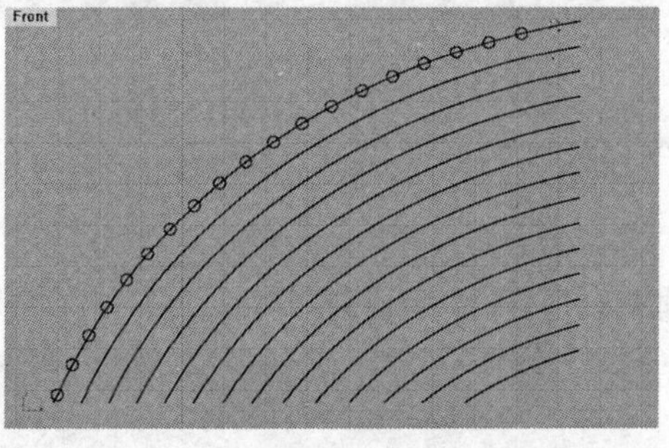

图 2–258

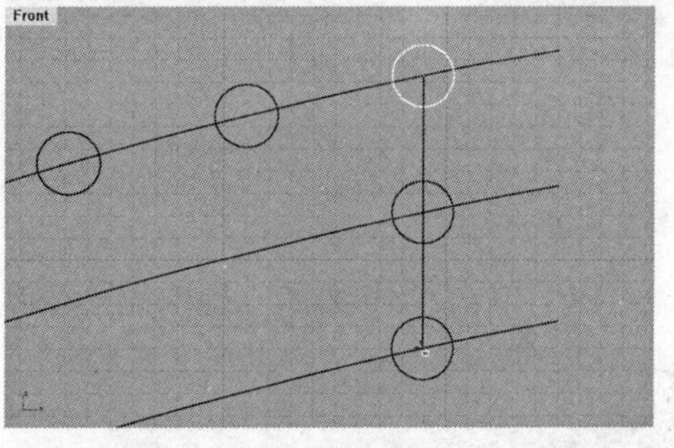

图 2–259

（13）依照第（11）步的方法依次沿着第（5）步生成的各曲线阵列其上的圆。如图 2–260 所示。

> 提示：
> 沿着曲线进行阵列圆时，阵列的个数随着曲线的长度变短而依次设置递减的数目。

（14）单击  图标。拉伸从第（10）步到第（13）步中生成的圆成实体，将生成实体沿 *Y* 轴负方向移动适当位移，确保实体与路由器主体侧面相交以便于以后的布尔相减。如图 2–261 所示。

（15）单击 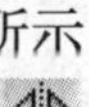 图标。在 Top 视窗内沿 *X* 轴镜像前一步生成的实体。如图 2–262 所示。

（16）单击  图标。依次选取路由器主体部分的曲面与前两步生成的实体进行布尔相减。如图 2–263 所示。

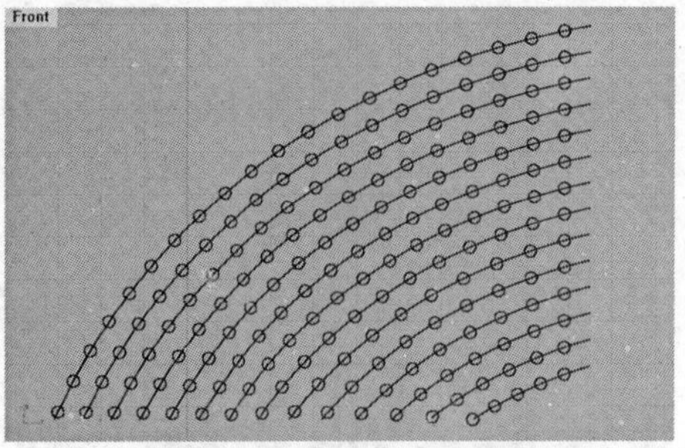

图 2–260

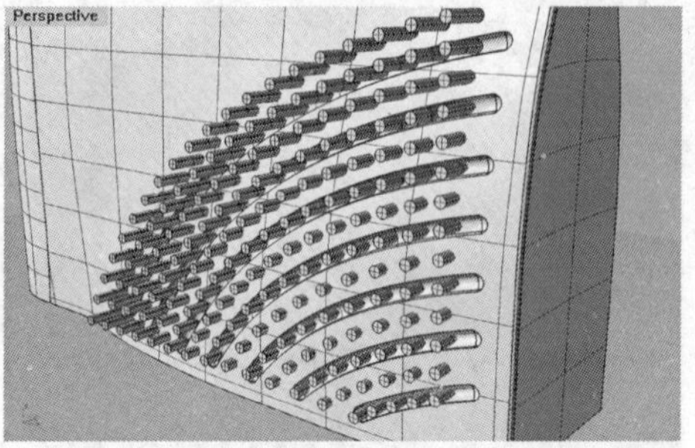

图 2–261

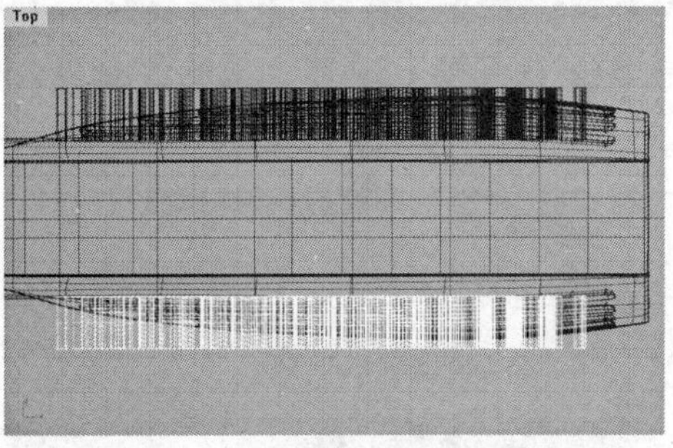

图 2–262

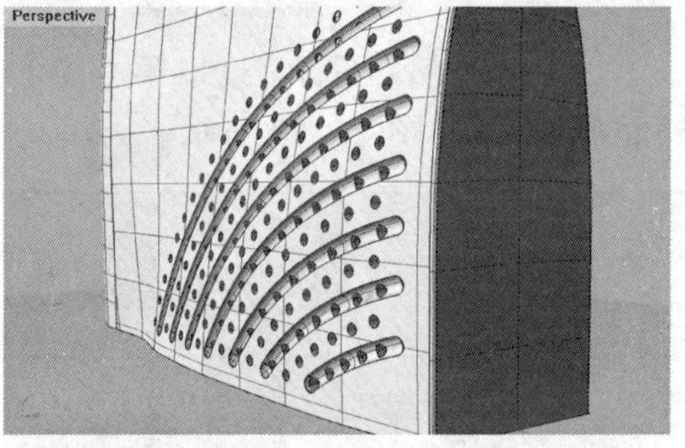

图 2–263

（17）在 Top 视窗内绘制圆，然后沿直线阵列绘制的圆并沿 *X* 轴镜像阵列后的圆。如图 2–264 所示。

（18）单击  图标。提取路由器的顶部曲面。如图 2–265 所示。

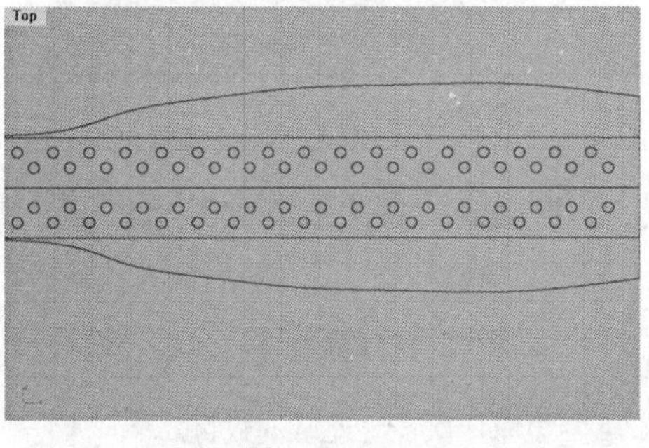

图 2–264

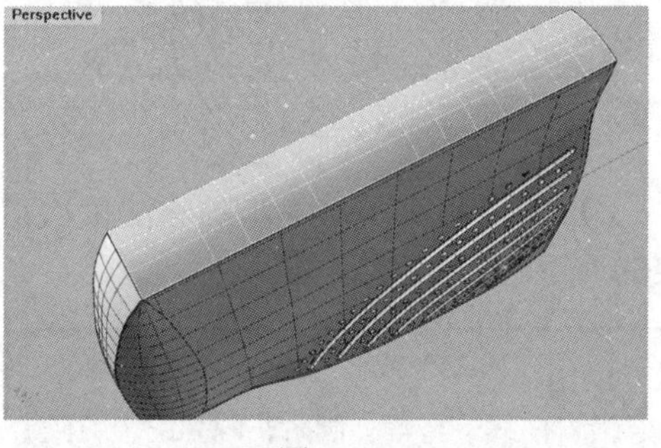

图 2–265

（19）单击 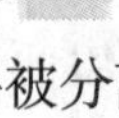 图标。在 Top 视窗内用第（17）步得到的圆对前一步提取的曲面进行分离。然后将被分离后的曲面（这里指圆形曲面）删除。如图 2–266 所示。

（20）在 Top 视窗内绘制圆角矩形（单击  图标，并激活命令栏中的 Rounded），然后沿直线阵列绘制的圆角矩形并沿 *X* 轴镜像阵列后的圆角矩形。如图 2–267 所示。

（21）单击 图标。提取路由器的底部曲面。如图 2–268 所示。

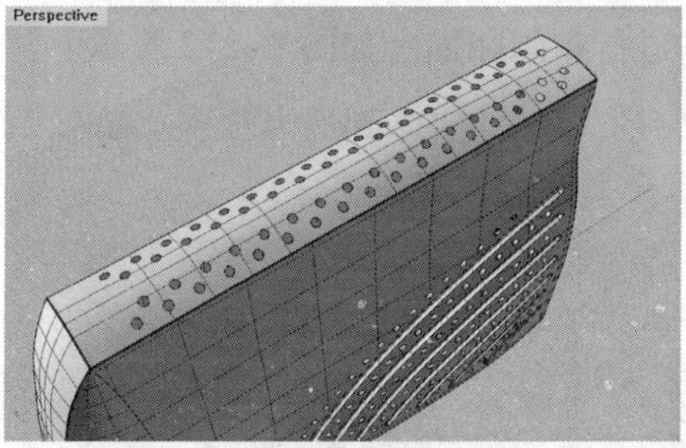

图 2–266

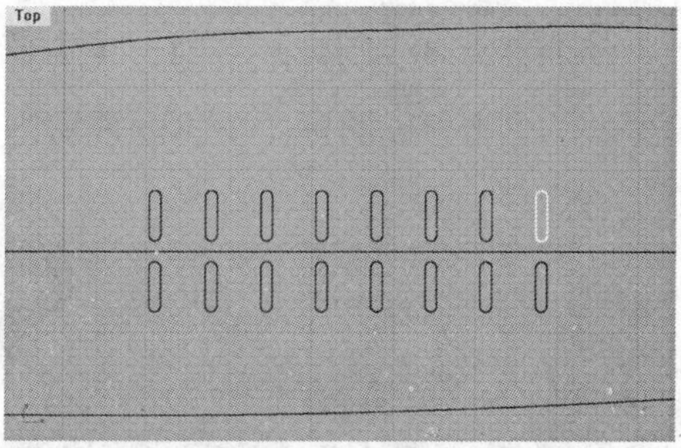

图 2–267

（22）依照从第（19）步至（21）步的方法，在 Top 视窗内用第（20）步得到的圆角矩形对前一步提取的曲面进行打孔。如图 2–269 所示。

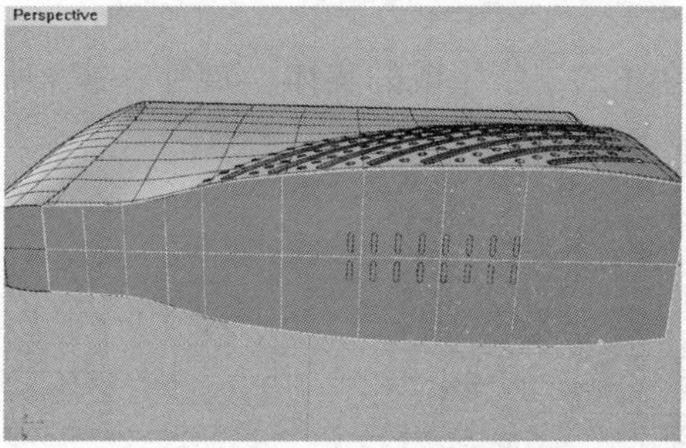

图 2–268

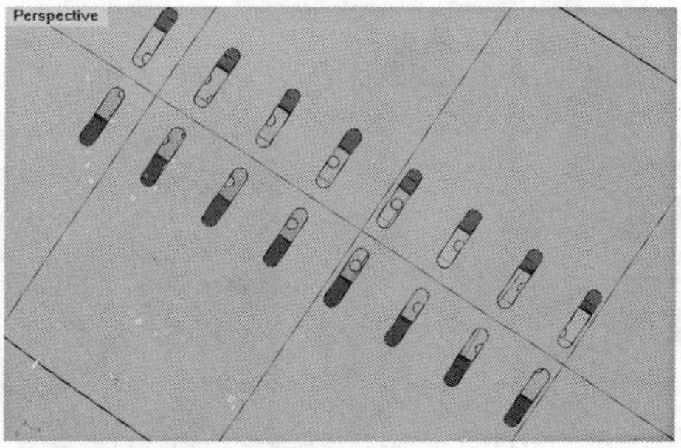

图 2–269

（23）单击  图标。在 Top 视窗内绘制一个椭圆。如图 2–270 所示。

（24）单击  图标。向外偏移前一步绘制的椭圆。如图 2–271 所示。

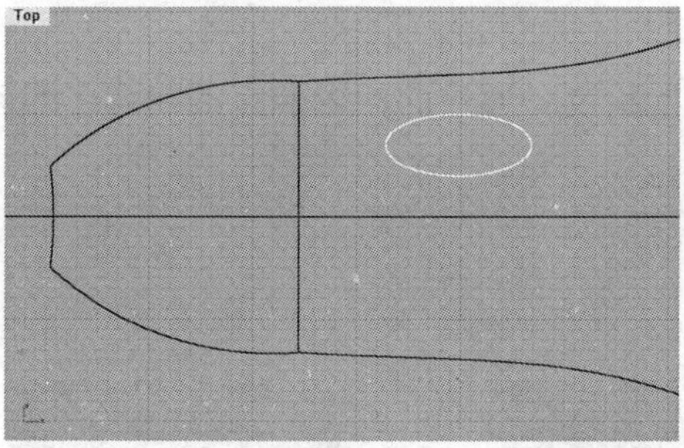

图 2–270

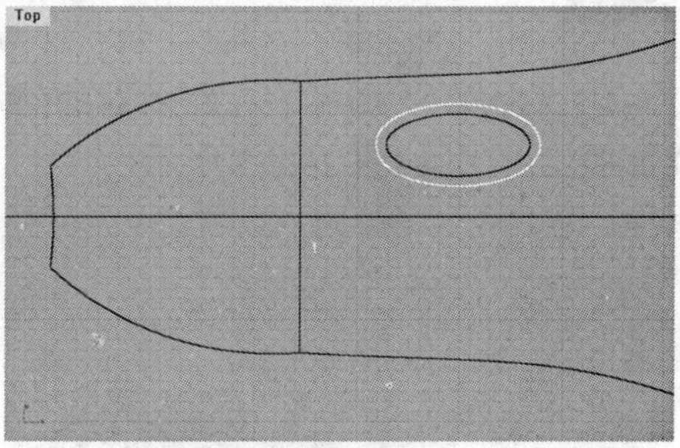

图 2–271

（25）单击  图标。分别拉伸第（23）、（24）步生成的曲线成实体。如图 2–272 所示。

> 提示：
>
> 这里对第（23）和第（24）步生成的曲线的拉伸长度不等，第（23）步绘制的曲线拉伸的长度较长一点。

（26）单击 图标。对前一步生成的实体进行布尔相加。如图 2–272 所示。

（27）单击 图标。在 Top 视窗内复制前一步得到的实体到适当位置。如图 2–273 所示。

图 2–272

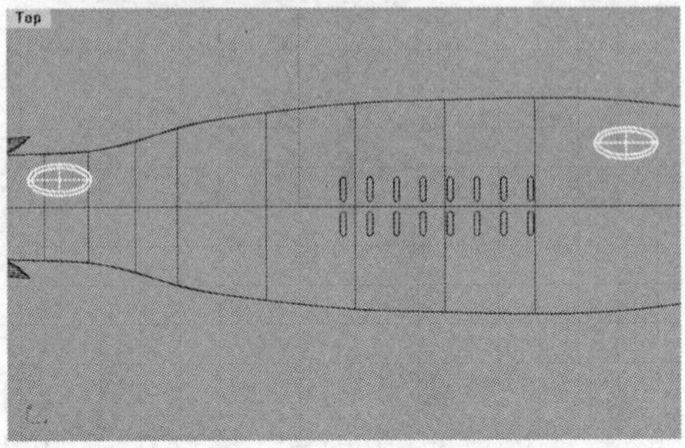

图 2–273

（28）单击 图标。沿着 *X* 轴镜像第（26）、（27）步生成的实体。如图 2–274 所示。

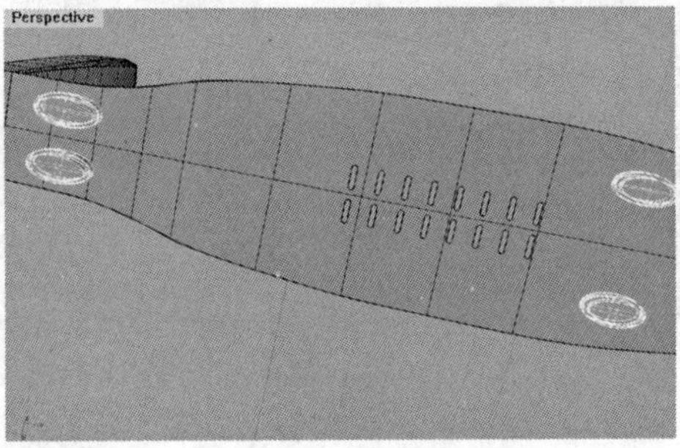

图 2–274

路由器指示灯及相关插槽的绘制：

（1）单击 图标。在路由器的前端曲面上绘制一通过曲面内插点的曲线（即该曲线在此曲面上）。如图 2–275 所示。

> 提示：
>
> 该曲线的起点和终点均在曲面的中间位置。

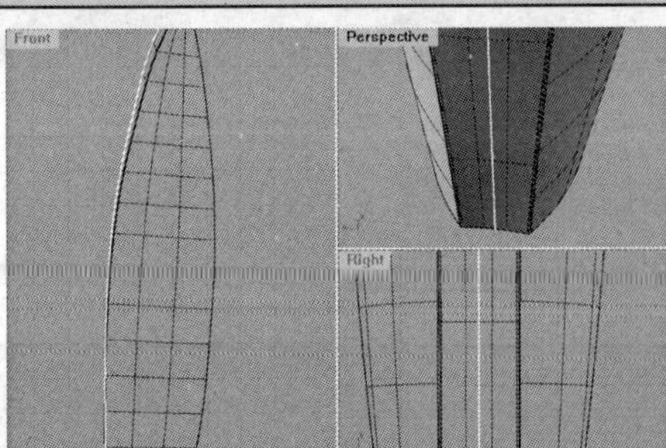

图 2–275

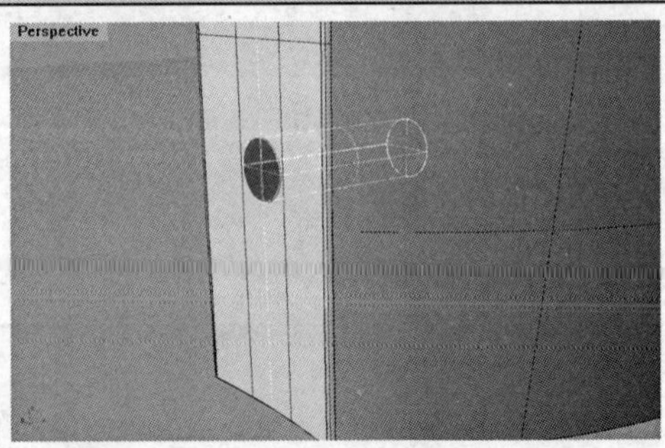

图 2–276

（2）单击  图标。绘制一圆柱体。如图 2–276 所示。

> 提示：
>
> 在 Right 视窗内绘制该圆柱体的底面圆，该圆柱体的底面圆圆心在前一步绘制的曲线上。

（3）单击  图标。沿第（1）步绘制的曲线阵列前一步生成的圆柱体并删除阵列后的相关圆柱体（这里指多余的圆柱体）。如图 2–277 所示。

> **知识小解：**
>
> ：沿着曲面上的曲线阵列；
>
> 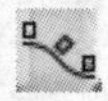：沿着曲线阵列。

（4）单击  图标。依次选取路由器主体部分的曲面与第（3）步生成的实体进行布尔相减。如图 2–278 所示。

> 提示：
>
> 在布尔相减时将命令栏中的选项设置为 DeleteInput=No，以使布尔相减后保留第（3）步生成的圆柱体。

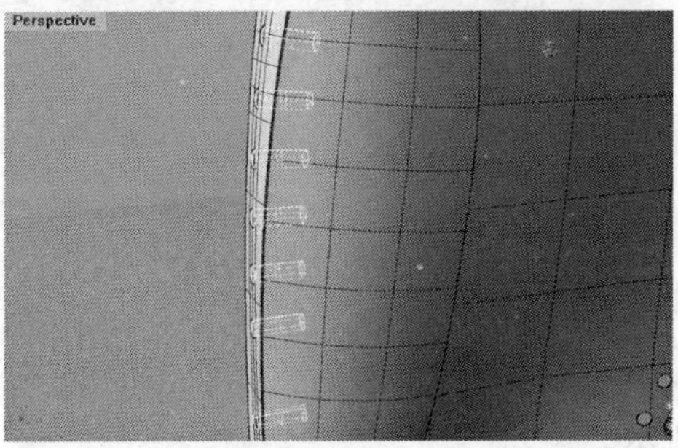

图 2–277

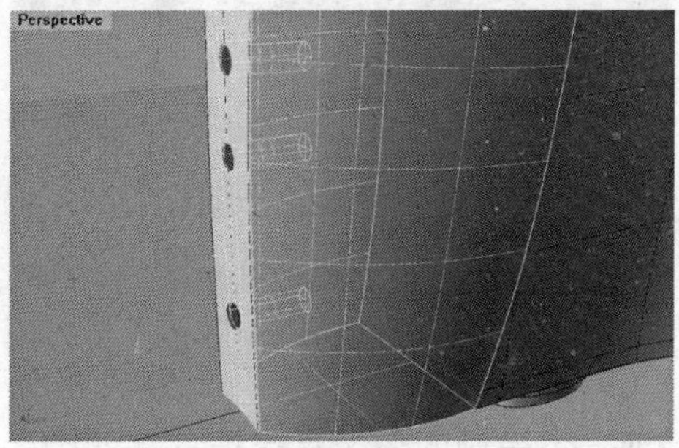

图 2–278

（5）单击  图标。对前一步布尔相减后得到的圆柱体和其相邻曲面进行倒圆角。如图 2–279 所示。

（6）单击  图标。绘制一适当大小的长方体并移动到适当位置。如图 2–280 所示。

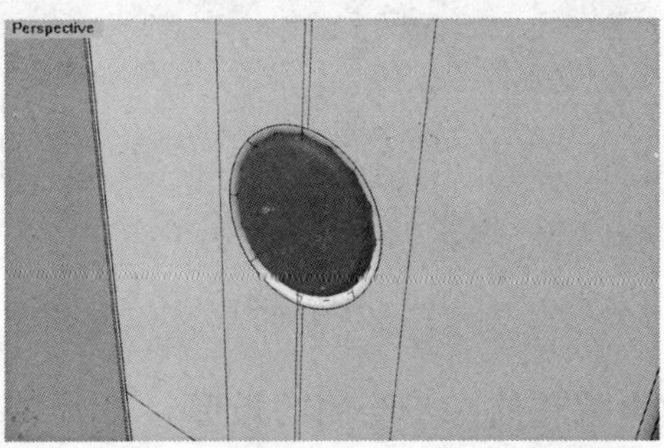

图 2–279

图 2–280

（7）单击 图标。依次选取路由器主体部分曲面与前一步绘制的长方体进行布尔相减。如图 2–281 所示。

> 提示：
>
> 在布尔相减时将命令栏中的选项再次改为默认设置，即为 DeleteInput=Yes。

（8）单击 图标。在 Right 视窗内绘制多义直线。如图 2–282 所示。

> 提示：
>
> 此步首先要绘制一对称轴，该对称轴垂直平分前一步布尔相减后所得“孔”在 Right 视窗上的投影。

图 2–281

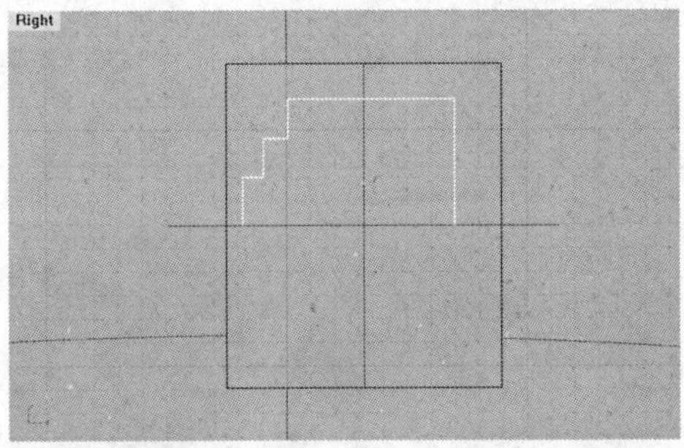

图 2–282

（9）单击 图标。沿 *Y* 轴镜像前一步绘制的多义直线，然后将镜像生成的多义直线与前一步绘制的多义直线结合。如图 2–283 所示。

（10）单击 图标。通过捕捉第（7）步所生成“孔”的顶部端点的方式绘制一矩形。如图 2–284 所示。

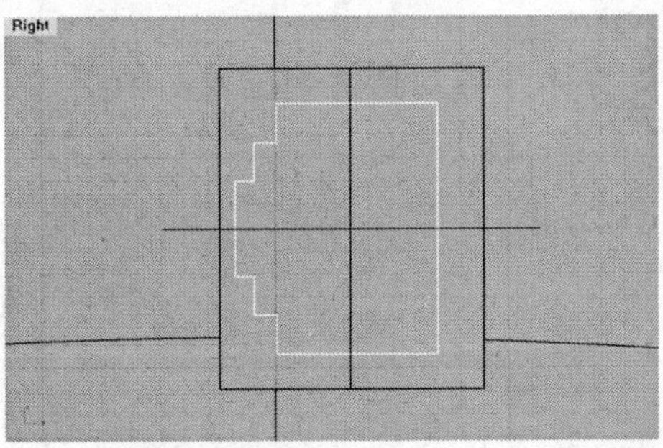

图 2–283

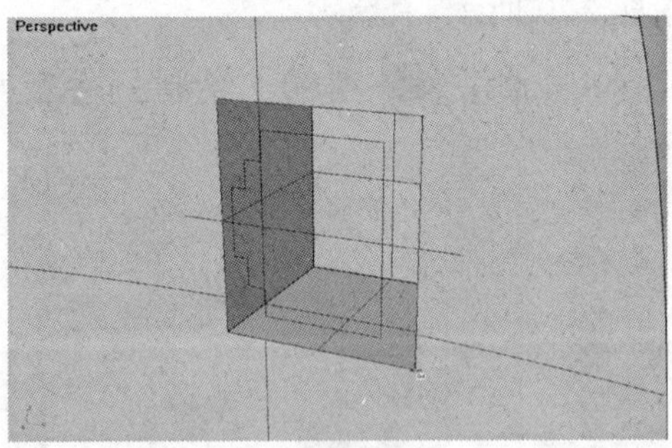

图 2–284

（11）单击 图标。在 Right 视窗内向内偏移前一步绘制的矩形。如图 2–285 所示。

（12）单击  图标。拉伸第（9）步和第（11）步生成的封闭曲线成实体。如图 2–286 所示。

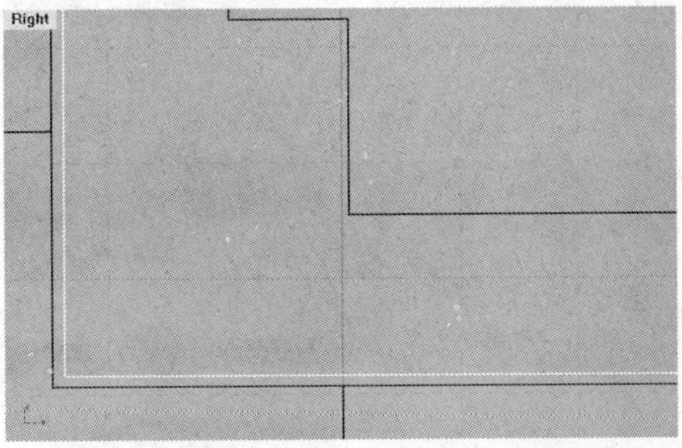

图 2–285

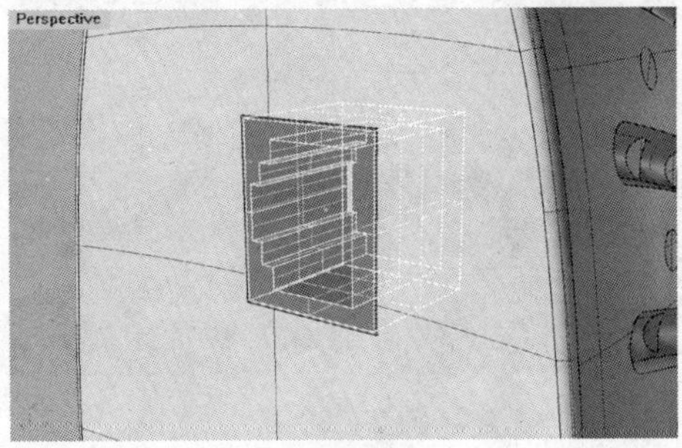

图 2–286

（13）依照从第（6）步到第（12）步绘制 enet 插槽的方法绘制其他插槽。如图 2–287 所示。

（14）单击  图标。绘制一圆柱体（该圆柱体底面圆在 Right 视窗内绘制）并移动到适当位置。如图 2–288 所示。

图 2–287

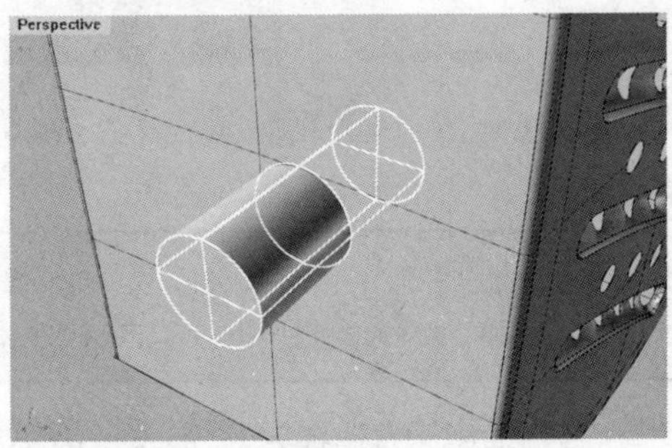

图 2–288

（15）单击  图标。依次选取路由器主体部分曲面与前一步绘制的长方体进行布尔相减。在布尔相减时将命令栏中的选项设置为 DeleteInput=No，以使布尔相减后保留第（3）步生成的圆柱体。

（16）单击  图标。绘制一弹簧线。如图 2–289 所示。

> 提示：
> 弹簧线的起点和终点均在第（14）步绘制圆柱体的中轴线所在的直线上。

（17）单击  图标。选取前一步绘制的弹簧线生成管状体。如图 2–290 所示。

（18）单击  图标。依次选取第（14）步绘制的圆柱体与前一步生成的管状体进行布尔相减。如图 2–291 所示。

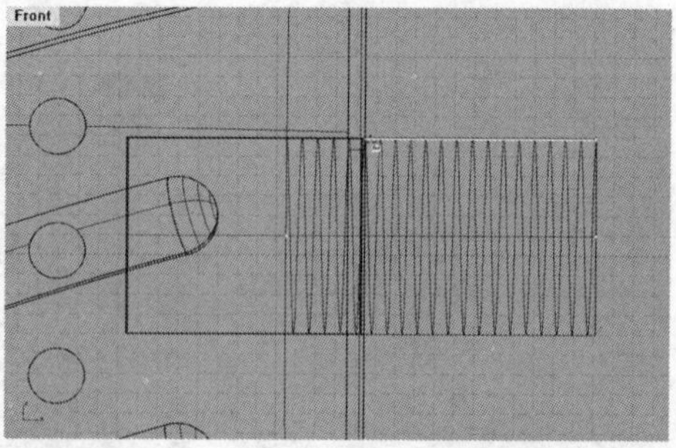

图 2-289

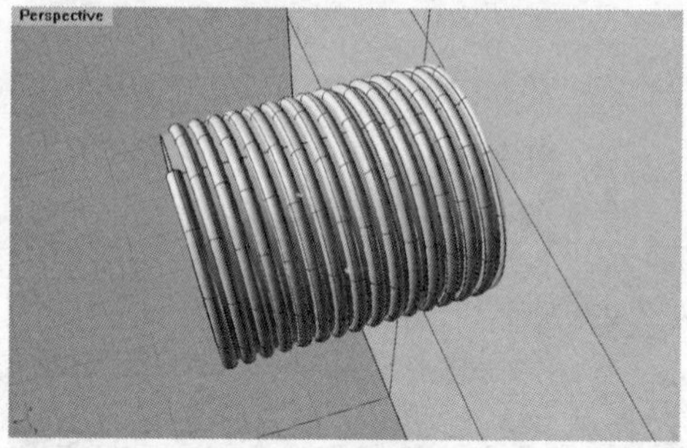

图 2-290

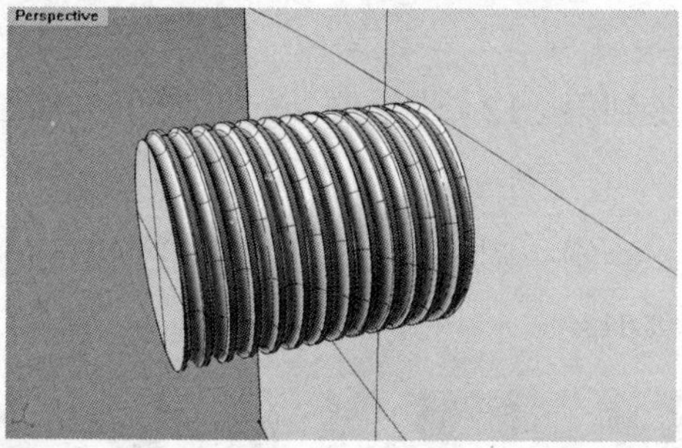

图 2-291

> 提示：
>
> 在布尔相减时将命令栏中的选项再次改为默认设置，即为 DeleteInput=Yes。

至此该路由器的建模基本完成。渲染图见彩图 6。

2.6.5 显示器建模

本节将学习建立一个显示器模型

本节重点

- 学会用点等距平分曲线（ ）
- 学会放样曲线成面（ ）
- 学会对物件的成组（ ）
- 学会实体间的布尔相加运算（ ）
- 学会沿同一个坐标轴方向调整控制点（ ）
- 学会在曲面上提取和插入结构线（ 、 ）
- 学会在曲面上绘制等距线（ ）
- 学会缩放物件（ ）

制作流程概要：

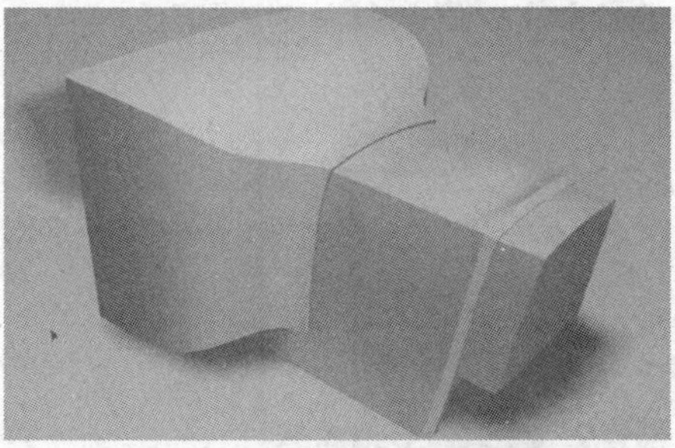

① 显示器主体部分建模

② 显示器正面显示屏的建模

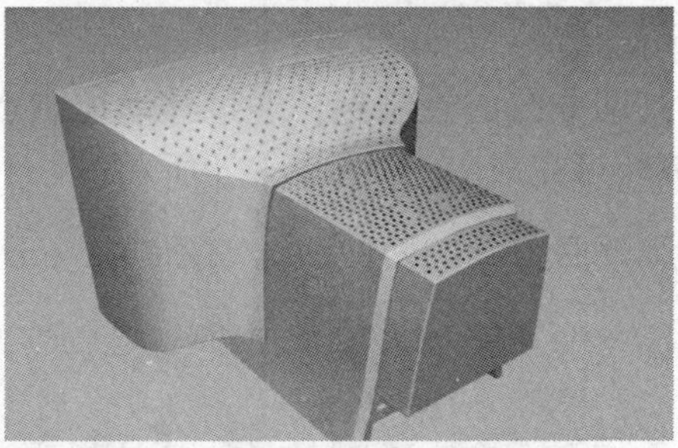

③ 显示器外壳散热孔的绘制

④ 显示器底脚绘制及相关细节完善

详细制作步骤：

基本设置与上一节的 iPodMP3 建模相同

具体建模：

显示器主体部分建模：

（1）单击 图标。在 Front 视窗内以原点为中心绘制一矩形。如图 2–292 所示。

（2）单击 图标。将前一步绘制的矩形炸开成四条直线。

（3）单击 图标。依次对前一步炸开后得到的上下曲线进行重建，然后通过移动所选取控制点的方式对此上下曲线进行调整。如图 2–293 所示。

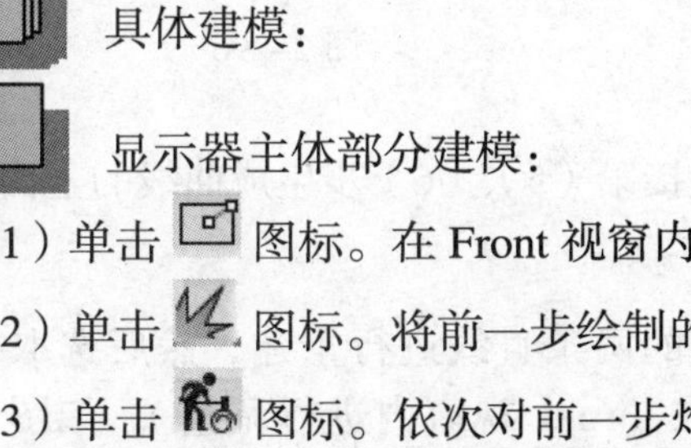

图 2–292

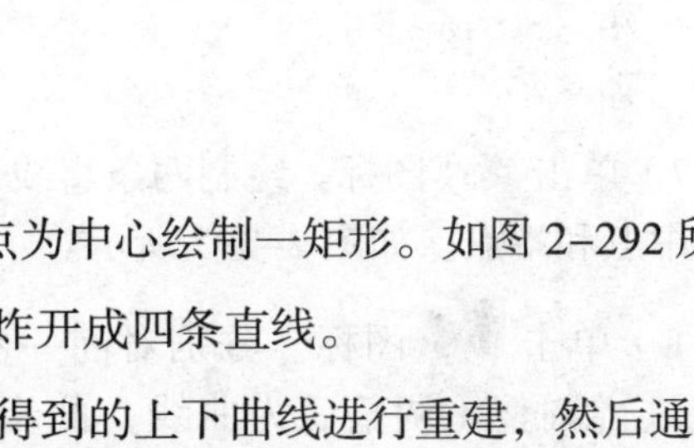

图 2–293

（4）单击 图标。在 Right 视窗内绘制两曲线。如图 2–294 所示。

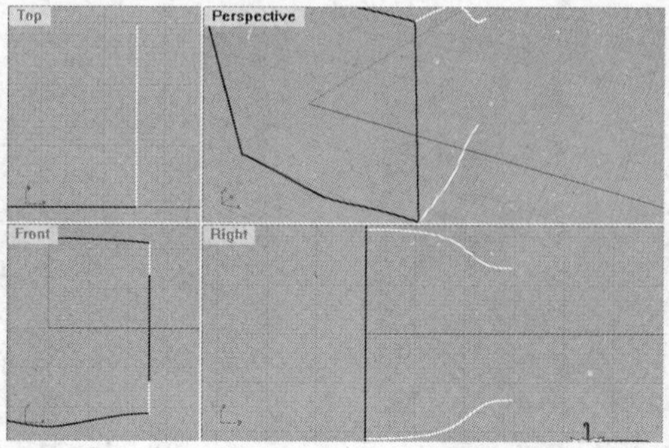

图 2–294

（5）单击 图标（F10）。显示前一步绘制两曲线的控制点，通过移动控制点的方式对曲线进行调整（此步只需在 Top 视窗内调整即可完成）。如图 2–295 所示。

（6）单击 图标。沿着 *Y* 轴镜像前一步调整后得到的两曲线。如图 2–296 所示。

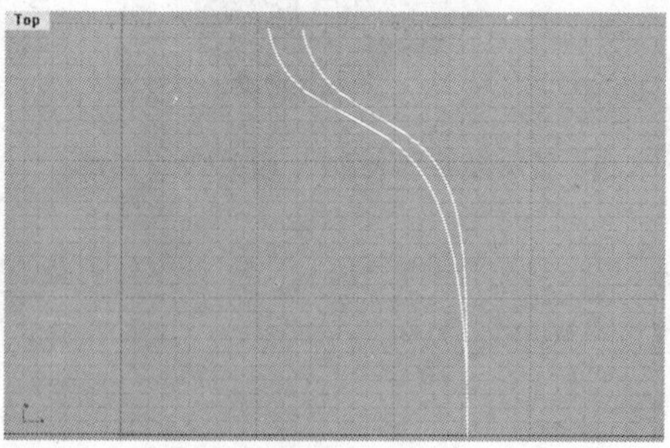

图 2–295

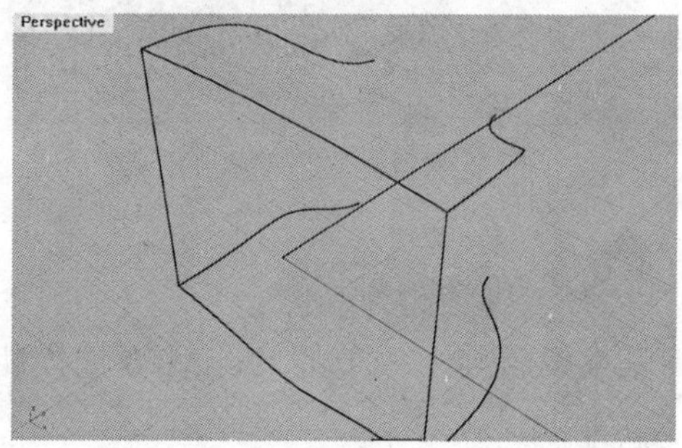

图 2–296

（7）单击 图标。绘制两条直线分别连接第（5）、（6）步生成曲线的上面的两条曲线的中点和端点。如图 2–297 所示。

（8）单击 图标。分别对前一步绘制的两条直线进行重建，然后选取控制点对直线进行调整（调整后为曲线，此步只需在 Front 视窗内进行调整）。如图 2–298 所示。

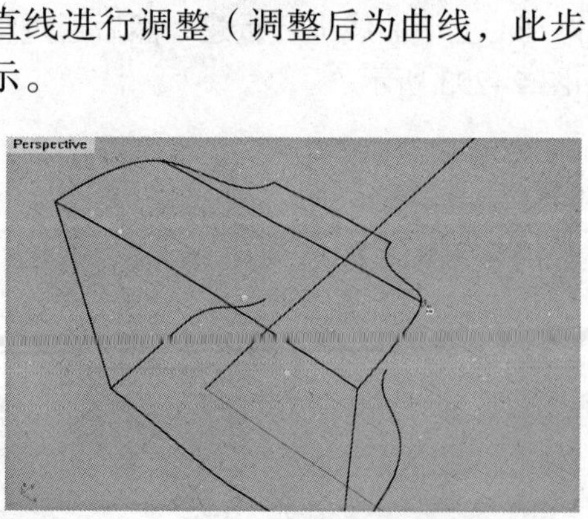

图 2–297

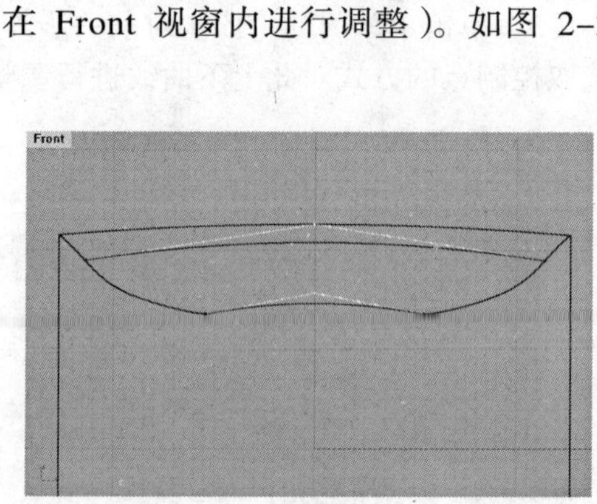

图 2–298

（9）单击图标。依次选取第（5）步生成的两曲线进行放样成面。如图 2–299 所示。

（10）单击图标。沿着 *Y* 轴镜像前一步绘制的曲面。如图 2–300 所示。

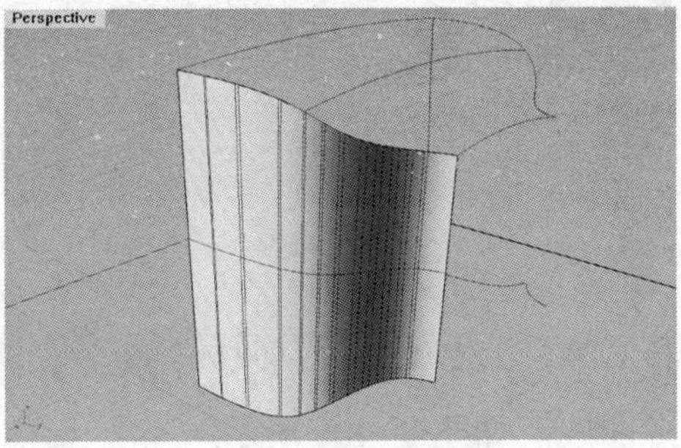

图 2–299

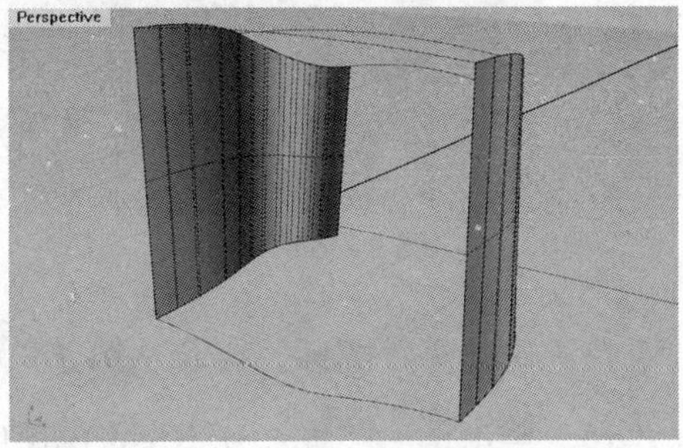

图 2–300

（11）单击图标。以第（9）、（10）步生成的曲面的上边界线为轨迹线，曲线 1、2、3 为截面扫描线进行双轨扫描成面。如图 2–301 所示。

> 提示：
>
> 此步中的曲线 1、2、3 分别为第（3）步和第（8）步所生成的曲线。

（12）单击图标。绘制一条直线连接第（9）、（10）步生成的两曲面的下部端点。如图 2–302 所示。

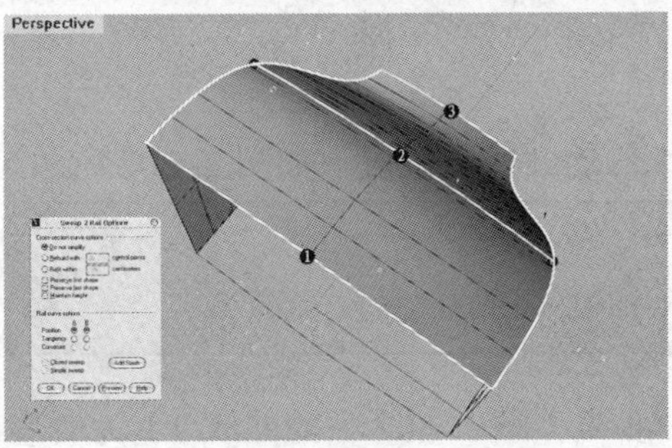

图 2–301

图 2–302

（13）单击图标。以第（9）、（10）步生成的曲面的下边界线为轨迹线，曲线 1、2 为截面扫描线进行双轨扫描成面。如图 2–303 所示。

> 提示：
>
> 此步中的曲线 1、2 是第（3）、（12）步中生成的曲线。

（14）单击图标。依次选取第（3）步生成的四条曲线生成平面。如图 2–304 所示。

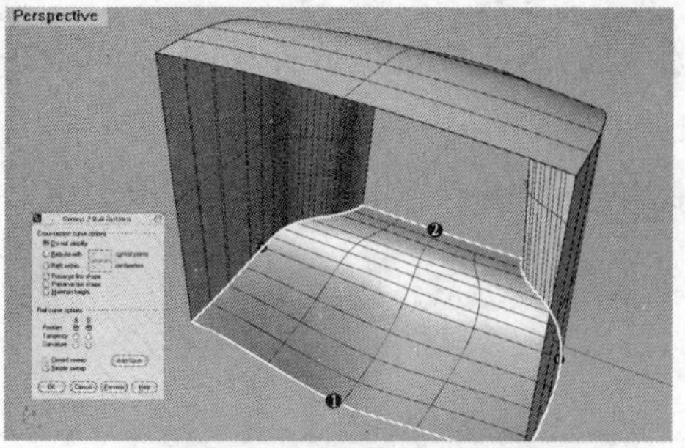

图 2–303

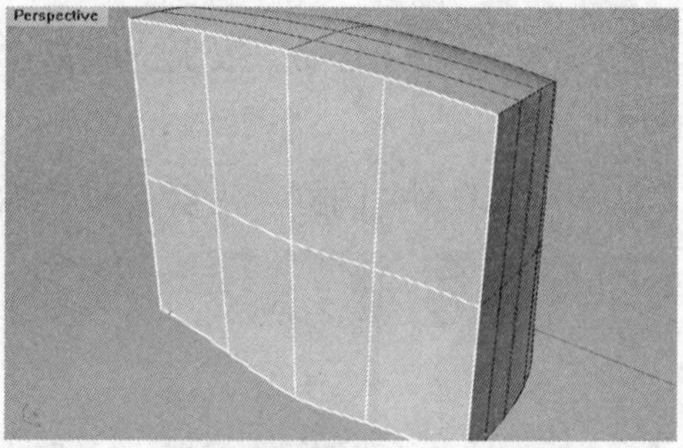

图 2–304

（15）单击  图标。结合从第（9）步到第（14）步生成的所有曲面。

（16）单击  图标。在 Right 视窗内绘制一曲线。如图 2–305 所示。

（17）单击 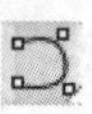 图标。在 Top 视窗内绘制一条曲线，该曲线沿着 *Y* 轴对称。如图 2–306 所示。

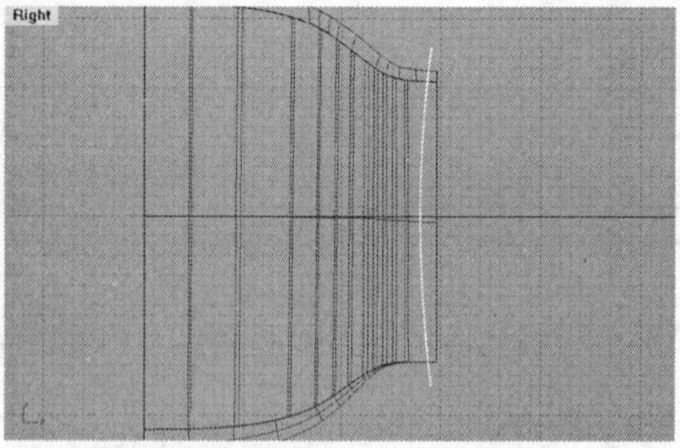

图 2–305

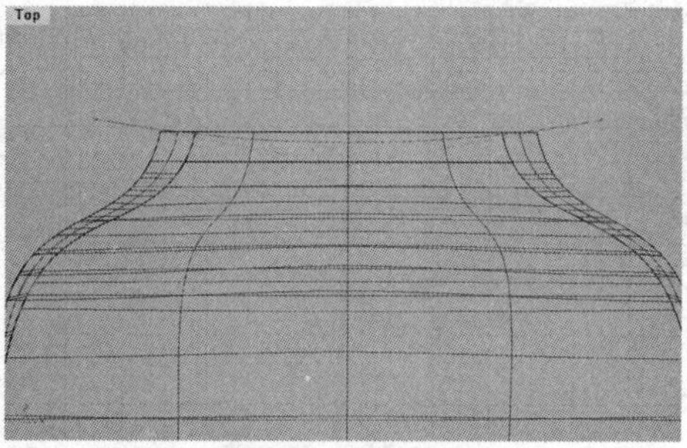

图 2–306

（18）单击  图标。将前一步绘制的曲线移动到适当位置。如图 2–307 所示。

> 提示：
>
> 移动曲线 1 时，移动的起点和终点分别选择曲线 1 的中点和曲线 2 的上部端点。

（19）单击  图标。以第（16）步绘制的曲线（图 2–307 中的曲线 2）为轨迹线，第（17）步绘制的曲线（图 2–307 中的曲线 1）为截面扫描线进行单轨扫描成面。如图 2–308 所示。

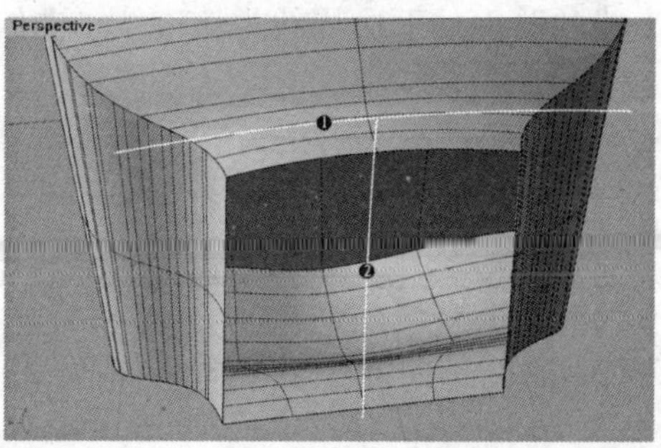

图 2–307

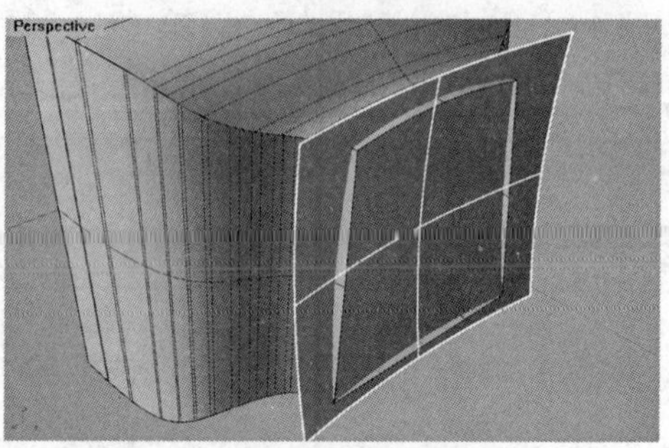

图 2–308

（20）单击 图标。对前一步生成的曲面和第（15）步结合后的曲面进行相互分离。如图 2–309 所示。

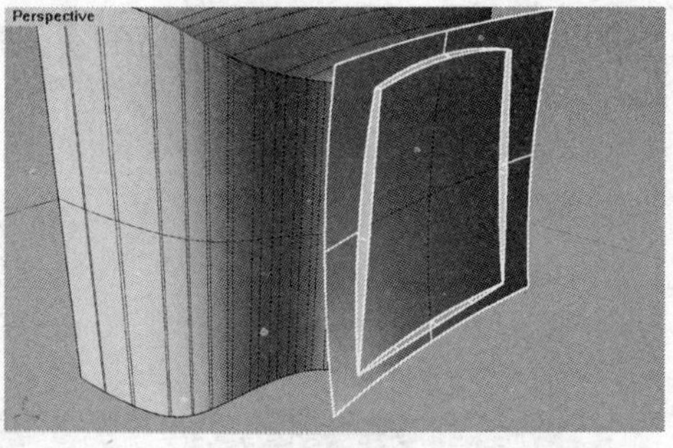

图 2–309

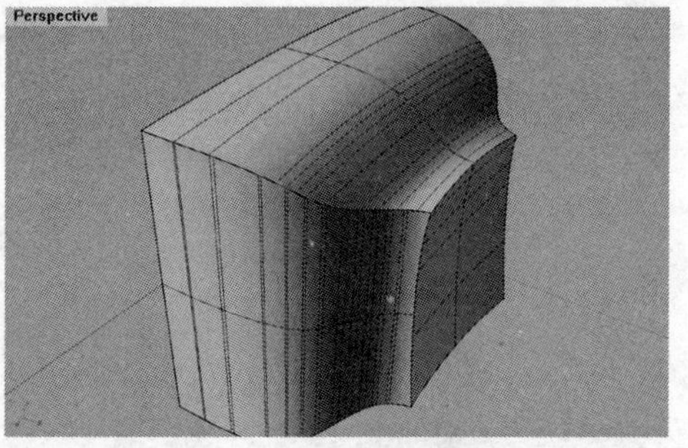

图 2–310

（21）单击 图标。结合分离后的相关曲面。如图 2–310 所示。

（22）单击 图标。对前一步生成的实体倒圆角。如图 2–311 所示。

（23）Front 视窗内绘制一关于 Z 轴对称的封闭曲线。如图 2–312 所示。

> 提示：
>
> 具体步骤可参考前述建模中关于类似图形的绘制。

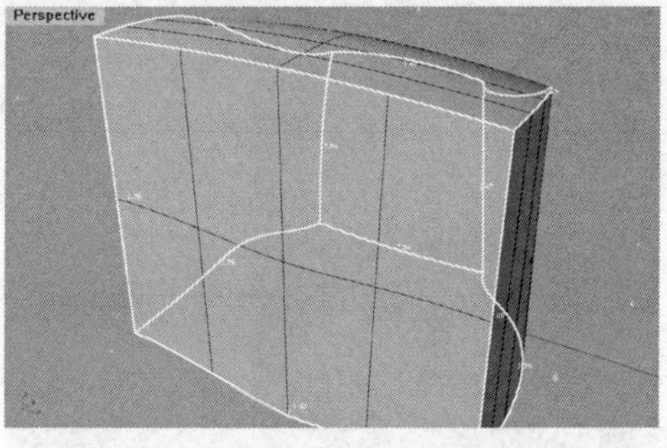

图 2–311

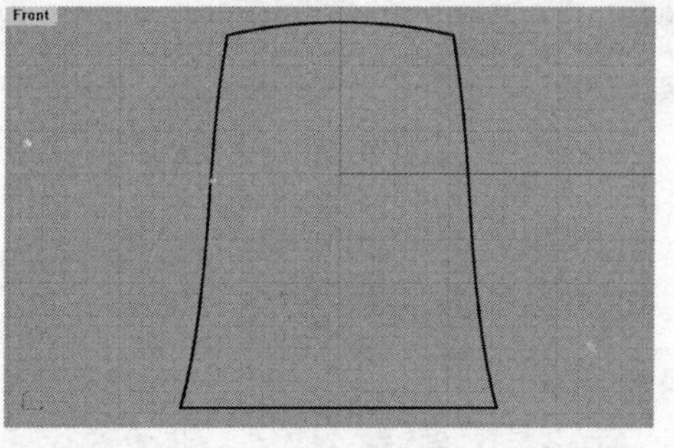

图 2–312

（24）单击 图标。拉伸前一步生成的封闭曲线成实体，然后移动到适当位置。如图 2–313 所示。

（25）单击 图标。对前一步生成的实体的部分棱进行倒角。如图 2–314 所示。

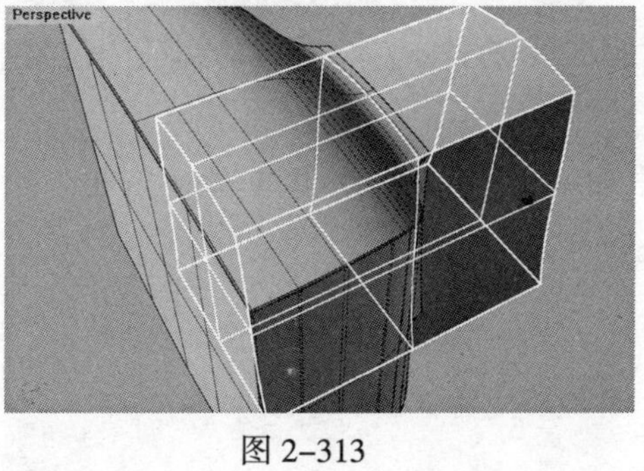

图 2–313

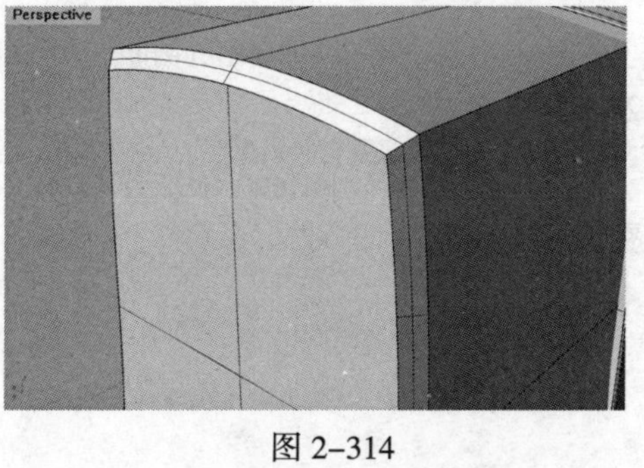

图 2–314

（26）单击 图标。继续对第（23）步绘制的实体进行倒圆角。如图 2–315 所示。

（27）单击 图标。对第（22）步倒圆角后的实体和前一步中倒圆角后的实体进行布尔相加。如图 2–316 所示。

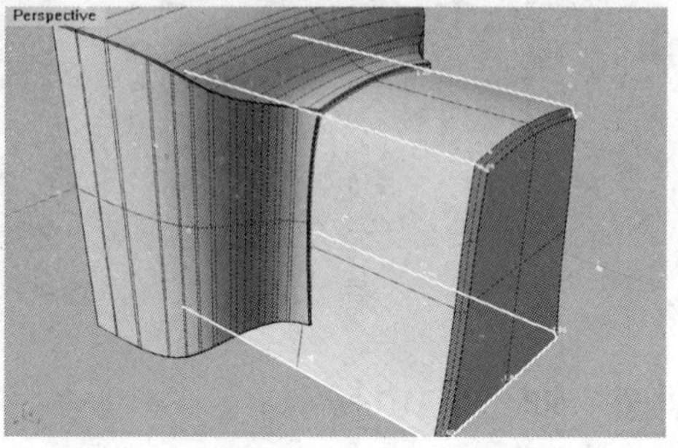

图 2–315

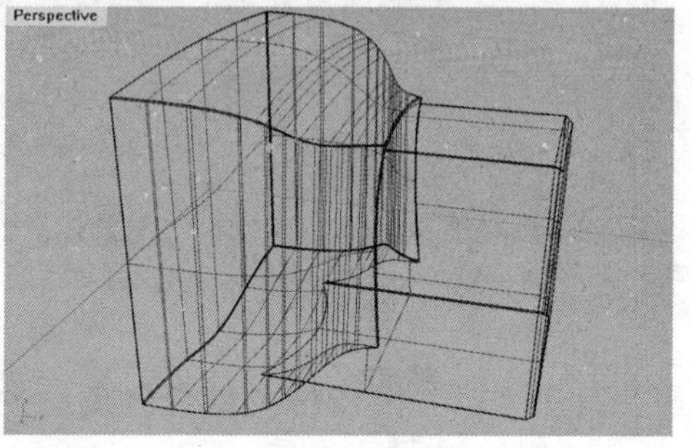

图 2–316

（28）依照从第（23）到第（27）步的方法给显示器再绘制一后盖。如图 2–317 所示。

（29）在 Front 视窗内绘制一关于 Z 轴对称的封闭曲线。如图 2–318 所示。

提示：

具体步骤可参考前述建模中关于类似图形的绘制。

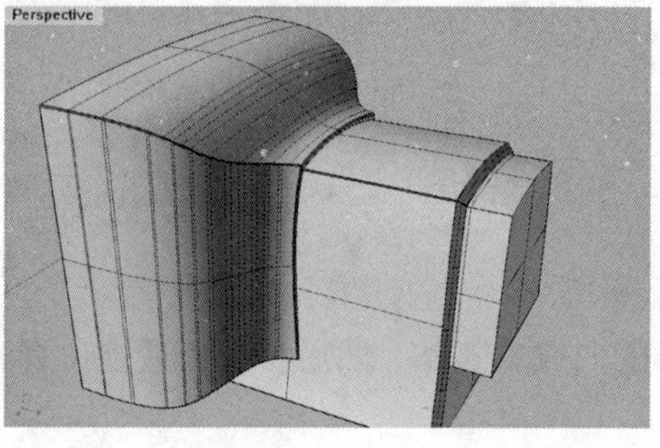

图 2–317

图 2–318

（30）单击 图标。拉伸前一步生成的封闭曲线成实体，然后移动到适当位置。如图 2–319 所示。

（31）单击 图标。依次选取第（28）步和第（30）步生成的实体进行布尔相减。如图 2–320 所示。

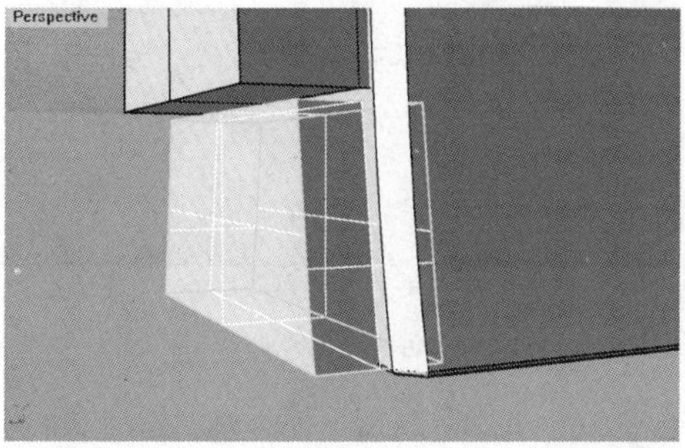

图 2-319

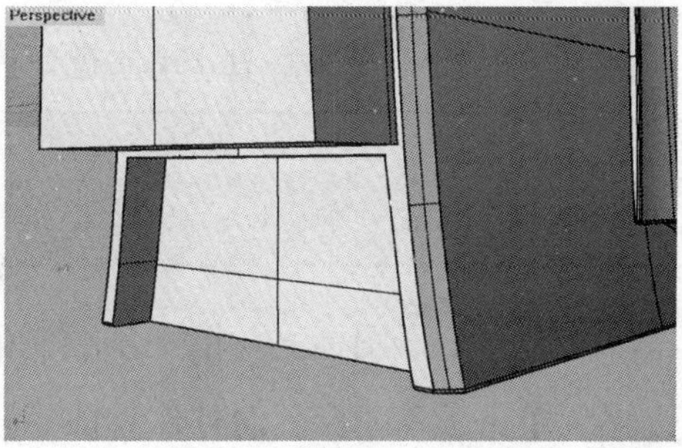

图 2-320

显示器正面显示屏的建模：

（1）单击 图标。依照显示器主体部分建模中的第（16）、（17）、（18）步的方法绘制两条曲线。如图 2-321 所示。

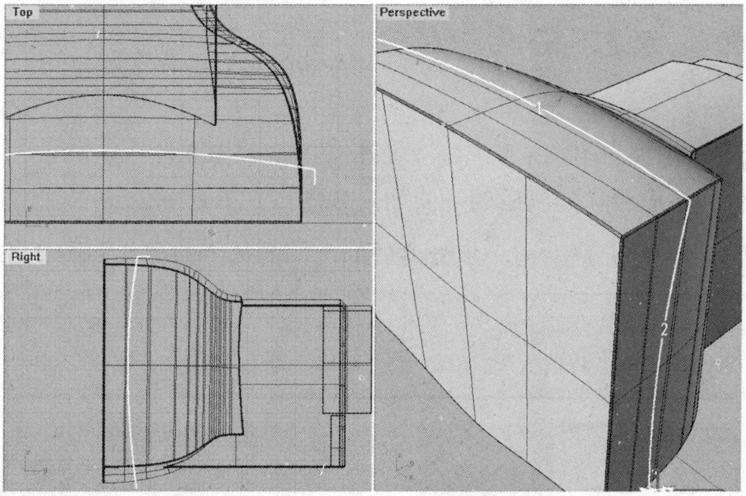

图 2-321

（2）单击 图标。以图 2-321 中的曲线 2 为轨迹线，图 2-321 中的曲线 1 为截面扫描线进行单轨扫描成面。如图 2-322 所示。

（3）单击 图标。用前一步生成的曲面分离显示器的主体部分。如图 2-323 所示。

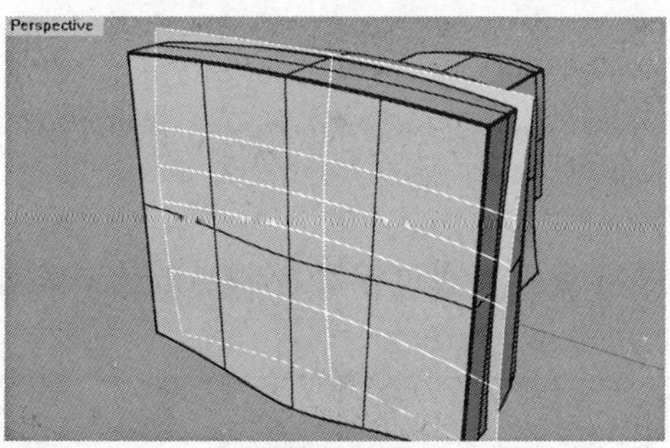

图 2-322

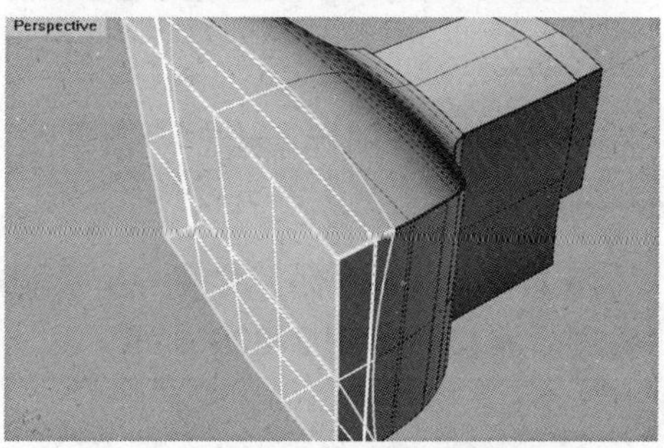

图 2-323

（4）单击 图标。在 Front 视窗内绘制一矩形。如图 2–324 所示。

> 提示：
>
> 该矩形关于 Z 轴对称，于是绘制该矩形时中心点选在 Z 轴上。

（5）单击 图标。对前一步绘制的矩形的四个角进行倒圆角。

（6）单击 图标。向外偏移前一步生成的曲线。如图 2–325 所示。

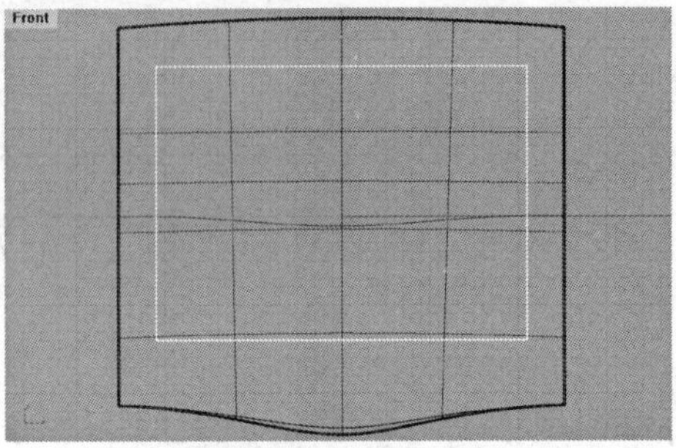

图 2–324

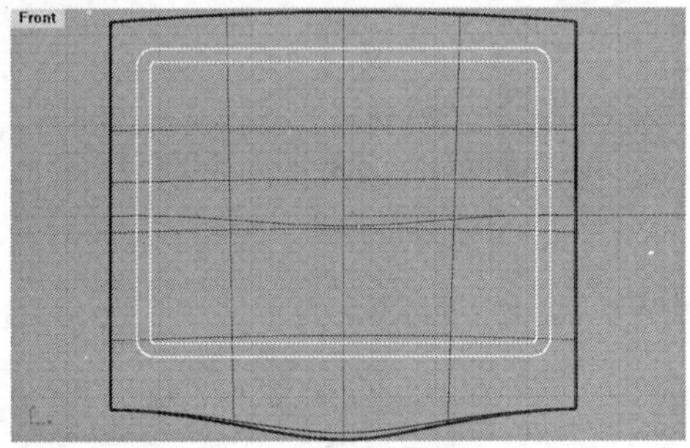

图 2–325

（7）单击 图标。用第（5）、（6）步生成的两封闭曲线分离第（3）步得到的显示器实体前半部分，然后删除分离后的一曲面。如图 2–326 所示。

（8）单击 图标。移动前一步分离后的内部的那个曲面。如图 2–327 所示。

> 提示：
>
> 在 Right 视窗内水平向右移动所选曲面。

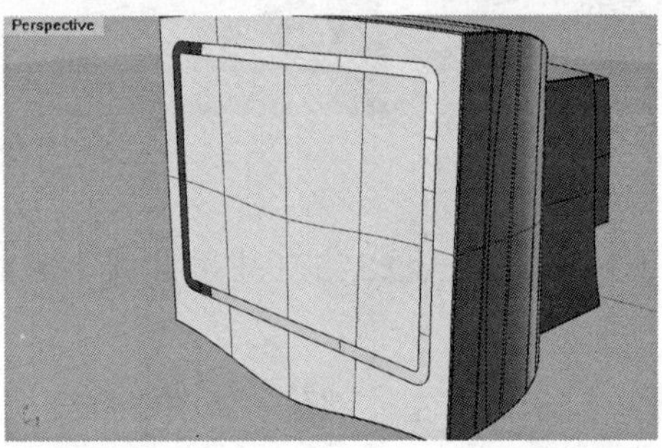

图 2–326

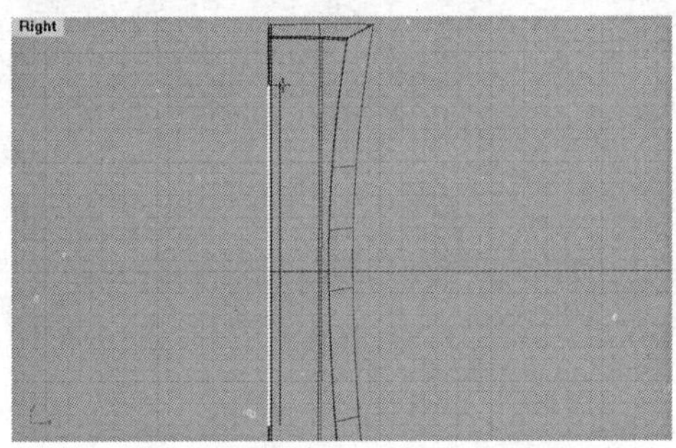

图 2–327

（9）单击 图标。绘制一条直线连接第（7）、（8）步生成的两曲面边界的中点。如图 2–328 所示。

（10）单击 图标。对前一步绘制的曲线进行重建，通过移动控制点的方式对重建后曲线进行调整。如图 2–329 所示。

> 提示：
>
> 对曲线进行重建时，控制点数目的设置要适中，这里设置为 7。

图 2-328

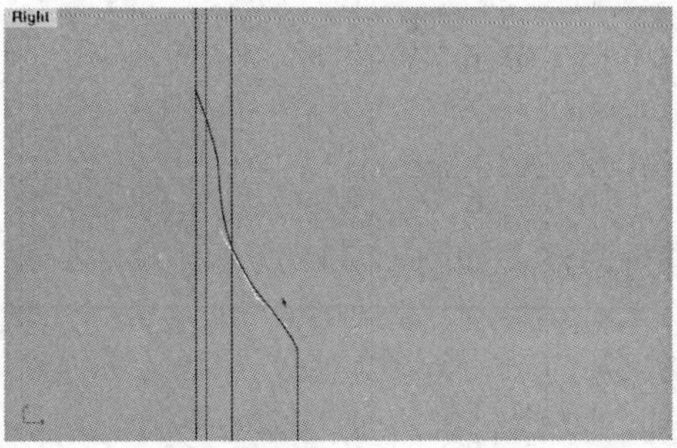

图 2-329

（11）单击  图标。依次选取控制点，使之沿同一个坐标轴方向上对齐。如图 2-330 所示。

（12）单击  图标。以第（7）、（8）步生成的两曲面的边界线为轨迹线，前一步调整后的曲线为截面扫描线进行双轨扫描成面。如图 2-331 所示。

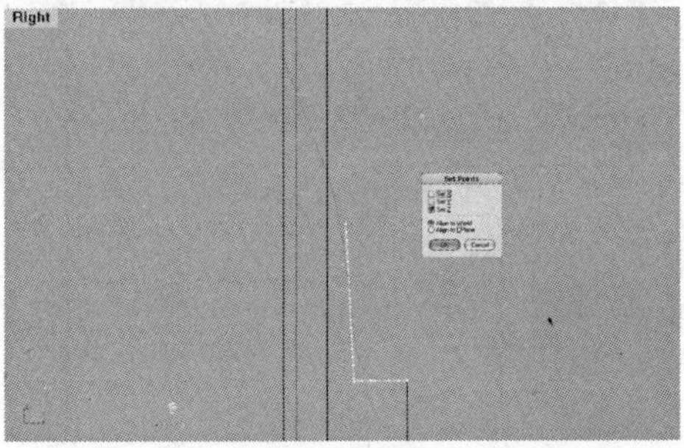

图 2-330

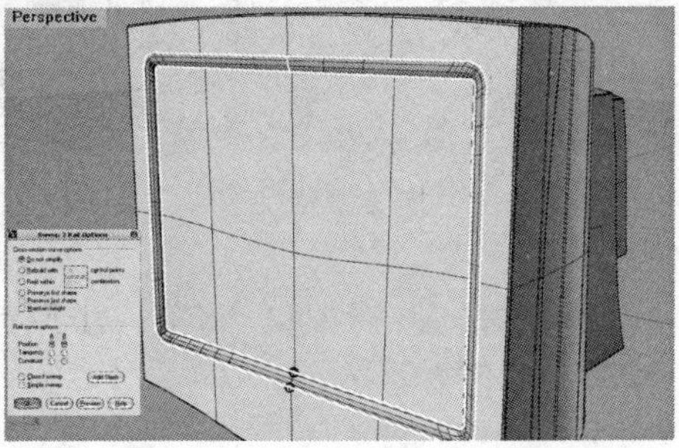

图 2-331

（13）单击  图标。向外偏移第（6）步偏移生成的曲线。如图 2-332 所示。

（14）单击 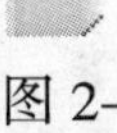 图标。在 Front 视窗内绘制两点，此两点通过前一步生成的曲线并关于 Z 轴对称。如图 2-333 所示。

> 提示：
> 通过 Near 选项辅助捕捉在曲线上绘制一点，然后关于 Z 轴镜像该点。

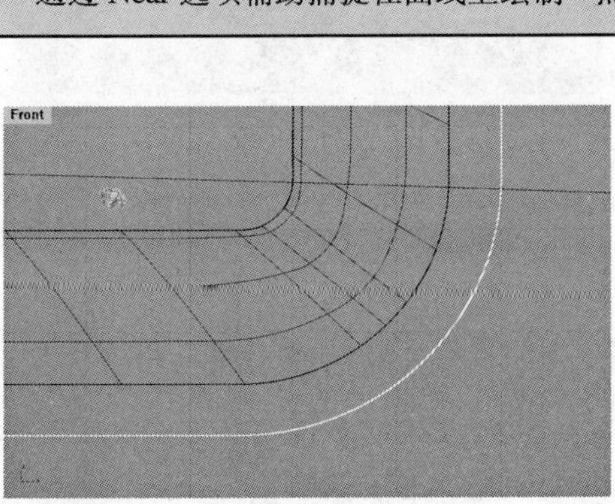

图 2-332

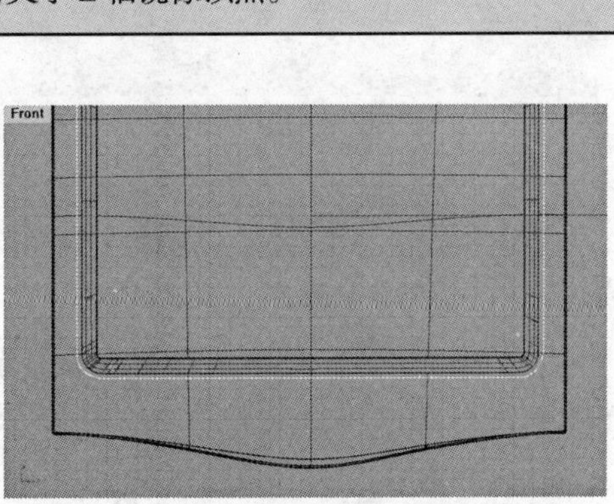

图 2-333

（15）单击  图标。用前一步绘制的两点分离第（13）步生成的曲线。如图 2–334 所示。

（16）单击  图标。重建前一步剪切得到的中间那条直线，然后通过移动控制点对其进行调整。如图 2–335 所示。

> 提示：
> 调整后曲线关于 Z 轴对称，所以调整控制点时控制点也要关于 Z 轴对称。

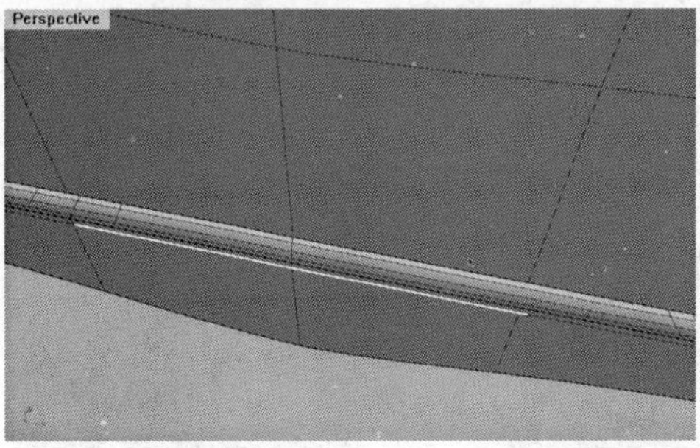

图 2–334

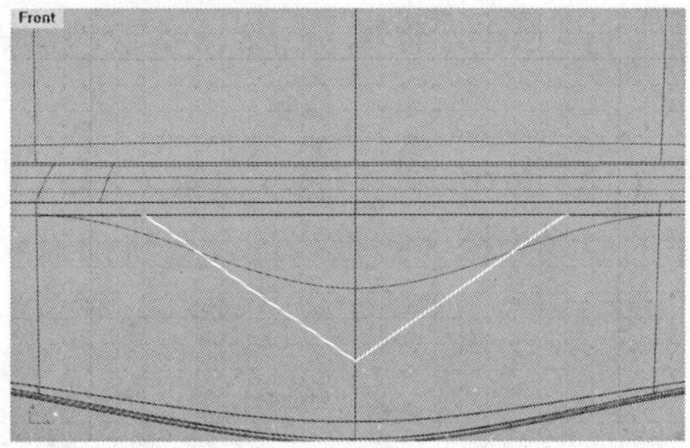

图 2–335

（17）单击  图标。将前一步调整后的曲线与第（15）步分离后的另外两条曲线进行结合。如图 2–336 所示。

（18）单击 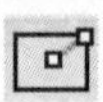 图标。在 Right 视窗内绘制一矩形，此矩形的中心通过前一步生成曲线上。如图 2–337 所示。

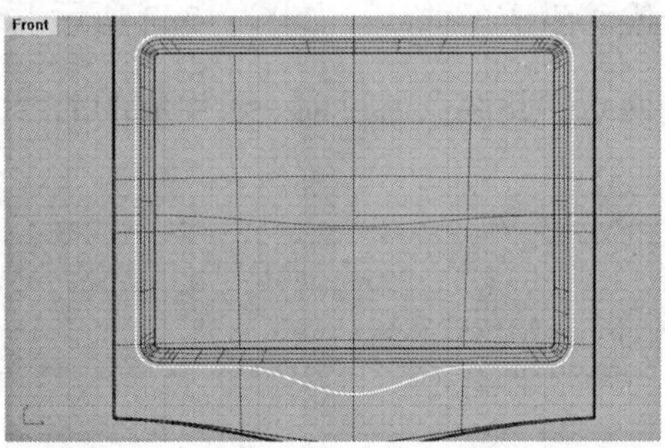

图 2–336

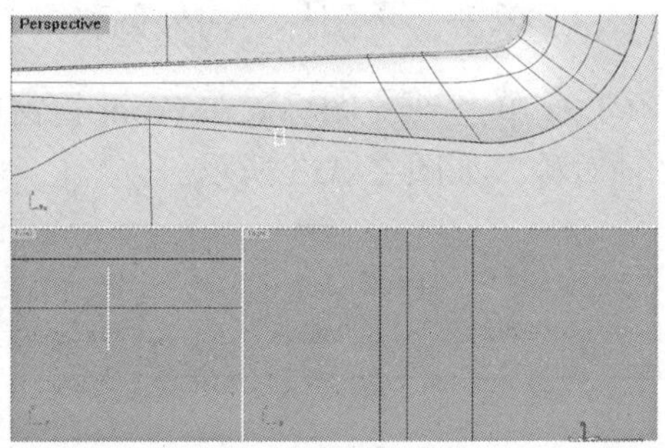

图 2–337

（19）单击  图标。以第（17）步生成的曲线为轨迹线，前一步绘制的矩形为截面扫描线进行单轨扫描成面。如图 2–338 所示。

（20）单击  图标。依次选取显示器主体的前半部分的曲面与前一步放样生成的封闭曲面进行布尔相减。如图 2–339 所示。

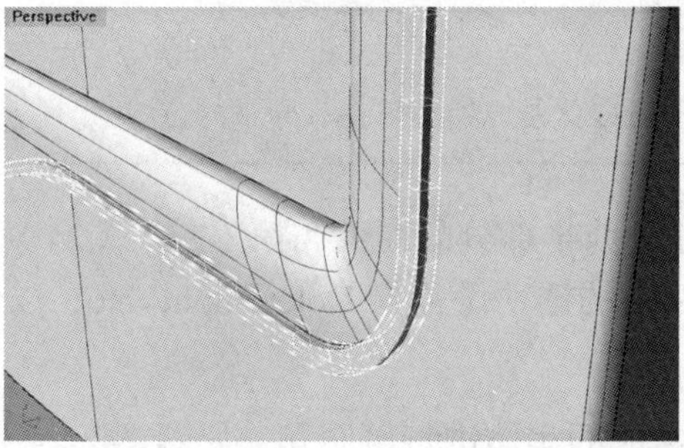

图 2–338

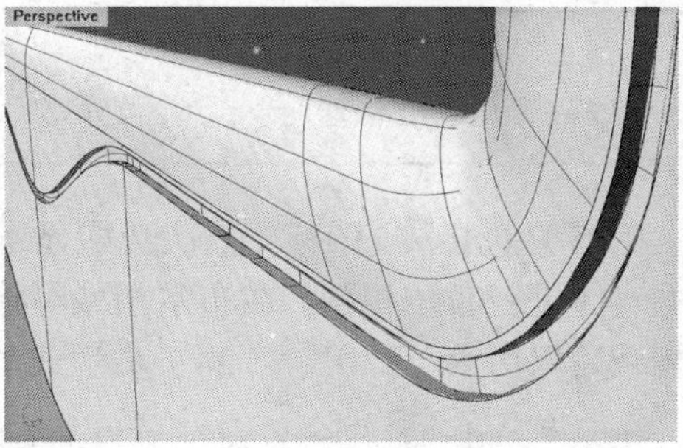

图 2–339

（21）单击  图标。在 Front 视窗内绘制四个圆。如图 2–340 所示。

> 提示：
>
> 左右两个圆沿 *X* 轴对齐，上下两个圆沿 *Z* 轴对齐，相邻两个圆相切（绘制时激活 Tangent 指令）。如图 2-341 所示。

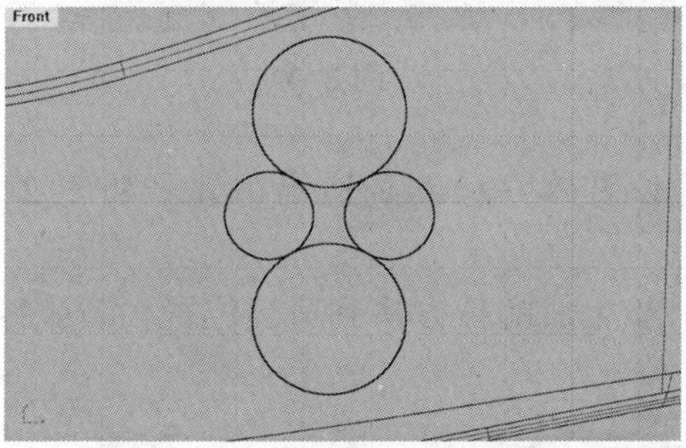

图 2–340

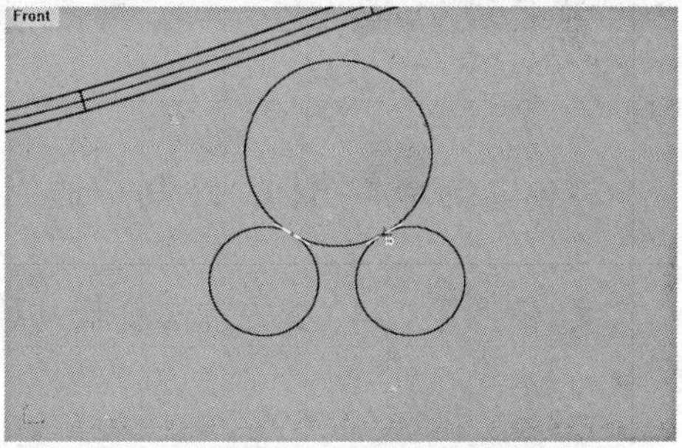

图 2–341

（22）单击  图标。对前一步绘制的四个圆进行相互剪切，然后将剪切后所得到的曲线结合。如图 2–342 所示。

（23）单击  图标。双向拉伸前一步生成的封闭曲线成实体。如图 2–343 所示。

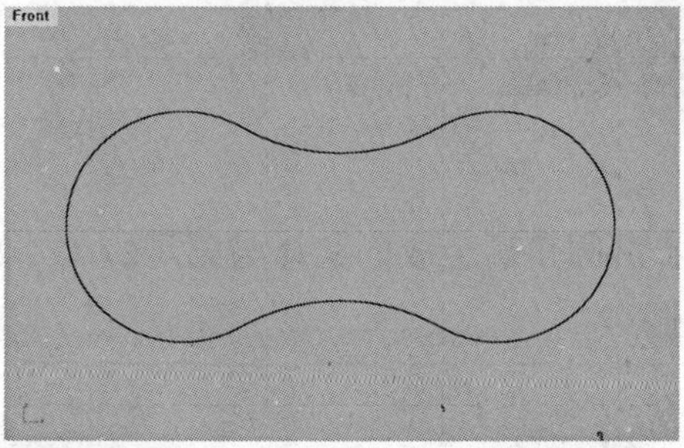

图 2–342

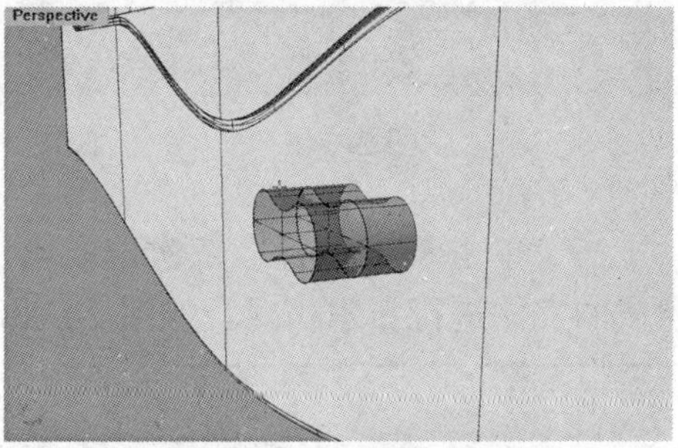

图 2–343

（24）单击  图标。旋转前一步生成的封闭曲线（旋转 90°），然后将其移动到适当位置。如图 2–344 所示。

> 提示：
>
> 执行旋转指令是激活命令栏中的 Copy 选项，这样可以保留原始实体在其原来的位置。

（25）单击 图标。依次选取显示器主体的前半部分的曲面与第（23）、（24）步生成的实体进行布尔相减。在布尔相减时将命令栏中的选项设置为 DeleteInput=No，以使布尔相减后保留第（23）、（24）步生成的实体。

（26）单击 图标。对第（23）、（24）步生成的实体进行倒圆角。如图 2–345 所示。

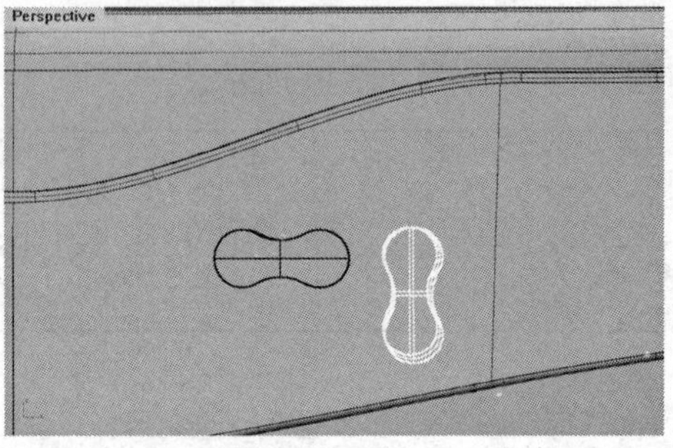

图 2–344

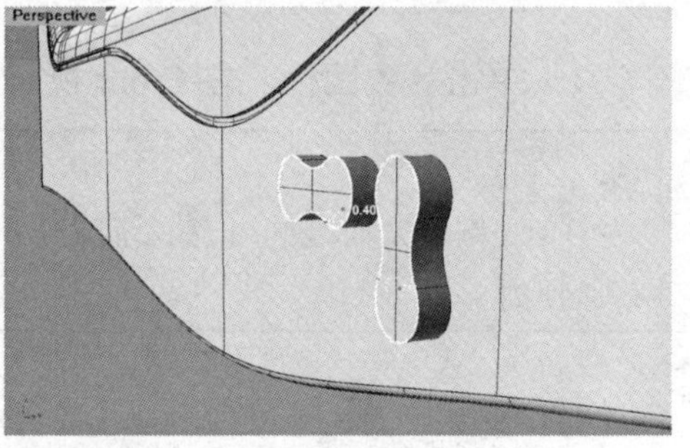

图 2–345

（27）单击 图标。绘制一适当大小的长方体并移动到适当位置。如图 2–346 所示。

（28）依照第（24）步的方法旋转并移动前一步生成的长方体到适当位置。如图 2–347 所示。

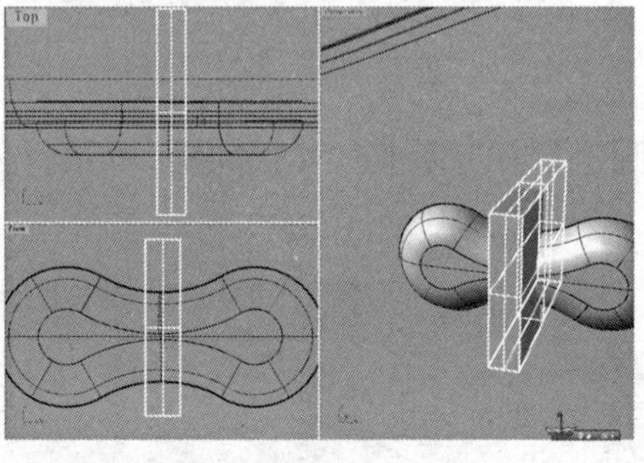

图 2–346

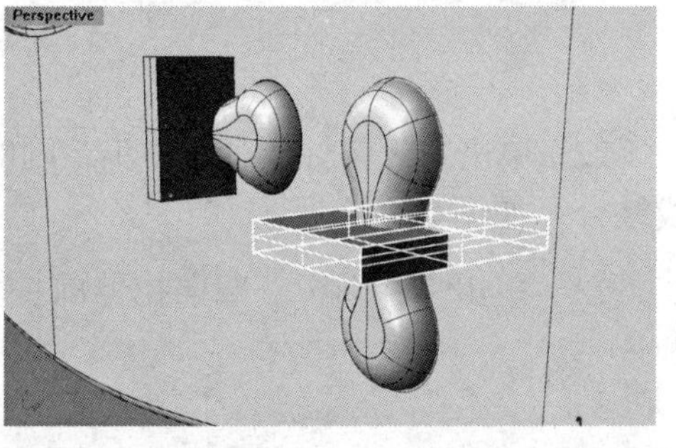

图 2–347

（29）单击 图标。依次选取第（26）步倒圆角后生成的实体与第（27）、（28）步生成的实体进行布尔相减。如图 2–348 所示。

> 提示：
>
> 在布尔相减时将命令栏中的选项改变设置为 DeleteInput=Yes，也即删除第（27）、（28）步生成的实体。

（30）依照前述方法继续为显示器绘制两个实体按钮。如图 2–349 所示。

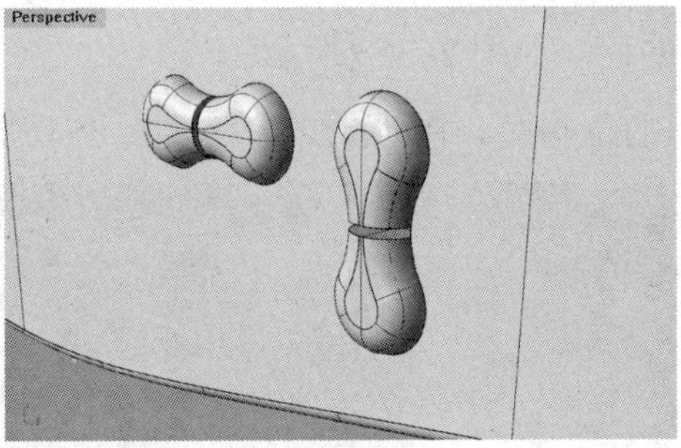

图 2-348

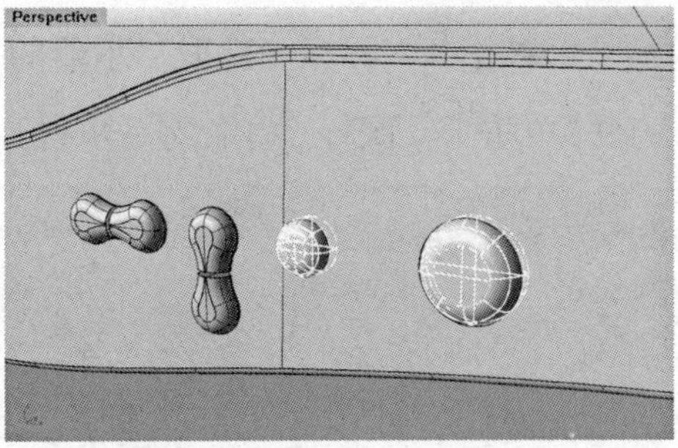

图 2-349

（31）单击图标。在 Front 视窗内建立文字物件。如图 2-350 所示。

> 提示：
>
> 在弹出的建立文本的对话框中输入 PHILIPS，勾选 Create 选项中的 Solids 选项建立实体文字。

（32）单击图标。依次选取前一步绘制的文字实体使之成组，方便选取。如果在前一步绘制文字时在弹出的文字输入对话框中勾选了 Group objects 选项（如图 2-351 所示）此步可以省略。

图 2-350

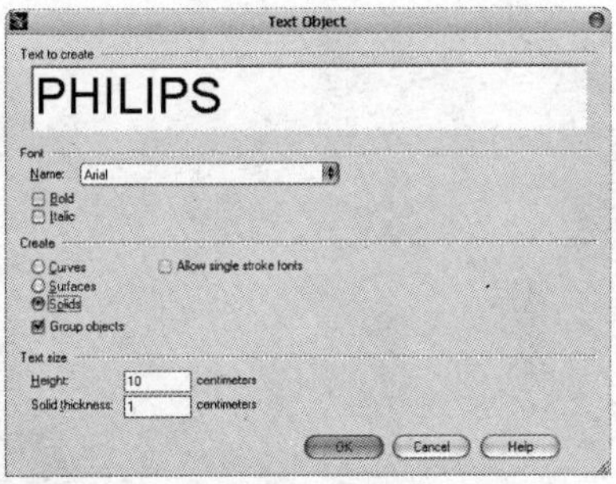

图 2-351

（33）单击图标。缩放前一步成组后的的文字实体到适当大小，然后移动到适当位置。如图 2-352 所示。

图 2-352

显示器外壳散热孔的绘制：

（1）单击图标。提取显示器的一顶部曲面。如图 2–353 所示。

（2）单击图标。提取前一步得到的曲面的结构线（中间的线）。如图 2–354 所示。

图 2–353

图 2–354

（3）单击图标。用点平分前一步中提取出的中间结构线。如图 2–355 所示。

> 提示：
>
> 执行该指令时平分点的个数在命令栏中进行设置。

（4）单击图标。在第（1）步提取的曲面上插入结构线。如图 2–356 所示。

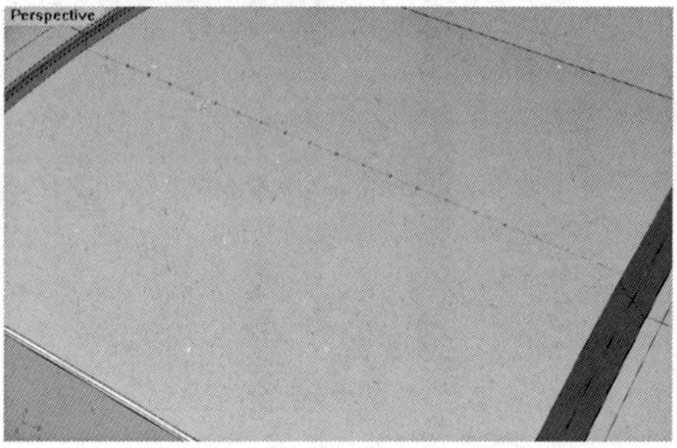

图 2–355

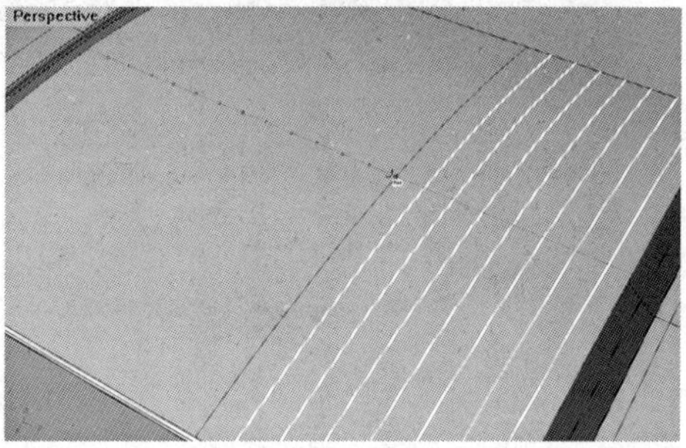

图 2–356

（5）单击图标。在 Top 视窗内绘制一圆心通过第（3）步中平分结构线的点的圆。如图 2–357 所示。

（6）单击图标。沿着前一步中绘制的圆的圆心所通过的曲线与曲面阵列此圆。如图 2–358 所示。

> 提示：
>
> 阵列时基准点选取阵列圆圆心，在之后命令栏中的选项中激活Divide选项，并将Divide的数量设置为19（这里要设置为奇数以确保阵列的圆关于对称轴左右对称）。

（7）依照第（5）、（6）步的方法再在与阵列过圆的结构线相邻的结构线上阵列圆。如图 2–359 所示。

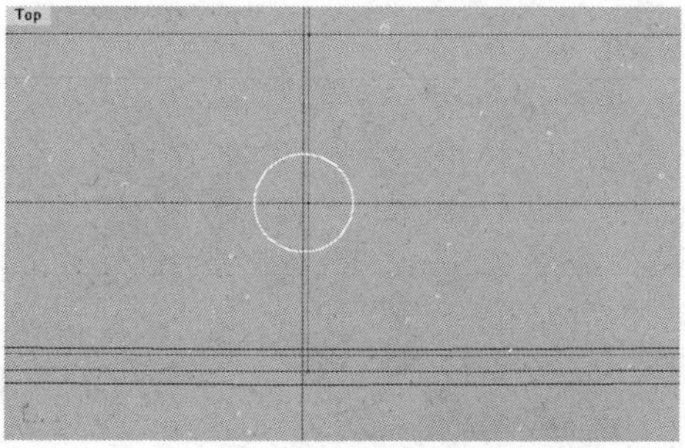

图 2–357

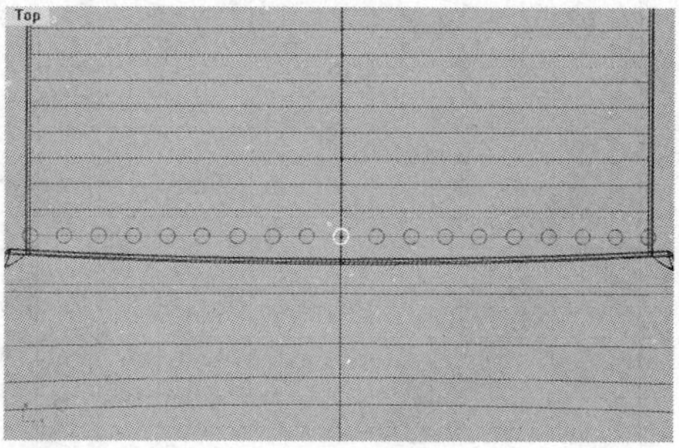

图 2–358

> 提示：
>
> 阵列时将Divide的数量设置为20。

（8）删除前一步中多余的圆。如图 2–360 所示。

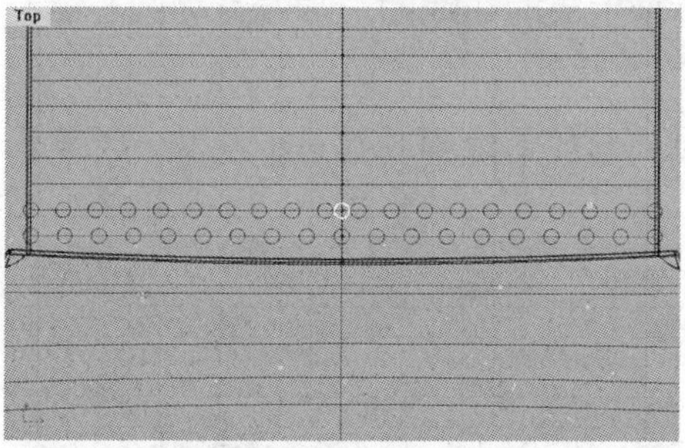

图 2–359

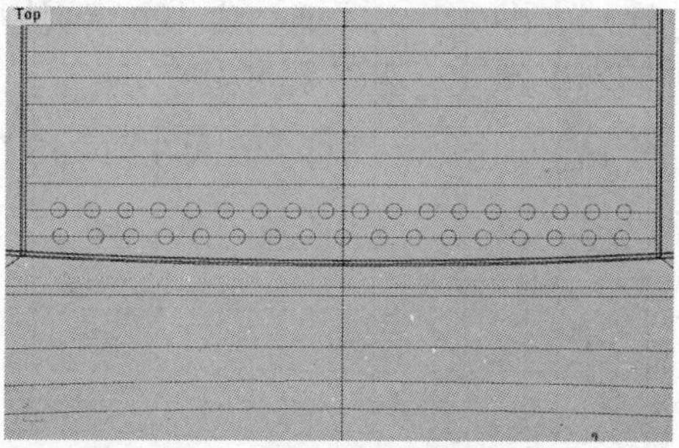

图 2–360

（9）单击 图标。选取前一步得到的圆复制到第（4）步生成的结构线上（没有阵列过圆的结构线）。如图 2–361 所示。

（10）单击 图标。在 Top 视窗内用从第（5）步到第（9）步中所得到的所有的圆分离第（1）步中提取的曲面，删除分离后的所有分离得到的圆形曲面（删除方法可以参照 2.6.4 中路由器的建模中的删除方法）。如图 2–362 所示。

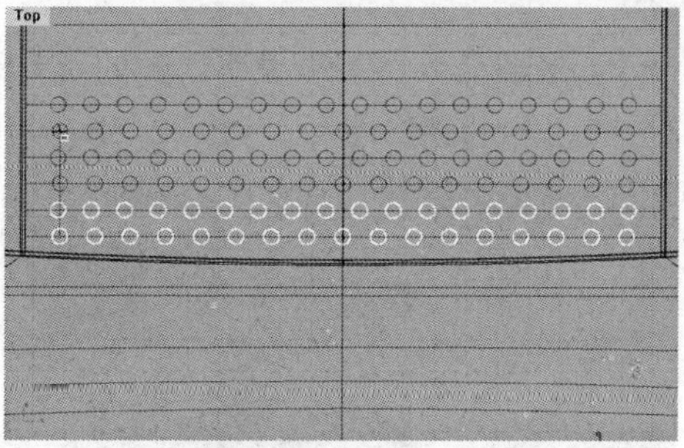

图 2–361

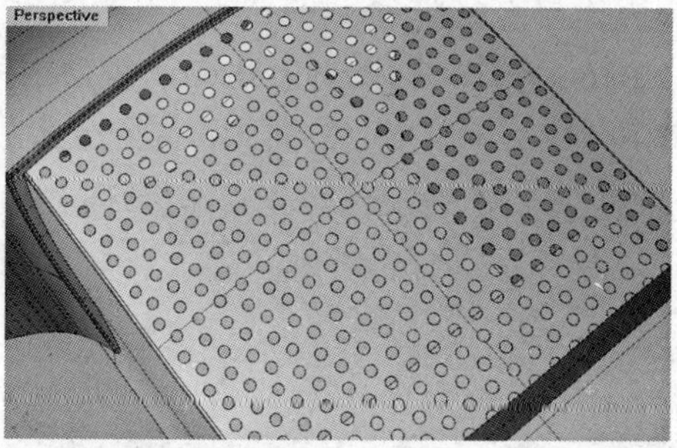

图 2–362

（11）单击 图标。提取显示器的一顶部曲面。如图 2–363 所示。

（12）单击 图标。在前一步提取的曲面上绘制等距线。如图 2–364 所示。

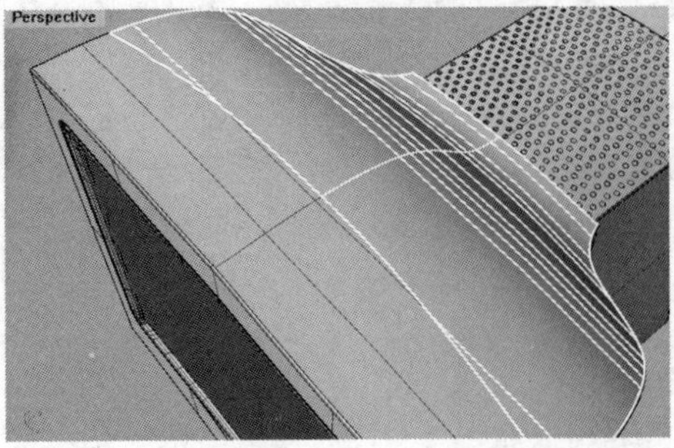

图 2-363

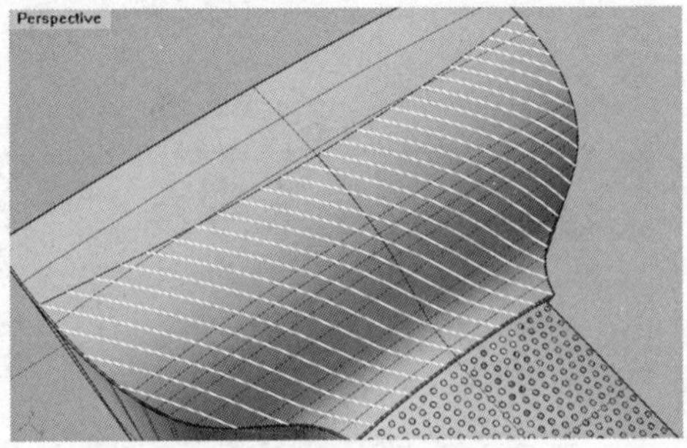

图 2-364

> 提示：
>
> 此等距线的方向和距离可根据命令栏的提示进行设置。

（13）单击 图标。在 Top 视窗内以前一步生成的曲线的一端端点为圆心绘制圆，各圆的大小相等。如图 2-365 所示。

（14）单击 图标。依次在第（12）步生成的曲线上阵列其端点上的圆。如图 2-366 所示。

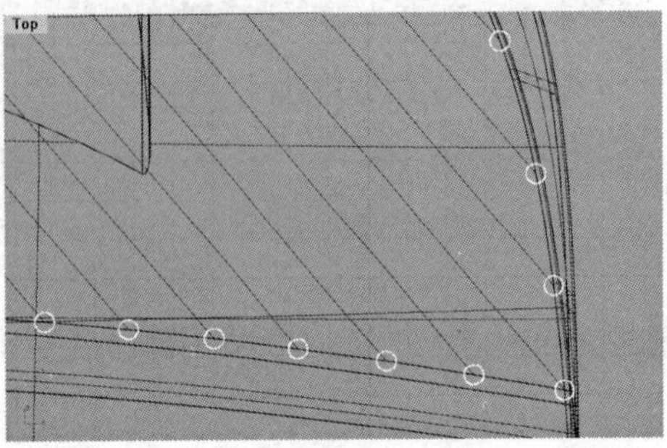

图 2-365

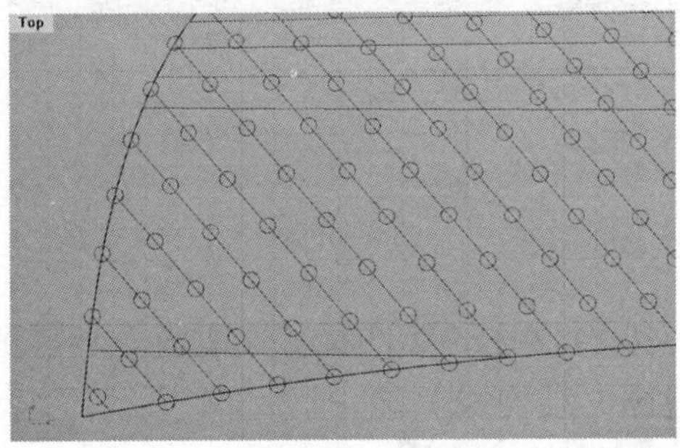

图 2-366

（15）删除前一步所有圆中在曲线两端端点上的圆（这些圆在 Top 方向上的投影不全在第（11）步提取的曲面上）。如图 2-367 所示。

（16）单击 图标。在 Top 视窗内用从第（13）步到第（15）步中所得到的所有的圆分离第（12）步中提取的曲面，删除分离后的所有分离得到的圆形曲面。如图 2-368 所示。

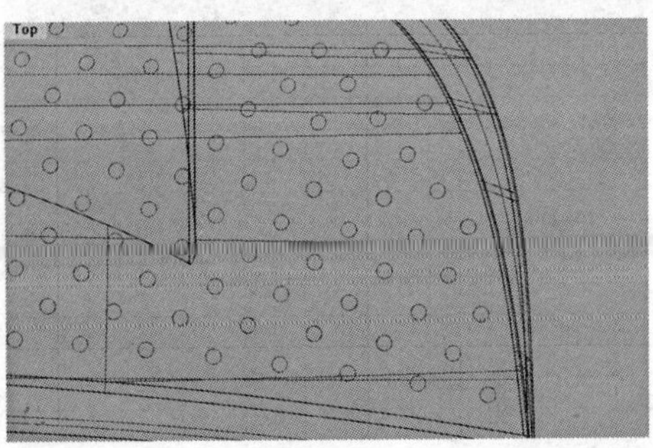

图 2-367

图 2-368

（17）依照前述方法继续对显示器后盖进行打孔。如图 2–369 所示。

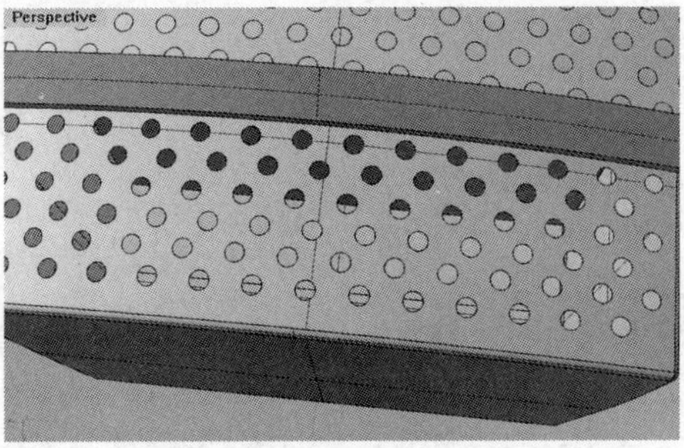

图 2–369

显示器底脚绘制及相关细节完善：

（1）单击图标。绘制一去顶圆锥体，然后移动到适当位置。如图 2–370 所示。

> 提示：
>
> 此去顶圆锥体的底面在 Top 视窗内绘制。

（2）单击图标。在 Top 视窗内沿 *Y* 轴镜像前一步绘制的实体。如图 2–371 所示。

（3）单击图标。依次选取显示器主体前半部分曲面与第（1）、（2）步生成的实体进行布尔相加。如图 2–371 所示。

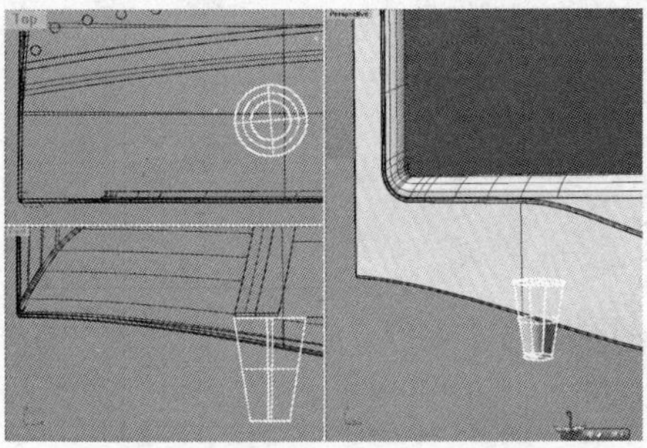

图 2–370

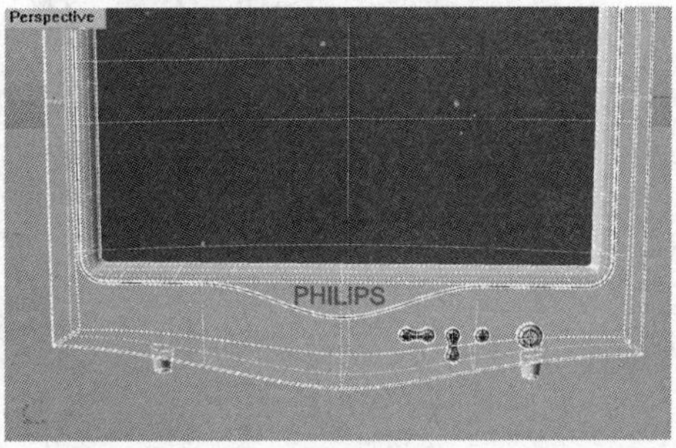

图 2–371

（4）单击图标。在 Top 视窗内绘制一倒圆角矩形。如图 2–372 所示。

（5）单击图标。拉伸前一步绘制的矩形成实体。如图 2–373 所示。

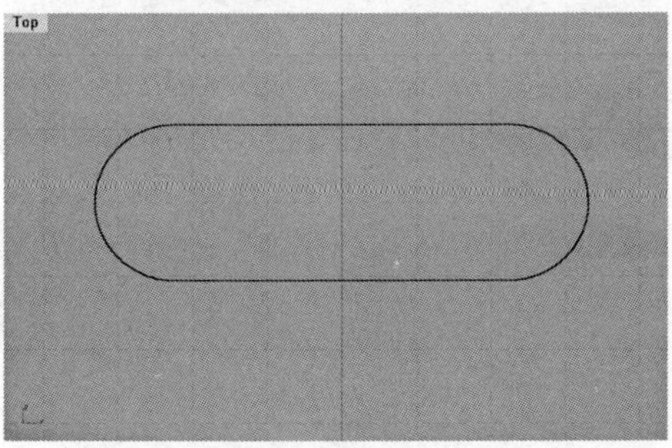

图 2–372

图 2–373

（6）单击 图标。依次选取显示器主体后半部分曲面与前一步生成的实体进行布尔相加。如图 2–374 所示。

（7）单击 图标。依次选取显示器主体后半部分曲面与前一小节（显示器外壳散热孔的绘制）中提取的两曲面进行结合。

（8）显示器尾部细节的绘制（步骤略）。如图 2–375 所示。

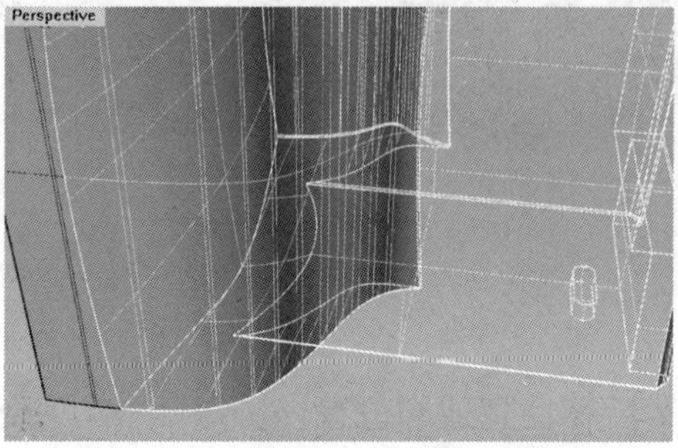

图 2–374

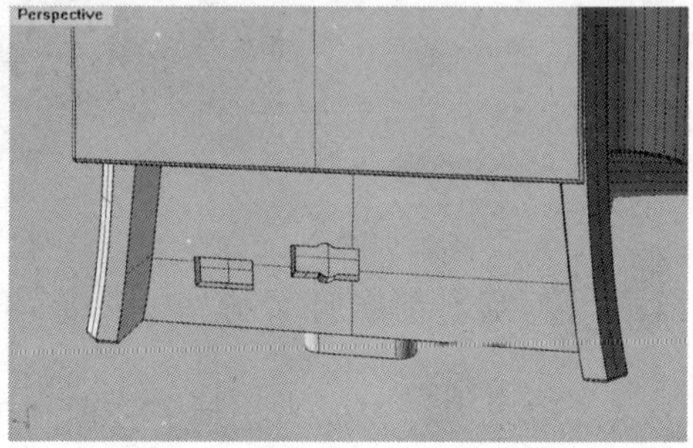

图 2–375

（9）显示器按钮上的细节的绘制（步骤略）。如图 2–376 所示。

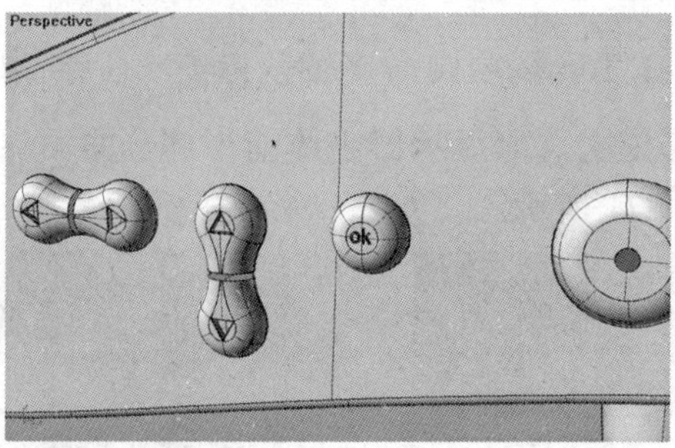

图 2–376

至此该显示器的建模基本完成。渲染图见彩图 7。

第3篇

结构篇

读者在前两篇已经了解了RHINO的基本应用，对大部分的常用功能已经熟记在心，但掌握软件的标志是能灵活运用，本篇主要将RHINO应用于创意和产品的完整设计，和其他一些软件相比，RHINO具有精度高，可控性强因而可以直接导出成为可以进行开模的文件，从而保证了产品精度，本篇中的大部分产品的模具就是由RHINO导出的IGES或STL文件生成的，本篇主要介绍产品开发的常规流程，但不再对每个命令（功能）详细叙述，具体细节的衔接由读者自行理解，读者也可以由此检验对前两篇掌握的程度。

本篇内容

3.1 按摩健身型收音机设计
3.2 液体电蚊香器设计
3.3 热能表设计
3.4 普及型片剂电驱蚊器设计
3.5 摔不烂的电源转换器设计
3.6 直插式片剂驱蚊器设计
3.7 电动车蓄电池及控制面板设计
3.8 流线型片剂拖线式驱蚊器设计
3.9 卡通型荧光管灭蚊器设计
3.10 直插式液体电驱蚊器设计

3.1 按摩健身型收音机设计

设计思想： 基于越来越庞大的老年人口群，其生活质量成为越来越被人关注的问题，本设计以人们随身携带的收音机为原型，手腕用力后收音机的上下部分可以相对转动（有双向阻尼作用）以达到运动健身的目的，这个新产品的开发在技术上不存在任何问题。

设计步骤如下：

（1）作一个球切一半，沿过球心的垂直轴环形阵列若干小球，要求小球心必须落在大球面上。如图 3–1 所示。

（2）在同一个位置上阵列一个 1/3 的椭球曲面，将大球与每个小球 TRIM 后与每个 1/3 的椭球曲面作 BLEND，如图 3–2 所示。

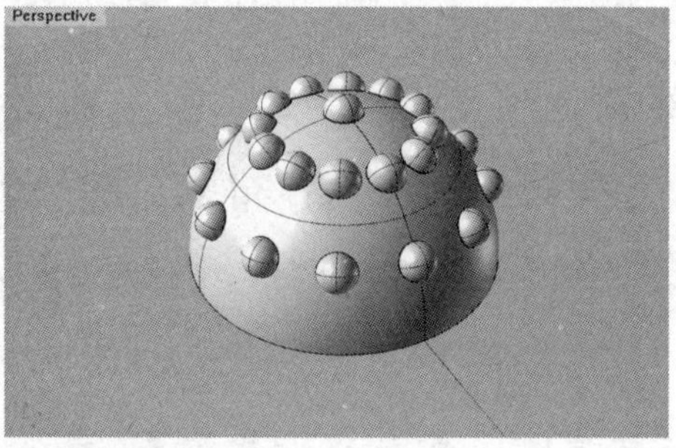

图 3–1

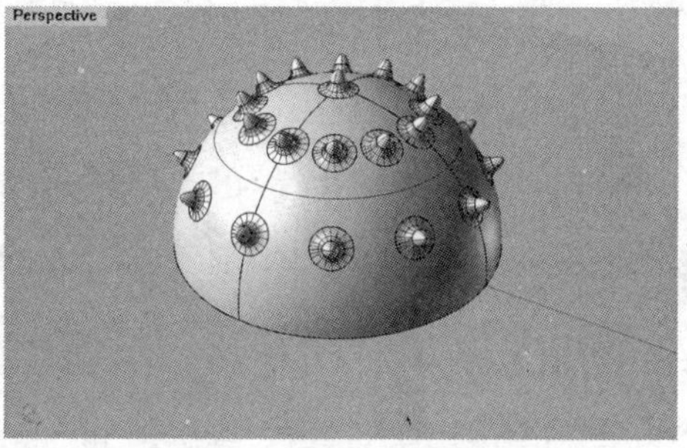

图 3–2

（3）将上述诸曲面垂直镜像，并在中间作一个环。顶端和底部各一个结构作喇叭出音口和开关按钮。如图 3–3 所示。

（4）至此发现表面的摩擦突起物略显少了些，添加一列如图 3–4 所示的小球，在此可知有时复制一些后续可能会用到的元素还是必要的。

图 3–3

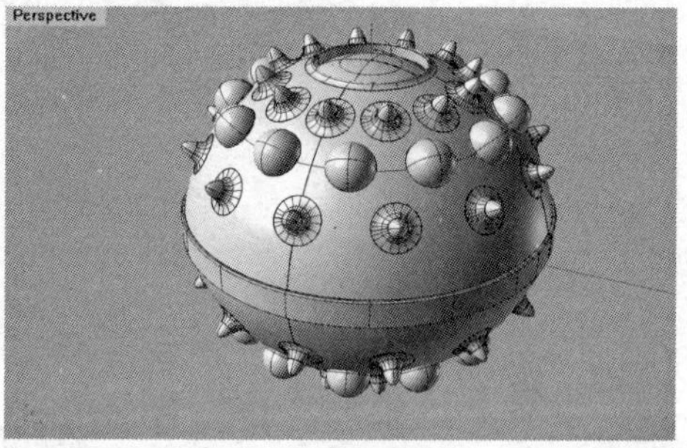

图 3–4

（5）对上下两个结构在高度方向作一维压缩到适当位置使整体仍呈一个圆球状。如图 3–5、图 3–6 所示。

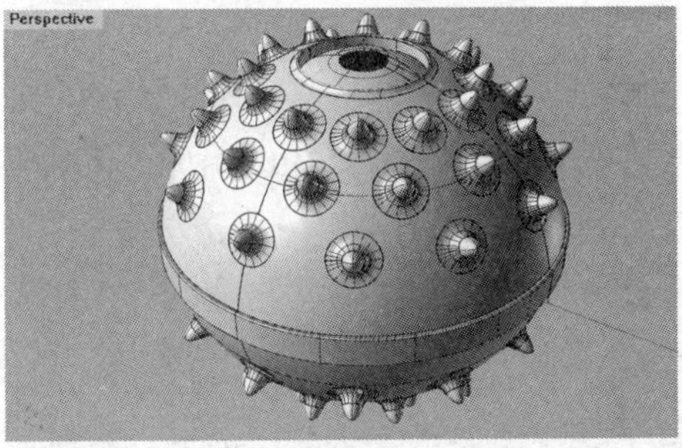

图 3–5

图 3–6

（6）至此，进一步的效果可以用贴图的方式来表达，喇叭的位置和效果如彩图 8 所示。按钮的效果如彩图 9 所示。可以有各种配色，材质如图所示，腰线部分拟作调谐拨盘以方便老年人使用，细节可用 PS 完成。其尺寸及应用状况如彩图 10、图 11 所示。

> **知识小解**：用构造线形成曲面后，有时由于精度关系，面的边界与原构造线并不完全重合，有时需要重新提出该面的新边界以构造能与其成功 Join 的相邻曲面。

3.2　液体电蚊香器设计

设计说明：本设计是在企业确定几个已有的元器件和标准的基础上设计一个新产品，这些元器件包括加热器尺寸、电源指示发光二极管、液体药瓶螺口标准、电线卡口标准等。如图 3–7、图 3–8、图 3–9。

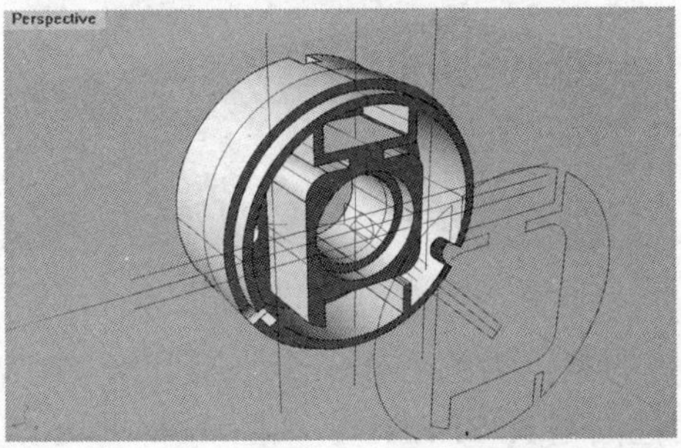

图 3–7

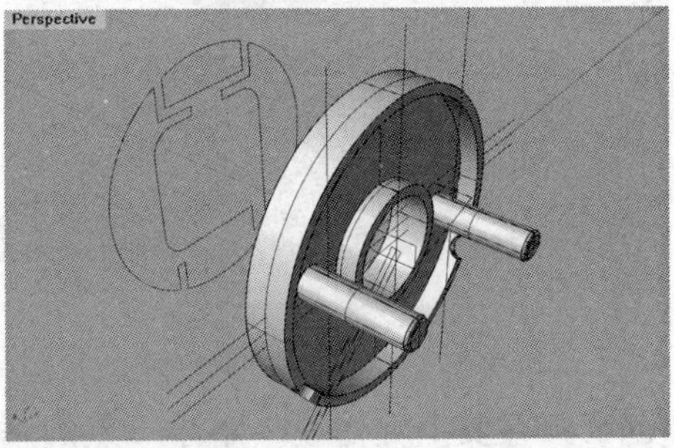

图 3–8

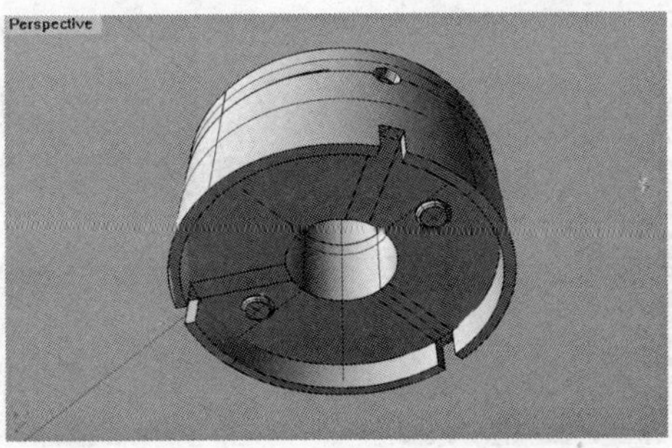

图 3–9

设计步骤如下：

（1）作一个大概尺寸的矩形，以其垂直中线为轴，在其上某点作两条曲线如图 3–10 所示。

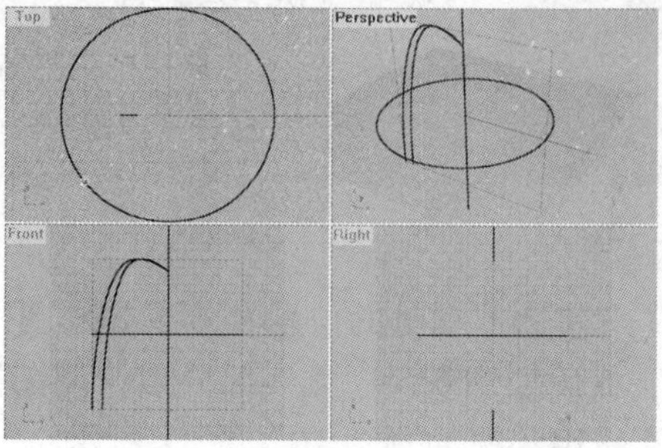

图 3–10

图 3–11

（2）以垂直轴线环形阵列该两条曲线如图 3–11 所示。

（3）用面的构成方式形成一个曲面如图 3–12 所示。

（4）向内偏移一个塑料产品的壁厚，在底部适当位置作一个水平面将底部截平，剪切多余的面后 Join 形成一个实体，将加热器置于合适高度，用布尔交的方式检验是否有干扰，还要考虑加热器的散热空间，如果不符合要求，可以调整上述步骤，注意：这里如果仅将实体三维放大会使壁厚也同步放大变厚，这要考虑是否在允许的范围内。如图 3–13 所示。

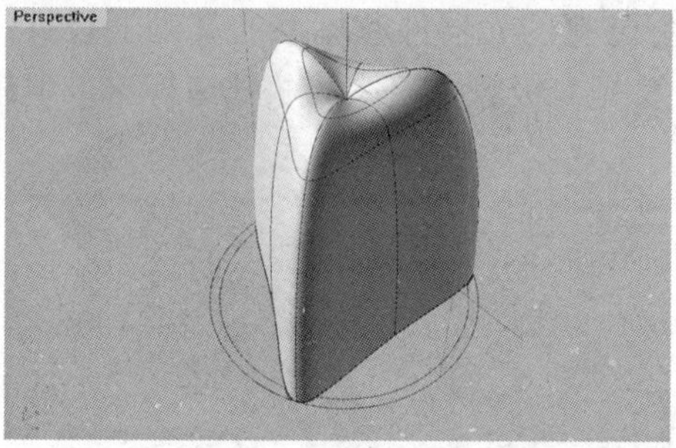

图 3–12

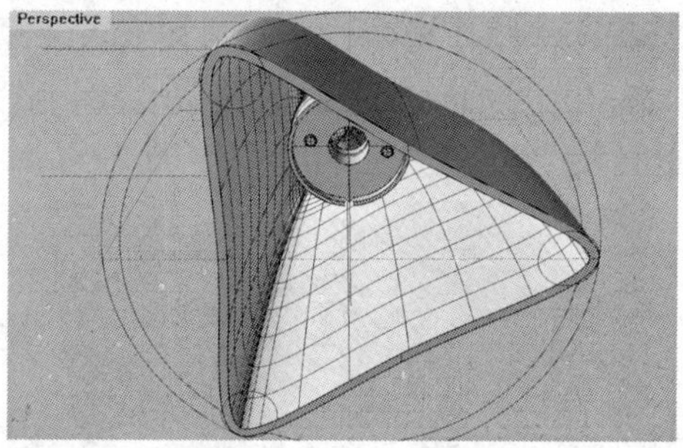

图 3–13

（5）将调整好的实体"炸开"，先以垂直中线的某点为圆心作一个水平圆来 TRIM 外表曲面，再在其上方作一个略小一点的垂直的圆柱面与其 BLEND，如图 3–14 所示。

（6）同理作出内壁的 BLEND 曲面。如图 3–15 所示。

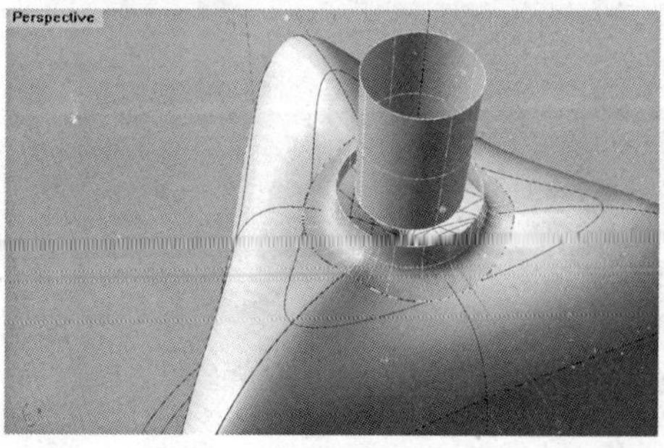

图 3–14

图 3–15

（7）封口后 JOIN 重新成为一个实体。如图 3-16 所示。

（8）关于垂直中线对称作一个椭圆柱（图 3-17），调整其高度位置并复制旋转三个，实体与之作布尔减得该实体的结果如图 3-18 所示。

（9）作发挥药性气体的空气对流孔和发光指示灯位置孔，要求能使气体充分对流而又要保证使用者的安全。如图 3-19 所示。

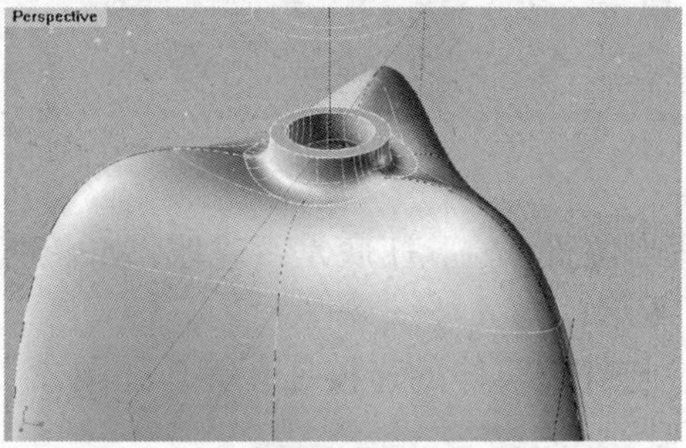

图 3-16

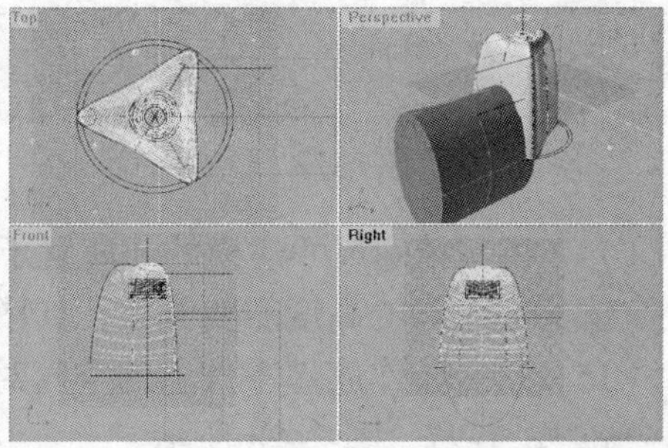

图 3-17

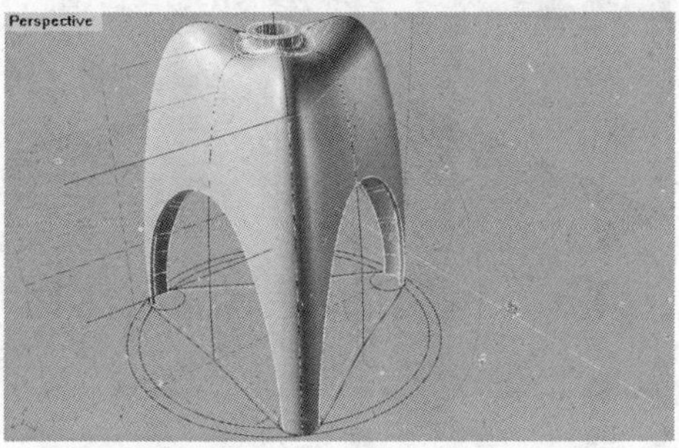

图 3-18

图 3-19

（10）在脚拱顶部上面一点点处作一个水平面，获得该平面与实体的两条交线，结果见图 3-20。

（11）取内侧的一条曲线构成面并向上拉出成为一个底，下部的檐是为了保证强度（图 3-21）。

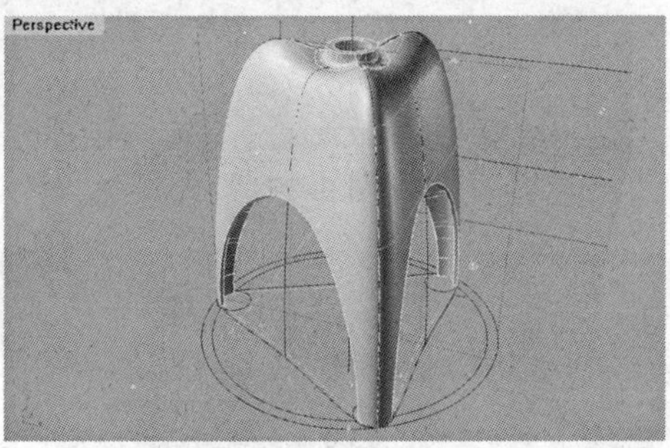

图 3-20

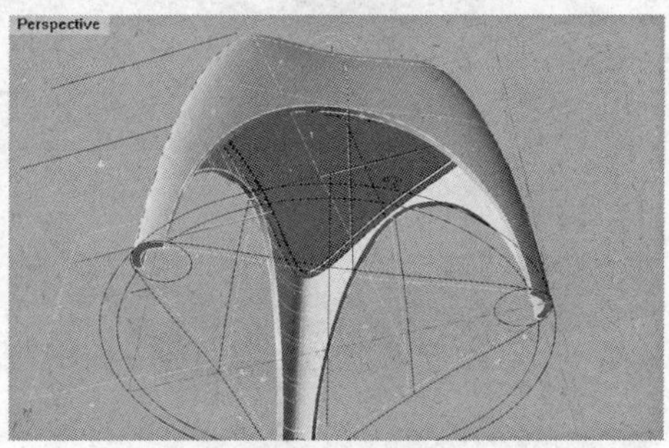

图 3-21

（12）验证底到加热器的高度尺寸，还要考虑在底部零件上将要作的连接螺纹等，检验符合要求后继续下一步。如图 3-22 所示。

（13）在底部零件上构架托住加热器和发光管的结构，根据螺纹标准作出应该有的大的构架如图 3-23 所示。

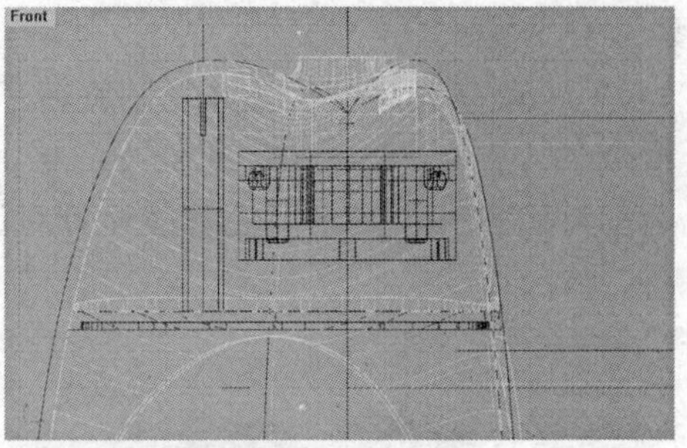

图 3–22

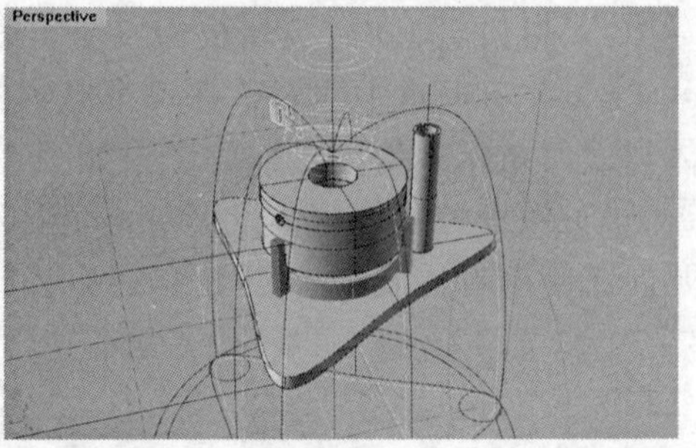

图 3–23

（14）将按精确尺寸建模的药瓶置于下部适当位置，检验瓶底是否碰地，如果碰地则说明实体的三个脚的高度需要调整，如图 3–24 所示 。

（15）进一步作底部零件上的空气对流孔、与外壳实体的连接柱孔等，如图 3–25、图 3–26、图 3–27、图 3–28 所示。

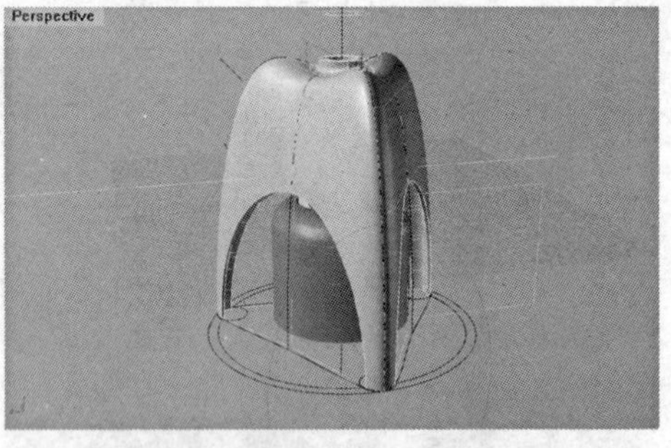

图 3–24

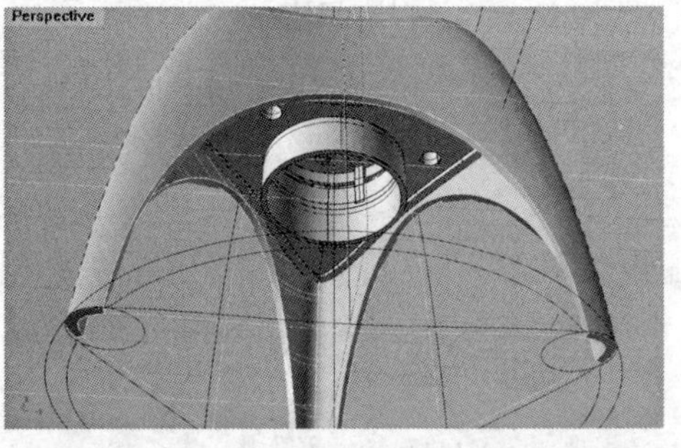

图 3–25

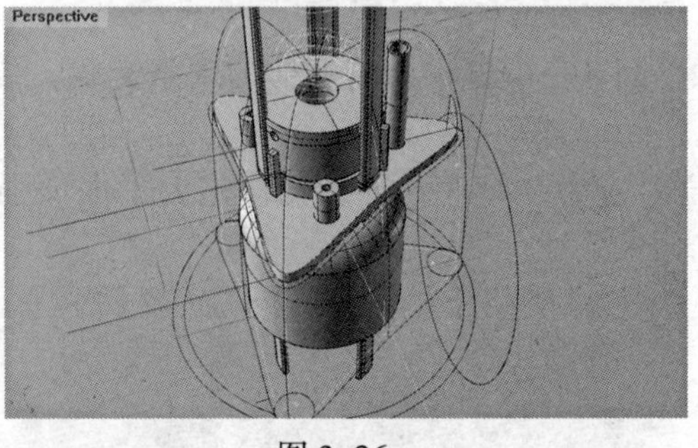

图 3–26

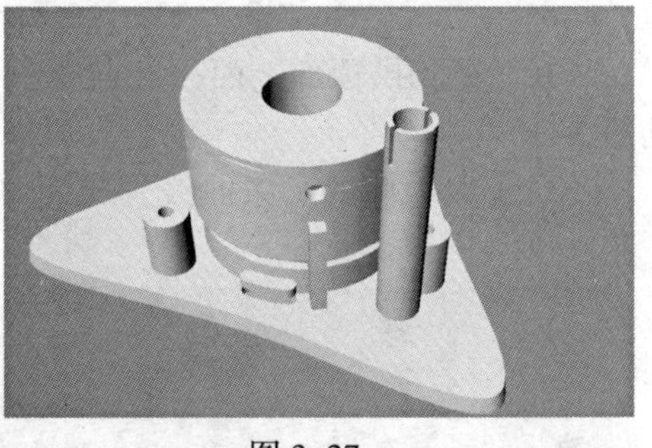

图 3–27

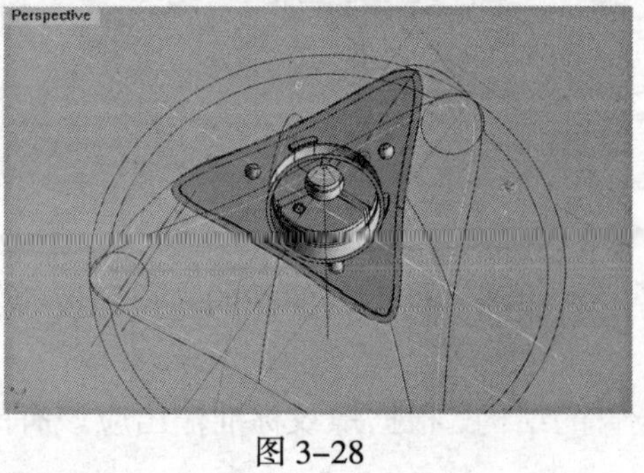

图 3–28

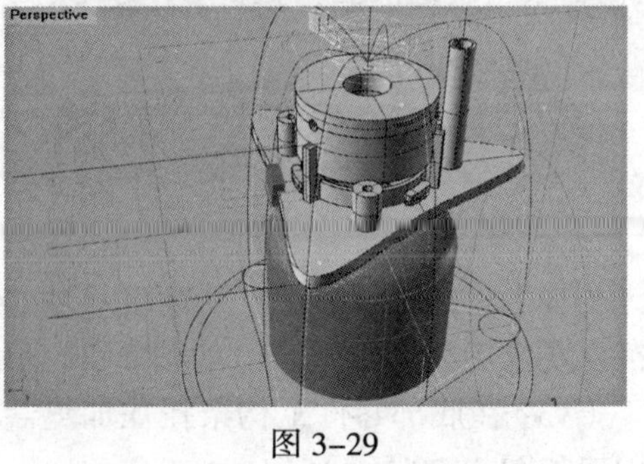

图 3–29

（16）在底部零件上作电源线卡口所需的结构，注意这部分凸起物是在复制了外壳后“剥离”下来的。见图 3–29 所示。

（17）在外壳上同样作出电源线卡口所需的孔。如图 3–30 所示。

（18）在底部零件上作出螺纹。如图 3–31 所示。

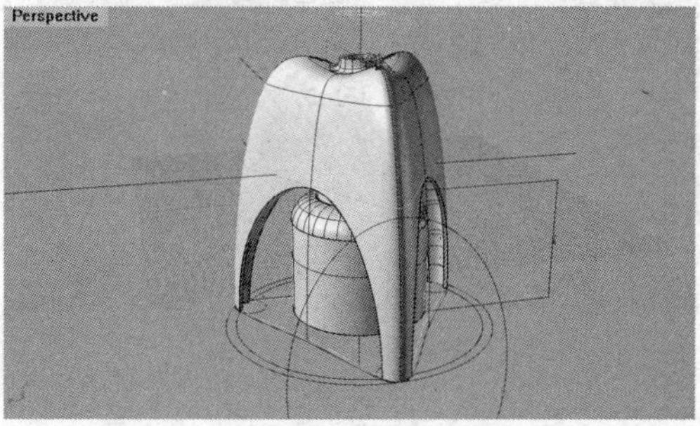

图 3–30

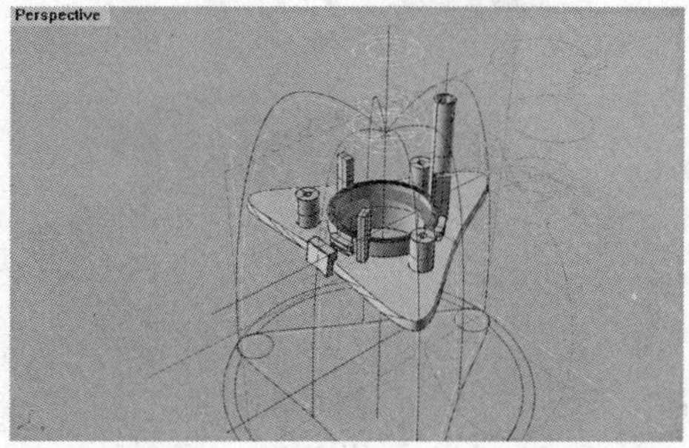

图 3–31

（19）在此罗列一下已经作好的几个结构如图 3–32、图 3–33、图 3–34 所示。

（20）继续在底部零件上作出托住瓶顶挥发柱和使用安全所应该考虑的结构。如图 3–35 所示。

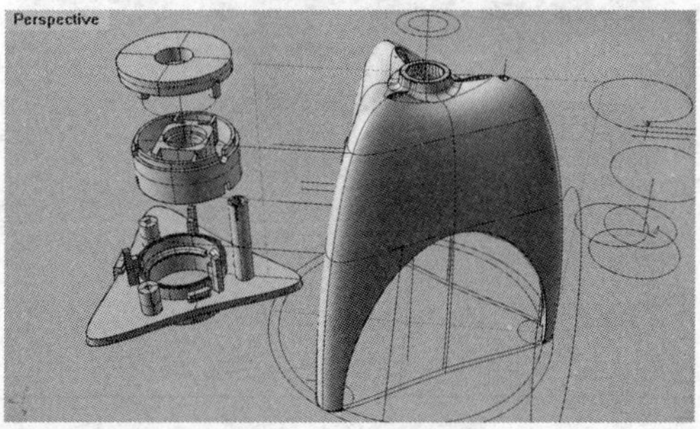

图 3–32

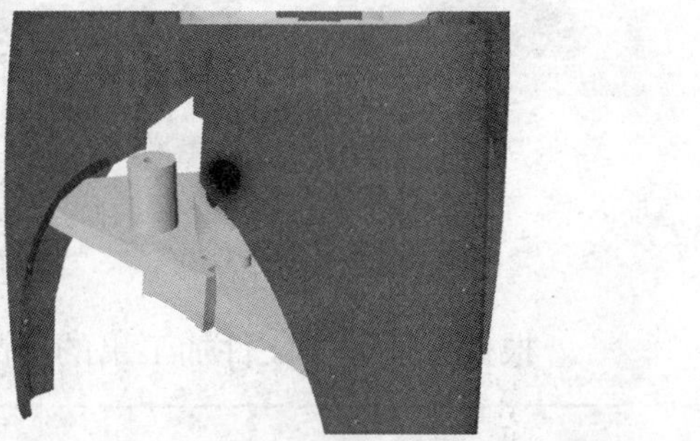

图 3–33

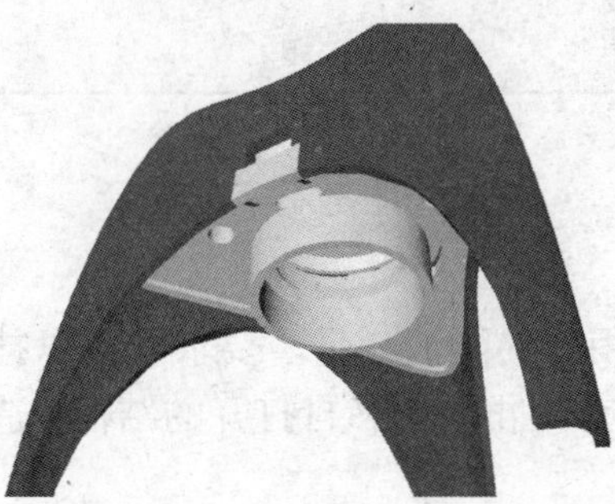

图 3–34

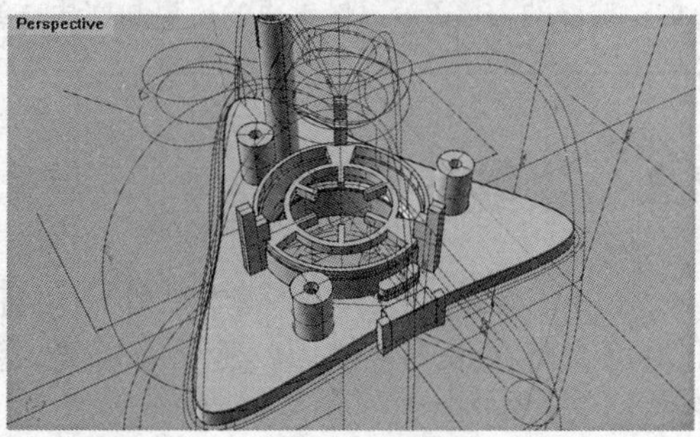

图 3–35

（21）加底部的加强肋如图 3–36 所示。

（22）加入按精确尺寸建模的电线卡口以检验设计的正确性（图 3–37）。

（23）在外壳的内侧作出连接用的阶梯柱（超声波连接用）和固定加热器的结构，这里特别要指出的是要在内侧作一圈凸檐等以作准确定位底部零件之用。如图 3–38 所示。

（24）作出内部电器连接结构以验证在这样一个紧凑的空间在装配上的合理性。如图3–39所示。

图 3–36

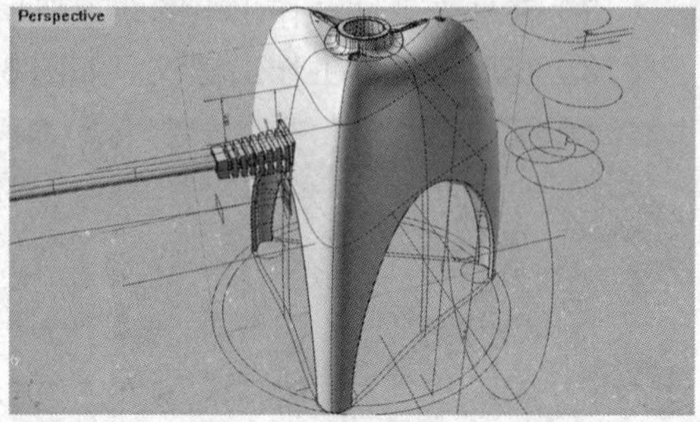

图 3–37

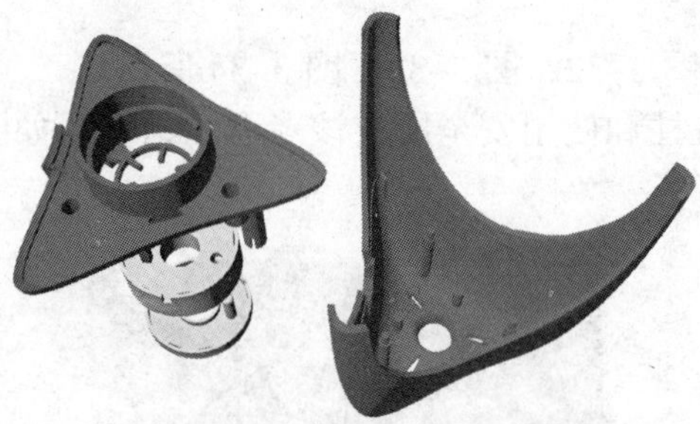

图 3–38

图 3–39

根据上述建模文件加工出的产品见彩图 12、13。

> **知识小解：**有时用 PATCH 不能构造出预想中的面，这时可以提高构造面的 *UV* 线参数，增加构造线的 *UV* 还可以使生成的边界与原构造线的重合度更好。

3.3 热能表设计

设计说明：热能表的作用是计量用户使用的热能消耗量。要求既可以挂在墙上也可以套在水表上使用，显示面板要求清晰，要求有防止用户私自打开的结构，造型要求简单大气而美观。

表的核心元件精确建模后的参考尺寸如图 3–40、图 3–41 所示。

设计步骤如下：

（1）考虑整个表的最大厚度是要满足其中长寿命电池的放置，表的正面是一条略有弧线的曲线拉伸出的，显示窗的基本形设计等如图 3–42、图 3–43 所示。

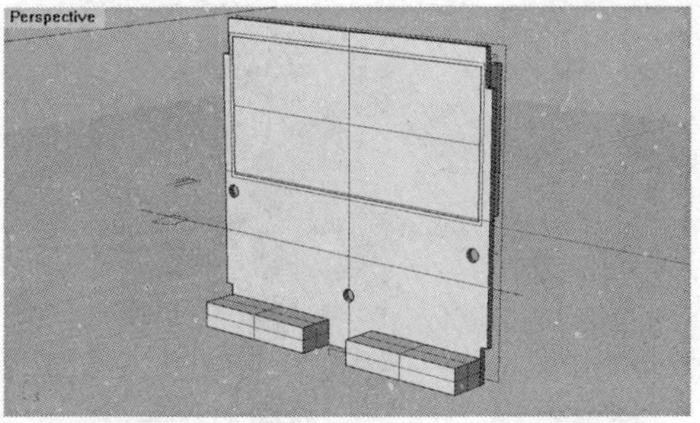

图 3–40

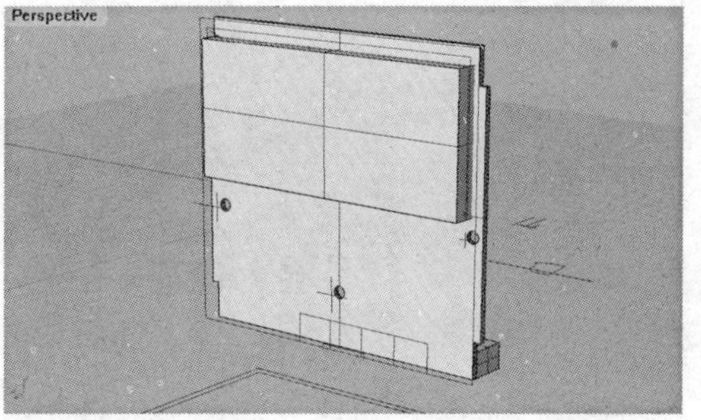

图 3–41

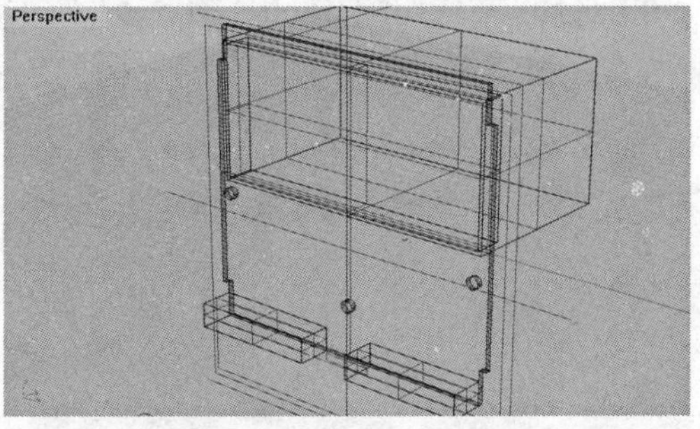

图 3–42

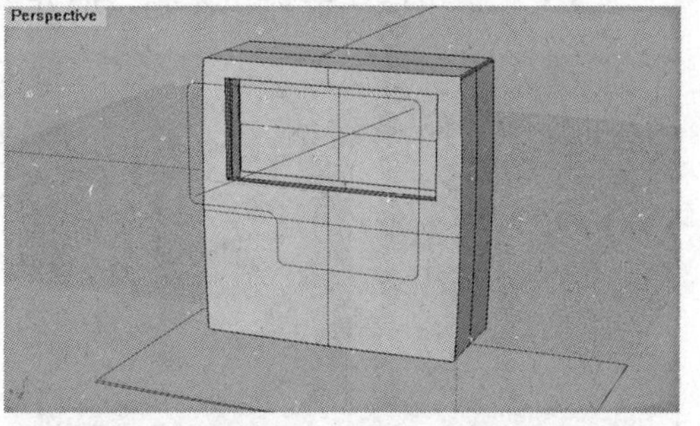

图 3–43

（2）在正面作出实体结构如图 3–44、图 3–45、图 3–46 所示。

（3）安排必要的定位及安装孔等，根据表的功能安排必要的电线电源输入孔和预留的盲孔等，如图 3–47、图 3–48、图 3–49 所示。

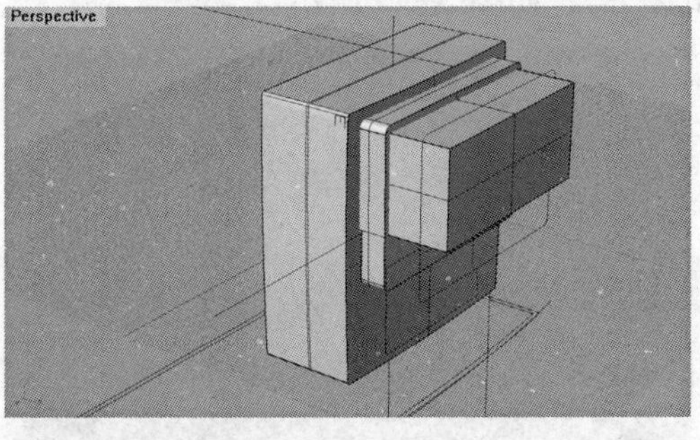

图 3–44

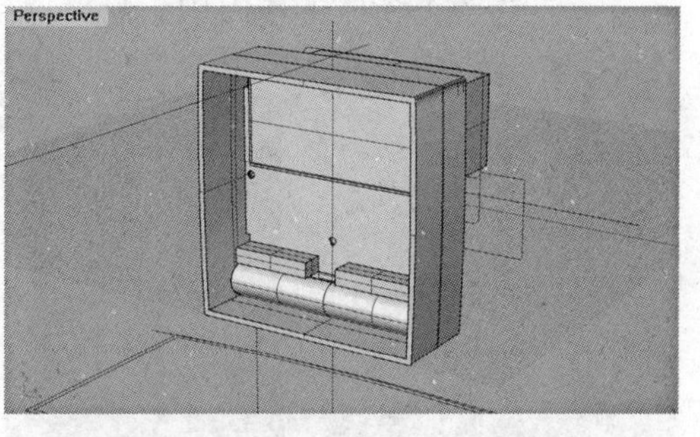

图 3–45

图 3–46

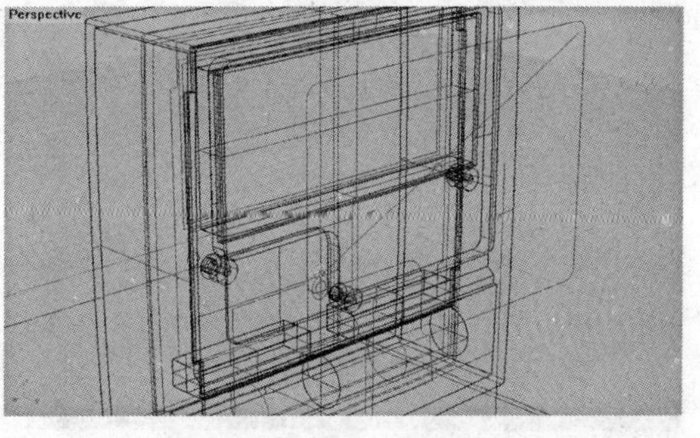

图 3–47

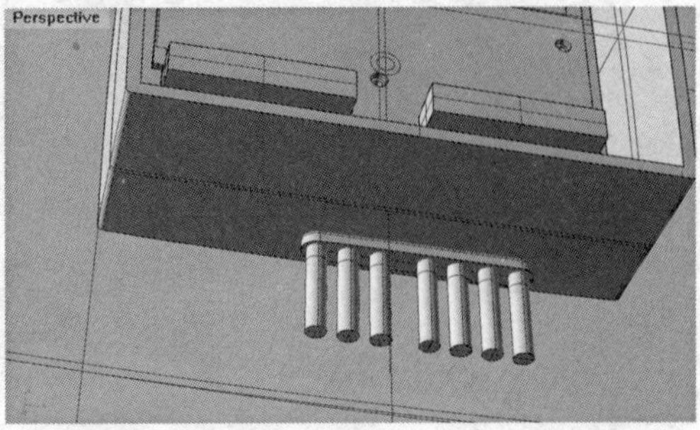

图 3-48

图 3-49

（4）分离出后盖并作出企口，要注意内外尺寸配合的关系如图 3-50、图 3-51 所示。

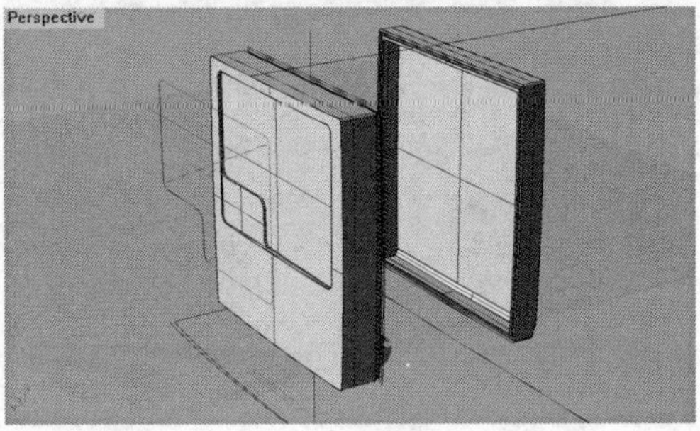

图 3-50

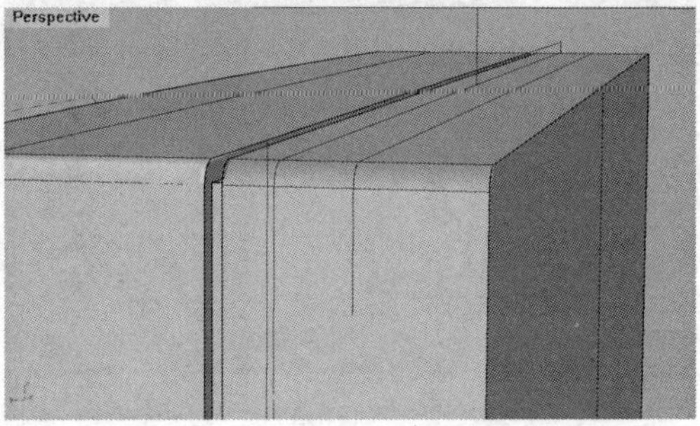

图 3-51

（5）在正面右下侧割出几条渐变的圆弧凹槽以丰富效果，如图 3-52 所示。

（6）同样在后盖的三个边沿作出凹面效果。如图 3-53、图 3-54 所示。

（7）在两个零件上作出用于自攻螺丝连接的柱孔。如图 3-55 所示。

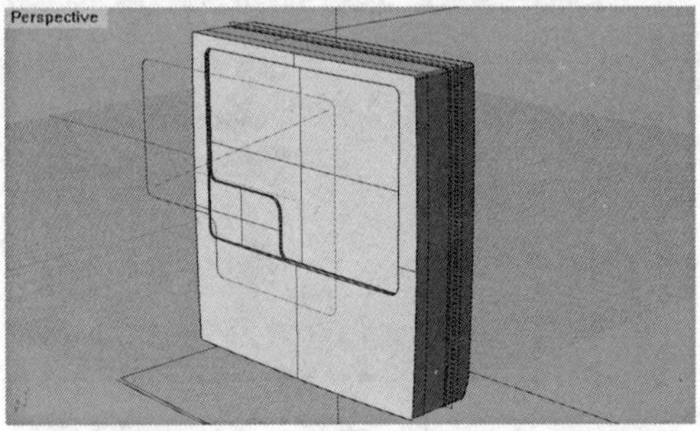

图 3-52

图 3-53

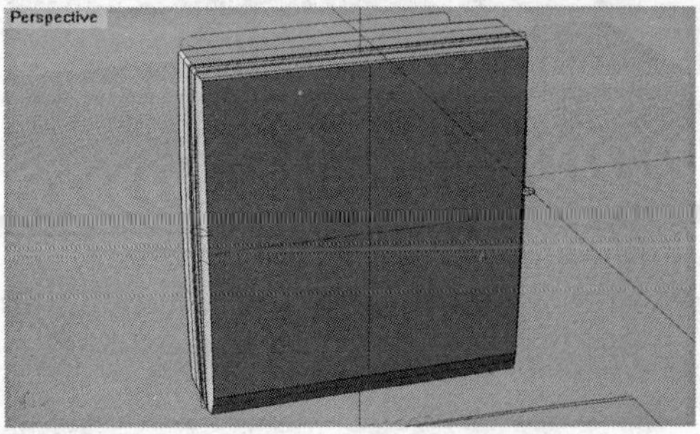

图 3-54

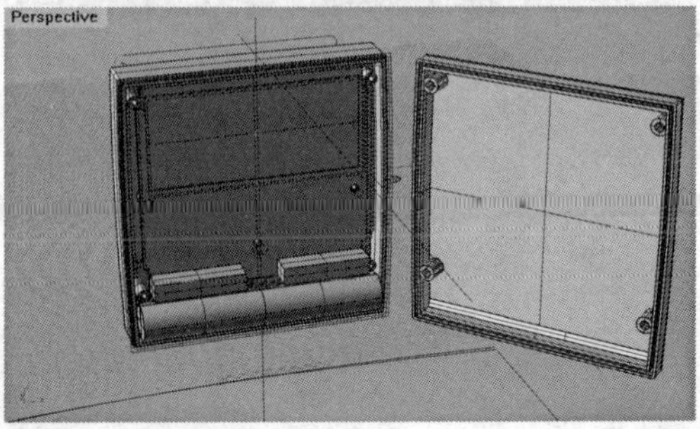

图 3-55

（8）检验结构的合理性，发现有干扰的部分应及时予以调整。如图 3–56 所示。

（9）作一组悬臂的止退锁扣，一旦表被私自打开，该锁扣必被破坏以确认私自违法打开（类似铅封作用）。如图 3–57 所示。

（10）作出挂于墙体用的挂钩零件，由于开模原因，这部分是分成两个零件来设计的。如图 3–58 所示。

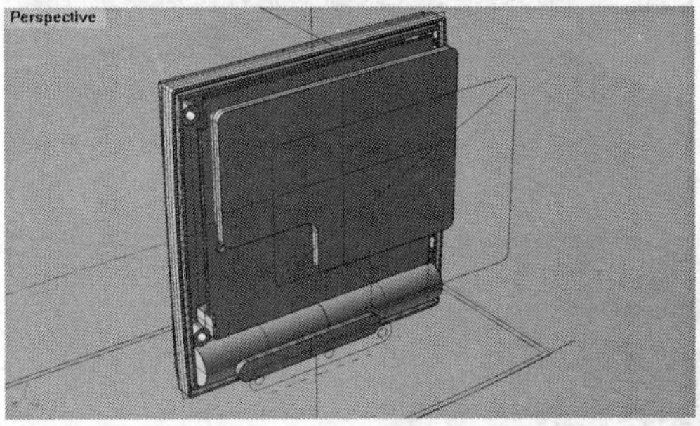

图 3–56

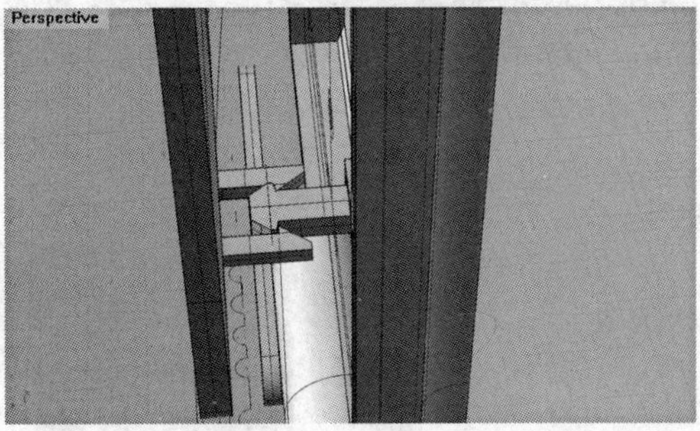

图 3–57

（11）作一个可以固定在水表上的薄壁环套，要保证该套与表本体的连接位置和方式与前述挂钩孔一致，见图 3–59 至图 3–64。

至此，完成了全部的零件设计和建模工作，该产品的爆炸图和效果图如彩图 14、15、16、17 所示。

图 3–58

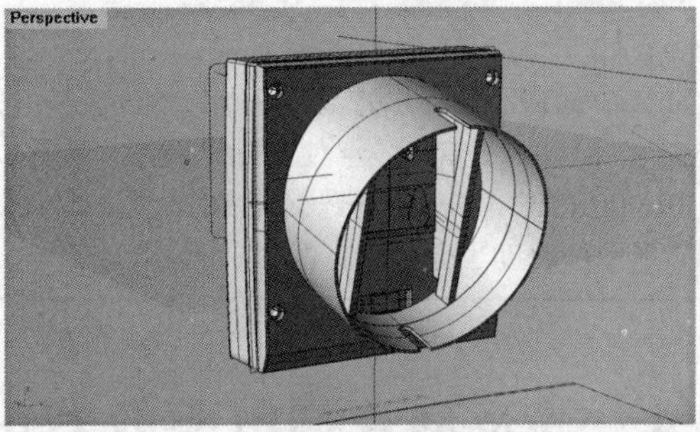

图 3–59

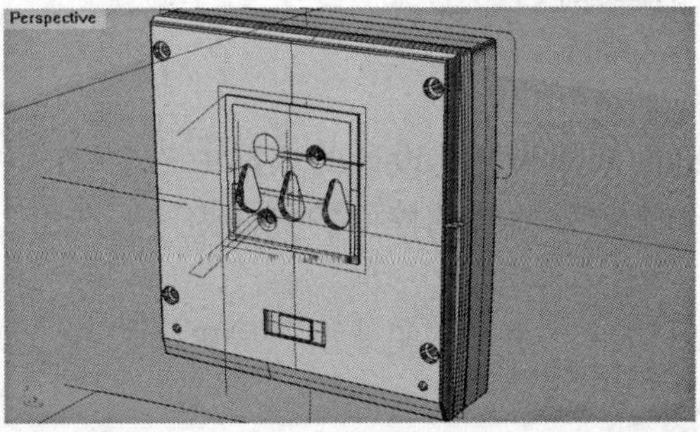

图 3–60

图 3–61

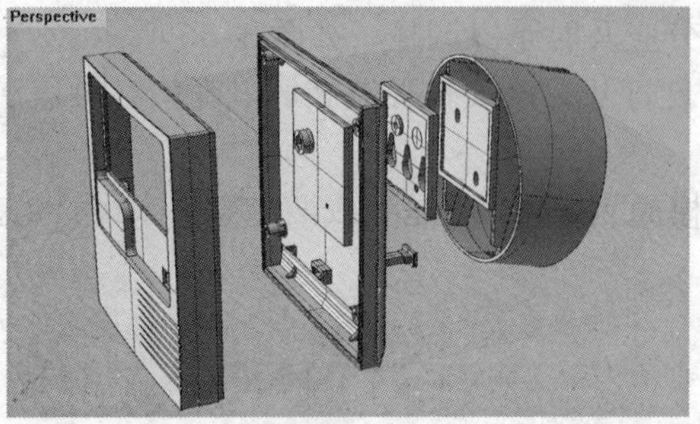

图 3–62

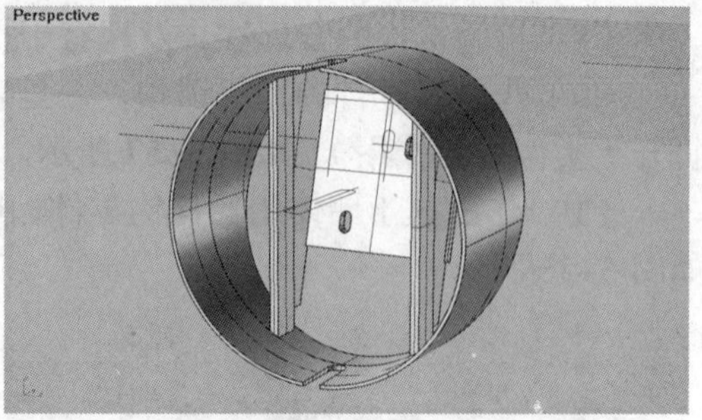

图 3–63

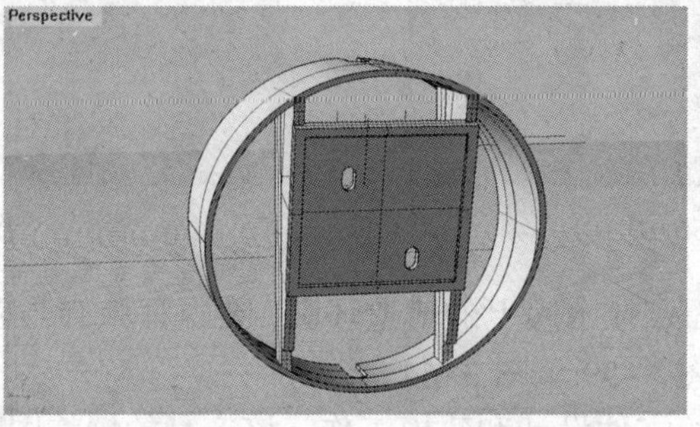

图 3–64

> **知识小解**：尽管 Rhino 是以 NURBS 方式构造曲面，但在显示时仍是以面片形式给出的，过少的面片数有时会使曲面的失真严重，这时可以用 TOOL\OPTIONS\DOCUMENT PROPERTIES\MESH 下选 CUSTOM，调低 MAXIMUM ANGLE 的参数来提高曲面的显示质量，当然显示的速度也会相应降低。

3.4 普及型片剂电驱蚊器设计

设计说明：这是一款希望在大城市以外的广大地区使用的驱蚊产品，要求成本低、体积小便于携带，但小电器的核心质量没有丝毫降低。

设计步骤如下：

（1）将现有的加热器元件按精确尺寸建模以用来作为开始设计的依据（图 3–65）。

（2）该产品拟用一个垂直放置的圆锥面与一个水平放置的柱面的交作为主要造型，效果如图 3–66、图 3–67 所示。

（3）在长度方向用一条流畅的曲线垂直拉出切割上述实体使造型显得更活泼些。如图 3–68 所示。

（4）由此获得表面造型，将这些面向内作塑料壁厚的 OFFSET,TRIM 并 Join 后得壳体的结果如图 3–69 所示。

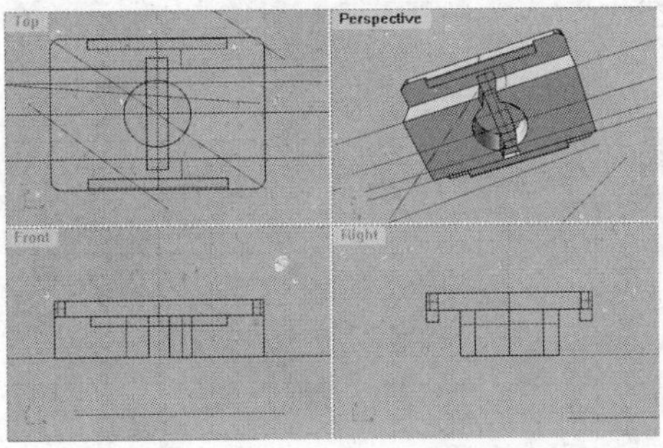

图 3-65

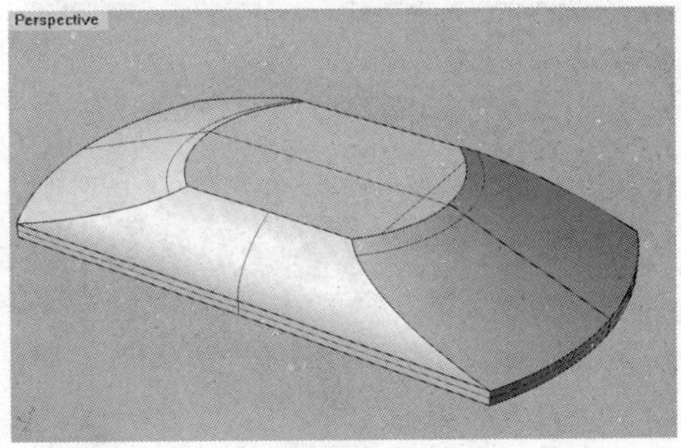

图 3-66

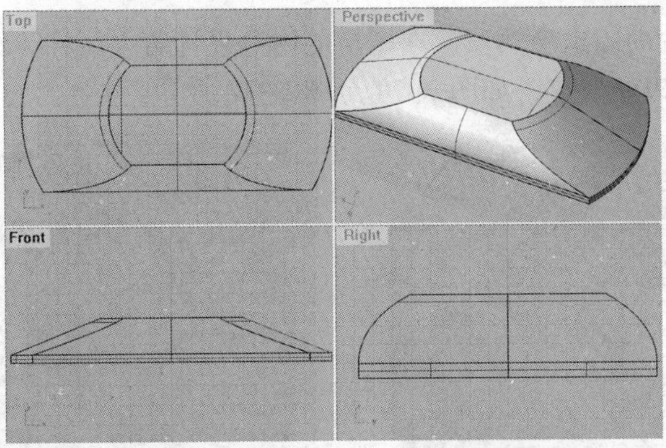

图 3-67

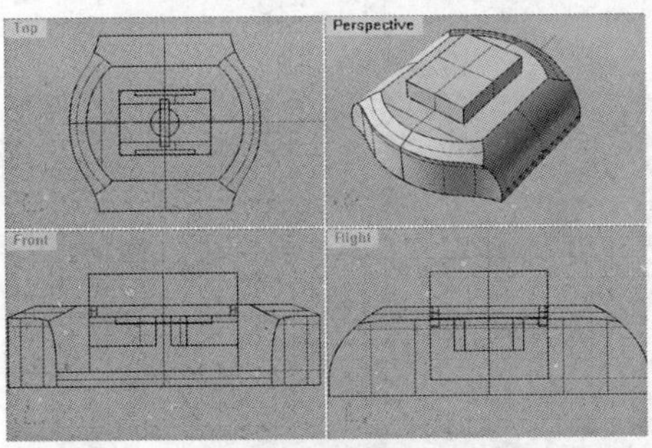

图 3-68

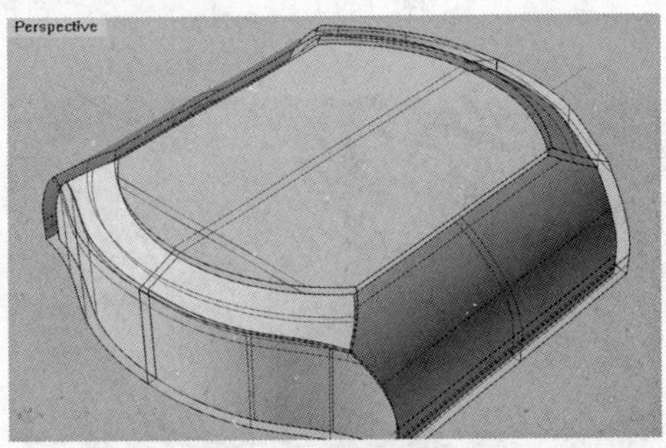

图 3-69

（5）显示加热器进行位置的调整，考虑安全性要求开始作定位药片的防触栅格，为保持整体风格的一致，栅格由圆弧柱体的一部分组成。如图 3-70 至图 3-73 所示。

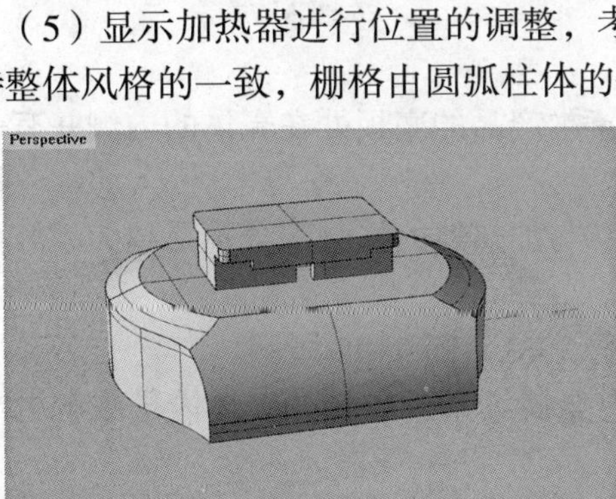

图 3-70

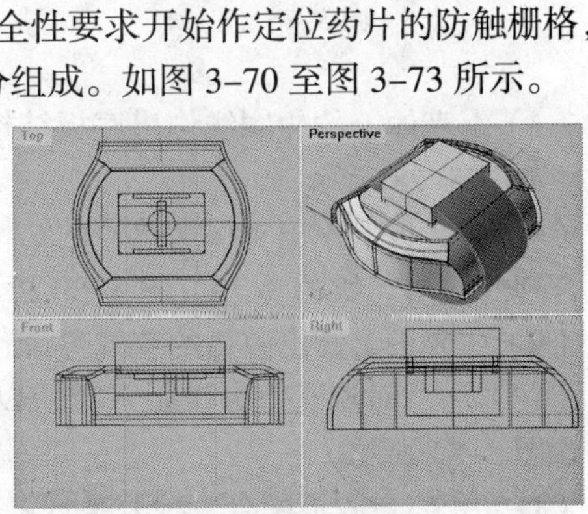

图 3-71

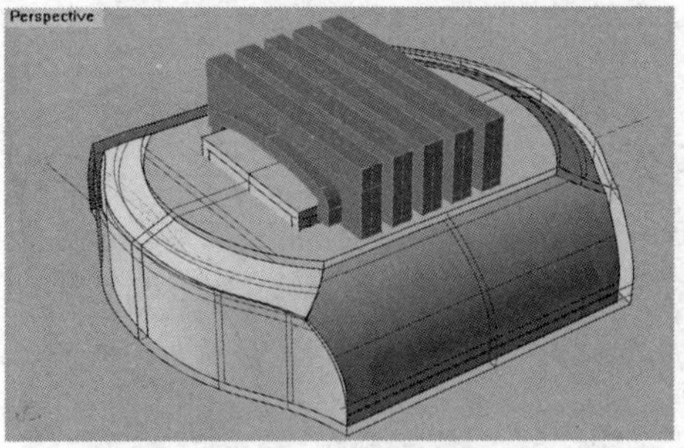

图 3–72

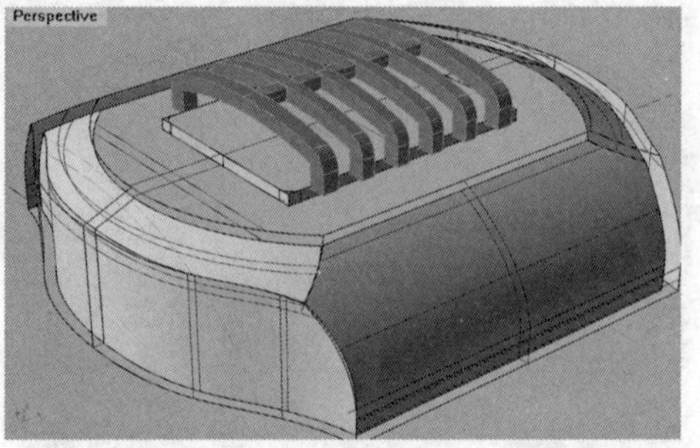

图 3–73

（6）为在垂直方向固定加热器，在栅格的内侧设计若干压柱，注意与加热器接触的壳体的周边开有方槽以便散热，如图 3–74 至图 3–77 所示。

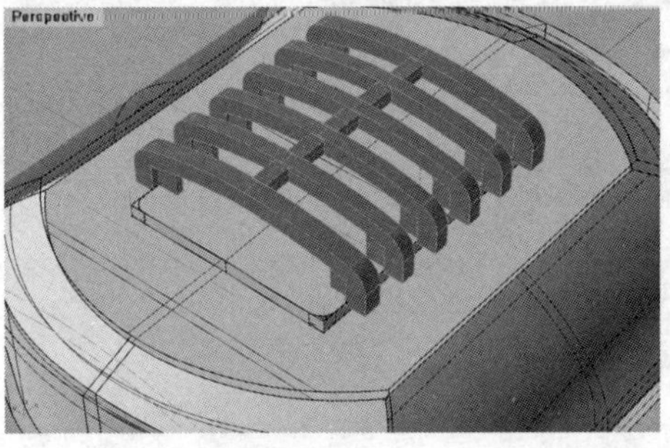

图 3–74

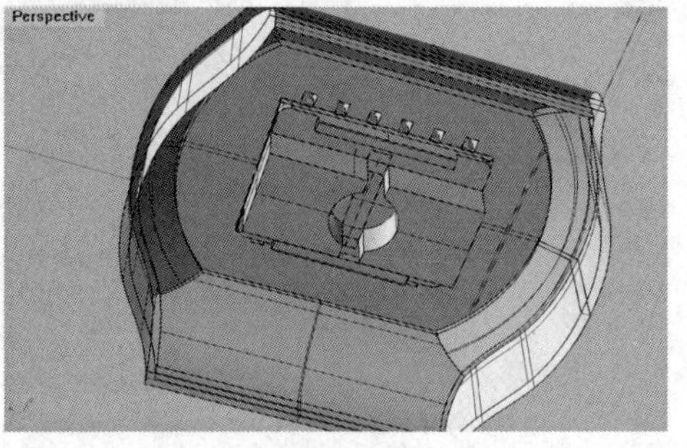

图 3–75

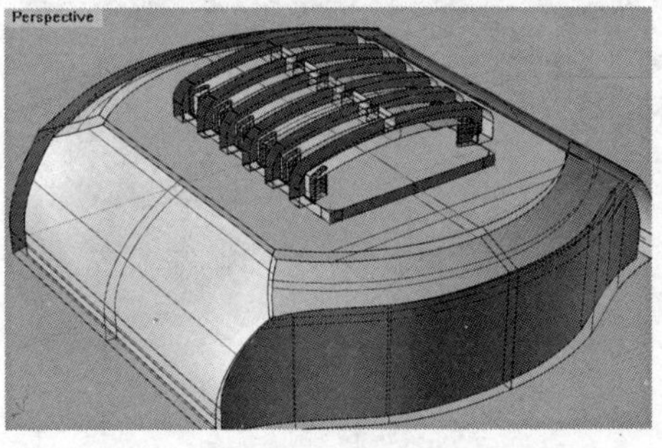

图 3–76

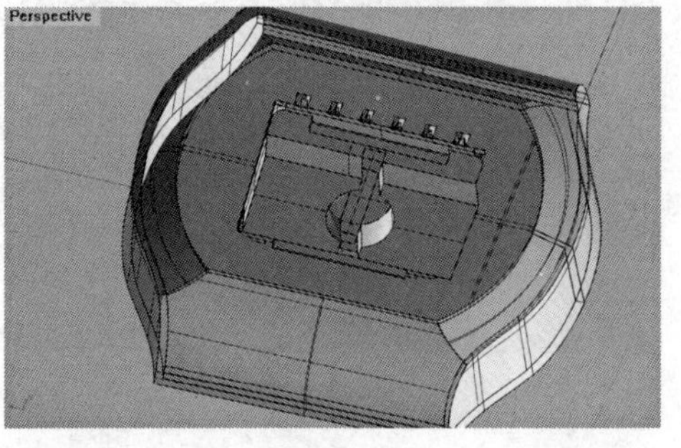

图 3–77

（7）由壳体上的轮廓线作出底板结构，注意本产品的底板处在壳体的内侧并有一圈凸檐。如图 3–78 所示。

（8）在底板上作出支撑加热器的结构，注意与加热器的接触部分不是越大越好而要考虑合理的散热。如图 3–79、图 3–80 所示。

（9）在底板上开出散热的空气对流孔。如图 3–81、图 3–82 所示。

（10）注意对流孔上方设阻入挡块以防止有金属细条进入触及壳体内导致触电或短路。如图 3–83 所示。

（11）壳体与底板配合，检验零件之间有无干扰，如图 3–84、图 3–85 所示。

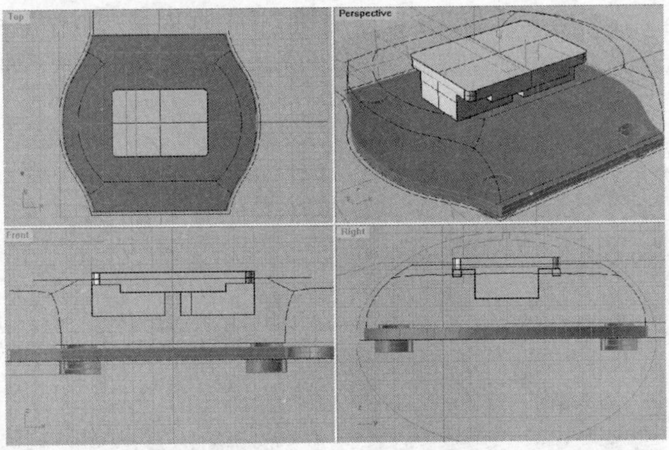

图 3-78

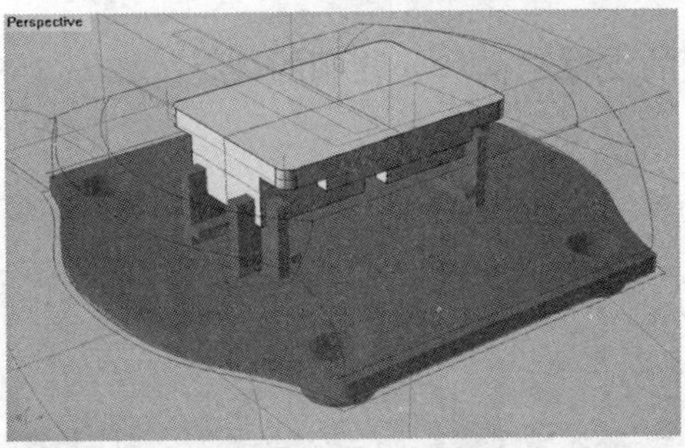

图 3-79

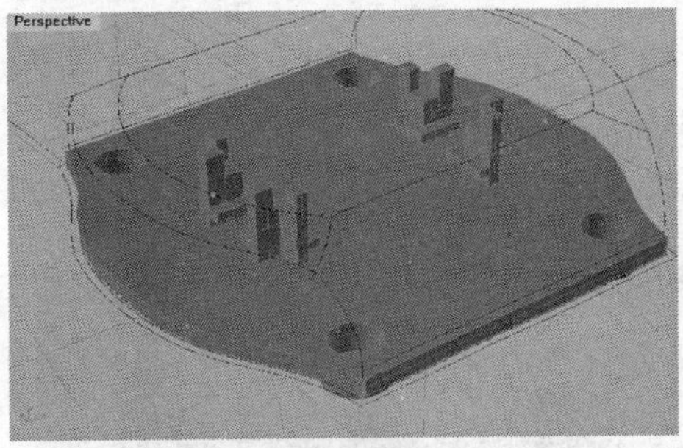

图 3-80

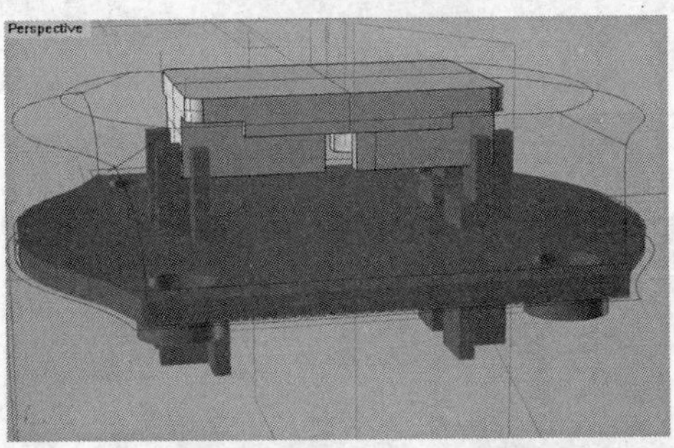

图 3-81

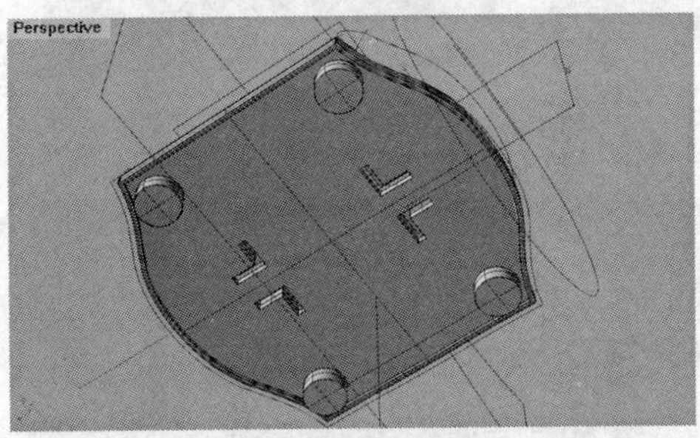

图 3-82

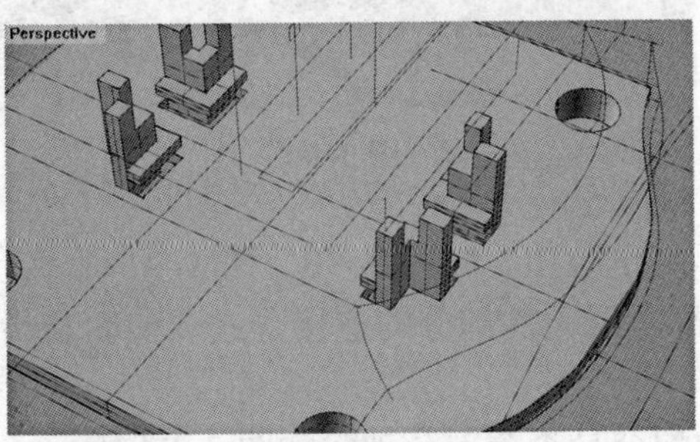

图 3-83

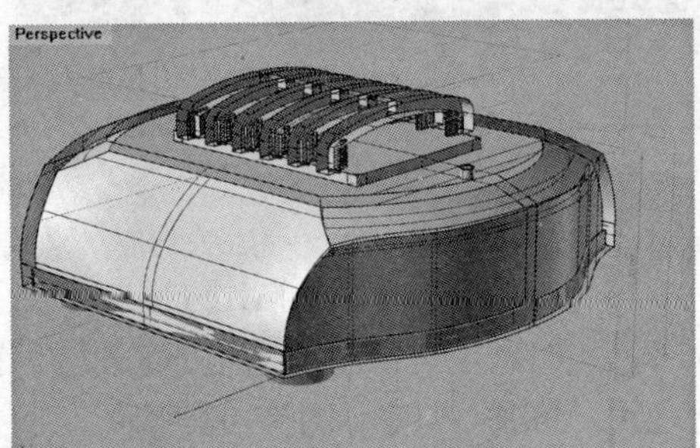

图 3-84

（12）在壳体上作出电源线卡口的固定结构，同时在底板上也作出相应的结构，该结构的伸出部分与壳体的相应部分“咬合”以阻止壳体可能的向外变形。如图 3–86、图 3–87 所示。

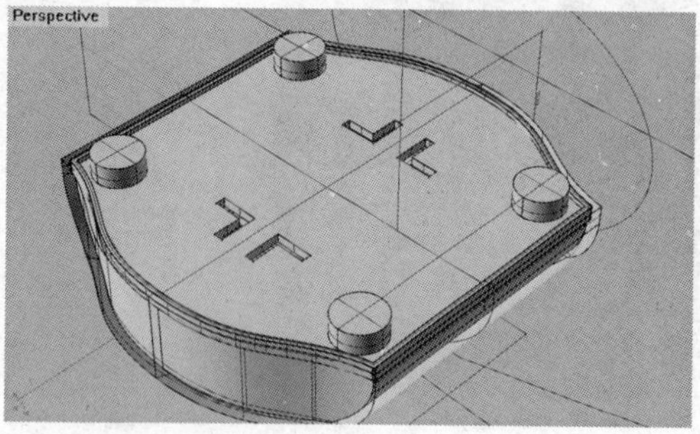

图 3–85

图 3–86

（13）在壳体和底板上作出发光指示二极管的支撑结构和安装用的柱孔。如图 3–89、图 3–90 所示。

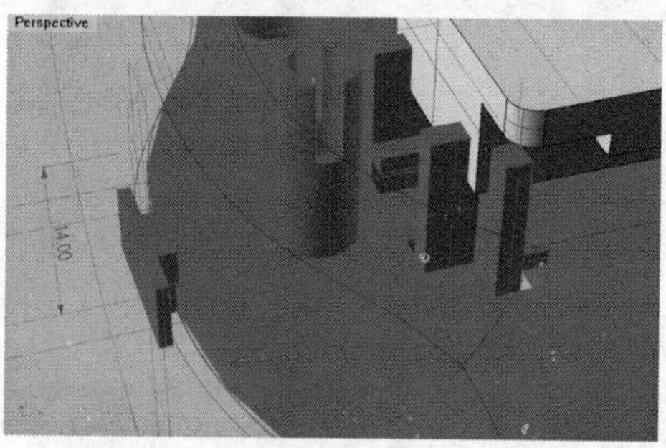

图 3–87

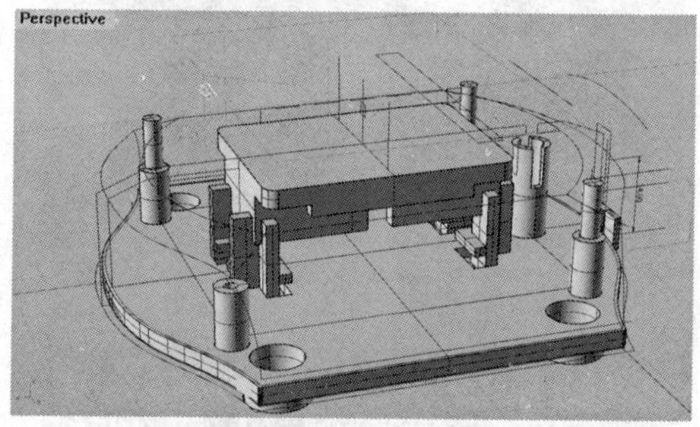

图 3–88

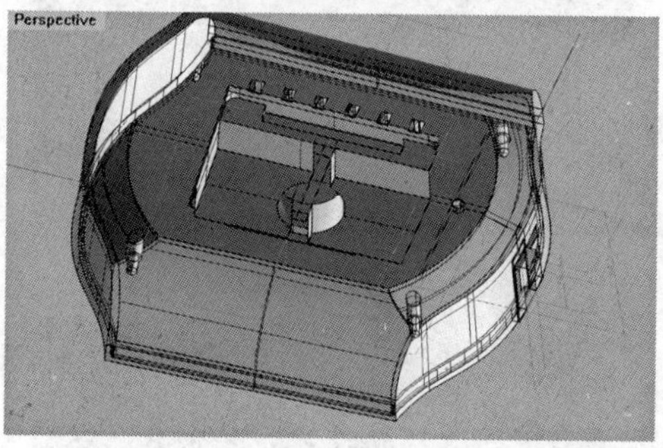

图 3–89

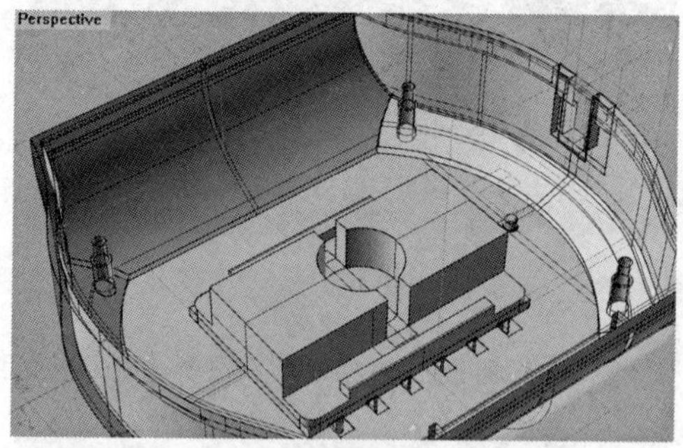

图 3–90

（14）在壳体的周边作出防止向外扒开变形的止动扣。如图 3–90、图 3–91 所示。

（15）加入电源线、所需的加强肋并作出内部电器元件部分的连接方式以检验和指导装配之用。如图 3–92、图 3–93 所示。

（16）观察所有扣、装配柱孔、卡口等处的配合是否全部合理。如图 3–94 所示。

（17）外观效果图及根据本建模文件开模后制作出的产品如彩图 18、19 所示。

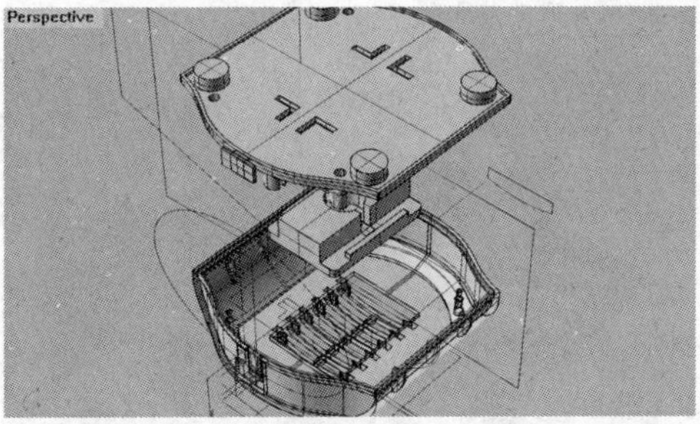

图 3–91

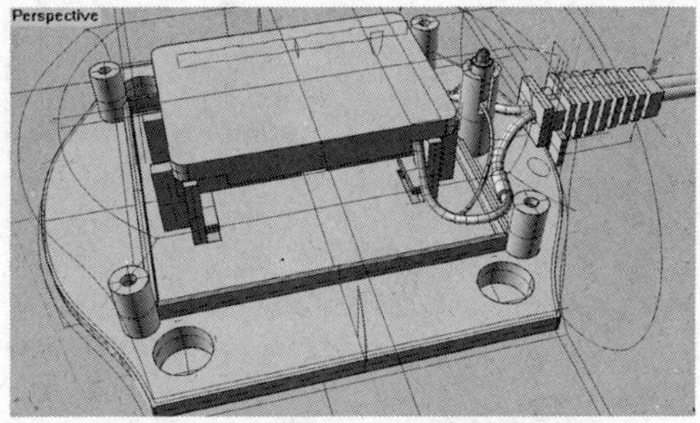

图 3–92

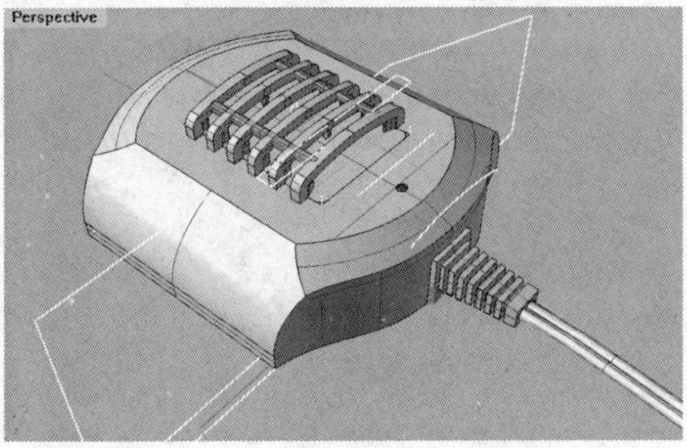

图 3–93

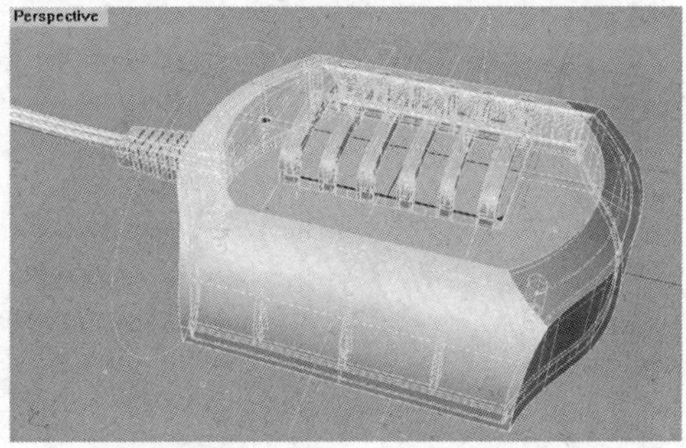

图 3–94

知识小解：在 JOIN 两个相邻曲面时，有时因其边界不完全重合而失败，这时公差参数就起着非常重要的作用，可以由 TOOL\OPTIONS\DOCUMENT PROPERTIES\MESH\UNITE\改变 ABSOLUTE TOLERANCE 的参数，降低运算的公差精度以成功 JOIN 两个面，但在完成 JOIN 后要及时把这一公差值恢复原来的设置值。

3.5 摔不烂的电源转换器设计

设计说明：这个产品要求改变一般电源转换器跌落容易破壳的弱点，用略带弹性的塑料实心注塑而成，三芯单元件也是实心注塑，其弹性使插头不易松脱。

设计步骤如下：

（1）将单元芯置于合理位置（保证接线容易，注塑时定位方便准确），按单元件作若干条线条优美的封闭曲线并水平对称镜像如图 3–95 所示。

（2）用 LOFT 产生曲面，观察并保证该面与单元体的最小间距应在注塑可控、产品强度可靠的范围内（图 3–96）。

（3）封闭两端并作出电源线引导部分，渐变的引入部分是利用塑料的弹性防止电源线在一处疲劳折断。如图 3–97 所示。

（4）在产品表面开凹槽、挖盲孔是为了造型美观，更为了节省材料。如图 3–98 所示。

（5）BLEND 和细化设计后的效果如图 3–99、图 3–100 所示。

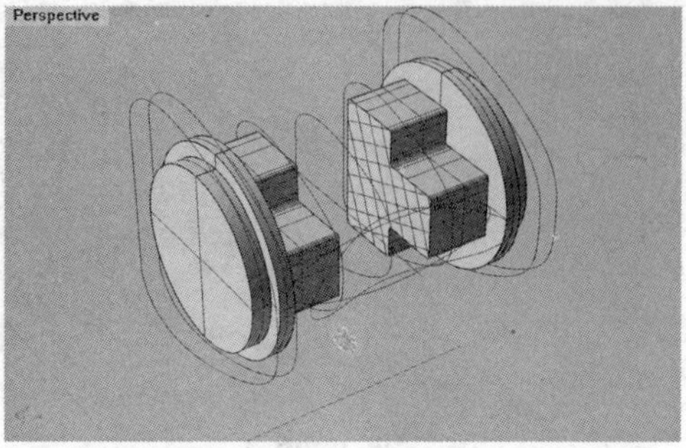

图 3–95

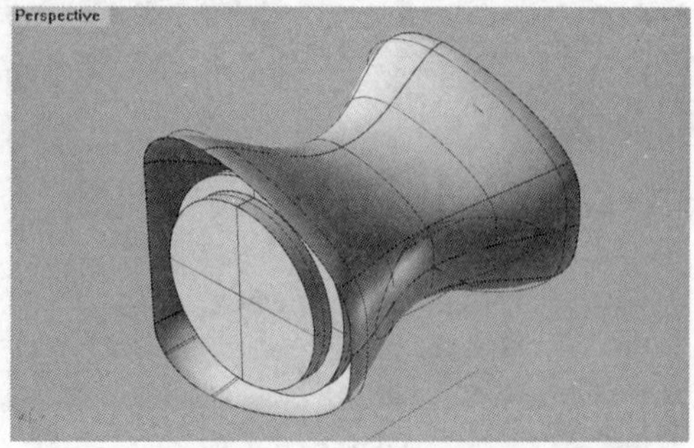

图 3–96

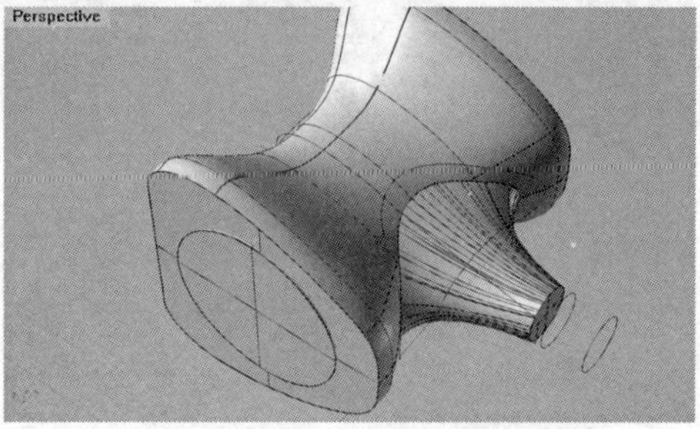

图 3–97

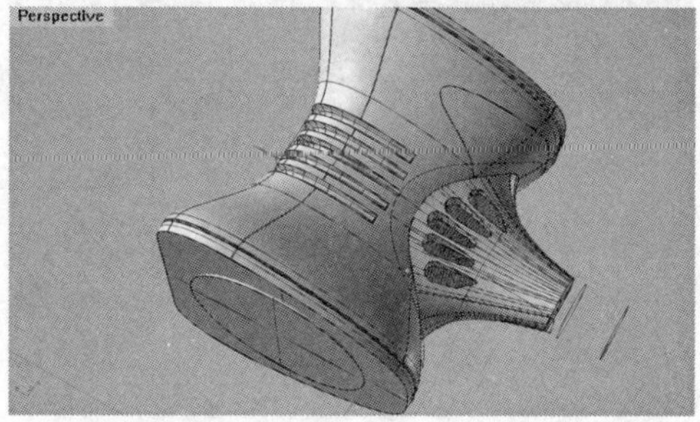

图 3–98

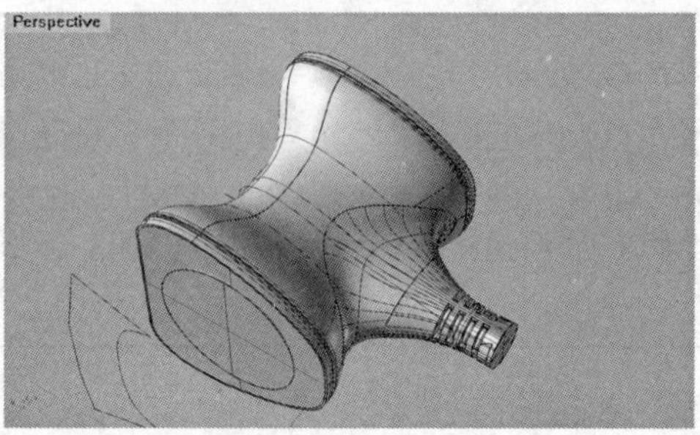

图 3–99

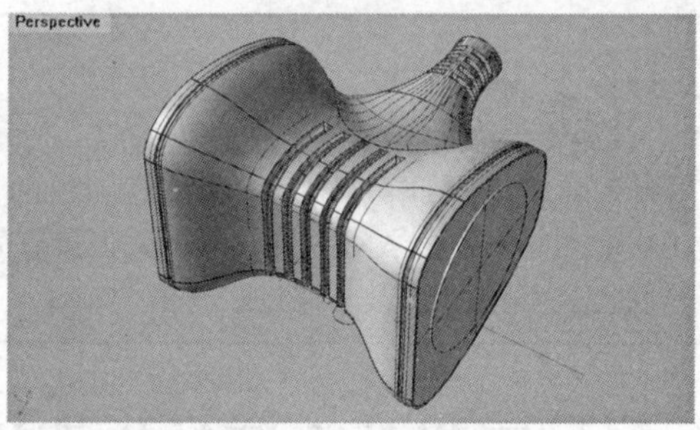

图 3–100

（6）考虑到产品内部接线的方便性将电源线引入端转了 180°，最终调整好的产品效果图如彩图 20。

（7）一个加有两芯的转换器设计：与前所述一样，只是在中部加了一个两芯单元件，建模步骤如图 3–101 至图 3–104 所示，不再赘述。

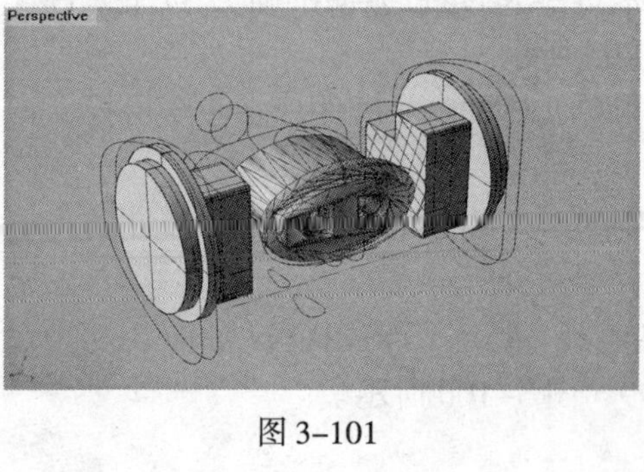

图 3–101

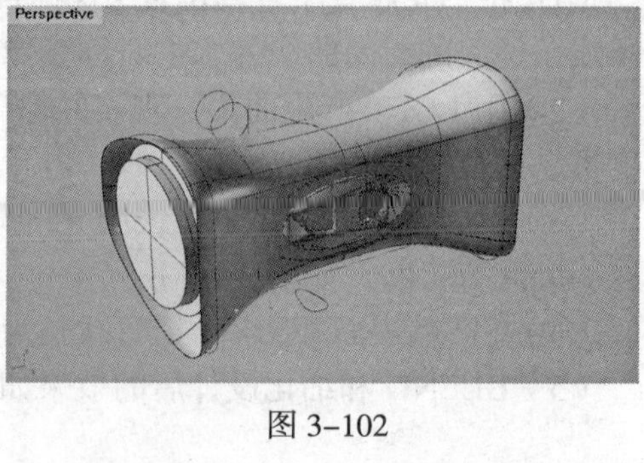

图 3–102

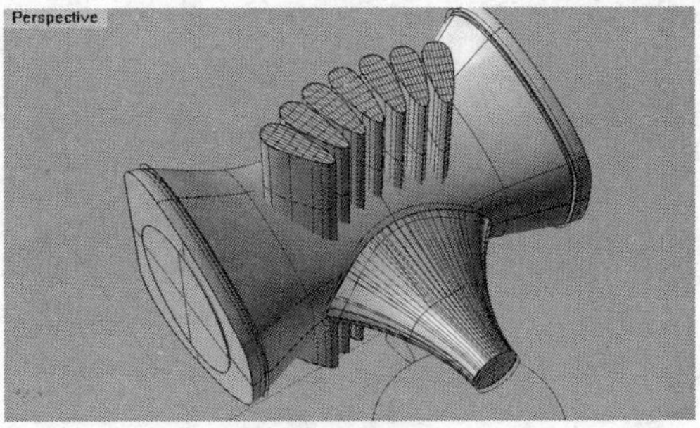

图 3–103

图 3–104

两个产品在本建模文件下制造出的产品实物如彩图 21、22 所示。

知识小解：尽管可以用 REBUILD 来优化曲线或曲面。但这时与原构造线的位置有一定的变化，这时要以设计所需达到的目的为唯一舍取标准。

3.6 直插式片剂驱蚊器设计

设计说明：产品是直接插于墙面插座上的，因此为保证可靠固定在插座上，要求产品本体（尤其是重心）离墙面越近越好，而且要使插、拔容易，美观简洁。

设计步骤如下：

（1）将加热器等单元件按接线方便、符合国家电工安全标准放置，如图 3–105 所示。

（2）作一个椭球体一分为二，将上下部分调整到适当位置，见图 3–106。

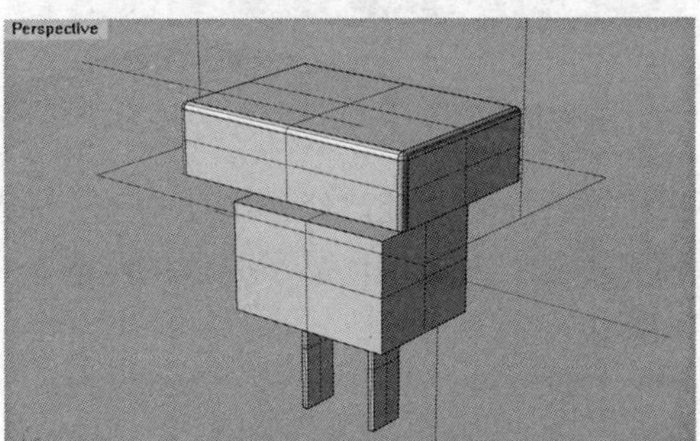

图 3–105

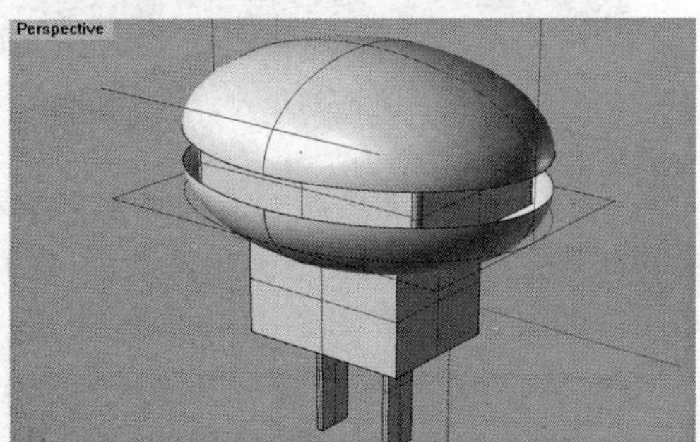

图 3–106

（3）上半部分欲做的单纯一些，因此将该部分向外作 OFFSET，首先作成实体如图 3–107、图 3–108 所示。

（4）在实体上开孔作出充分散发药性的栅格等。如图 3–109、图 3–110 所示。

（5）注意其左右不对称但风格类似以获得有机形的感觉（图 3–111、图 3–112）。

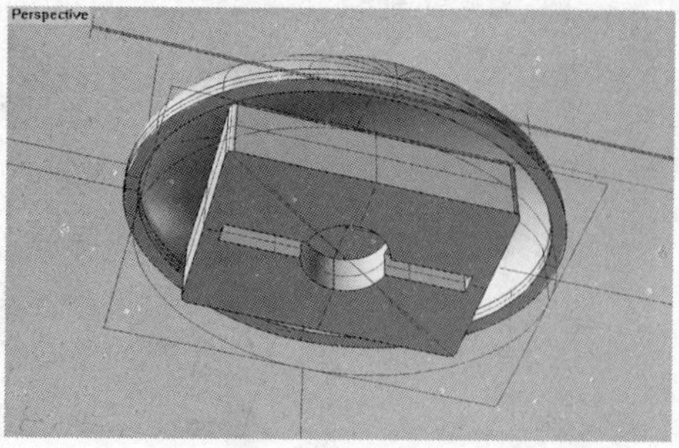

图 3-107

图 3-108

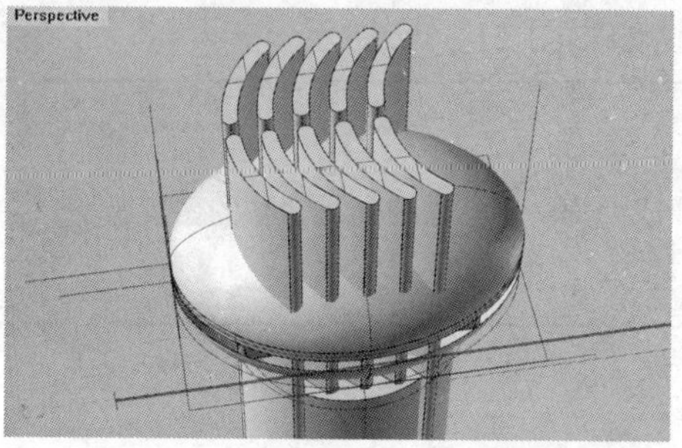

图 3-109

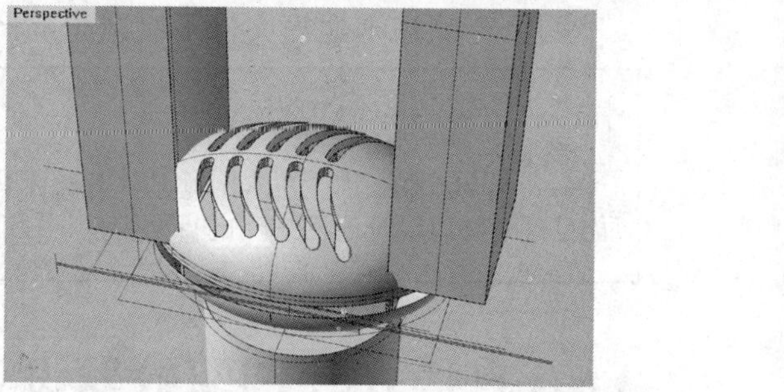

图 3-110

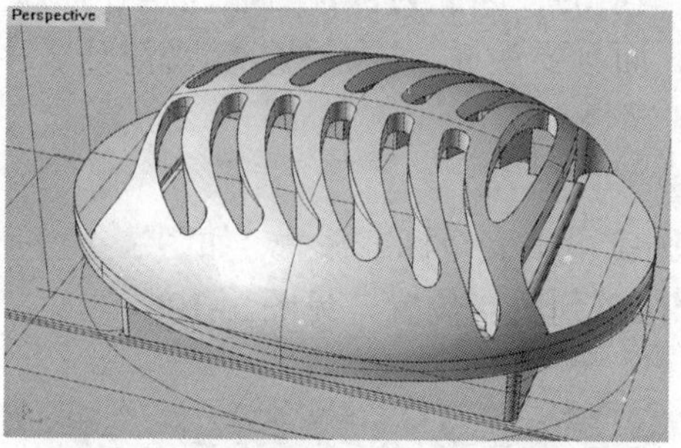

图 3-111

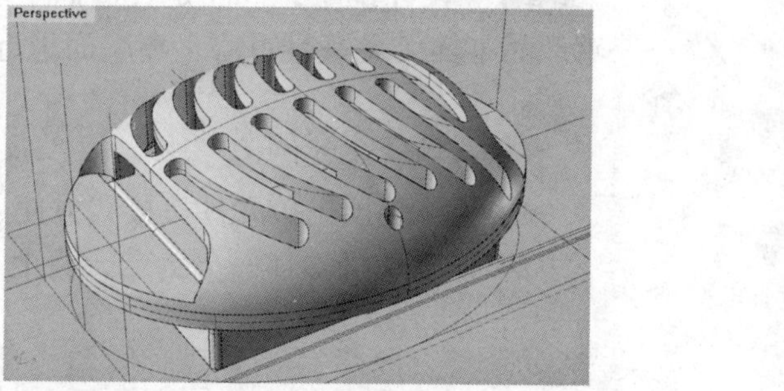

图 3-112

（6）作出压加热器的结构和发光指示灯安装孔等，注意此处已经作出要与下壳体配合的凹形企口，并且要把构成这条企口的构造线留在原地，为后续产品下壳体的凸起企口之用。如图 3-113、图 3-114 所示。

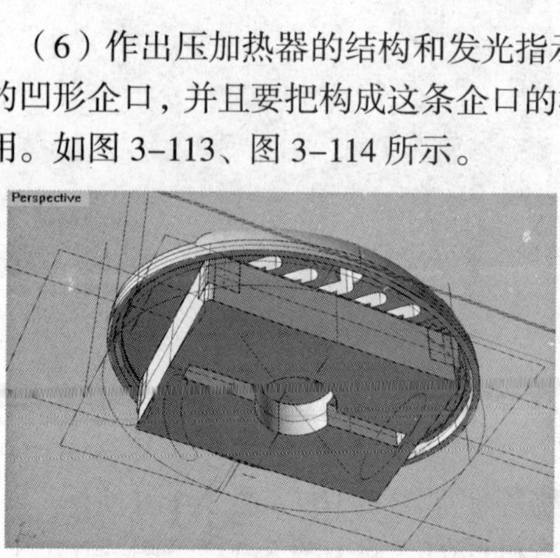

图 3-113

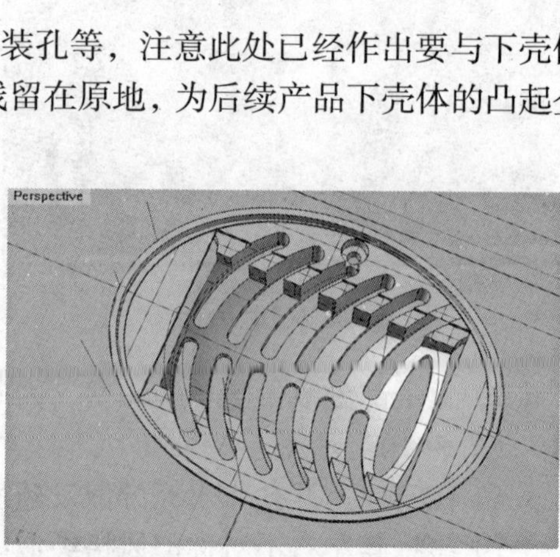

图 3-114

（7）由于下壳体要放置加热器、接电插脚、发光管等零件，也为了使产品富有变化，将下半个椭球在高度方向作了拉伸，注意水平方向不应该有任何的尺寸及形状变化。将下壳体 OFFSET 封边 JOIN 并作出放置插头零件的下方倒圆角长方体，连接为一个整体（图 3–115）。

（8）作出凸起的企口。如图 3–116 所示。

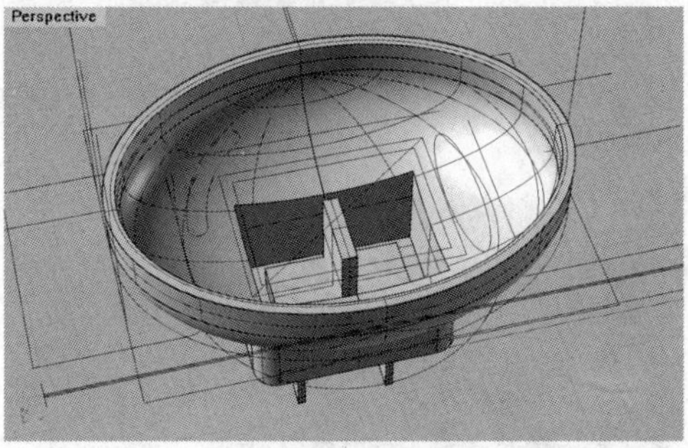

图 3–115

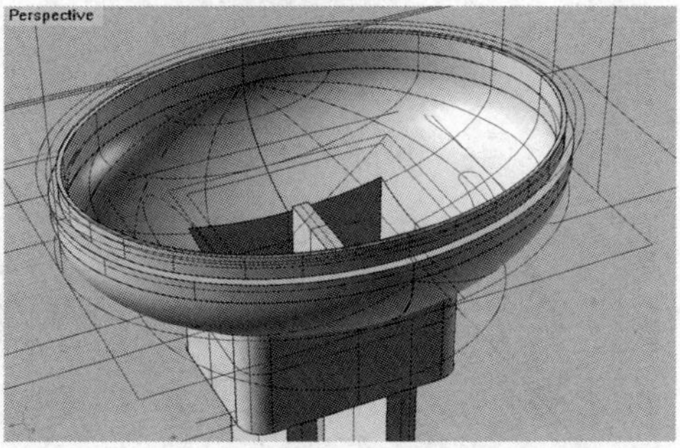

图 3–116

（9）作出加热器支撑柱、插头定位固定压板及防滑移筋板（图 3–117）。

（10）增加壳体的加强肋并作出上下零件连接用的悬臂扣（图 3–118 至图 3–121）。

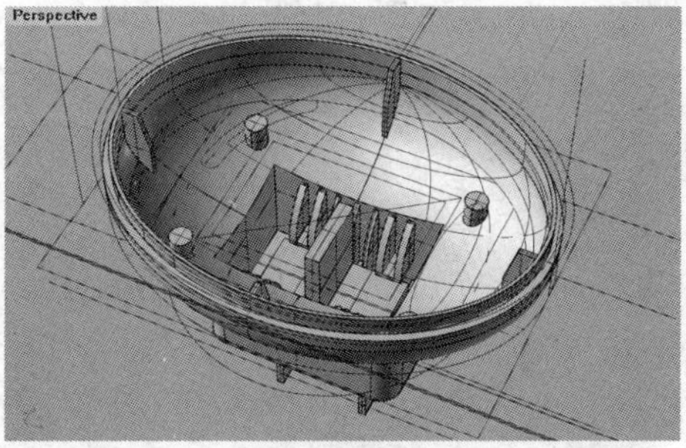

图 3–117

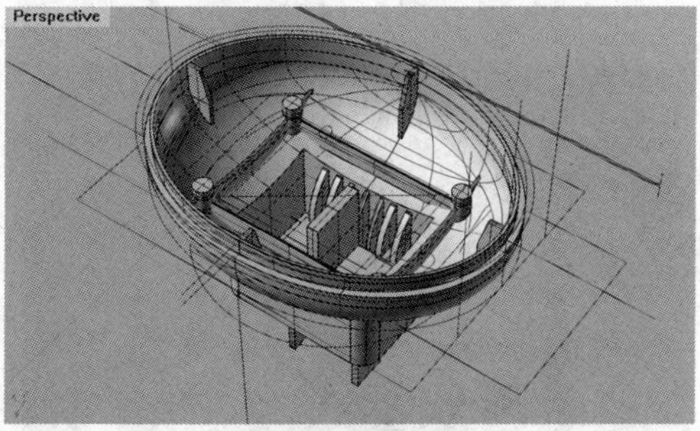

图 3–118

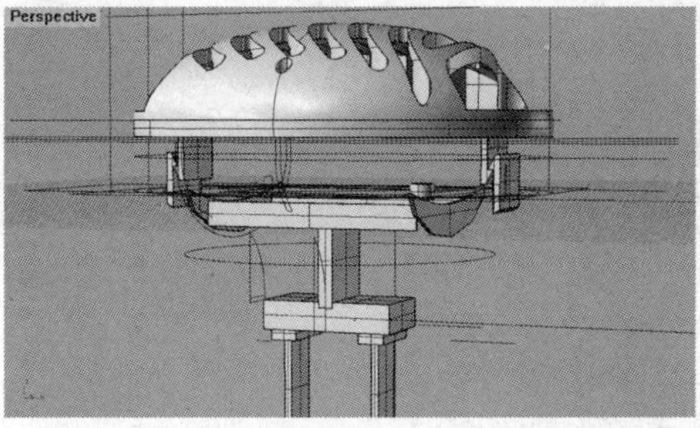

图 3–119

图 3–120

（11）显示所有零件并作零件间干扰分析。如图 3–122 所示。

（12）通过将加热器与下壳体进行虚拟的布尔交可知加热器下端与壳体距离太近，在不影响发热效率和加工工艺的前提下将加热器的四角做如图 3–123 所示的切削处理。

（13）在壳体上作散热气体对流孔。如图 3–124 至图 3–126 所示。

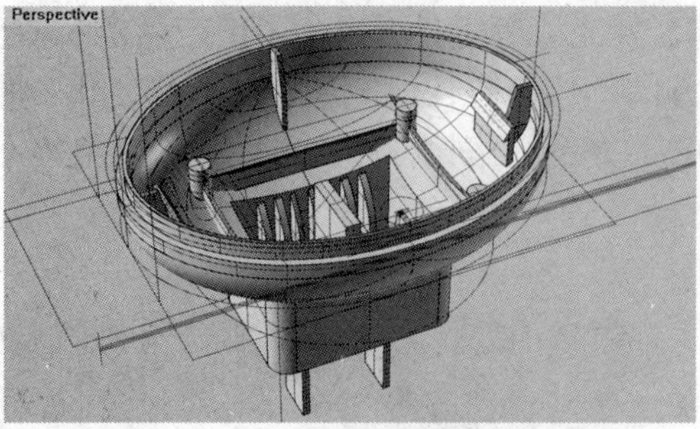

图 3–121

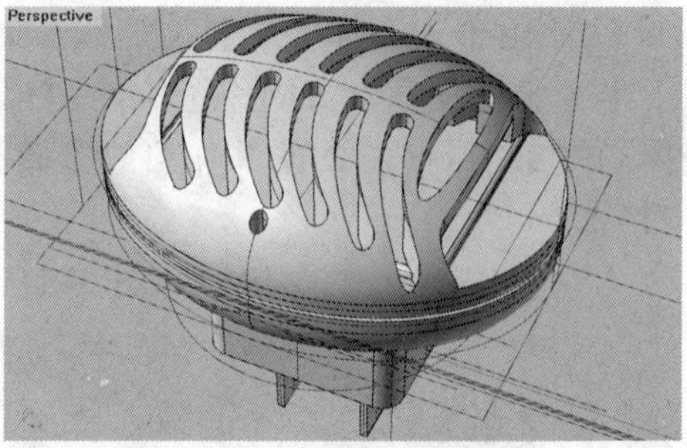

图 3–122

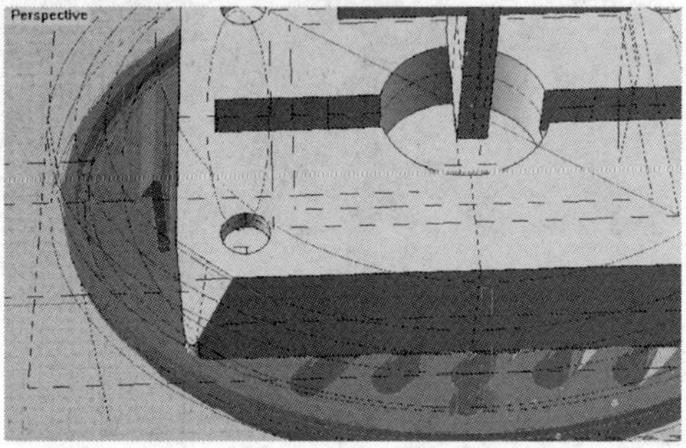

图 3–123

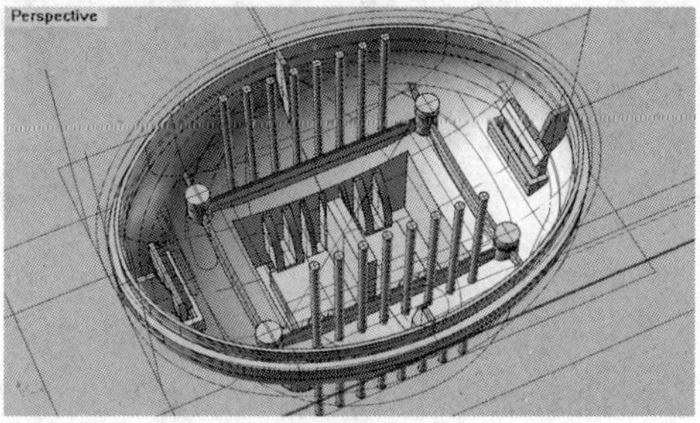

图 3–124

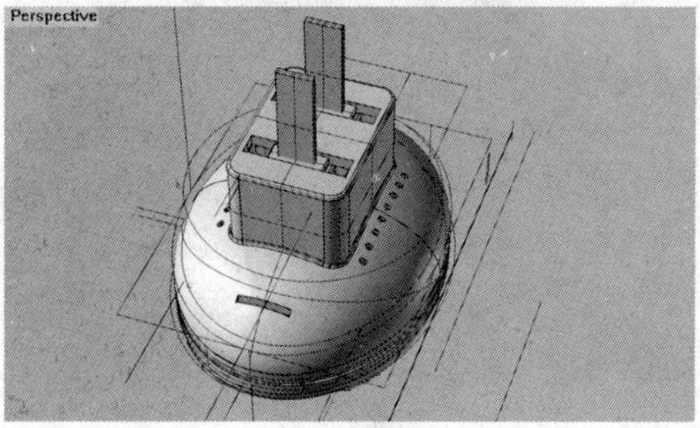

图 3–125

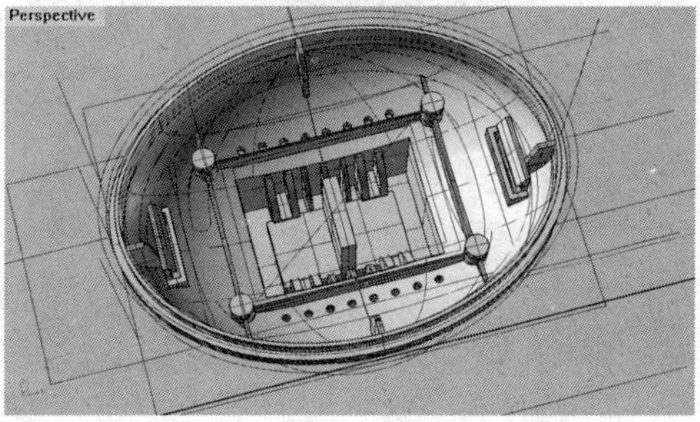

图 3–126

（14）虚拟装配后的产品结构如图 3–127 所示。

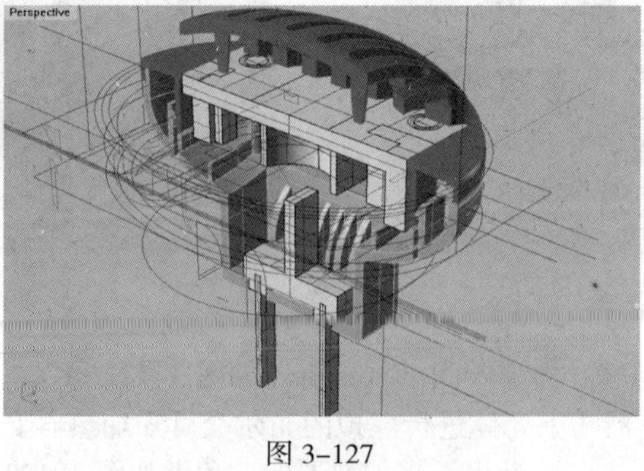

图 3–127

根据本文件加工出的产品实物如彩图 23 所示。

知识小解：

有时不能完成将几个面 JOIN 为实体，最常见的情况有：

a. 这些面并没有形成真正的封闭。

b. 其中某个面片的建模出了问题：例如用来回重叠的一条线拉出的面或两个面的法线方向在连接处相反，这些有时都构不成实体或无法计算其质量，一般，可以用计算质量的方法(ANALYZE\MASS PROPERTIES\VOLUME)来检验是否成功地建立了实体，如果不能成为实体可以用显示裸边界线(ANALYZE\EDGE TOOLS\SHOW EDGES)的方式分析问题出在何处。

3.7 电动车蓄电池及控制面板设计

设计说明：产品要求能配置由三块铅酸蓄电池构成的动力组，要很方便地在电动车上装拆，还包括锁住、与电机的连接、电源指示等功能，该产品作为车的一部分要较好地与其他部分形成一个整体。

设计步骤如下：

（1）最初步骤与一般设计雷同，在此不再赘述，主要是按采购的蓄电池标准尺寸建模，合理安排其相对位置，以使要作的产品总尺寸符合美学比例并使电动车在骑行时不影响人的腿部运动。根据支撑需要设置若干定位兼增强刚度的肋板，效果如图 3–128 所示。

（2）在右侧面作出电源开关。如图 3–129、图 3–130 所示。

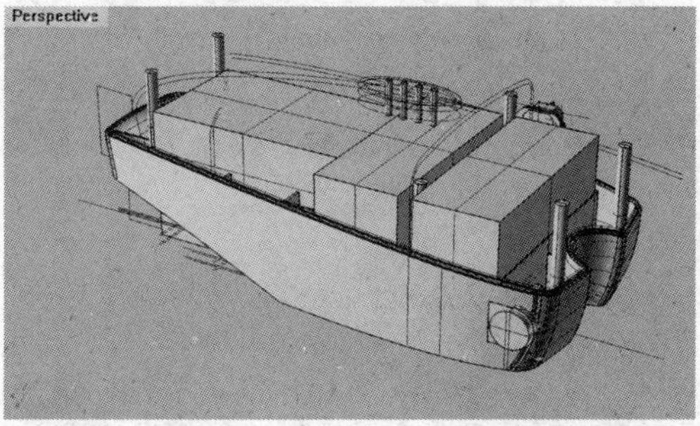

图 3–128

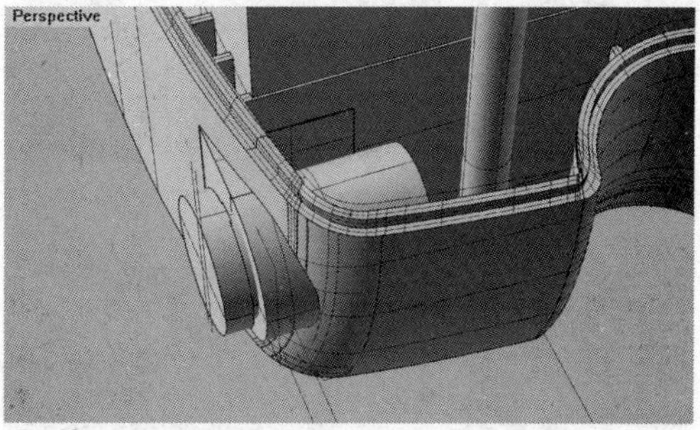

图 3–129

（3）底部若干通孔将安置金属带帽锁用于在车身上的定位，如图 3–131 至图 3–133 所示。

（4）作出左侧的锁定专用锁结构，注意这是一个具有标准尺寸的外购件，因此要有一系列的空间位置需要调整。如图 3–134、图 3–135 所示。

（5）在此基础上安排合理的上下连接的自攻螺丝用圆柱（孔）位置（图 3–136、图 3–137）。

（6）作出电源连接交互结构。如图 3–138 至图 3–140 所示。

（7）在上盖上设计电量指示面板。如图 3–141、图 3–142 所示。

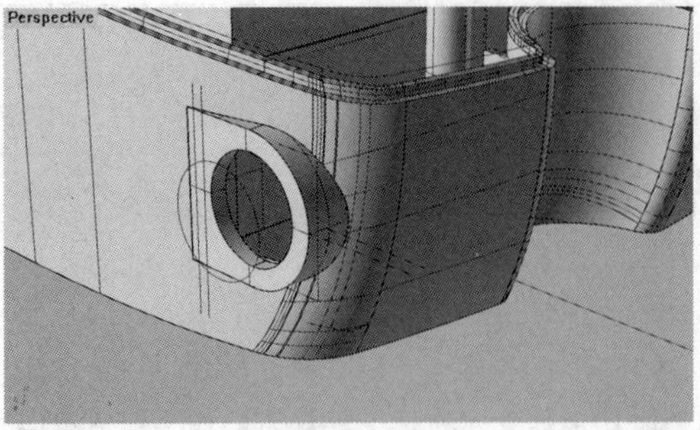

图 3-130

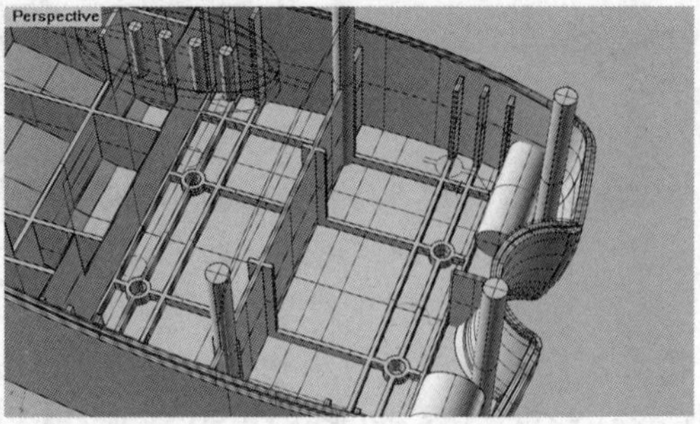

图 3-131

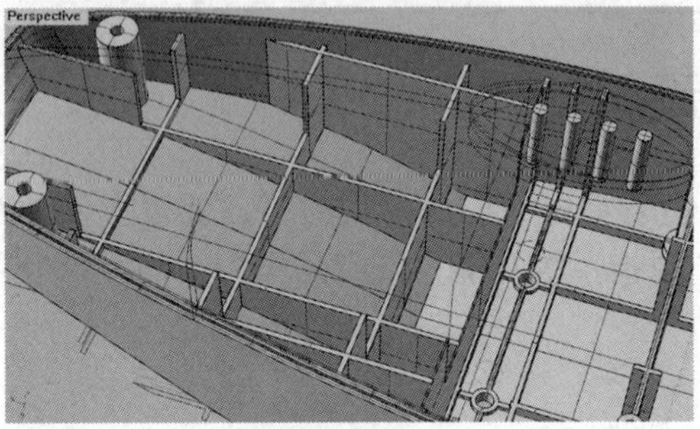

图 3-132

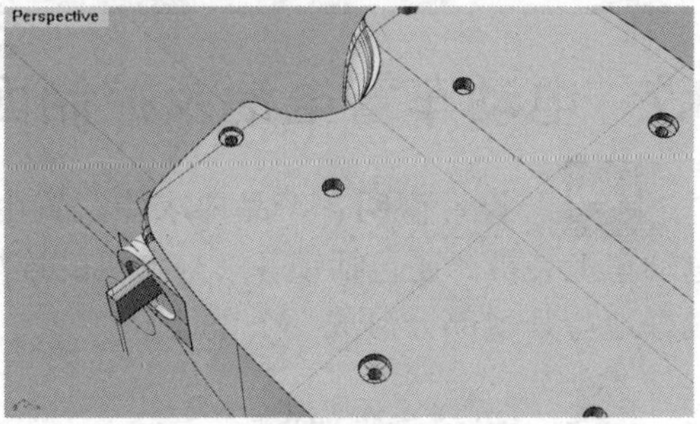

图 3-133

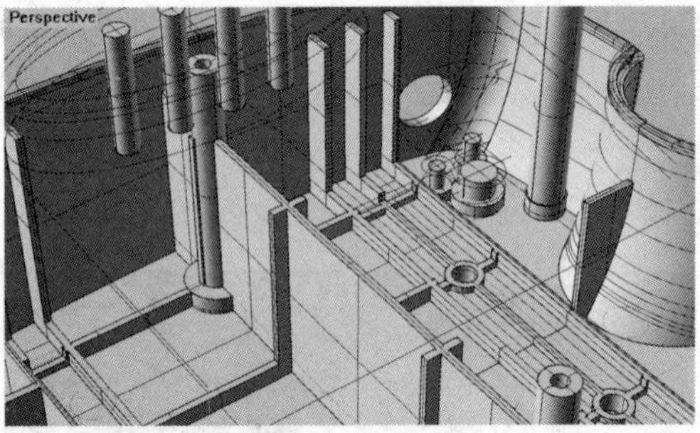

图 3-134

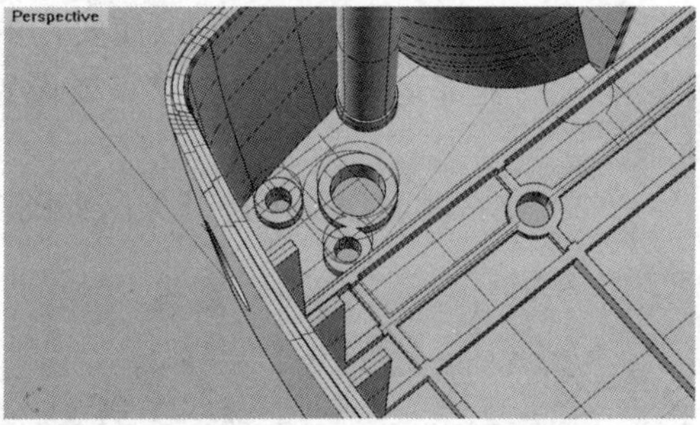

图 3-135

图 3-136

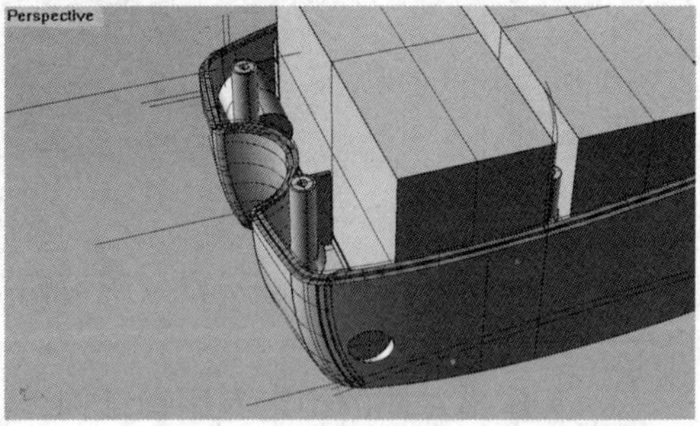

图 3-137

（8）显示已经做好的零件，检验分析是否有干扰或尺寸形态欠合理处，作必要的修正，包括在建模过程中每一个零件是否已经成为正确的实体等。如图 3-143 至图 3-145 所示。

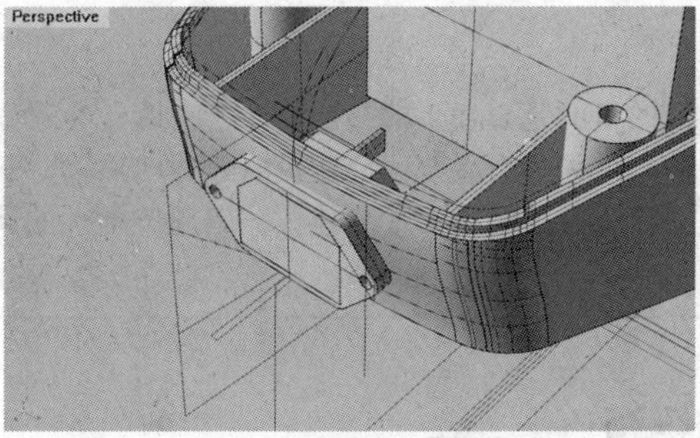

图 3-138

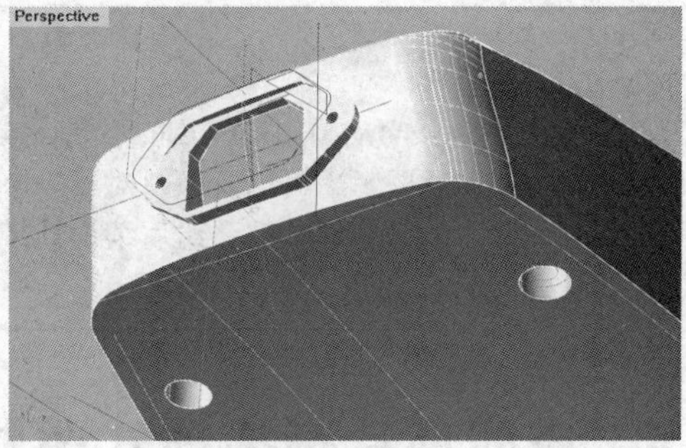

图 3-139

图 3-140

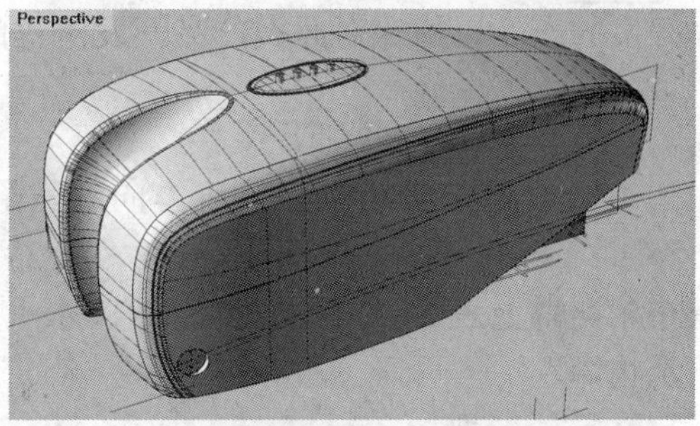

图 3-141

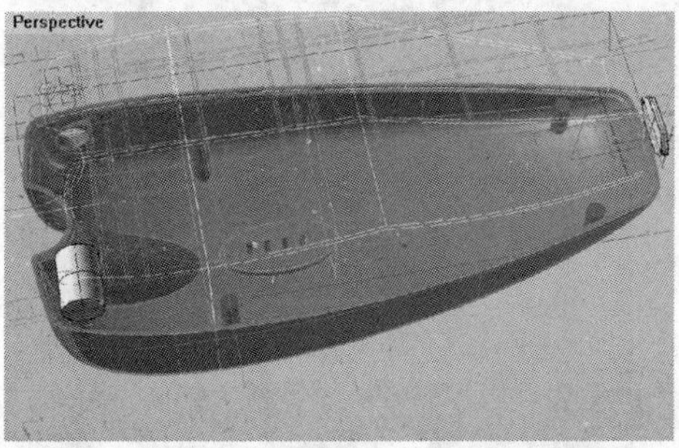

图 3-142

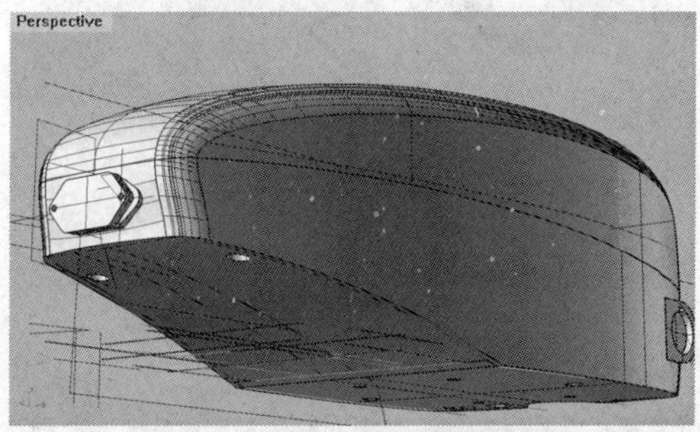

图 3-143

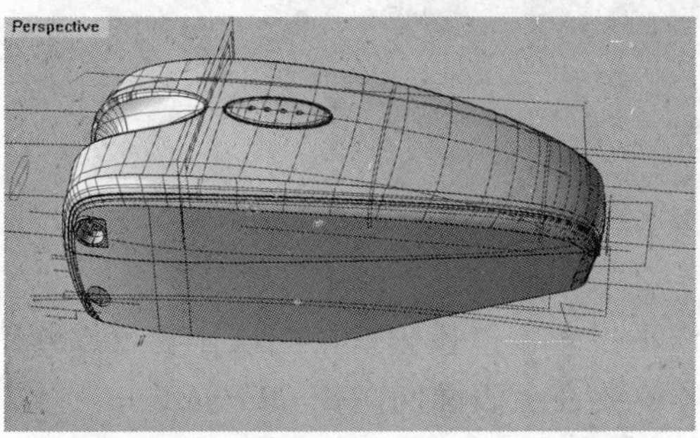

图 3-144

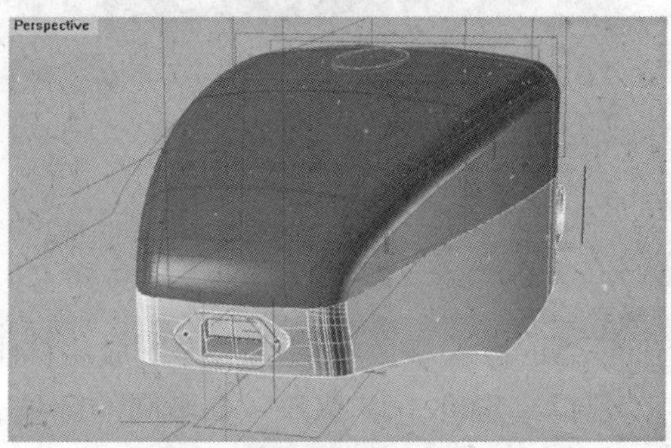

图 3-145

按本建模文件制造出的产品实物及其在车上的安装效果见彩图 24、25 所示。

知识小解：与动画用建模目的不同，本书中建模的目的是要模型能被成功注塑，因此在建立初始的构造线时就要考虑可以开模，对于一个产品来说，对称的产品要保证建模时绝对的对称，任何侥幸心理产生的微小误差都会给后续设计带来无穷的麻烦，甚至必须重新建模。因此经常性的尺寸检查是必须的。

3.8 流线型片剂拖线式驱蚊器设计

设计说明：前面已有一个简单的片剂驱蚊器的设计，这里给出一个用不同形式开发的产品以加深对此类产品开发流程的掌握。

设计步骤如下：

（1）由图 3–146 所示高度方向的三条水平曲线放样并封闭后成为一个实体。

（2）参见图 3–147、图 3–148、图 3–149：水平方向作一个椭圆柱与先前作的实体进行布尔交得上表面，作两个相互垂直、水平放置的小椭圆柱，实体与之作布尔减的图 3–150 所示物体。

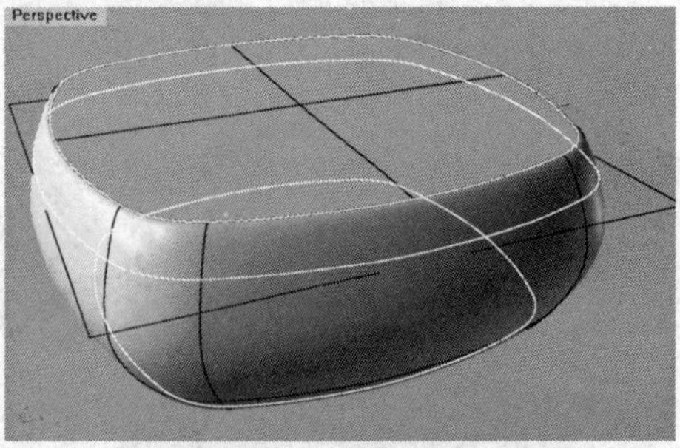

图 3–146

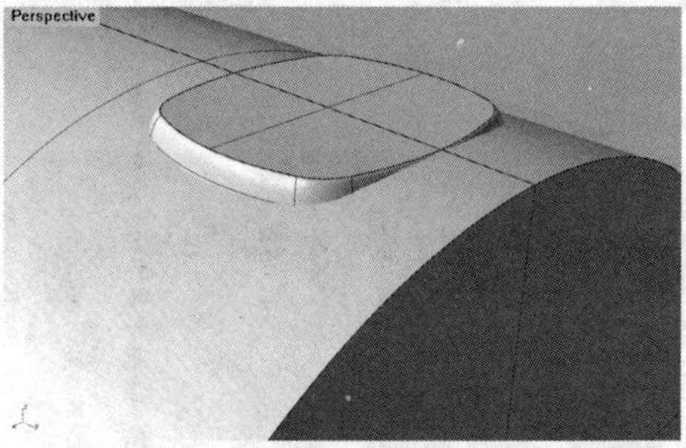

图 3–147

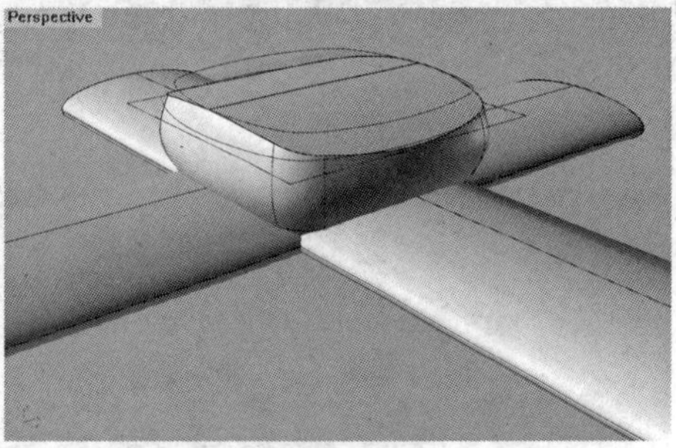

图 3–148

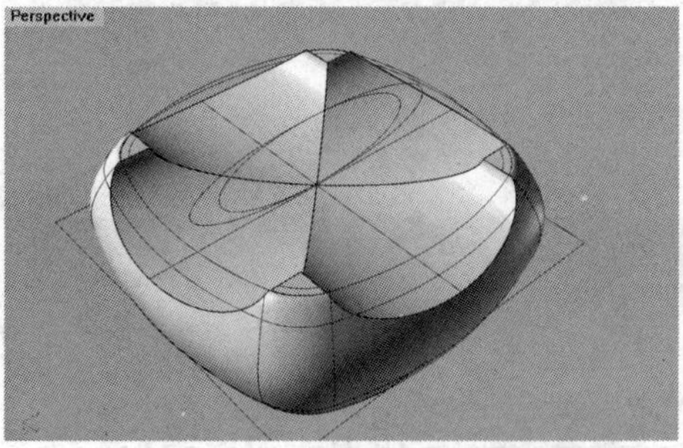

图 3–149

（3）将一条放样用线二维缩放后向上表面作正投影，以投影获得的线作管道放样待用（目的是要在上表面开一个半圆的凹槽，这一环节要在上表面向内作 OFFSET 并形成薄壁的实体后才可进行布尔减的操作）。如图 3–150 所示。

（4）将加热器调整到合适高度，用一个水平面将实体分为上下两部分，在上表面上切出一个平面以方便片剂的插入和推出，也优化了上表面的视觉效果（图 3–151、图 3–152）。

图 3-150

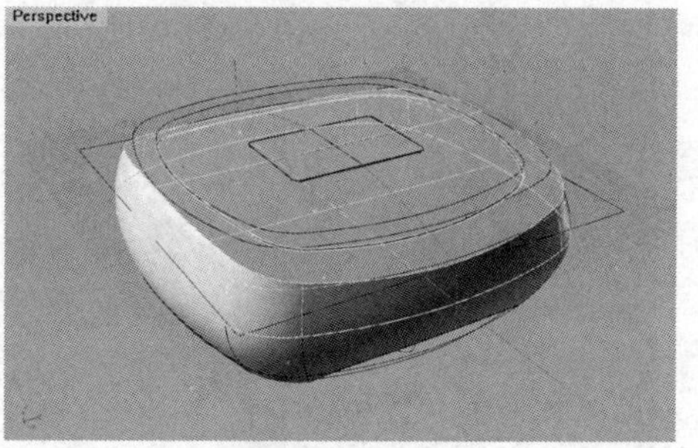

图 3-151

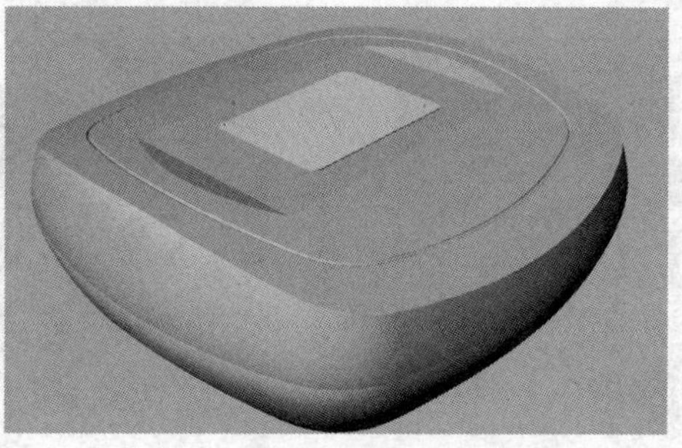

图 3-152

（5）作出固定片剂的栅格，栅格间距要求人的手指不能触及加热器以确保安全。如图 3-153、图 3-154 所示。

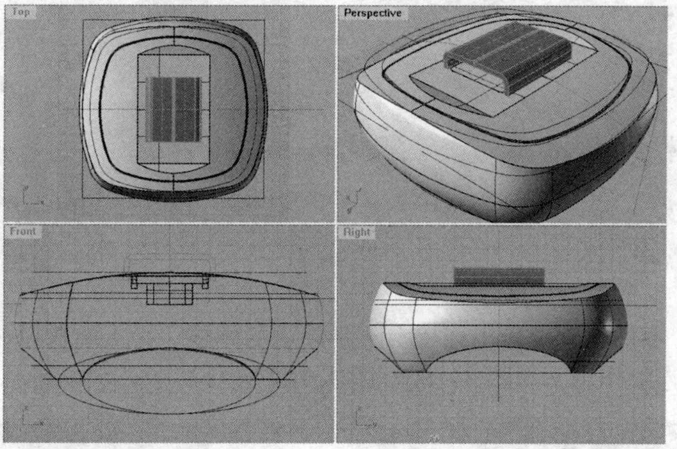

图 3-153

（6）将两个零件分别作 OFFSET 并封闭端面使之成为实体，作出底座零件的企口等。如图 3-155 所示。

（7）在底座零件上作出加热器支撑结构和使空气对流的通孔。如图 3-156、图 3-157 所示。

（8）在底座零件上添加加强筋，在上盖上作出防滑移扣等。如图 3-158、图 3-159 所示。

图 3-154

图 3-155

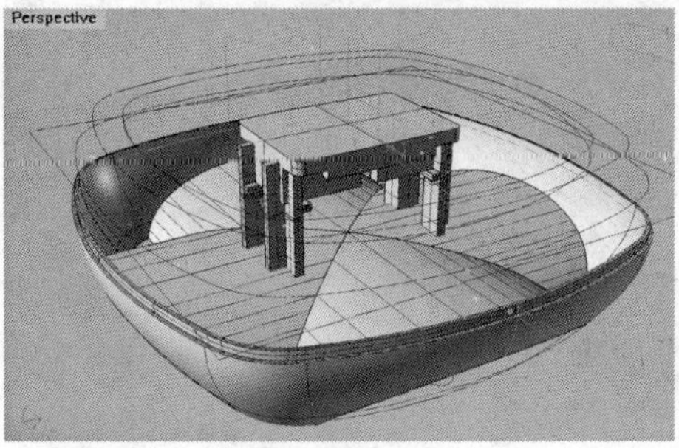

图 3-156

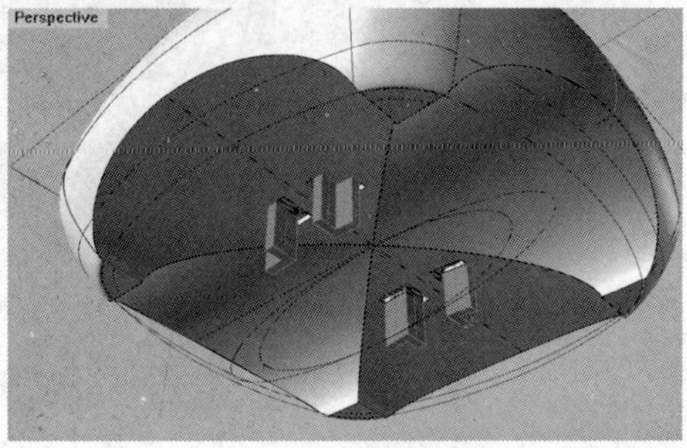

图 3-157

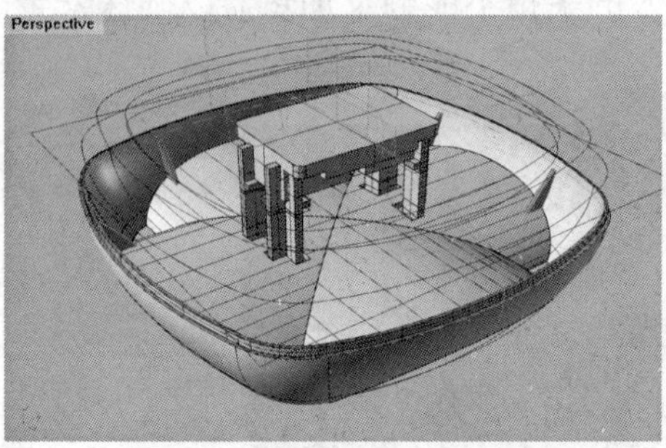

图 3-158

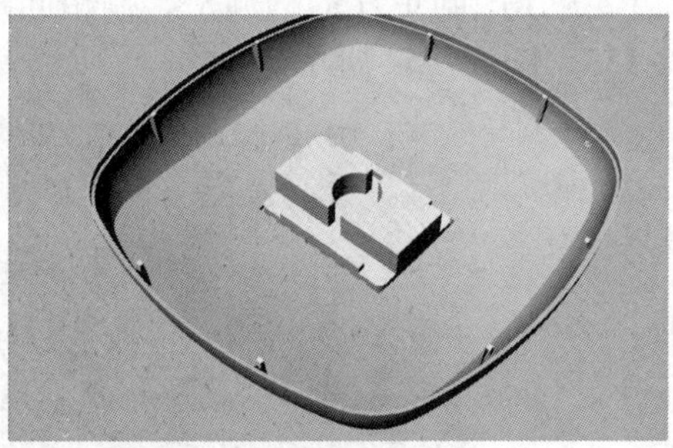

图 3-159

（9）在两个零件上分别作出连接上下零件用的圆柱（孔）结构以便超声波焊接机熔化圆柱端部达到连接作用。如图 3-160、图 3-161 所示。

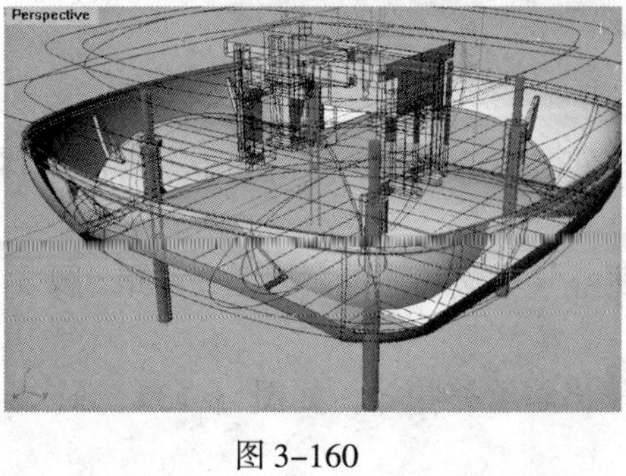

图 3-160

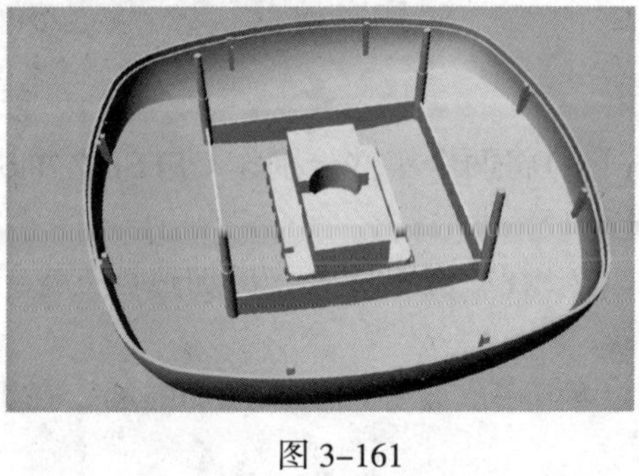

图 3-161

（10）显示已经做好的零件，对每个零件进行实体检验，对相邻零件作干扰检验以确保设计的准确性。注意：如果零件由于某种操作失误使之不能成为实体，对之后续的有些操作将无法进行，导致设计失败，所以在整个设计过程中经常性的实体检验或面片边界检验是非常重要的。如图 3–162 所示。

（11）在两个零件的分型处作出电线卡口固定孔。如图 3–163 所示。

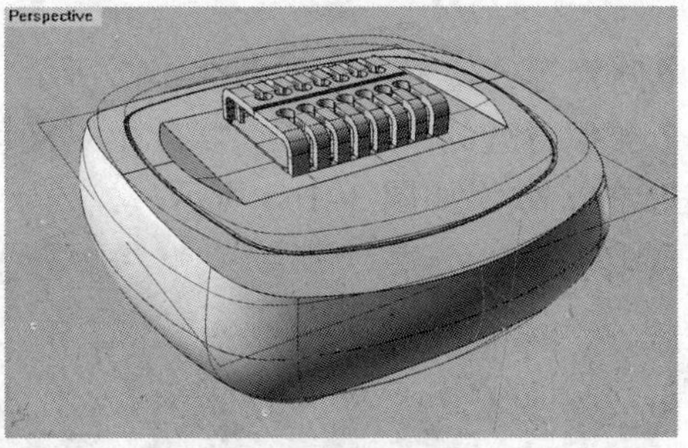

图 3–162

图 3–163

（12）作出发光二极管的固定结构。如图 3–164、图 3–165 所示。

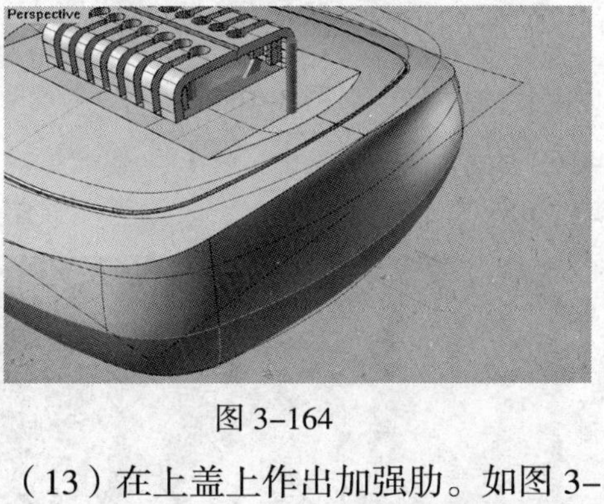

图 3–164

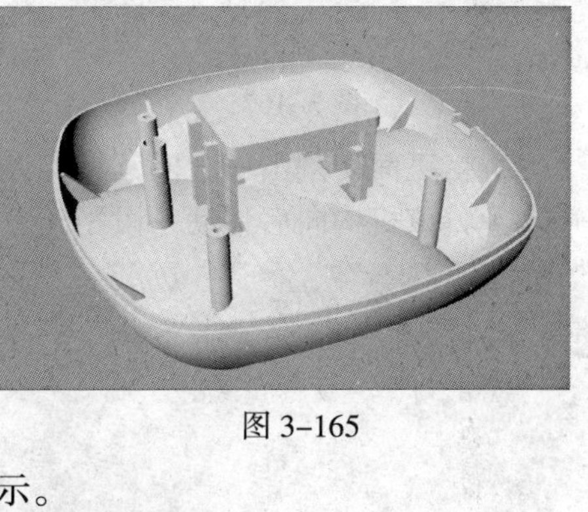

图 3–165

（13）在上盖上作出加强肋。如图 3–166 所示。

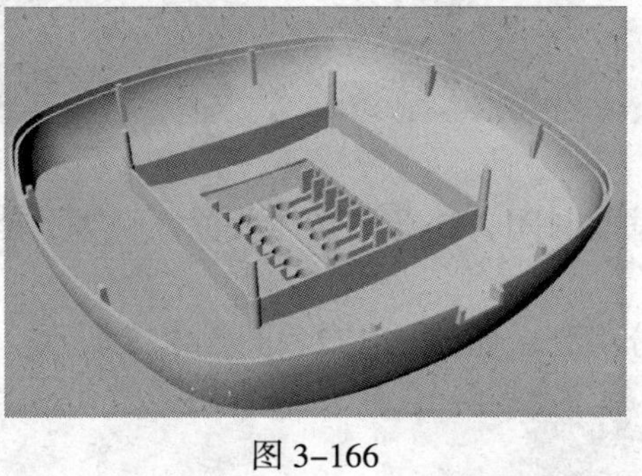

图 3–166

完成的产品效果图如彩图 26，根据本建模文件作出的快速成型以验证产品设计的正确性。实物图如彩图 27。

知识小解：建模过程中的原始构造线不要轻易擦掉，经常会有反复用到这些线的情况，可以把这些暂时不用的线归纳在一个层中锁定或隐藏。

3.9 卡通型荧光管灭蚊器设计

设计说明：客户提议本设计造型可以做得卡通一点，由于特征强烈又是季节性产品，所以生产成本最好尽可能低一些。

设计步骤如下：

（1）产品的核心器件有荧光管、变压器、电路板等，位置布置如图 3–167 所示。

（2）在此基础上作出产品的基本型——一个类似青蛙的卡通形象，实际上是椭球与倒圆圆柱等利用 BLEND、OFFSET、TRIM 等完成的。效果如图 3–168 所示。

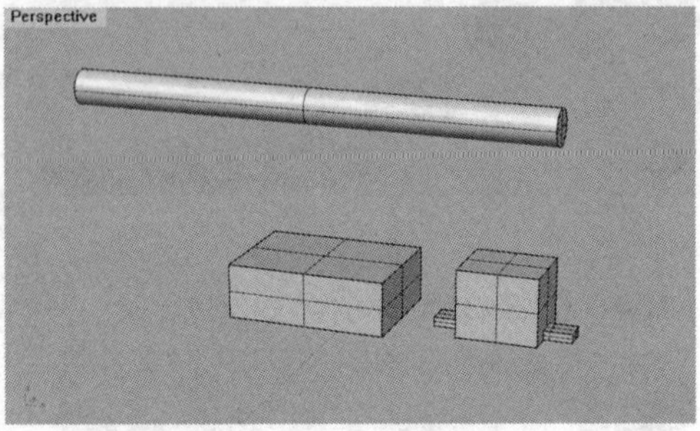

图 3–167

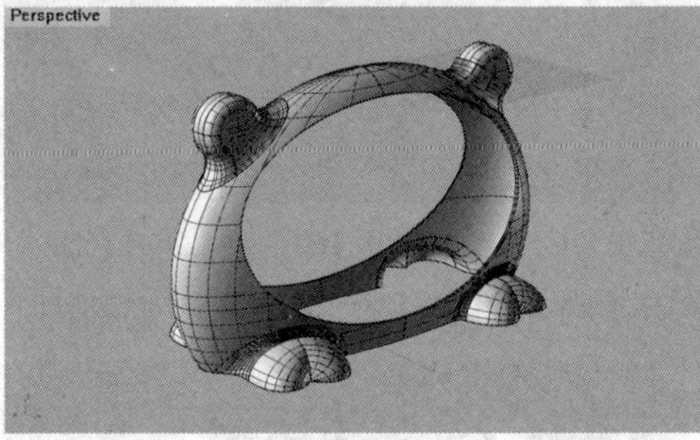

图 3–168

（3）将正面切割出一个椭圆形实体如图 3–169 所示。

（4）将该机构向后移动一段距离。如图 3–170 所示。

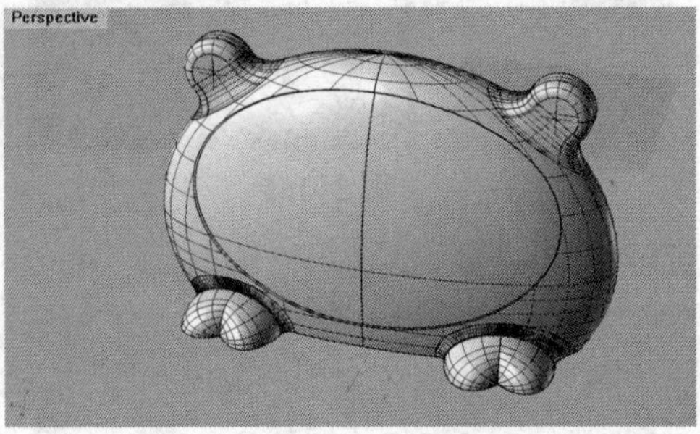

图 3–169

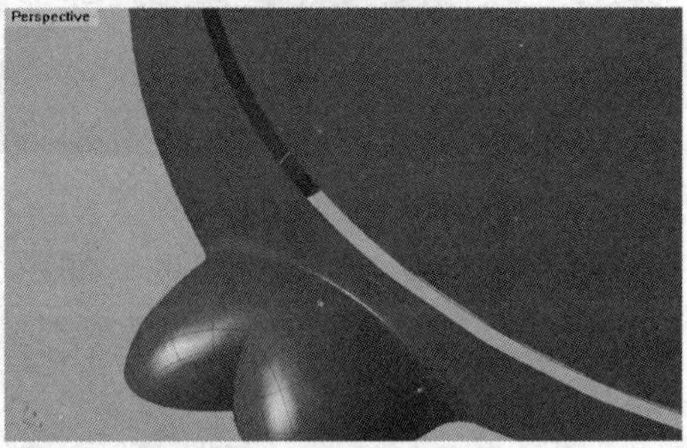

图 3–170

（5）底部用相同的壁厚封闭，注意该物体要保证“脚”能前后（以图中位置而言）脱模。如图 3–171 所示。

（6）将外壳实体一分为二。如图 3–172、图 3–173 所示。

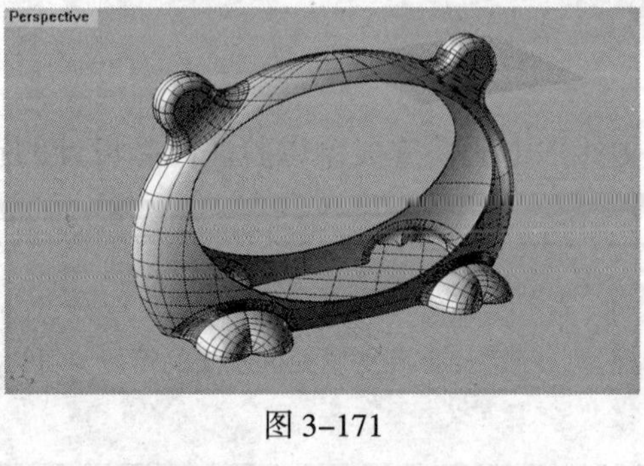

图 3–171

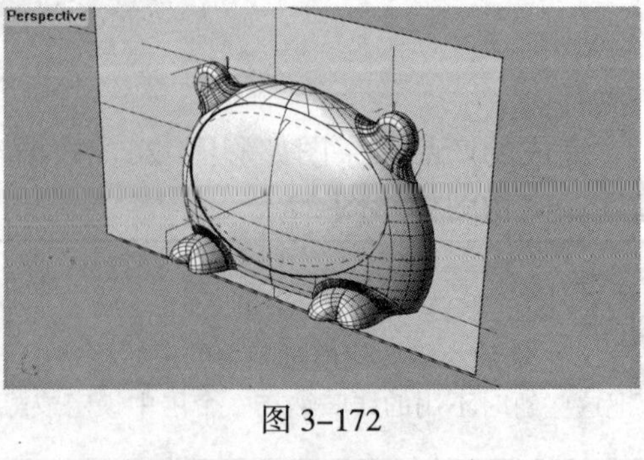

图 3–172

（7）在一个实体上开出一半内企，一半外企的企口形式，这样做仍是为了达到两个相同的零件可以相互配合的目的，见图 3–174、图 3–175 所示。

（8）作出支撑荧光管的薄壁结构，这一结构不是左右对称的，主要考虑前后期望用同一副模具开出以达到降低成本的要求。如图 3–176、图 3–177 所示。

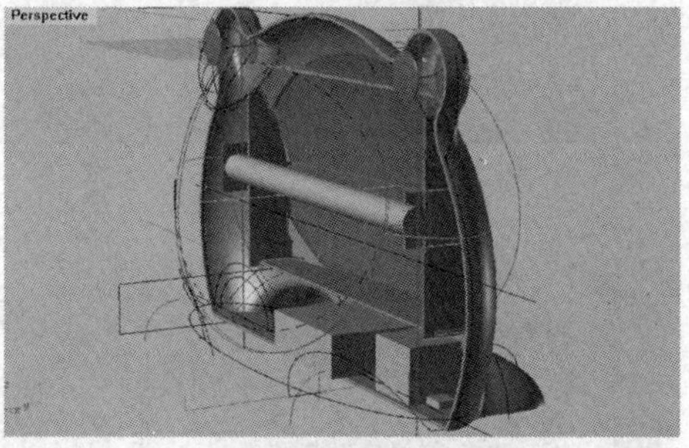

图 3–173

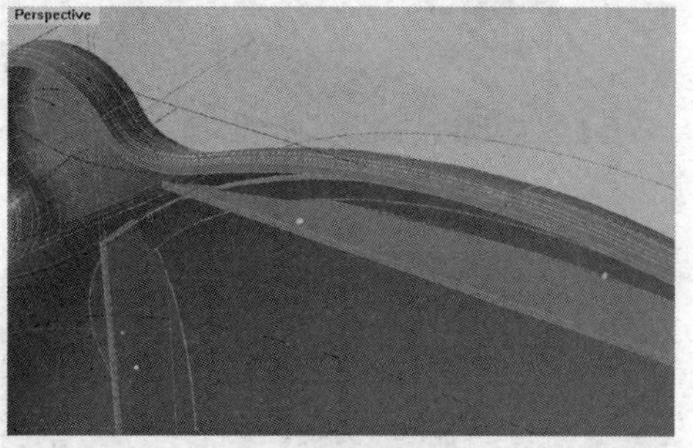

图 3–174

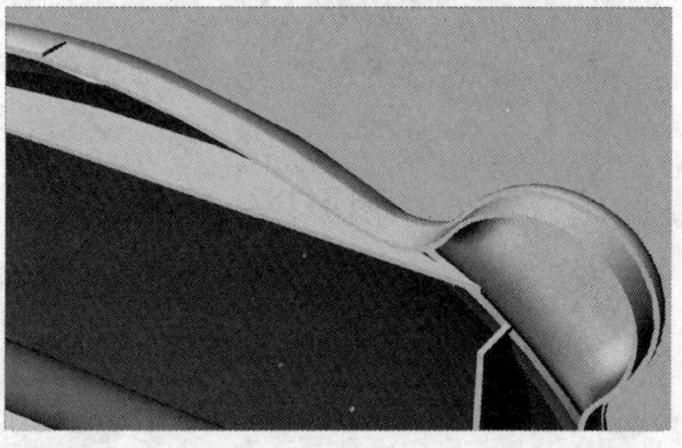

图 3–175

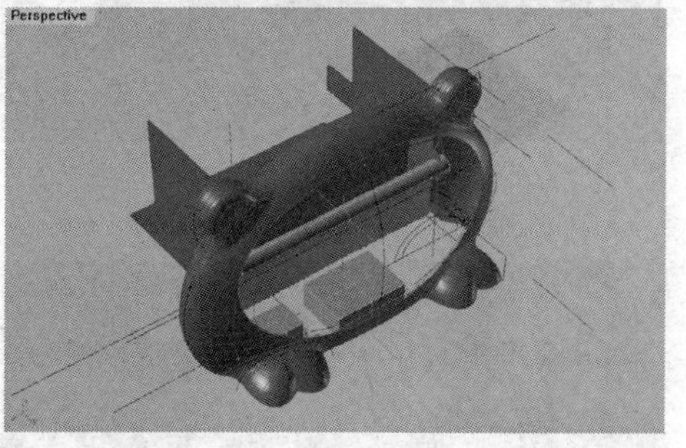

图 3–176

（9）刚才后移的结构挖掉中部并与外壳相连。如图 3–178 所示。

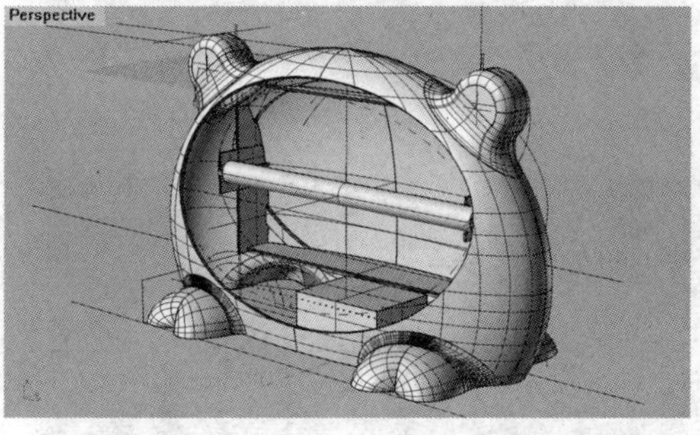

图 3–177

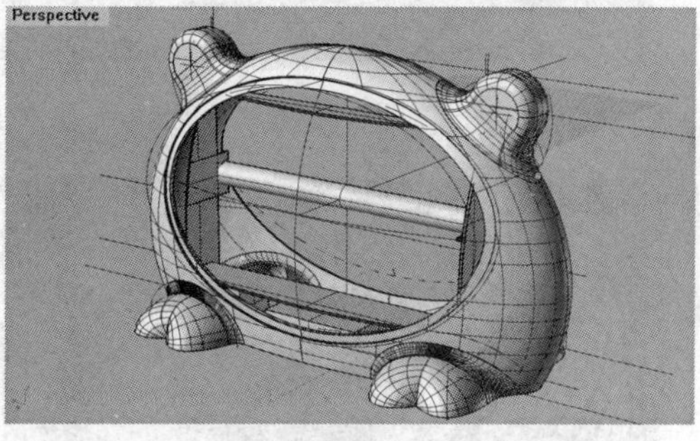

图 3–178

（10）作出上方两个零件连接的孔和下方相互连接所需的结构如图 3–179 至图 3–182 所示。

（11）以前述形成的构造线作一个椭圆形的曲面实体，用它生成需要的栅格，栅格的间距以儿童的手指不能伸进为准，栅格与壳体的连接是用栅格正确定位后在反面熔积塑料的方式，作出电源线固定口等。如图 3–183 至图 3–185 所示。

（12）作出金属栅栏以形成灭蚊所需的正负极。如图 3–186、图 3–187 所示。

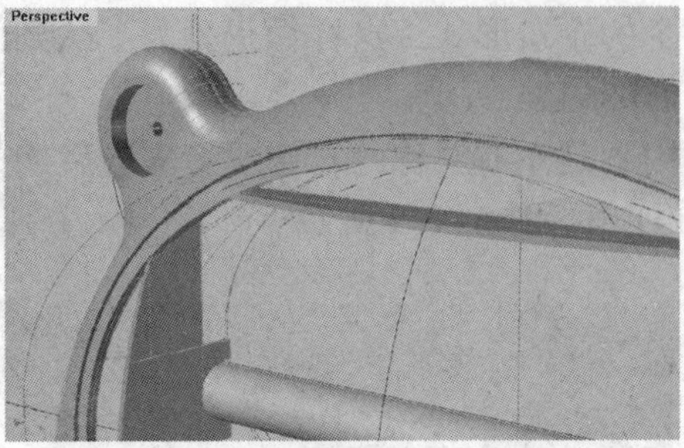

图 3–179

图 3–180

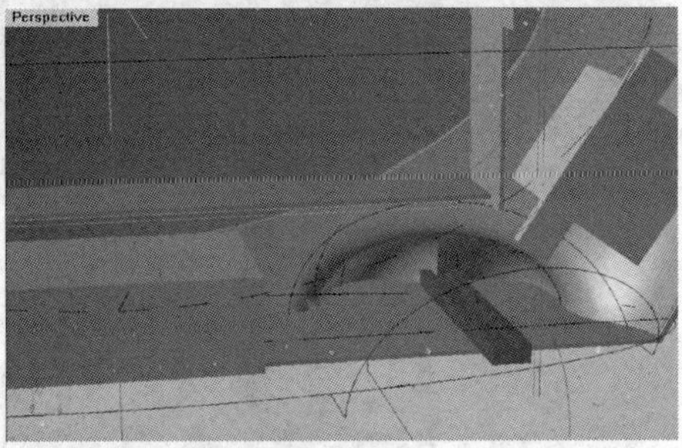

图 3–181

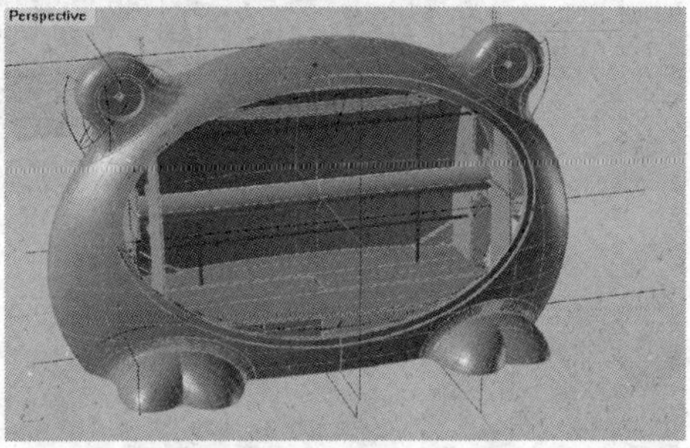

图 3–182

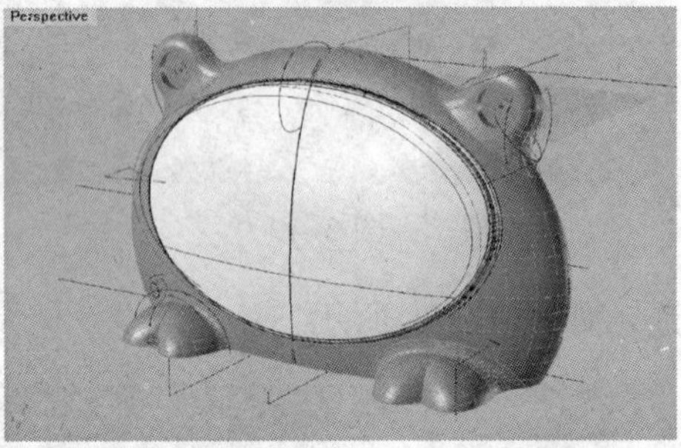

图 3–183

图 3–184

图 3–185

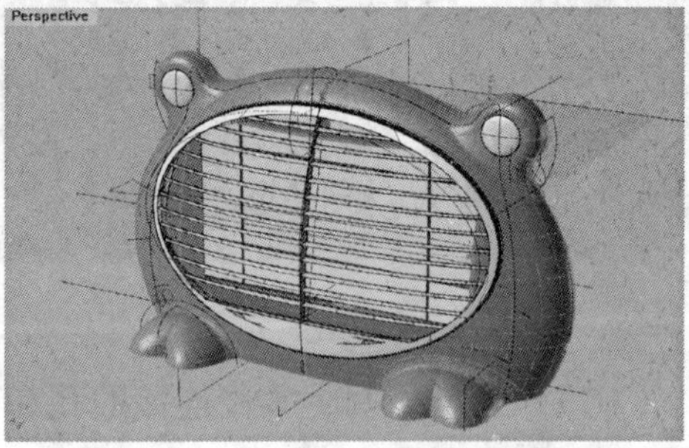

图 3–186

（13）底部的结构如图 3–188、图 3–189 所示。

（14）制作盖住连接螺钉的装饰闷头，全部零件的爆炸效果图及外观效果图如彩图 28、29 所示。

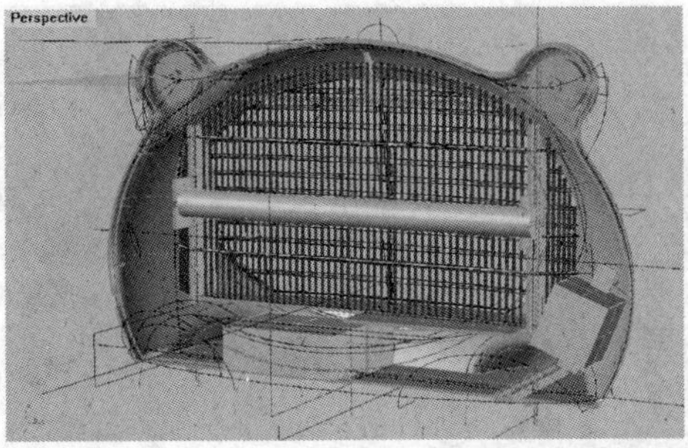

图 3–187

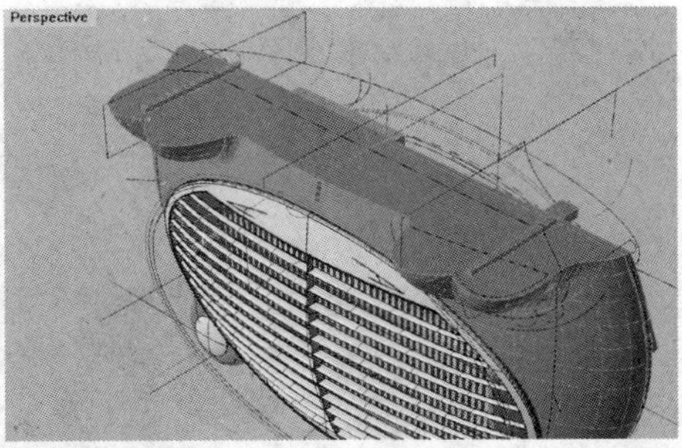

图 3–188

图 3–189

知识小解：有时要求对两个物体在某个方向对齐后布尔运算会失败，这是因为两个欲对齐（例如“重合”）的面的数据并不完全相同，在对齐时计算机会把该两个面上的数据一一对比并运算，只要有任何点不一致，布尔运算就可能失败，这一现象在对两个复杂曲面作布尔操作时更容易出现。

举一个简单的示意例子：对下图物体建模可以用多种方式：

a 过程：上物体与下物体对齐相加（有四个面的处于特殊运算）。

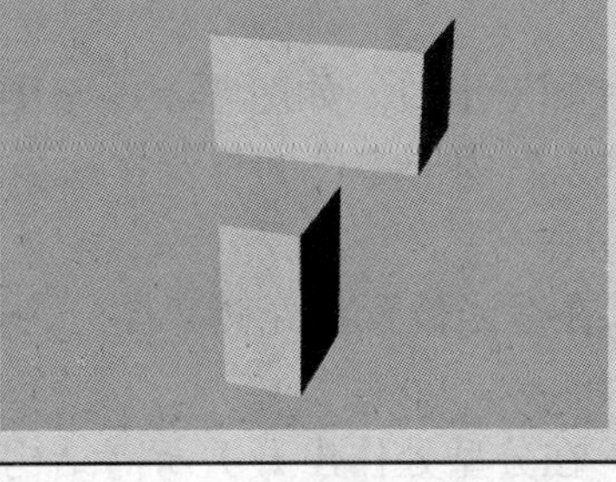

b 过程：上物体与下物体相减（下物体略宽，两者没有面进行特殊运算）。

通常 b 过程比 a 过程容易获得成功。

如果 a 过程不成功，可以将下立方体加高（稍微加一些，例如 0.01mm 等，即减少特殊面的运算），再把下物体多向上移进 0.01mm 进行布尔加，最终实体不变，这种作法容易获得成功，对一些布尔减的情况也是如此。

3.10 直插式液体电驱蚊器设计

设计说明：本产品与前述产品不同之处是根据墙面开关装的角度不同，要求本品可以调整角度以满足不同的情况需求。有时一款新的设计并不需要全部重起炉灶，例如本产品中与药瓶连接所需的结构就可以借用以前建好的文件导入作适当调整即可。

设计步骤如下：

（1）将可用之元件按适当位置布置如图 3-190、图 3-191 所示。

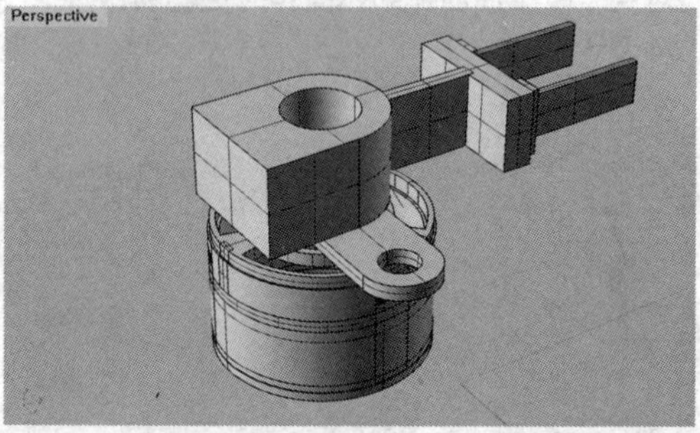

图 3-190

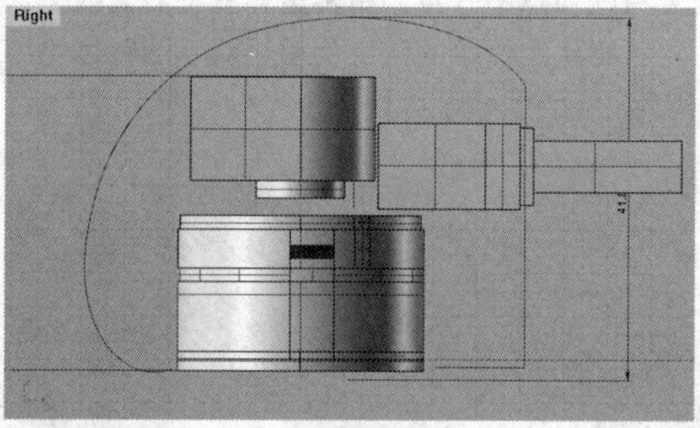

图 3-191

（2）外壳分为两部分，主要符合内部加热器能牢固定位，散发的热量不致壳体变形，下面部分有波浪形牙口以与瓶肩接触但又可以充分的引导进风如图 3-192 至图 3-194 所示。

（3）在顶部位置设计药气挥发出口。如图 3-195 至图 3-197 所示。

（4）置入尺寸准确的瓶体以对内部零件的位置作适当的调整。如图 3-198、图 3-199 所示。

（5）考虑开模的合理性，在适当位置将壳体实体分为两部分。如图 3-200、图 3-201 所示。

（6）考虑装配的合理性，在分型处作出开关所需结构。如图 3-202 所示。

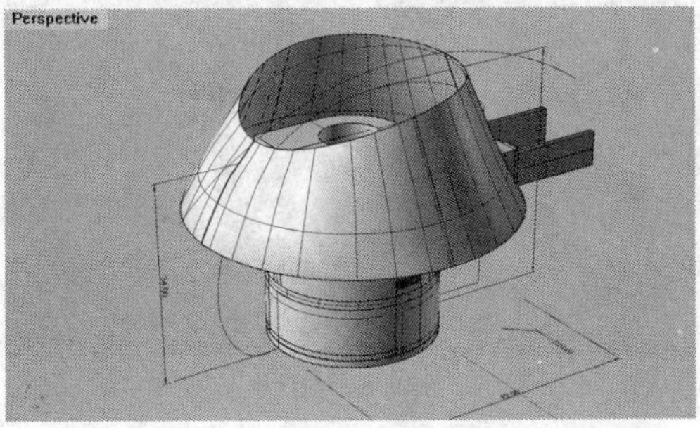

图 3-192

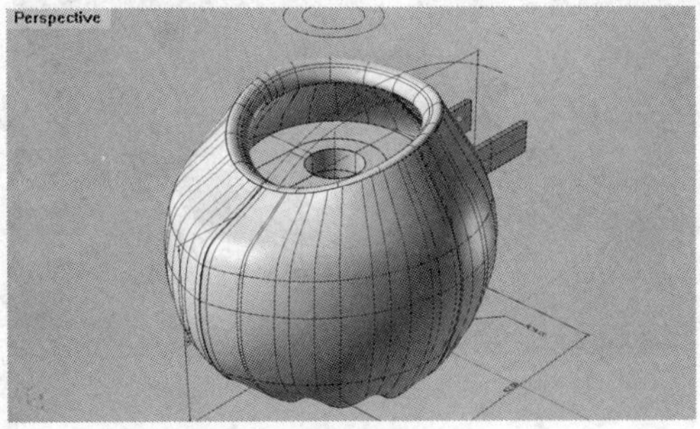

图 3-193

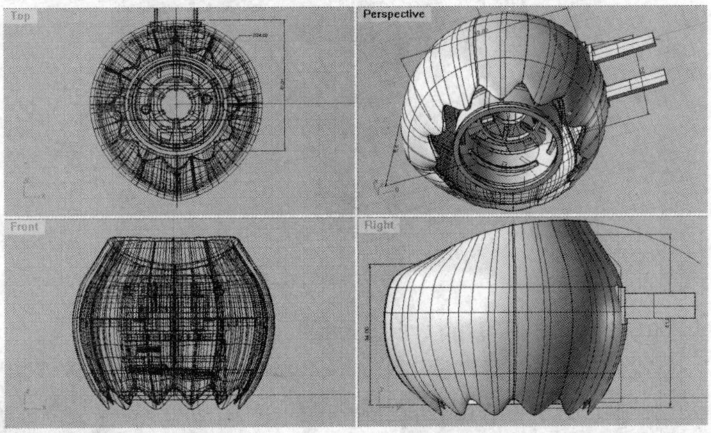

图 3-194

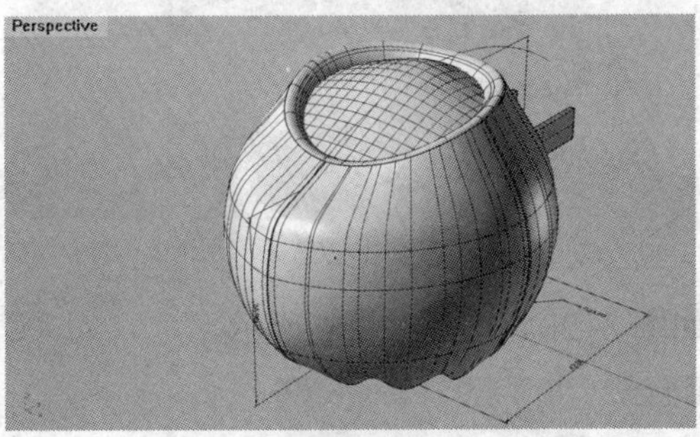

图 3-195

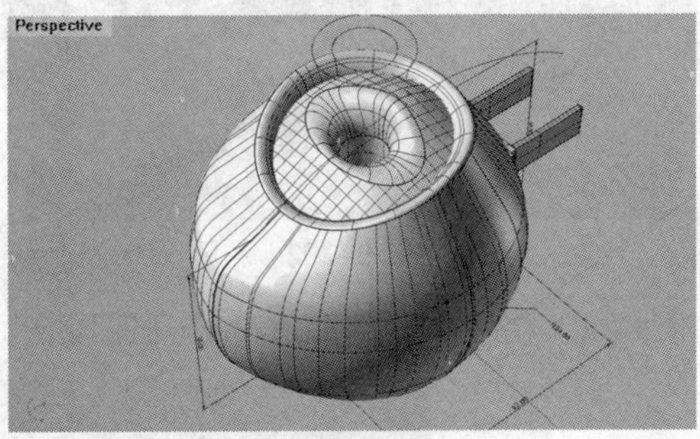

图 3-196

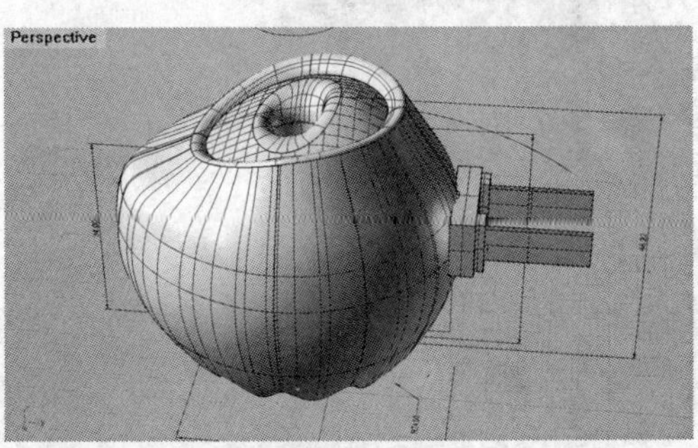

图 3-197

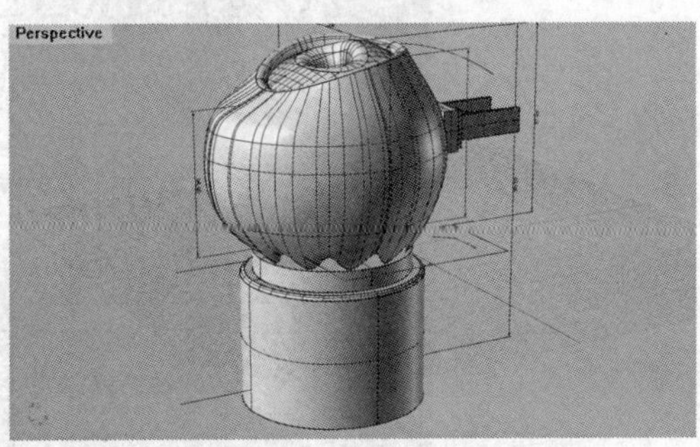

图 3-198

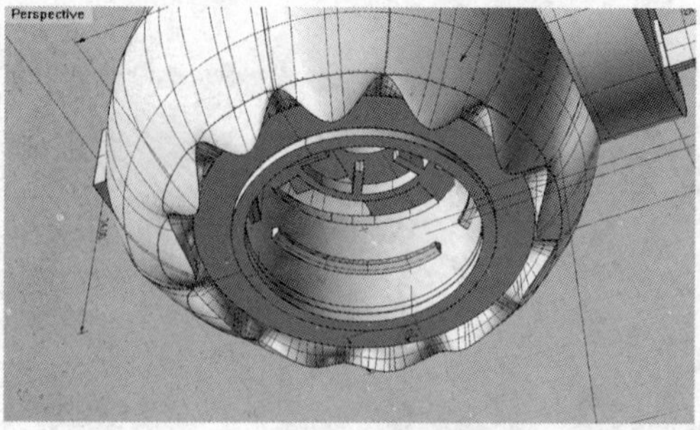

图 3-199

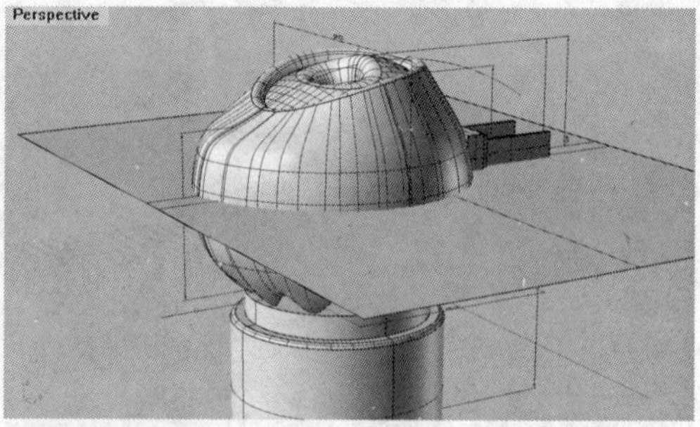

图 3-200

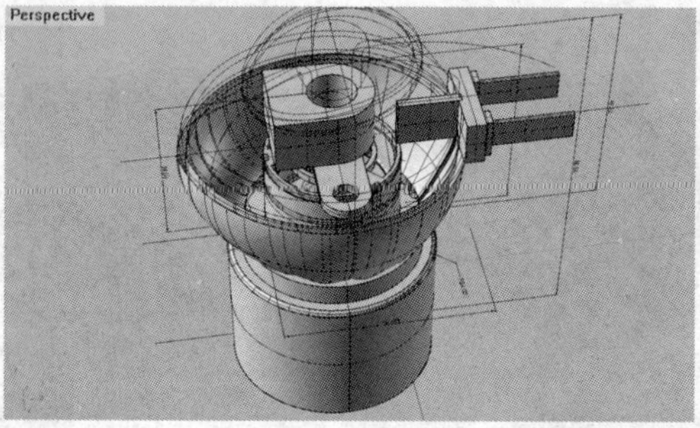

图 3-201

（7）考虑要“包容”插头所需的空间。如图 3-203 所示。

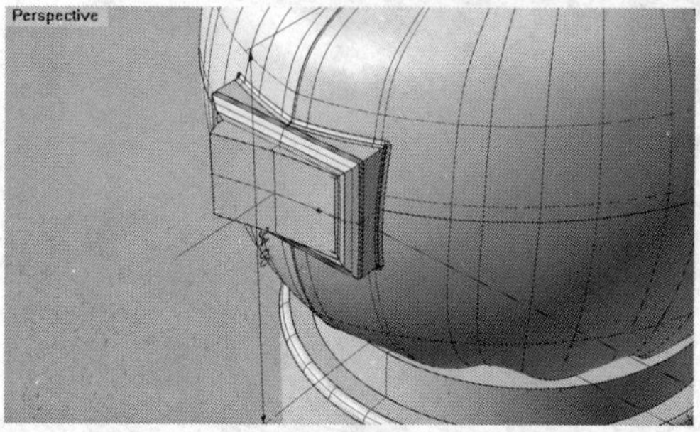

图 3-202

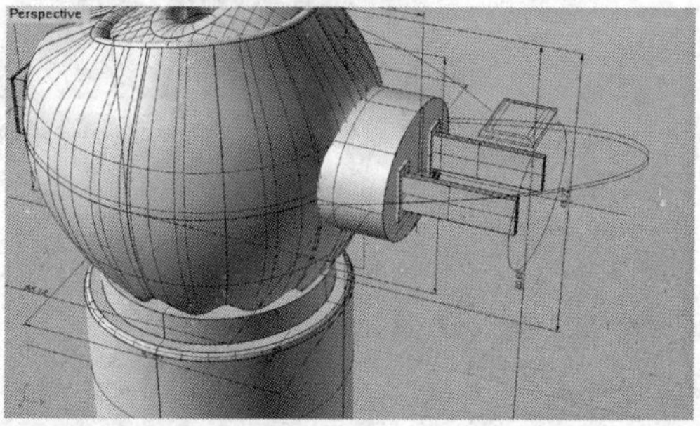

图 3-203

（8）在壳体底部凹进部分开通风孔、槽。如图 3-204 至图 3-206 所示。

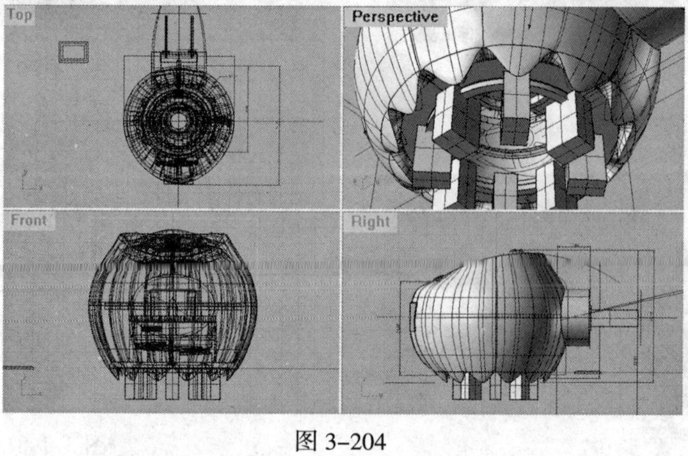

图 3-204

图 3-205

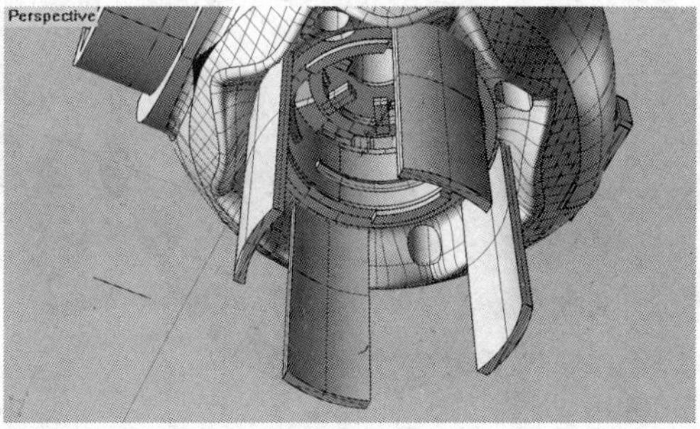

图 3-206

（9）尝试实现插头旋转功能在壳体上所需的空间（如图中的圆柱）。如图 3-207 所示。

（10）调整插头的前后位置。如图 3-208 所示。

（11）作出连接上下两个零件所需的圆柱（孔）等。如图 3-209、图 3-210 所示。

（12）开出上、下壳体上定位所需的企口。如图 3-211 至图 3-216 所示。

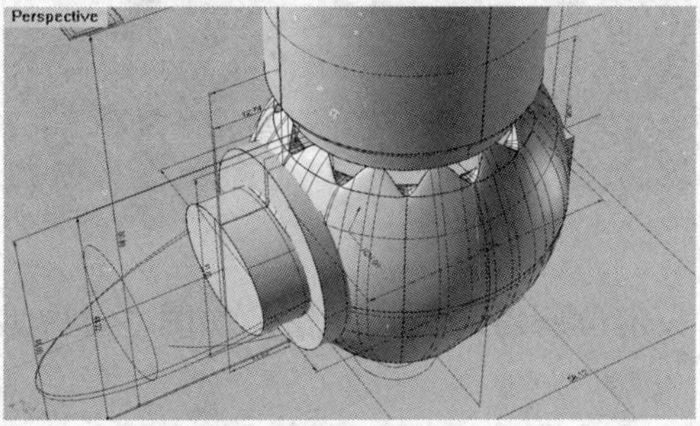

图 3-207

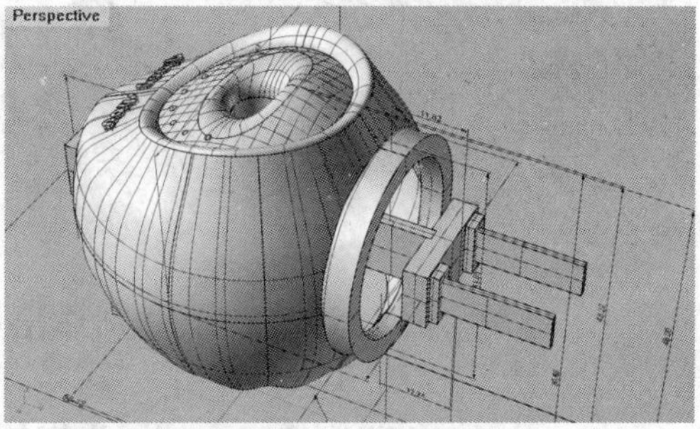

图 3-208

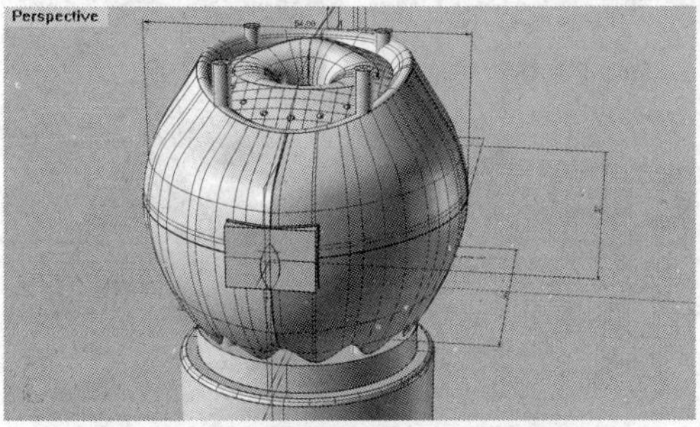

图 3-209

图 3-210

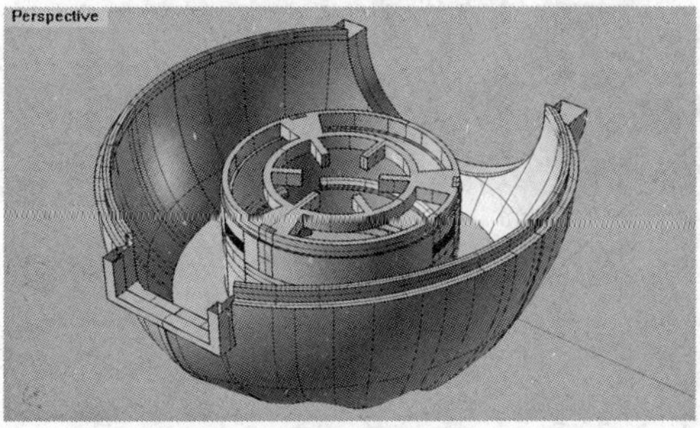

图 3-211

图 3-212

图 3–213

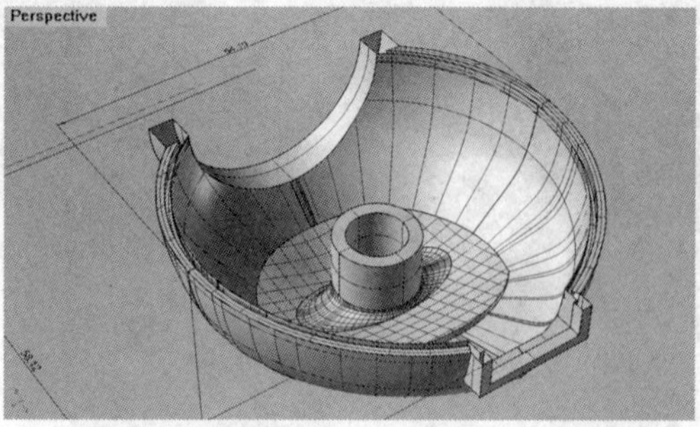

图 3–214

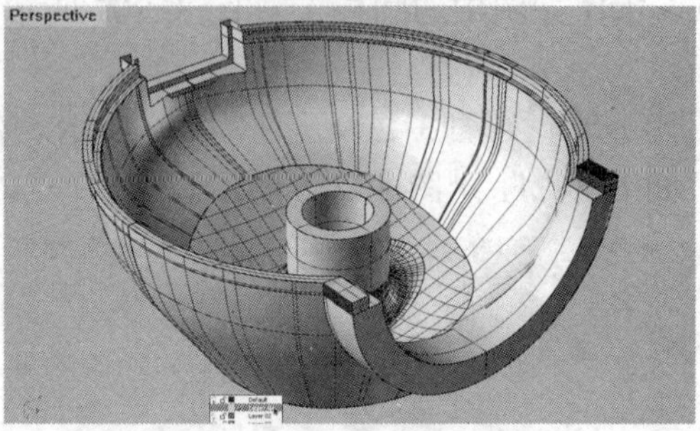

图 3–215

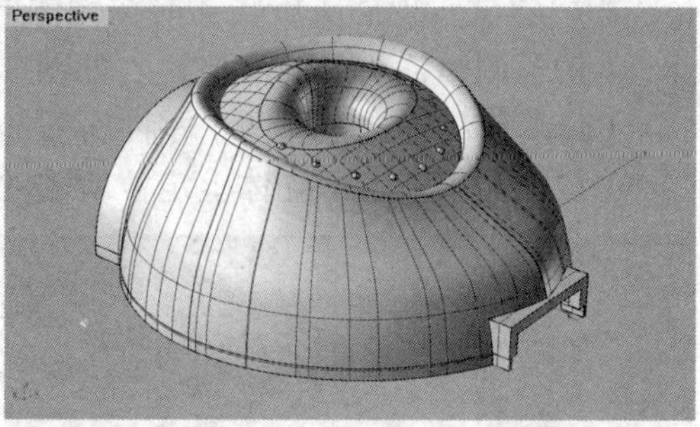

图 3–216

（13）在上下两个壳体上分别作出旋转插头定位所需的圆柱凹槽。如图 3–217 所示。

（14）作出与凹槽相配合的插头壳体。如图 3–218 至图 3–220 所示。

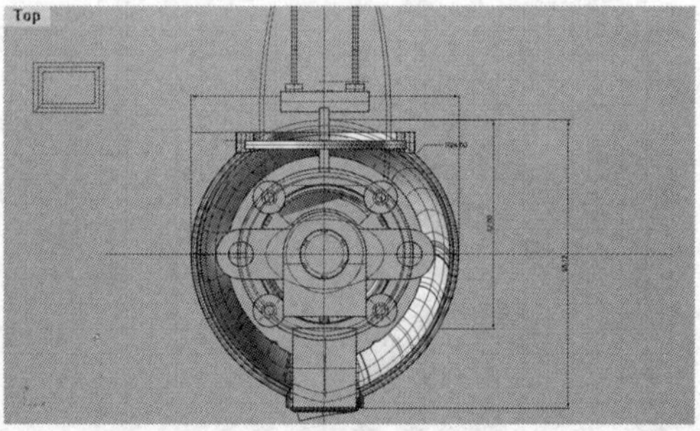

图 3–217

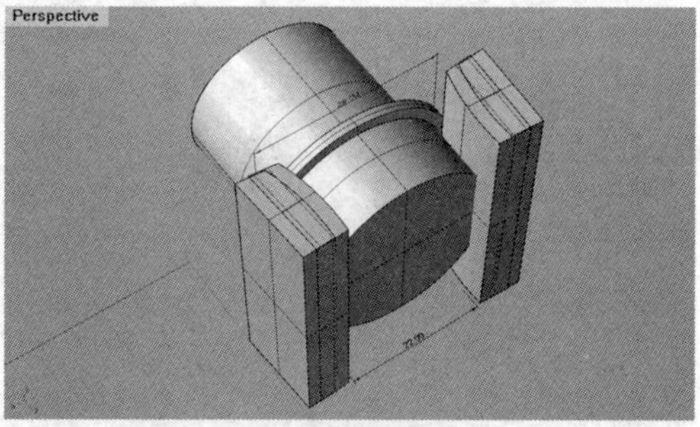

图 3–218

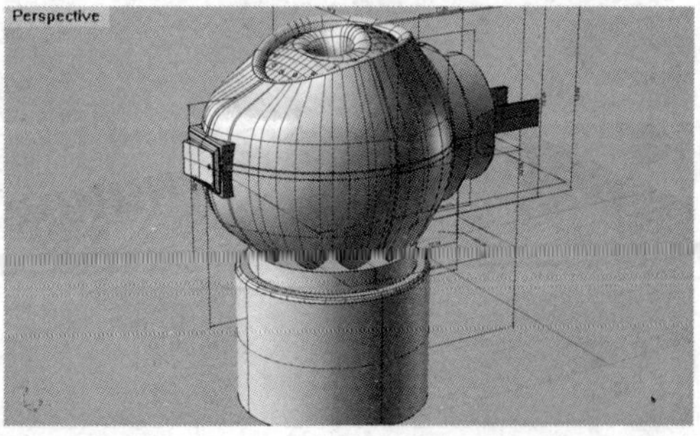

图 3–219

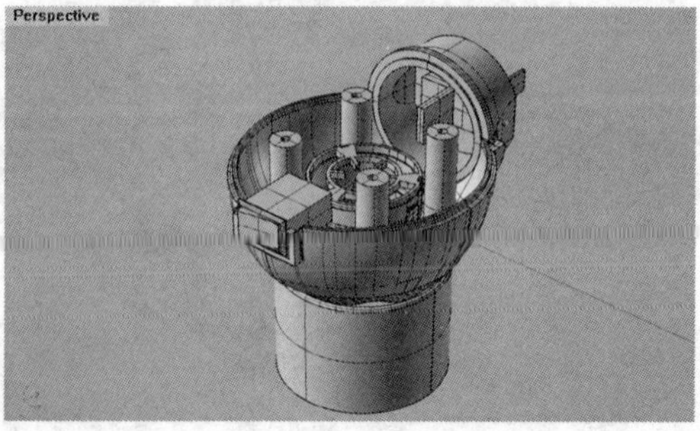

图 3–220

（15）在该壳体内作出定位并压住插头的结构。如图 3–221、图 3–222 所示。

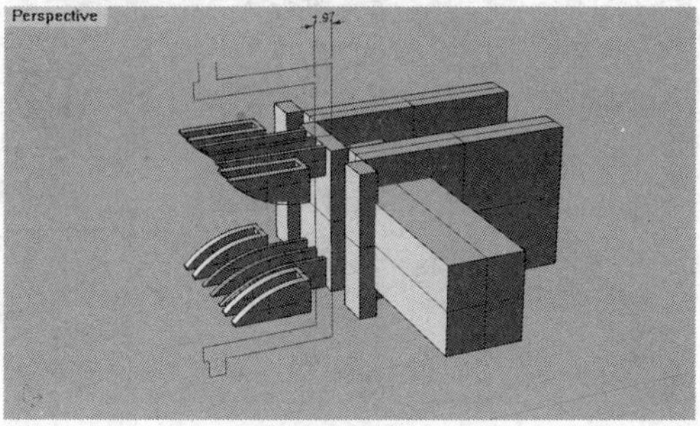

图 3–221

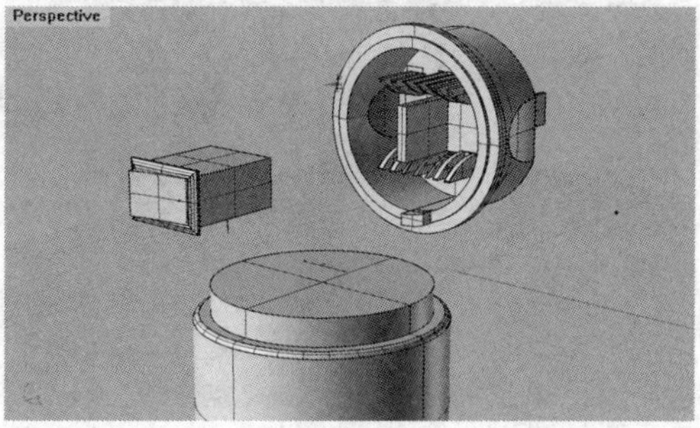

图 3–222

（16）作出限制插头在 90° 之间转动的挡块。如图 3–223、图 3–224 所示。

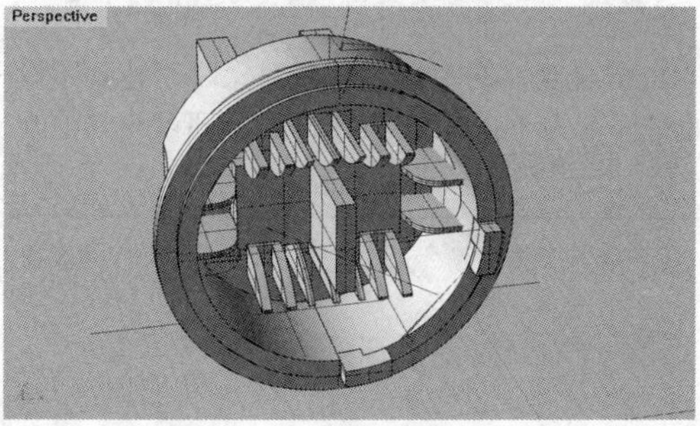

图 3–223

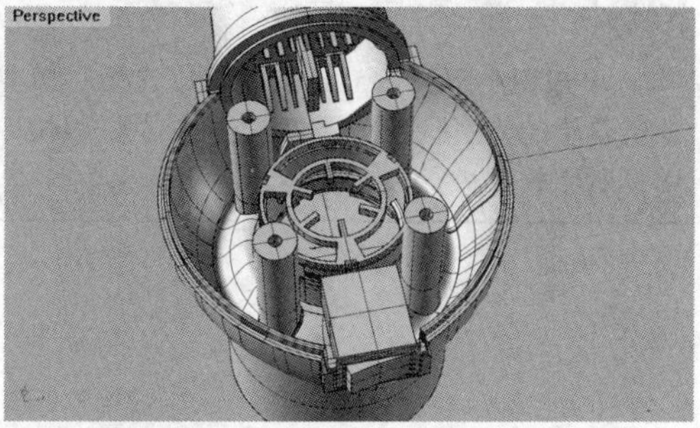

图 3–224

（17）作出在下壳体和上壳体内固定加热器的结构。如图 3–225 至图 3–228 所示。

（18）检查零件之间是否有干扰或强度不够等问题，包括电器的布线等问题。

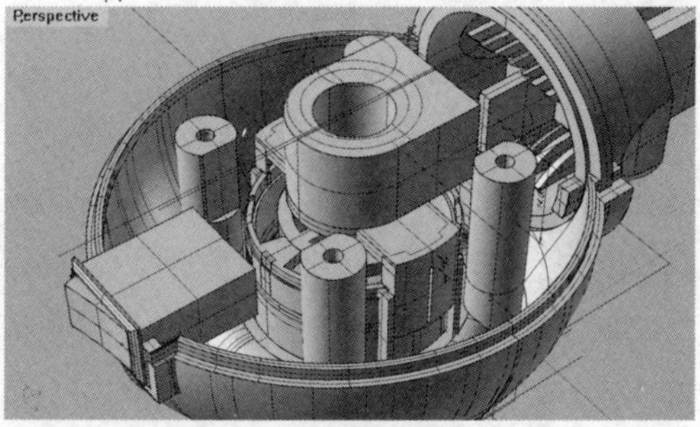

图 3–225

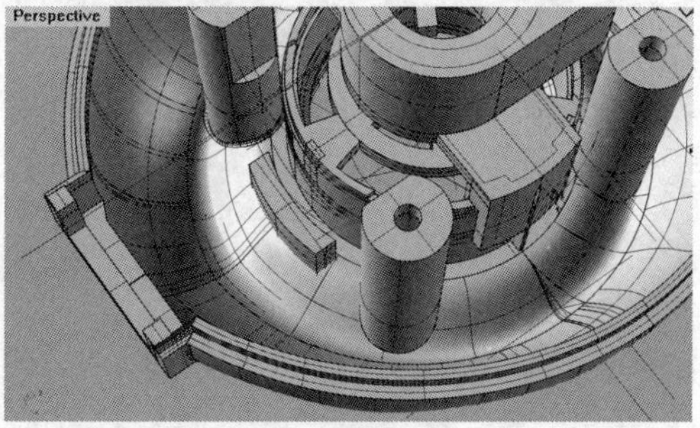

图 3–226

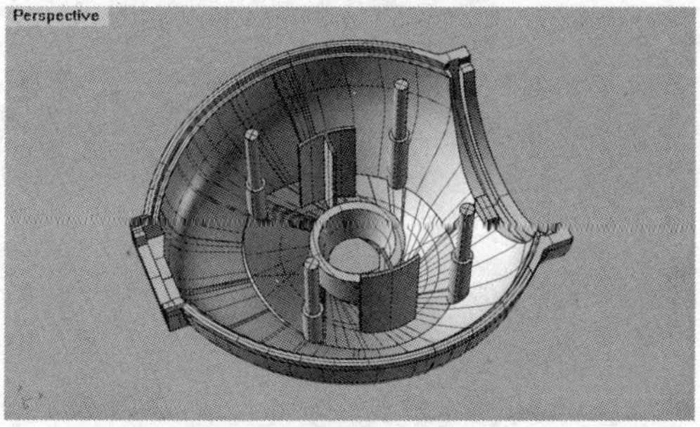

图 3–227

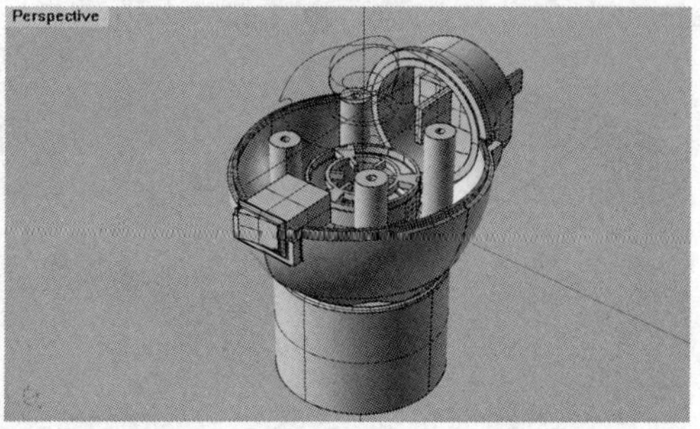

图 3–228

（19）文件最终的外观效果图如图 3–229、图 3–230 所示。

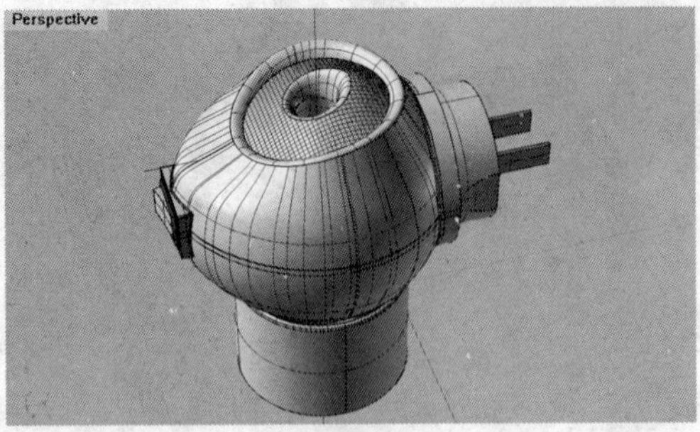

图 3–229

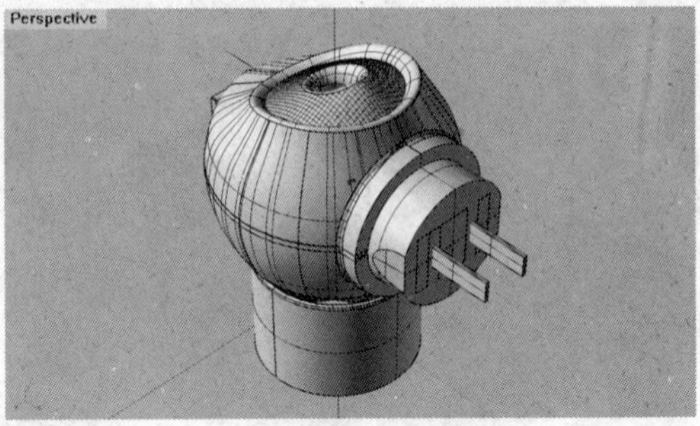

图 3–230

知识小解：在 Rhino 中完成建模后，要仔细用 Rhino 的诸多分析功能检查对象是否达到了设计所希望的光滑阶数，是否真正构成了实体。在导出的时候存为 IGES 或 STL 格式，即可与其他开模具所用软件进行数据交换，从而开出生产模具。